浙江改革开放四十年研究系列

生态文明建设

浙江的探索与实践

沈满洪 谢慧明 等 ◎ 著

中国社会科学出版社

图书在版编目(CIP)数据

生态文明建设：浙江的探索与实践／沈满洪等著．—北京：中国社会科学出版社，2018.10

（浙江改革开放四十年研究系列）

ISBN 978－7－5203－3352－8

Ⅰ.①生…　Ⅱ.①沈…　Ⅲ.①生态环境建设—研究—浙江　Ⅳ.①X321.255

中国版本图书馆 CIP 数据核字（2018）第 237553 号

出 版 人　赵剑英
责任编辑　谢欣露
责任校对　韩天炜
责任印制　王　超

出　　版　中国社会科学出版社
社　　址　北京鼓楼西大街甲 158 号
邮　　编　100720
网　　址　http://www.csspw.cn
发 行 部　010－84083685
门 市 部　010－84029450
经　　销　新华书店及其他书店

印刷装订　北京君升印刷有限公司
版　　次　2018 年 10 月第 1 版
印　　次　2018 年 10 月第 1 次印刷

开　　本　710×1000　1/16
印　　张　24.5
字　　数　357 千字
定　　价　99.00 元

浙江文化研究工程成果文库总序

有人将文化比作一条来自老祖宗而又流向未来的河，这是说文化的传统，通过纵向传承和横向传递，生生不息地影响和引领着人们的生存与发展；有人说文化是人类的思想、智慧、信仰、情感和生活的载体、方式和方法，这是将文化作为人们代代相传的生活方式的整体。我们说，文化为群体生活提供规范、方式与环境，文化通过传承为社会进步发挥基础作用，文化会促进或制约经济乃至整个社会的发展。文化的力量，已经深深熔铸在民族的生命力、创造力和凝聚力之中。

在人类文化演化的进程中，各种文化都在其内部生成众多的元素、层次与类型，由此决定了文化的多样性与复杂性。

中国文化的博大精深，来源于其内部生成的多姿多彩；中国文化的历久弥新，取决于其变迁过程中各种元素、层次、类型在内容和结构上通过碰撞、解构、融合而产生的革故鼎新的强大动力。

中国土地广袤、疆域辽阔，不同区域间因自然环境、经济环境、社会环境等诸多方面的差异，建构了不同的区域文化。区域文化如同百川归海，共同汇聚成中国文化的大传统，这种大传统如同春风化雨，渗透于各种区域文化之中。在这个过程中，区域文化如同清溪山泉潺潺不息，在中国文化的共同价值取向下，以自己的独特个性支撑着、引领着本地经济社会的发展。

从区域文化入手，对一地文化的历史与现状展开全面、系统、扎实、有序的研究，一方面可以藉此梳理和弘扬当地的历史传统和文化资源，繁荣和丰富当代的先进文化建设活动，规划和指导未来的文化发展蓝图，增强文化软实力，为全面建设小康社会、加快推进社会主义现代化提供思想保证、精神动力、智力支持和舆论力量；另一方面，这也是深入了解中国文化、研究中国文化、发展中国文化、创新中国文化的重要途径之一。如今，区域文化研究日益受到各地重视，成为我国文化研究走向深入的一个重要标志。我们今天实施浙江文化研究工程，其目的和意义也在于此。

千百年来，浙江人民积淀和传承了一个底蕴深厚的文化传统。这种文化传统的独特性，正在于它令人惊叹的富于创造力的智慧和力量。

浙江文化中富于创造力的基因，早早地出现在其历史的源头。在浙江新石器时代最为著名的跨湖桥、河姆渡、马家浜和良渚的考古文化中，浙江先民们都以不同凡响的作为，在中华民族的文明之源留下了创造和进步的印记。

浙江人民在与时俱进的历史轨迹上一路走来，秉承富于创造力的文化传统，这深深地融汇在一代代浙江人民的血液中，体现在浙江人民的行为上，也在浙江历史上众多杰出人物身上得到充分展示。从大禹的因势利导、敬业治水，到勾践的卧薪尝胆、励精图治；从钱氏的保境安民、纳土归宋，到胡则的为官一任、造福一方；从岳飞、于谦的精忠报国、清白一生，到方孝孺、张苍水的刚正不阿、以身殉国；从沈括的博学多识、精研深究，到竺可桢的科学救国、求是一生；无论是陈亮、叶适的经世致用，还是黄宗羲的工商皆本；无论是王充、王阳明的批判、自觉，还是龚自珍、蔡元培的开明、开放，等等，都展示了浙江深厚的文化底蕴，凝聚了浙江人民求真务实的创造精神。

代代相传的文化创造的作为和精神，从观念、态度、行为方式和价值取向上，孕育、形成和发展了渊源有自的浙江地域文化传统和与时俱进的浙江文化精神，她滋育着浙江的生命力、催生着浙江的凝聚力、激发着浙江的创造力、培植着浙江的竞争力，激励着浙江人民永不自满、永不停息，在各个不同的历史时期不断地超越自我、创业奋进。

悠久深厚、意韵丰富的浙江文化传统，是历史赐予我们的宝贵财富，也是我们开拓未来的丰富资源和不竭动力。党的十六大以来推进浙江新发展的实践，使我们越来越深刻地认识到，与国家实施改革开放大政方针相伴随的浙江经济社会持续快速健康发展的深层原因，就在于浙江深厚的文化底蕴和文化传统与当今时代精神的有机结合，就在于发展先进生产力与发展先进文化的有机结合。今后一个时期浙江能否在全面建设小康社会、加快社会主义现代化建设进程中继续走在前列，很大程度上取决于我们对文化力量的深刻认识、对发展先进文化的高度自觉和对加快建设文化大省的工作力度。我们应该看到，文化的力量最终可以转化为物质的力量，文化的软实力最终可以转化为经济的硬实力。文化要素是综合竞争力的核心要素，文化资源是经济社会发展的重要资源，文化素质是领导者和劳动者的首要素质。因此，研究浙江文化的历史与现状，增强文化软实力，为浙江的现代化建设服务，是浙江人民的共同事业，也是浙江各级党委、政府的重要使命和责任。

2005 年 7 月召开的中共浙江省委十一届八次全会，作出《关于加快建设文化大省的决定》，提出要从增强先进文化凝聚力、解放和发展生产力、增强社会公共服务能力入手，大力实施文明素质工程、文化精品工程、文化研究工程、文化保护工程、文化产业促进工程、文化阵地工程、文化传播工程、文化人才工程等“八项工程”，实施科教兴国和人才强国战略，加快建设教育、科技、卫生、体育等“四个强省”。作为文化建设“八项工程”之一的文化研究工程，其任务就是系统研究浙江文化的历史成就和当代发展，深入挖掘浙江文化底蕴、研究浙江现象、总结浙江经验、指导浙江未来的发展。

浙江文化研究工程将重点研究“今、古、人、文”四个方面，即围绕浙江当代发展问题研究、浙江历史文化专题研究、浙江名人研究、浙江历史文献整理四大板块，开展系统研究，出版系列丛书。在研究内容上，深入挖掘浙江文化底蕴，系统梳理和分析浙江历史文化的内部结构、变化规律和地域特色，坚持和发展浙江精神；研究浙江文化与其他地域文化的异同，厘清浙江文化在中国文化中的地位和相互影响的关系；围绕浙江生动的当代实践，深入解读浙江现象，总结浙江经验，指导浙江发展。在研究力量上，通过课题组织、出版资助、重点研究基地建设、加强省内外大院名校合作、整合各地各部门力量等途径，形成上下联动、学界互动的整体合力。在成果运用上，注重研究成果的学术价值和应用价值，充分发挥其认识世界、传承文明、创新理论、咨政育人、服务社会的重要作用。

我们希望通过实施浙江文化研究工程，努力用浙江历史教育浙江人民、用浙江文化熏陶浙江人民、用浙江精神鼓舞浙江人民、用浙江经验引领浙江人民，进一步激发浙江人民的无穷智慧和伟大创造能力，推动浙江实现又快又好发展。

今天，我们踏着来自历史的河流，受着一方百姓的期许，理应负起使命，至诚奉献，让我们的文化绵延不绝，让我们的创造生生不息。

2006 年 5 月 30 日于杭州

浙江文化研究工程（第二期）序

车俊

文化是一个国家、一个民族的灵魂。文化兴国运兴，文化强民族强。没有高度的文化自信，没有文化的繁荣昌盛，就没有中华民族伟大复兴。文化研究肩负着继承文化传统、推动文化创新、激发文化自觉、增强文化自信的历史重任和时代担当。

浙江是中华文明的重要发祥地，文源深、文脉广、文气足。悠久深厚、意蕴丰富的浙江文化传统，是浙江改革发展最充沛的养分、最深沉的力量。2003 年，时任浙江省委书记的习近平同志作出了“八八战略”重大决策部署，明确提出要“进一步发挥浙江的人文优势，积极推进科教兴省、人才强省，加快建设文化大省”。2005 年，作为落实“八八战略”的重要举措，习近平同志亲自谋划实施浙江文化研究工程，并亲自担任指导委员会主任，提出要通过实施这一工程，用浙江历史教育浙江人民、用浙江文化熏陶浙江人民、用浙江精神鼓舞浙江人民、用浙江经验引领浙江人民。

12 年来，历届省委坚持一张蓝图绘到底，一年接着一年干，持续深入推进浙江文化研究工程的实施。全省哲学社会科学工作者积极响应、踊跃参与，将毕生所学倾注于一功，为工程的顺利实施提供了强大智力支持。经过这些年的艰苦努力和不断积淀，第一期“浙江文化研究工程”圆满完成了规划任务。通过实施第一期“浙江文化研究工程”，一大批优秀学术研究成果涌现出来，一大批优秀哲学社会科学人才成长起来，我省哲学社会科学研究水平站上了新高度，这不仅为优秀传统文化创造性转化、创新性发展作出了浙江探索，也为加快构建中国特色哲学社会科学提供了浙江素材。可以说，浙江文化研究工程，已经成为浙江文化大省、文化强省建设的有力抓手，成为浙江社会主义文化建设的一块“金字招牌”。

新时代，历史变化如此深刻，社会进步如此巨大，精神世界如此活跃，文化建设正当其时，文化研究正当其势。党的十九大深刻阐明了新时代中国特色社会主义文化发展的一系列重大问题，并对坚定文化自信、推动社会主义文化繁荣兴盛作出了全面部署。浙江省第十四次党代会也明确提出“在提升文化软实力上更进一步、更快一步，努力建设文化浙江”。在承接第一期成果的基础上，实施新一期浙江文化研究工程，是坚定不移沿着“八八战略”指引的路子走下去的具体行动，是推动新时代中国特色社会主义文化繁荣兴盛的重大举措，也是建设文化浙江的必然要求。新一期浙江文化研究工程将延续“今、古、人、文”的主题框架，通过突出当代发展研究、历史文化研究、“浙学”文化阐述三方面内容，努力把浙江历史讲得更动听、把浙江文化讲得更精彩、把浙江精神讲得更深刻、把浙江经验讲得更透彻。

新一期工程将进一步传承优秀文化，弘扬时代价值，提炼浙江文化的优秀基因和核心价值，推动优秀传统文化基因和思想融入经济社会发展之中，推动文化软实力转化为发展硬实力。

新一期工程将进一步整理文献典籍，发掘学术思想，继续对浙江文献典籍和学术思想进行系统梳理，对濒临失传的珍贵文献和经典著述进行抢救性发掘和系统整理，对历代有突出影响的文化名家进行深入研究，帮助人们加深对中华思想文化宝库的认识。

新一期工程将进一步注重成果运用，突出咨政功能，深入阐释红船精神、浙江精神，积极提炼浙江文化中的治理智慧和思想，为浙江改革发展提供学理支持。

新一期工程将进一步淬炼“浙学”品牌，完善学科体系，不断推出富有主体性、原创性的研究成果，切实提高浙江学术的影响力和话语权。

文化河流奔腾不息，文化研究逐浪前行。我们相信，浙江文化研究工程的深入实施，必将进一步满足浙江人民的精神文化需求，滋养浙江人民的精神家园，夯实浙江人民文化自信和文化自觉的根基，激励浙江人民坚定不移沿着习近平总书记指引的路子走下去，为高水平全面建成小康社会、高水平推进社会主义现代化建设凝聚起强大精神力量。

目　录

第一章　总论 ………………………………………………………………（1）
第一节　“两山”重要论述指引生态文明建设……………………（1）
第二节　从“绿色浙江”到“美丽浙江”的战略演进 …………（11）
第三节　从保护生态安全到保障绿色福利的显著绩效 ……（15）
第四节　生态文明建设的浙江经验和全国意义 ……………（25）

第二章　产业生态化 ……………………………………………………（33）
第一节　产业生态化的演进过程 ………………………………（33）
第二节　产业生态化的主要途径 ………………………………（48）
第三节　产业生态化的经验启示 ………………………………（65）

第三章　消费绿色化 ……………………………………………………（71）
第一节　绿色文化引领绿色消费的总体思路 …………………（71）
第二节　推动消费绿色化的“组合拳” ………………………（76）
第三节　推进消费绿色化的经验启示 …………………………（96）

第四章　资源节约化 ……………………………………………………（102）
第一节　资源短缺倒逼资源节约化 ……………………………（102）
第二节　促进资源节约化的主要举措 …………………………（115）

第三节　推进资源节约化的经验启示 …………………………（126）

第五章　生态经济化 ………………………………………………（133）
第一节　打破生态环境资源零价格使用的进程 ………………（133）
第二节　推进生态经济化的主要途径 …………………………（148）
第三节　实现生态经济化的经验启示 …………………………（158）

第六章　美丽乡村建设 ……………………………………………（166）
第一节　从“千万工程”到美丽乡村建设……………………………（167）
第二节　美丽乡村建设的重大举措 ……………………………（176）
第三节　美丽乡村建设的经验启示 ……………………………（184）

第七章　美丽城市建设 ……………………………………………（192）
第一节　从文明城市到美丽城市建设 …………………………（192）
第二节　美丽城市建设的主要载体 ……………………………（208）
第三节　生态文明城市建设的经验启示 ………………………（238）

第八章　绿色科技创新 ……………………………………………（247）
第一节　从科技创新到绿色科技创新 …………………………（247）
第二节　绿色科技创新的战略举措 ……………………………（257）
第三节　绿色科技创新的主要绩效 ……………………………（265）
第四节　绿色科技创新的经验启示 ……………………………（271）

第九章　生态文明制度建设 ………………………………………（280）
第一节　生态文明制度创新的历史演进 ………………………（281）
第二节　生态文明制度建设的主要成就 ………………………（297）
第三节　生态文明制度建设的经验启示 ………………………（322）

第十章　生态文明建设的未来展望 ………………………………（329）
第一节　深入推进生态文明建设的战略视野 …………………（330）
第二节　深入推进生态文明建设的重点任务 …………………（334）

第三节　深入推进生态文明建设的长效机制 ………………（348）

参考文献 ……………………………………………………………（362）

后　记 ………………………………………………………………（373）

第一章 总论

浙江省是市场化改革的先行者，改革开放以来前 20 多年经济增长始终走在全国前列。浙江省是习近平“两山”重要论述的发源地，近 20 年来浙江省的绿色发展和生态文明建设走在全国前列。浙江省率先在全国初步完成从经济增长到绿色发展的转型。总结浙江经验，不仅可以促进浙江省继续“秉持浙江精神，干在实处，走在前列，勇立潮头”，而且可以为全国提供可学习、可移植、可示范的生态文明建设样本。

第一节 “两山”重要论述指引生态文明建设

“两山”重要论述是习近平新时代中国特色社会主义思想的重要内容。“两山”重要论述是道路自信、理论自信、制度自信和文化自信的一个生动写照。浙江省之所以在生态文明建设方面走在全国前列，是因为坚定不移地坚持以“两山”重要论述为指导，一年接着一年、一任接着一任推进生态文明建设。

一 “两山”重要论述的形成发展

（一）审视传统发展模式，统筹环境与经济协调

在改革开放之初，浙江的经济发展水平处于全国相对落后的状态。穷则思变。在市场化改革的进程中，浙江人民以“自强不息、坚韧不拔、勇于创新、讲求实效”的浙江精神，广大浙商以“走遍千山万水，历经千辛万苦，道尽千言万语，想出千方万法”的“四千

万精神”，经过20年左右的奋斗，在全国率先基本建立社会主义市场经济体制，闯出了具有推广价值的市场化改革的“温州特色”“义乌特色”，并且推而广之形成了在全国具有示范意义的“浙江特色”。随着市场化改革的推进，浙江率先进入工业化中期，并开始向工业化中后期转型。

在温饱问题尚未解决的特定历史阶段，“与其被饿死，不如被毒死”的想法和做法有其存在的根基。但是，不顾资源和环境承载能力的经济增长方式，尤其是“高投入、高消耗、高排放、高增长”的发展模式，使得经济增长与资源保障的矛盾、经济增长与环境保护的矛盾日益尖锐，浙江率先遭遇发达国家工业化进程中普遍经历过的“成长中的烦恼”。总的来看，经济高速增长与环境污染加剧、环境容量有限之间的矛盾十分尖锐，经济总量扩张与资源供给有限、资源利用效率低下之间的矛盾十分尖锐，人民群众日益增长的生态产品和生态服务需求与政府不尽理想的生态产品和生态服务供给之间的矛盾十分尖锐。在一些地区因资源与环境问题引发群体性事件表明：资源危机、环境危机、生态危机等不仅局限于资源系统、环境系统、生态系统，而且蔓延到经济系统、社会系统、政治系统。为此，必须考虑区域统筹发展。

如何从不够科学的发展转向科学发展、如何从不可持续发展转向可持续发展、如何从高速增长转向高质量发展？这是摆在浙江领导尤其是主要领导面前的重大课题。时任浙江省委书记的习近平同志科学判断和全面把握国际国内的形势变化，科学判断和全面把握我国将长期处于社会主义初级阶段的基本国情以及浙江省情，紧紧抓住21世纪头20年的重要战略机遇期，围绕如何加快浙江全面建设小康社会、提前基本实现现代化，提出了“八八战略”，即发挥“八个方面的优势”、推进“八个方面的举措”。“八八战略”的具体内容是：一是进一步发挥浙江的体制机制优势，大力推动以公有制为主体的多种所有制经济共同发展，不断完善社会主义市场经济体制。二是进一步发挥浙江的区位优势，主动接轨上海、积极参与长江三角洲地区合作与交流，不断提高对内对外开放水平。三是进一步发挥浙江的块状特色产业优势，加快先进制造业基地建设，走新型工业化道路。四是进一步发挥浙江的城乡协调发展优势，加快推进城乡一体化。五是进一步发挥浙江的生态优势，创建生态省，打造“绿色浙江”。六是进一步发挥浙江的山海资源优势，大力发展海洋经济，推动欠发达地区跨越式发展，努力使海洋经济和欠发达地区的发展成为浙江经济新的增长点。七是进一步发挥浙江的环境优势，积极推进以“五大百亿”工程为主要内容的重点建设，切实加强法治建设、信用建设和机关效能建设。八是进一步发挥浙江的人文优势，积极推进科教兴省、人才强省战略，加快建设文化大省。①

“八八战略”是一个相互联系、相互促进的有机整体。其中，非常重要的组成部分是“进一步发挥浙江的生态优势，创建生态省，打造‘绿色浙江’”。“两山”重要论述正是在提出并实施“八八战略”及其创建生态省的进程中，不断思考、不断实践、不断认识的一个思想结晶，是一个从实践上升到理论，又以理论指导实践的重要成果。

（二）走遍浙江山山水水，提出“两山”重要论述

习近平同志在主政浙江工作时，经常深入基层调查研究，走遍浙江山山水水，对绿水青山既有感性的认识，又有理性的思考。

2003 年 8 月 8 日，习近平同志从认识论的角度阐述了人们对于金山银山和绿水青山之间的关系。他说：“‘只要金山银山，不管绿水青山’，只要经济，只重发展，不考虑环境，不考虑长远，‘吃了祖宗饭，断了子孙路’而不自知，这是认识的第一阶段；虽然意识到环境的重要性，但只考虑自己的小环境、小家园而不顾他人，以邻为壑，有的甚至将自己的经济利益建立在对他人环境的损害上，这是认识的第二阶段；真正认识到生态问题无边界，认识到人类只有一个地球，地球是我们共同的家园，保护环境是全人类的共同责任，生态建设成为自觉行动，这是认识的第三阶段。”② 这是“两山”重要论述的雏形。

2005 年 8 月 15 日，习近平同志在安吉县余村考察时，明确提出

---

① 习近平：《干在实处 走在前列——推进浙江新发展的思考与实践》，中共中央党校出版社 2006 年版，2014 年第 4 次印刷，第 71—73 页。

② 习近平：《之江新语》，浙江人民出版社 2007 年版，2017 年第 11 次印刷，第 13 页。

了“绿水青山就是金山银山”的科学论断。[1] 回到杭州不久，习近平同志就在2005年8月24日的《浙江日报》上发表了《绿水青山也是金山银山》一文。在文中强调：“如果能够把这些生态优势转化为生态农业、生态工业、生态旅游等生态经济的优势，那么绿水青山也就变成了金山银山。绿水青山可带来金山银山，但金山银山却买不到绿水青山。绿水青山与金山银山既会产生矛盾，又可辩证统一。”[2] 这时，“两山”重要论述已经明确提出，但是，还在进一步求证。因为在《浙江日报》上的文章的标题是“绿水青山也是金山银山”。可见，习近平同志思想探索之严谨。

此后，习近平同志在丽水市、衢州市、杭州市多地调研时均阐述过绿水青山与金山银山的辩证关系。其中，2006年3月23日，习近平同志进一步从金山银山与绿水青山之间对立统一的角度做了更为完整、更为严谨的表述：“在实践中对这‘两座山’之间的关系的认识经过了三个阶段：第一个阶段是用绿水青山去换金山银山，不考虑或者很少考虑环境的承载能力，一味索取资源。第二个阶段是既要金山银山，但是也要保住绿水青山，这时候经济发展和资源匮乏、环境恶化之间的矛盾凸显出来，人们意识到环境是我们生存发展的根本，要留得青山在，才能有柴烧。第三个阶段是认识到绿水青山可以源源不断地带来金山银山，绿水青山本身就是金山银山，我们种的常青树就是摇钱树，生态优势变成经济优势，形成了一种浑然一体、和谐统一的关系。这一阶段是一种更高的境界，体现了科学发展观的要求，体现了发展循环经济、建设资源节约型和环境友好型社会的理念。”[3] 这样，以“两山”为主线的“认识三阶段论”已经趋于成熟。

正是基于“两山”关系的正确认识，习近平同志对于违背科学发展观的思想和做法提出了严肃的批评。他说：“再走‘高投入、高消耗、高污染’的粗放经营老路，国家政策不允许，资源环境不允许，

---

① 胡坚：《绿水青山怎样才能变成金山银山——对浙江十年探索与实践的样本分析》，《浙江日报》2015年8月10日。

② 习近平：《之江新语》，浙江人民出版社2007年版，2017年第11次印刷，第153页。

③ 同上书，第186页。

人民群众也不答应。”[1] 他告诫各级政府、各级领导、各类企业和全体公民：“不重视生态的政府是不清醒的政府，不重视生态的领导是不称职的领导，不重视生态的企业是没有希望的企业，不重视生态的公民不能算是具备现代文明意识的公民。”[2] 针对扭曲了的生产力观和政绩观，习近平指出：“破坏生态环境就是破坏生产力，保护生态环境就是保护生产力，改善生态环境就是发展生产力，经济增长是政绩，保护环境也是政绩。”[3]

总之，习近平主政浙江时的“两山”重要论述重点聚焦在“认识三阶段论”上：第一阶段，只要金山银山，不要绿水青山；第二阶段，既要金山银山，又要绿水青山；第三阶段，绿水青山就是金山银山。其核心思想是旗帜鲜明地提出了“绿水青山就是金山银山”的论断。

（三）审视国内国际局势，完善“两山”重要论述

习近平同志在主持起草党的十八大报告时十分重视生态文明建设，把“大力推进生态文明建设”作为独立的部分进行系统阐述，并且在“两山”重要论述的基础上明确提出了“努力建设美丽中国，实现中华民族的永续发展”的宏伟目标。

中共中央政治局2013年5月24日上午就大力推进生态文明建设进行第六次集体学习。习近平同志在主持学习时强调，生态环境保护是功在当代、利在千秋的事业。要清醒认识保护生态环境、治理环境污染的紧迫性和艰巨性，清醒认识加强生态文明建设的重要性和必要性，以对人民群众、对子孙后代高度负责的态度和责任，真正下决心把环境污染治理好、把生态环境建设好，努力走向社会主义生态文明新时代，为人民创造良好生产生活环境。[4]

2013年9月7日习近平同志在哈萨克斯坦纳扎尔巴耶夫大学发表题为“弘扬人民友谊 共创美好未来”的重要演讲并回答关于环境保

---

① 习近平：《干在实处 走在前列——推进浙江新发展的思考与实践》，中共中央党校出版社2006年版，2014年第42次印刷，第23页。

② 同上书，第186页。

③ 同上。

④ 新华社：《坚持节约资源和保护环境基本国策　努力走向社会主义生态文明新时代》，《人民日报》2013年5月25日第1版。

护的问题时指出："我们既要绿水青山，也要金山银山。宁要绿水青山，不要金山银山，而且绿水青山就是金山银山。我们绝不能以牺牲生态环境为代价换取经济的一时发展。我们提出了建设生态文明、建设美丽中国的战略任务，给子孙留下天蓝、地绿、水净的美好家园。"① 这一回答是对"两山"重要论述的进一步扩展，也是对错误发展观的猛烈棒喝。至此，"两山"重要论述趋于成熟和定型。

习近平同志在党的十八届三中全会上的讲话中进一步把"两山"重要论述提升到系统论的高度，他指出："山水林田湖是一个生命共同体，人的命脉在田，田的命脉在水，水的命脉在山，山的命脉在土，土的命脉在树。用途管制和生态修复必须遵循自然规律，如果种树的只管种树、治水的只管治水、护田的单纯护田，很容易顾此失彼，最终造成生态的系统性破坏。"② 这里释放出了两个信号：一是生态是有生命的，要尊重自然、保护自然；二是生态系统是相互联系的，不能割裂地管理。第十三次全国人民代表大会通过的《国务院机构改革方案》尤其是自然资源部、生态环境部等部门的组建正是基于这一认识的重要管理创新。

习近平同志主持起草的党的十八届五中全会主要文件——《中共中央关于制定国民经济和社会发展第十三个五年规划的建议》，首次系统阐述了创新发展、协调发展、绿色发展、开放发展、共享发展的"五大发展"理念。"五大发展"理念是彼此关联的，其他四大发展均与绿色发展有紧密的联系。没有创新发展就不可能有绿色发展，没有绿色发展就不可能有协调发展，开放发展是绿色发展的必要条件，绿色发展是共享发展的最好体现。

党的十九大报告再次系统阐述了生态文明建设，把"绿水青山就是金山银山"作为生态文明建设的指导思想，而且写入《中国共产党章程》，成为全党必须共同遵循的指导思想。第十三次全国人民代表大会进一步把"绿水青山就是金山银山"载入《中华人民共和国宪

---

① 魏建华、周亮：《习近平：宁可要绿水青山 不要金山银山》，中国青年网（http://www.youth.cn），2013年9月7日。

② 习近平：《关于〈中共中央关于全面深化改革若干重大问题的决定〉的说明》，《人民日报》2013年11月12日。

法》修正案，成为全国人民必须共同遵循的基本准则。

总之，习近平同志主政中央工作后的“两山”重要论述的核心内容是“三个重要论断”：一是“既要金山银山，又要绿水青山”；二是“宁要绿水青山，不要金山银山”；三是“绿水青山就是金山银山”。将“绿水青山就是金山银山”的重要论断写入党的十九大报告和《中国共产党章程》，是生态文明建设的一个里程碑。

二　“两山”重要论述的精神实质

“两山”重要论述中，一座山就是绿水青山，另一座山就是金山银山。从狭义的角度理解，绿水青山代表生态环境，金山银山代表经济增长。由此要求必须妥善处理好生态环境与经济增长的关系。从广义的角度理解，“绿水青山”就是优质的生态环境——优质的水环境、优质的大气环境、优质的土壤环境、优质的天然氧吧、高额的负氧离子等，以及与优质生态环境关联的生态产品——有机产品、绿色产品、无公害产品等；金山银山就是经济增长或经济收入——国内生产总值的增长、居民可支配收入的增长等，以及与收入水平相关联的民生福祉——优质生态环境所带来的审美享受等绿色福利。从价值观的角度看，“两山”重要论述是一种统筹经济价值和环境价值的绿色价值观。

“两山”重要论述的精神实质就是要实现经济生态化和生态经济化。一方面，要遏制经济增长过程中的环境退化，就要保护生态和修复环境，保障生态环境的应有功能，简单而言，就是经济生态化。另一方面，要把优质的生态环境转化成居民的货币收入，就要实现生态优美和经济增长的和谐发展，简单而言，就是生态经济化。

（一）经济生态化

经济生态化包括产业生态化和消费绿色化两个方面。在工业化进程中，产业经济的迅速扩张与生态环境容量的有限性之间的矛盾十分尖锐。产业生态化就是产业经济活动从有害于生态环境向无害于甚至有利于生态环境的转变过程，逐步形成环境友好型、气候友好型的产业经济体系。在市场经济中，消费欲望的无限性与支撑消费品生产的自然资源的有限性之间的矛盾十分尖锐。消费绿色化就是妥善处理人与自然的关系，逐步形成环境友好型的消费意识、消费模式和消费习惯。改变传统的摆阔式消费、破坏性消费、奢侈性消费、一次性消费等消费行为，推进节约型消费、环保型消费、适度型消费、重复型消费等新型消费行为。经济生态化就是要做到党的十八大报告所提出的“着力推进绿色发展、循环发展、低碳发展”。实际上，绿色发展的背后是黑色发展，循环发展的背后是线性发展，低碳发展的背后是高碳发展。经济生态化就是要实现从黑色发展向绿色发展的转变，从线性发展向循环发展的转变，从高碳发展向低碳发展的转变。

（二）生态经济化

经济系统两头连接着生态系统：一方面，生产与消费都要向生态系统获取自然资源；另一方面，生产者与消费者都要向生态系统排放废弃物。长期以来，人们把生态系统当作一个可以无限供给的系统。实际上生态系统是有限的、自然资源是有限的、环境容量是有限的、气候资源是有限的。自然资源、环境资源、气候资源供给的有限性与人类对它们需求的无限性之间的矛盾日益尖锐，因此，不应该以低价格使用自然资源，以零价格使用环境资源和气候资源。生态经济化就是将自然资源、环境容量、气候容量视作经济资源加以开发、保护和使用。对于自然资源不仅要考察其经济价值，还要考察其生态价值；对于环境资源和气候资源，要根据其稀缺性赋予它价格信号，进行有偿使用和交易。生态经济化的实现途径可能是通过绿色财税制度方式，例如征收资源税、环境税、碳税等实现负外部性的内部化，采取生态补偿、循环补贴、低碳补助等实现正外部性的内部化。生态经济化的实现途径也可能是绿色产权制度方式。实施水权、矿权、林权、渔权、能权等自然资源产权的有偿使用和交易制度，实施生态权、排污权等环境资源产权的有偿使用和交易制度，实施碳权、碳汇等气候资源的有偿使用和交易制度。

三　“两山”重要论述的指导意义

（一）“两山”重要论述对人本发展观的指导意义

2012 年 11 月 15 日，新当选的中共中央总书记习近平在常委见面会上的讲话中提到：“人民对美好生活的向往，就是我们的奋斗目标。”[①] 经济发展水平和生态环境质量都是与美好生活息息相关的。在山不清、水不秀、天不蓝、地不净的特殊背景下，大力推进生态环境和生态产品的供给以满足老百姓日益增长的生态需求，是党和政府义不容辞的职责。因此，“两山”重要论述不仅体现了党和政府为人民服务的民生关切，而且展现了生态公平论和环境正义论。“只要金山银山，不要绿水青山”的“黑色发展”得益的是个别企业，受损的是平民百姓，丧失了生态公平和环境正义。有些矿山企业“挖了一个坑，冒了一股烟，留了一堆灰”的做法，虽然肥了自己，但是害了百姓，完全违背了为人民服务的根本宗旨。所有人面对生命的生死、生态的优劣、环境的好坏总体上是公平的。诚如习近平总书记在海南视察时所指出的：“保护生态环境就是保护生产力，改善生态环境就是发展生产力。良好生态环境是最公平的公共产品，是最普惠的民生福祉。”[②] 因此，“两山”重要论述关注的是最广大人民的根本利益和长远利益，反映的是生态公平论和环境正义论。从这个角度审视，“两山”重要论述已经远远突破了生态经济的范畴，已经上升到政治和社会的战略高度。

（二）“两山”重要论述对绿色发展观的指导意义

“两山”重要论述本质上是发展观问题。《中共中央国务院关于加快推进生态文明建设的意见》首次把“绿水青山就是金山银山”作为推进生态文明建设的指导思想，并且强调“大力推进绿色发展、循环发展、低碳发展”。贯彻“两山”重要论述，就要做到绿色生产和绿色消费，就要做到产业生态化和消费绿色化。产业生态化就要坚持“两条腿”走路：一方面，对资源消耗和环境污染大的重化工业、对基于化肥农药的现代农业进行清洁化改造和循环化利用；另一方面，对有机绿色的生态农业、基于高新技术的现代工业、文化创意等轻型化服务业进行产业培育和营销策划。消费绿色化就要倡导节约型消费、适度型消费、循环型消费。只要消费者真正树立了绿色消费的观念，形成了绿色消费的习惯，那么，就完全可以通过“货币选票”

① 习近平：《人民对美好生活的向往就是我们的奋斗目标》，新华网，2012 年 11 月 15 日。

② 《良好生态环境是最公平的公共产品 是最普惠的民生福祉》，《海南特区报》2013 年 4 月 11 日。

培育出强大的绿色产业，并使“黑色产业”没有立足之地。

（三）“两山”重要论述对系统发展观的指导意义

系统论强调系统的整体性、关联性、时序性、等级结构性、动态平衡性等。这些特征也表现为系统论方法。习近平总书记在党的十八届三中全会上的讲话中进一步把“两山”重要论述提升到系统论的高度，他指出：“山水林田湖是一个生命共同体。”这一论断充分体现了生态系统、经济系统、社会系统的整体性、关联性、结构性、时序性等，同时还彰显了生态系统的生命观。按照系统论方法，就要运用统筹兼顾的方法，系统内部要学会统筹，系统之间要学会统筹。运用“两山”重要论述，就要解决“多龙治水”的问题，按照管理创新的思路，在“一龙治水”的大一统和“多龙治水”的碎片化之间找到平衡点；运用“两山”重要论述，就要解决“条块分割”的问题，实现“条”与“条”之间、“块”与“块”之间、“条”与“块”之间的分工与整合；运用“两山”重要论述，就要解决“单打一”决策的问题，铲除“环保不下水”“水利不上岸”等现象的存在根基；运用“两山”重要论述，就要解决“运动员”与“裁判员”合一的问题，或者采取“第三方治理”，或者采取“第三方评价”，实现有效的“管”“评”分离的制衡机制。

（四）“两山”重要论述对正确政绩观的指导意义

正确的政绩观可以导向目标均衡，错误的政绩观必然导向非目标均衡。“唯GDP论英雄”的政绩观，往往导致只要经济增长、不要环境保护的结果，只要金山银山、不要绿水青山的结果。“绿色GDP论英雄”的政绩观，往往可以促进经济增长与环境保护、金山银山和绿水青山的兼顾，而且可以激励人们努力践行“绿水青山就是金山银山”的指导思想。早在2006年，习近平同志就指出：“破坏生态环境就是破坏生产力，保护生态环境就是保护生产力，改善生态环境就是发展生产力，经济增长是政绩，保护环境也是政绩。”[①]“两山”重要论述是正确政绩观的生动写照，或者本身就是

① 习近平：《干在实处 走在前列——推进浙江新发展的思考与实践》，中共中央党校出版社2006年版，2014年第4次印刷，第186页。

正确政绩观。

以“两山”重要论述为核心的生态文明建设理念不仅在国内具有指导意义，而且在国际上也具有广泛影响力。2013年2月，联合国环境规划署第27次理事会，将来自中国的生态文明理念正式写入决议案。3年后，2016年5月，联合国环境规划署发布《绿水青山就是金山银山：中国生态文明战略与行动》报告。中国的生态文明建设，被认为是对可持续发展理念的有益探索和具体实践，为其他国家应对类似的经济、环境和社会挑战提供了经验借鉴。联合国环境规划署执行主任埃里克·索尔海姆在2017年初发表的署名文章中这样写道：“在全球环境日益恶化的当下，我们每一个人都深受其害。许多国家已经奋起迎接挑战，而在这一过程中，中国等国家的领导力至关重要。”“中国的重要作用在国际舞台日益彰显。中国积极签署并批准了诸多重要环境协定，为其他国家做出表率。《巴黎协定》无疑是其中最知名的，但也有一些没那么有名，却同样重要的协定。例如，中国在2016年8月批准了《水俣公约》，旨在预防有害工业汞污染物引起的新生儿生理缺陷与疾病。10月，中国在《蒙特利尔议定书》缔约方大会上发挥了建设性引领作用，推动全球通过《基加利修正案》，就遏制空调与冰箱中的强效温室气体氢氟碳化物达成一致。在2016年年初，中国批准了《名古屋议定书》，助力生物多样性的保护。”①

第二节　从“绿色浙江”到“美丽浙江”的战略演进

战略创新是引领一个国家或区域健康发展的“方向盘”。浙江省在“两山”重要论述指导下开展生态文明建设，始终坚持一条主线，不断推进战略深化。所谓一条主线就是妥善处理好金山银山和绿水青山之间的关系，既要金山银山又要绿水青山，实现经济社会的可持续

① 邢宇皓：《生态兴则文明兴——十八大以来以习近平同志为核心的党中央推动生态文明建设述评》，《光明日报》2017年6月16日第1、3版。

发展和人民群众的幸福安康。不断推进战略深化就是实现了从生态环境建设、绿色浙江建设、生态省建设、生态浙江建设、“两美”浙江建设直到美丽浙江建设的层层递进。坚持“两山”重要论述为指导，浙江省经历了绿色发展的五次战略深化。

一　从生态环境建设到绿色浙江建设

我国早在1983年就把环境保护作为国家的基本国策，1994年中国政府发布的《中国21世纪议程——中国21世纪人口、环境与发展白皮书》，首次把可持续发展战略纳入经济社会发展的长远规划。由于当时经济增长与环境保护矛盾的主要方面还是经济增长，因此，表现出“环境保护加强、环境污染加剧”并存的现象。生态建设与环境保护是一项系统工程，必须按照系统思维进行推进。2002年召开的浙江省第十一次党代会完成了从单一的生态环境建设到综合的绿色浙江建设的转型。时任省委书记张德江同志在党代会报告中指出：“建设‘绿色浙江’是我省实现可持续发展的大事。必须从全局利益和长远发展出发，把发展绿色产业、加强环境保护和生态建设，放在更加突出的位置。”“绿色浙江”建设战略目标的提出具有下列三个基本特征：第一，绿色浙江建设的基础是生态建设、环境保护和资源节约；第二，绿色浙江建设的重心是发展包括生态农业、生态工业、生态服务业在内的生态产业；第三，绿色浙江建设不再是简单的环境保护，而是环境保护与经济增长的统筹。相对于以往的经济增长模式，“绿色浙江”建设把生态环境放到“更加突出的位置”，但是尚未纳入重点工作之中。在生态省建设战略的指引下，浙江省在可持续发展行动计划的制订与实施、环境保护模范城市的创建等工作方面均取得了显著业绩。

二　从绿色浙江建设到生态省建设

2003年，浙江省委十一届四次全会（扩大）会议在杭州召开，时任省委书记习近平同志代表省委所作的报告中明确提出了“八八战略”。“八八战略”是习近平同志主政浙江时期的主要战略。“八八战略”的重要内容之一是“进一步发挥浙江的生态优势，创建生态省，打造‘绿色浙江’”。生态省建设成为十多年来乃至更长时期浙江生态文明建设的主基调和主旋律。生态省建设战略目标的提出具有下列三个显著特征：第一，辩证地看待浙江省情，既看到了浙江经济快速发展所带来的环境问题，又看到了浙江生态建设和环境保护的优势；第二，全面地推进生态省建设，生态省建设比绿色浙江建设具有更大的包容性，已经涉及经济、政治、社会、文化、生态等各个方面；第三，生态省建设需要强大的组织保障，时任省委书记习近平同志亲自担任生态省建设领导小组组长，从而保障了各项工作的真正落实。正是在实施生态省建设战略的进程中，“811”环境整治行动计划、循环经济发展规划、千村示范万村整治行动等逐个付诸实施，无论是生态环境、生态经济还是生态文化、生态人居均取得显著业绩。

三　从生态省建设到生态浙江建设

浙江省委十二届七次全会专题研究生态文明建设，会议通过的《中共浙江省委关于推进生态文明建设的决定》是一个标志性文件。该决定指出：坚持以邓小平理论和“三个代表”重要思想为指导，深入贯彻落实科学发展观，全面实施“八八战略”和“创业富民、创新强省”总战略，坚持生态省建设方略、走生态立省之路，大力发展生态经济，不断优化生态环境，注重建设生态文化，着力完善体制机制，加快形成节约能源资源和保护生态环境的产业结构、增长方式和消费模式，打造“富饶秀美、和谐安康”的生态浙江，努力实现经济社会可持续发展，不断提高浙江人民的生活品质。该决定的新意在于：第一，在中央统一部署了生态文明建设方略的情况下，浙江省首先完成了从综合的生态省建设到文明高度的生态浙江建设的提升；第二，继续坚持生态省建设方略的前提下提出了“生态立省”论断，更加强化了生态文明建设的极端重要性；第三，把生态文明建设与人民的福祉紧密关联起来，建设“富饶秀美、和谐安康”生态浙江的目的是提高浙江人民的生活品质。

四　从生态浙江建设到“两美”浙江建设

党的十八大报告明确提出了以“美丽中国”为目标的生态文明建设思路。习近平同志担任总书记以后依然十分关心浙江的生态文明建设。2013年初，习近平总书记在与原中共杭州市委书记黄坤明谈话时指出：“希望你们更加扎实地推进生态文明建设，努力使杭州成为美丽中国建设的样本。”浙江省理当成为美丽中国建设的先行区。因此，2014年召开的省委十三届五次全会专题研究生态文明建设，并且做出了《中共浙江省委关于建设美丽浙江创造美好生活的决定》。该决定进一步指出：“建设美丽浙江、创造美好生活，是建设美丽中国在浙江的具体实践，也是对历届省委提出的建设绿色浙江、生态省、全国生态文明示范区等战略目标的继承和提升。”“建设美丽浙江、创造美好生活”简称为“两美”浙江建设。该决定的新意在于：第一，基于生态文明建设的整体性，把“山水林田湖是一个生命共同体”的系统思维转变成生态文明建设的指导思想。第二，基于人民群众生态需求的快速递增，把生态文明建设的目标提升到美丽浙江建设的高度。第三，基于中国共产党为人民服务的根本宗旨，把创造美好生活作为美丽浙江建设的终极目标。在“两美”浙江建设战略的指引下，生态文明建设的突出特点是狠抓落实，尤其是以“拆治归”为代表的系列组合拳的运用，浙江省率先实现了生态环境质量的总体好转。

五　从“两美”浙江建设到美丽浙江建设

“建设美丽浙江、创造美好生活”所要强调的是建设美丽浙江是为了美好生活，强调的是美丽浙江建设的目的性。但是，“两美”浙江建设，既存在词义上的偏颇——从原义看无法简化，又存在同意反复——创造美好生活是建设美丽浙江的题中应有之义。因此，浙江省第十四次党代会报告中明确指出：着力推进生态文明建设。深入践行“绿水青山就是金山银山”重要论述，大力开展“811”美丽浙江建设行动，积极建设可持续发展议程创新示范区，推动形成绿色发展方式和生活方式，为人民群众创造良好生产生活环境。“在提升生态环境质量上更进一步、更快一步，努力建设美丽浙江……全省天更蓝、地更净、水更清、空气更清新、城乡更美丽。”[①] 该报告具有下列三个特点：第一，生态文明建设的理念更加明确，必须以“绿水青山就是金山银山”重要论述为指导；第二，生态文明建设的目标更加高远，美丽浙江是包括美丽生态环境、美丽生态经济、美丽生态文化和美丽生态人居在内的综合美丽；第三，生态文明建设的接力意识更加明显，如从“811 环境保护行动”到“811 生态浙江建设行动”再到“811 美丽浙江建设行动”，体现的是不同阶段生态文明建设的不同内容和不同要求。

正是这种“一任接着一任干”的接力棒精神，才使得浙江省不仅在经济建设方面走在全国前列，而且在生态文明建设方面依然走在全国前列。正是有了这个基础，习近平总书记对浙江省提出了更高的要求：“秉持浙江精神，干在实处，走在前列，勇立潮头。”

第三节　从保护生态安全到保障绿色福利的显著绩效

发达国家以两三百年的时间完成了工业化，浙江仅仅用了二三十年的时间完成了工业化；发达国家短则三五十年、长则上百年的时间实现生态环境质量的根本好转，浙江仅仅用十多年时间完成了生态环境质量的总体好转。浙江的经济建设是一个奇迹，浙江的生态文明建设也是一个奇迹。

一　生态环境质量总体好转

生态文明建设的基础是生态环境。生态环境质量是否好转是检验生态文明建设实效的重要标志。2005 年以来，浙江省大力践行“两山”重要论述，水环境质量明显好转，空气环境质量有所好转，海洋环境质量略有改善。

---

① 车俊：《坚定不移沿着“八八战略”指引的路子走下去 高水平谱写实现“两个一百年”奋斗目标的浙江篇章——在中国共产党浙江省第十四次代表大会上的报告》，《浙江日报》2017 年 6 月 19 日第 1—3 版。

（一）水环境质量明显好转

治水是浙江省生态文明建设的重头戏。浙江省深入实施全省范围内的水环境综合治理，地表水水质得到明显改善，地下水水质各项指标保持良好，饮用水源地水质得到更好的保护。浙江省自 2005 年以来经济总量不断扩大，同时地表水水质总体明显改善。由图 1－1 可见，Ⅰ类水质占比从 2005 年的 2.9%增长至 2016 年的 10.9%；劣Ⅴ类水质从 2005 年的 14.1%减少至 2.7%。优质水越来越多，劣质水越来越少。这是水环境质量明显好转的重要特征。

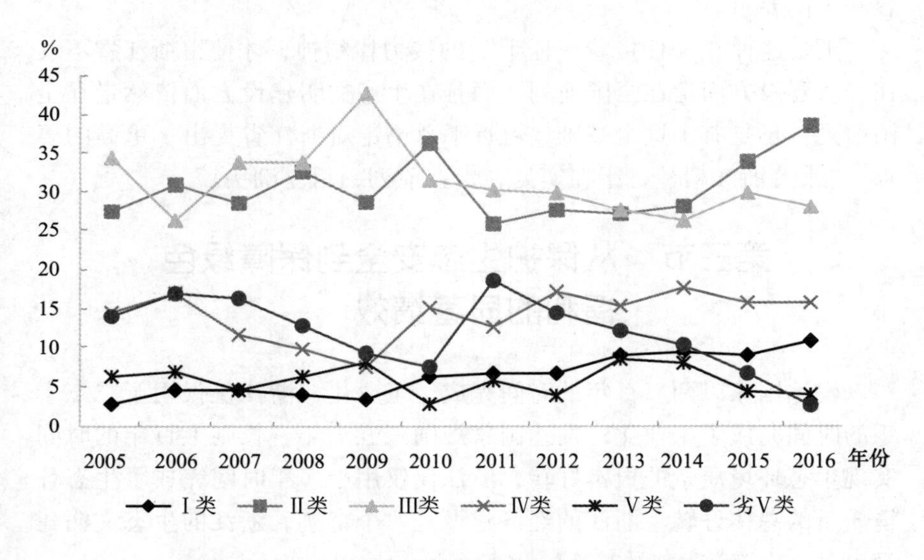

图 1－1　2005—2016 年浙江地表水水质变化状况①

（二）空气环境质量有所好转

浙江省空气环境质量在不断改善。由图 1－2 可见，2005 年以来浙江省城市空气环境状况稳定改善。颗粒物平均浓度（即 PM2.5 浓度）已经从巅峰 2006 年的 89 微克/立方米下降到 2016 年的 37 微克/立方米；二氧化硫平均浓度已经从 2007 年最高的 36 微克/立方米下降到 2016 年的 11 微克/立方米；二氧化氮平均浓度也连续三年下降，

① 资料来源：根据 2006—2017 年《浙江省环境状况公报》整理而得。

从2016年浓度只有26微克/立方米，降到2005年以来历史最低点。从图1-2可以看出，2013—2016年浙江省空气环境连续三年得到明显改善，PM2.5、二氧化氮和二氧化硫浓度在不断下降。

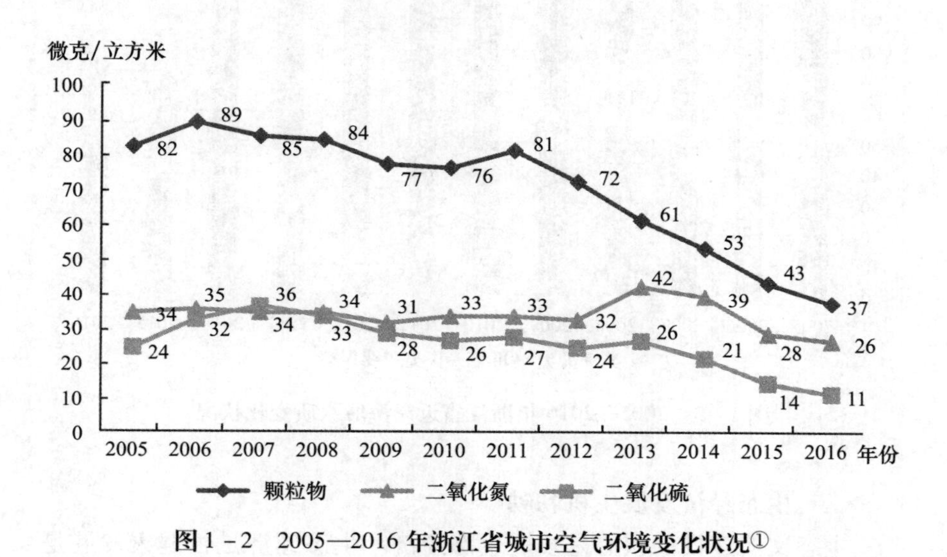

图1-2　2005—2016年浙江省城市空气环境变化状况①

（三）*海洋环境质量略有改善*

浙江省是海洋大省，海域面积26万平方千米，拥有面积大于500平方米的海岛共有3061个，是全国拥有岛屿最多的省份，其中面积495.4平方千米的舟山岛为我国第四大岛，海岸线总长6486.24千米，居全国首位。因此，浙江省海洋环境的好坏直接关系到整个浙江省生态环境质量的优劣。随着海洋环境保护力度的加大，浙江省近岸海域海水污染总体得到遏制并略有改善。由图1-3可见，2005—2016年，浙江省一、二类海水占比从20%上升到37.7%，表明优质海水明显增加；四类和劣四类水质从2005年的62.2%下降到2016年的51.1%，劣质海水也是明显下降，可见海域水质总体得到遏制但四类和劣四类水质海水的高占比远未达到令

① 2005—2012年的颗粒物数据为可吸入颗粒物，2013—2016年颗粒物数据为PM2.5。资料来源：根据2006—2017年《浙江省环境状况公报》整理而得。

人满意的程度。

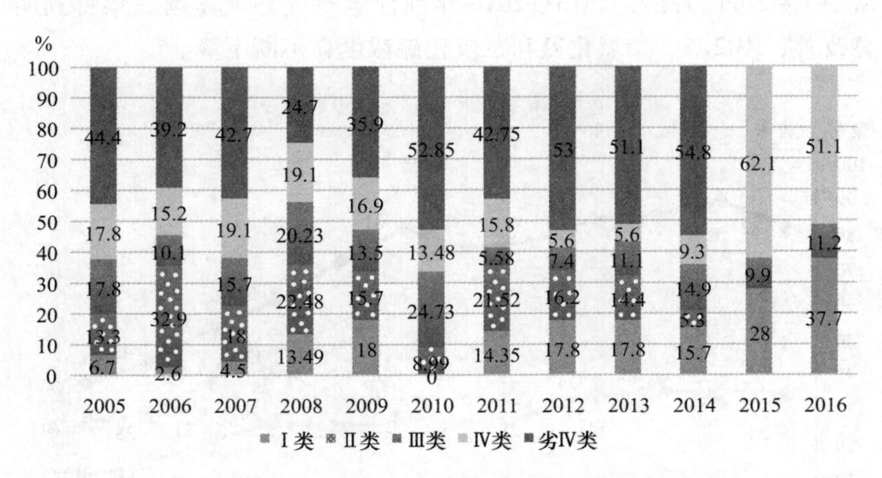

图 1－3　2005—2016 年浙江省近岸海域水质变化状况①

二　生态经济发展生机勃勃

生态文明建设的核心是发展生态经济。生态经济是否健康发展是检验生态文明建设的核心内容。2005 年以来，浙江省坚决贯彻“八八战略”，坚定不移落实“绿水青山就是金山银山”的重要论述，在以壮士断腕的决心保护生态环境的同时，经济总量持续增长，产业结构不断优化，生态经济蓬勃发展，城乡居民收入不断提升。

（一）经济总量持续增长

一是地区生产总值稳定增长。2005 年，浙江省 GDP 为 13417 亿元，2008 年突破 2 万亿元达到 21462 亿元，2011 年突破 3 万亿元达到 32363 亿元，在 2014 年又成功突破 4 万亿元大关，在 2016 年达到 46485 亿元。由图 1－4 可见，浙江省在经济新常态下稳中求进，经济运行稳中向好。而且，浙江省 GDP 总量占全国的 6.24%，继续排在广东、江苏、山东之后，连续 20 年居全国第 4 位。

① 2015 年和 2016 年统计数据将一类和二类海水进行合并，四类和劣四类海水进行合并。资料来源：根据 2006—2017 年《浙江省环境状况公报》和《浙江省海洋环境状况公报》整理而得。

二是人均 GDP 稳定增长。由图 1－4 可见，2005 年浙江省人均 GDP 仅为 27661 元，之后的十年里不断提高，平均每两年上一个万元台阶，2016 年，按照年末常住人口 5590 万，人均 GDP 达到了 83538 元，是 2005 年的 3.02 倍，按当年平均汇率折算为 12577 美元，增长率达 10.6%。国家统计局的数据显示，2016 年全国人均 GDP 达到 53817 元，浙江省的人均 GDP 是全国平均水平的 1.55 倍，列天津、北京、上海、江苏之后，居全国第 5 位。接近高收入国家行列的人均地区生产总值。这一方面为生态文明建设提供了坚实的物质基础，另一方面又对绿色发展提出了强烈需求。

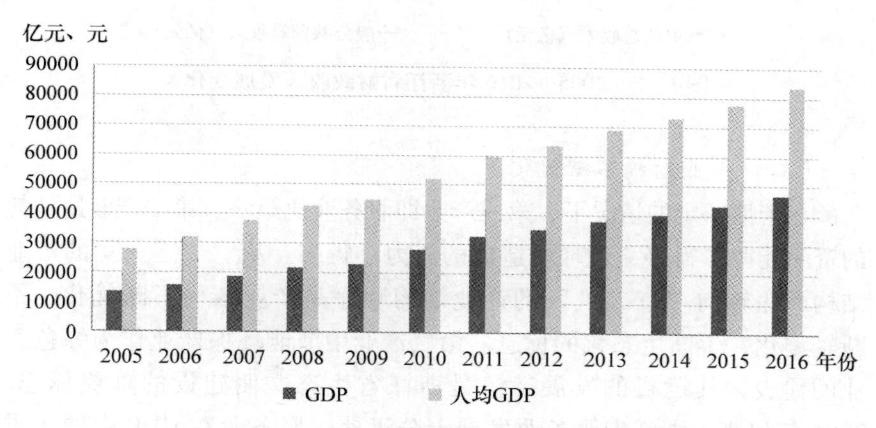

图 1－4　2005—2016 年浙江 GDP 及人均 GDP 发展变化趋势①

三是财政收入稳定增长。2005 年，浙江省的财政总收入和一般公共预算收入分别为 2115 亿元和 1066 亿元。2016 年，浙江省财政总收入和一般公共预算收入快速增长，财政总收入跃上 9000 亿元台阶达到 9255 亿元，而一般公共预算收入跃上 5000 亿元台阶达到 5302 亿元，如图 1－5 所示。财政总收入与一般公共预算收入的快速增长，既是浙江经济快速发展的产物，也为今后浙江省开展生态文明建设提供了强大的财力支撑。

① 本图按当年价格计算。人均 GDP 按常住人口计算。资料来源：根据 2006—2017 年《浙江省统计年鉴》整理而得。

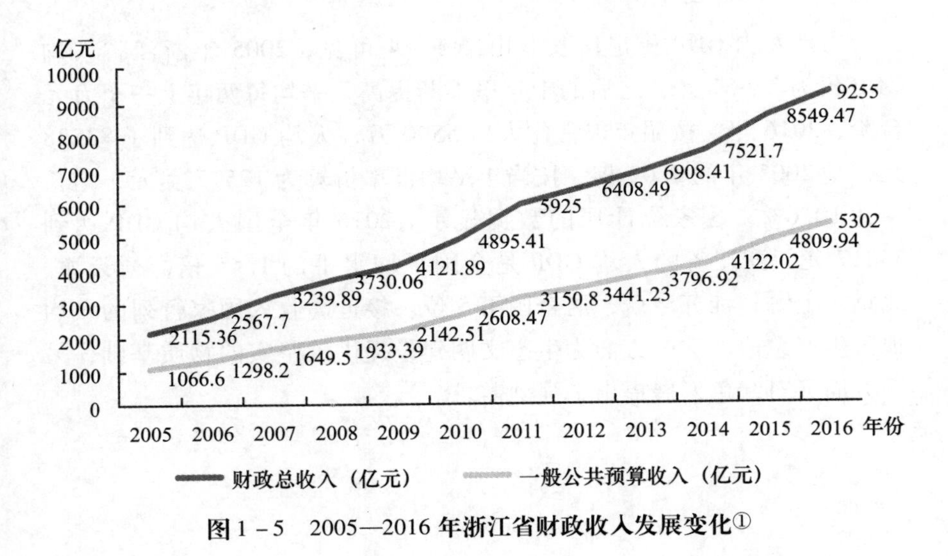

图 1－5　2005—2016 年浙江省财政收入发展变化①

（二）产业结构不断优化

在产值一定的情况下，第三产业即服务业比第一、第二产业所消耗的资源能源少得多，对环境造成的压力小得多。从“二三一”的产业结构顺序转向“三二一”的产业结构顺序是产业结构不断优化、不断轻型化、不断生态化的标志。第三产业中节能环保产业作为绿色产业的代表，其迅猛的发展态势是浙江省生态文明建设的重要标志。2005 年以来，浙江省服务业发展十分迅速，服务业在 GDP 中的比重也不断上升（见图 1－6）。2005 年，第三产业增加值仅为 5360. 1 亿元，占 GDP 的 39. 9%；到 2016 年增长至 24091. 6 亿元，并首次占 GDP 的一半以上，达 51. 0%，比 2005 年提高约 11 个百分点；三次产业比例在 2014 年为 4. 4∶47. 7∶47. 9，第三产业首次超过第二产业，该比例在 2016 年变为 4. 2∶44. 8∶51. 0，第三产业的比重继续上升。

浙江省在产业结构整体生态化的同时，生态经济展现出良好态势。

一是节能环保产业不断发展。环保产业是指为节约能源资源、发

① 本图按当年价格计算。一般公共预算收入在 2014 年之前称为地方财政收入。资料来源：根据 2006—2017 年《浙江省统计年鉴》整理而得。

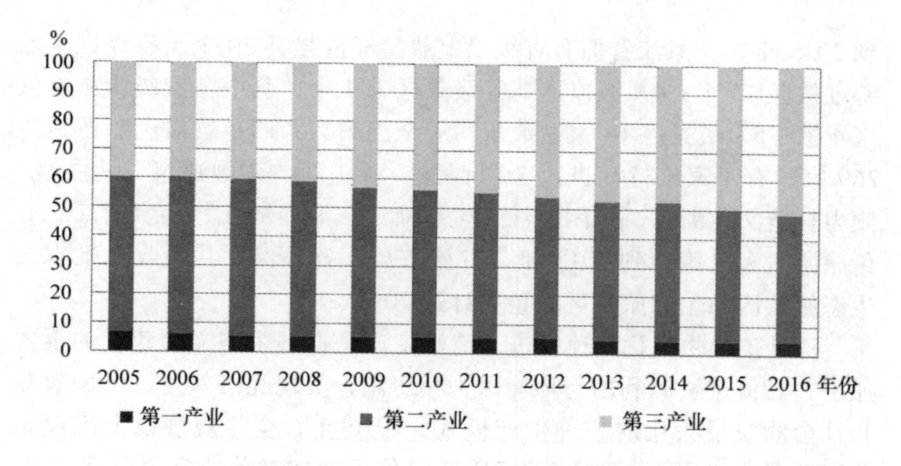

图 1-6　2005—2016 年浙江省产业结构比例变动状况①

展循环经济、保护生态环境提供物质基础和技术保障的产业，是国家加快培育发展的战略性新兴产业，是浙江省重点发展的七大万亿产业之一。推动生态文明建设离不开节能环保产业的发展。自 2005 年以来，浙江省节能环保产业规模不断壮大。根据《浙江省节能环保产业发展规划（2015—2020 年）》，“十二五”期间，浙江省节能环保产业规模不断壮大。2014 年，节能环保产业实现总产值 5300 亿元，居全国前列。其中，节能环保技术装备产值 5100 亿元，同比增长 10.7%，超过同期全省工业总产值增速 4.3 个百分点；环保服务业企业数量年均增长约 15%，从业人数年均增长约 60%，营业收入达到 180 亿元，同比增长 20% 以上。

二是生态旅游蓬勃发展。生态旅游作为浙江省服务业中的绿色产业，一直以来被称为“无烟工业”。通过发展旅游产业促进经济发展、促进产业结构调整、增加财政收入和城乡居民收入，是生态经济发展的重要组成部分。2016 年，全省旅游产业增加值 3305 亿元，占 GDP 的 7.1%；实现旅游总收入 8093 亿元；全省共接待游客 5.84 亿人次。旅游业已然成为浙江省服务业的龙头产业和经济的重要支柱。

① 本图按当年价格计算。三次产业分类依据国家统计局 2012 年制定的《三次产业划分规定》。资料来源：根据 2006—2017 年《浙江统计年鉴》整理而得。

到2015年末，浙江省拥有省级以上旅游经济强县30个、省级以上旅游度假区43个；4A级以上高等级景区192个，其中国家级旅游度假区4家、5A级景区14家，数量均居全国第二；四星级以上旅游饭店269家，有4家旅行社进入全国百强。浙江以“诗画浙江”为主题，倾力打造文化浙江、休闲浙江、生态浙江、海洋浙江、商贸浙江、红色旅游六大品牌。到2015年，省旅游局、省环保厅共验收七批省级生态旅游区，生态旅游区数量累计达70个。

三是工业生态化迅速推进。清洁生产是推进生态文明建设的重要抓手，是促进资源利用与环境保护相协调，实现经济效益、环境效益和社会效益最大化的一种生产模式。2016年，全年规模以上工业企业能源消费比2015年增长2.3%，单位工业增加值能耗下降3.7%，其中，千吨以上和重点监测用能企业能源消费分别增长0.5%和0.8%，单位工业增加值能耗分别下降4.2%和4.1%；全省废水排放总量44.18亿吨，同比增加1.8%，其中工业废水排放量13.41亿吨，同比减少9%；全省二氧化硫排放量49.48万吨，比2015年下降8%，氮氧化物排放量56.52万吨，同比下降7%；全省工业固体废物产生量4435.7万吨，比2015年减少5.2%。工业固体废物综合利用率达到84.5%。图1－7显示，自2005年浙江省印发关于清洁生产的

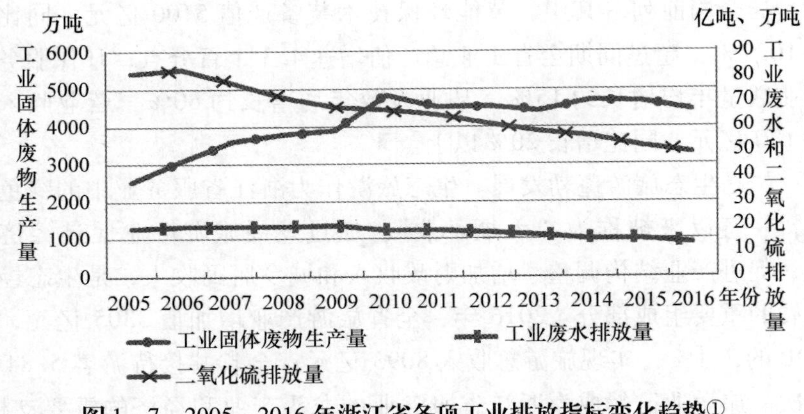

图1－7　2005—2016年浙江省各项工业排放指标变化趋势①

① 资料来源：根据2006—2017年《浙江统计年鉴》整理而得。

规范性文件后，浙江省工业固体废物先是经过“十一五”时期的持续上升但到“十二五”后有所回落或趋于稳定，工业废水和二氧化硫的排放则呈现出持续递减的趋势。可见，2005 年以来，浙江省高度重视工业节能减排并且成效显著。

（三）城乡居民人均收入水平持续提高

2005 年，浙江省城镇居民人均可支配收入为 16294 元，农村居民人均可支配收入为 6660 元。到 2016 年，浙江省城镇居民人均可支配收入和农村居民人均可支配收入分别为 47237 元和 22866 元，各自增长了 1.9 倍和 2.4 倍，年增长率分别为 10.1% 和 11.9%。2016 年，浙江省城镇居民人均可支配收入比全国平均水平的 33616 元高出 40.5%；农村居民可支配收入比全国平均水平的 12363 元高出 85%。2016 年，城镇居民人均可支配收入连续 16 年居全国第 3 位，农村居民人均可支配收入自 2014 年超越北京后处于全国第 2 位，并在不断拉近与第一名上海的差距。2016 年，浙江省的城乡居民人均可支配收入比为 2.06，自 2005 年不断下降，并且远远低于全国平均水平。这说明，浙江省各项扶农、惠农政策有实质性的作用，城乡之间、区域之间的居民收入差距逐渐减小。

三　生态文化建设欣欣向荣

生态文明建设的引领是生态文化。生态文化氛围是否浓厚是检验生态文明建设的风向标。在“两山”重要论述的指引下，浙江省的生态文化渗透到了政府的决策之中，渗透到了企业的经营之中，渗透到了家庭的生活之中。

（一）生态意识得到不断强化

生态意识是指注重维护社会发展的生态基础、强调从生态价值的角度审视人与自然关系的价值理念。生态意识作为一种反映人与自然环境和谐发展的新的价值观，主张尊重自然、顺应自然、保护自然，其核心是资源能源节约和生态环境保护。政府积极倡导、推行一系列生态文明举措，促进人们生态意识提高。2002 年，浙江省确定建设绿色浙江的目标；2003 年，做出建设生态省的决定；2010 年，提出建设全国生态文明示范区；2012 年，提出建设美丽浙江；2014 年，提出建设“两美”浙江；2016年，打造生态文明建设浙江样本；2017年强调建设美丽浙江。这些发展战略和重大举措及其实施既是浙江人的生态意识不断加强的结果，同时又反过来进一步增强浙江人的生态意识。

环境宣传教育无疑是提高人们生态意识最主要的方式之一。2016年，浙江省环保厅共举办新闻发布会5次，网上新闻通报会15次，发布新闻通稿31篇，主流媒体报道量8000余篇，接待国内外媒体采访800余次。举办“护航G20美丽浙江精彩分享”主题摄影作品征集活动、“迎接G20峰会生活方式绿色化”主题微视频征集活动等丰富的宣传活动。开展各类青少年生态环保主题实践活动，累计开展各类生态环保志愿活动4万余场。由政府主导，积极引导社会公众参与生态文明建设的形式也得到了国际上的认可。在第二届联合国环境大会上，浙江省环境保护公众参与嘉兴模式入选中国推动环境保护多元共治典型案例，获得联合国推广。

（二）绿色生活方式逐步确立

绿色生活方式是指在资源能源节约和生态环境保护意识支配下，通过衣食住行等方面的绿色采购和绿色消费，让人们在充分享受现代生活、现代技术带来的便利和舒适的同时，切实履行可持续发展责任，实现自然、环保、节俭、健康的生活方式。以资源节约和环境保护意识为核心的生态文化渗透到浙江居民消费和政府消费行为中，主要表现为居民的生态消费和政府的生态采购等绿色生活方式逐步确立。

2009年，浙江省公布“公民十大绿色生活准则”，包括用电节约化、出行少开车、提倡水循环、巧用废旧品、办公无纸化、远离一次性、购物需谨慎、拒绝塑料袋、植物常点缀、争做志愿者。“公民十大绿色生活准则”引起了公众对于自己曾经的生活习惯的反思，让人们意识到个人的生活方式会对生态环境造成比较大的影响，意识到其实每一个人的“一小步”能让生态文明建设发展“一大步”。政府是管理者，同时也是消费者。根据国家统计局网站公布的数据。2015年中国政府消费高达96286亿元，占最终消费362266亿元的比例达26.6%；而浙江，2015年的政府消费为5077亿元，占最终消费总额

20936 亿元的比例为 24.3%。这个比例低于全国平均水平，说明浙江省政府在政府消费方面有一定的控制，可见政府消费对公众消费还起着重要的引导和示范作用。

（三）生态城乡建设稳步推进

生态意识渗透到决策者和管理者行为表现为浙江省深入实施生态市县、环保城市、绿色家庭等创建活动。截至 2016 年年底，已累计建成国家级生态市 2 个、生态县 34 个、生态乡镇 691 个；省级生态市 5 个、生态县（市、区）67 个。创建第六批省生态文明教育基地 21 家、第八批省级绿色矿山 11 家、第八批省级绿色学校 170 家以及省级绿色家庭 260 户。特别可喜的是，杭州市被习近平总书记誉为“生态文明之都”，安吉县成为全国第一个国家级生态县。2016 年印发实施《浙江省生态环境保护“十三五”规划》，批复并同意《浙江省环境功能区划》，成为全国首个获批省和市县环境功能区划的省份，实现全省“一个区划一张图”。

浙江省生态文明建设的一个重要贡献是生态文明制度建设。水量定额和水权交易制度、区内和区际的生态补偿制度、排污权有偿使用和交易制度、针对不同区域的差别化政绩考核制度、“河长制”和“湖长制”等制度均走在全国前列。浙江生态文明制度体系基本建立。由于本书第九章专门论述生态文明制度建设，这里不详细展开。

总之，在“两山”重要论述的指导下，浙江省生态经济健康发展，生态环境总体改善，生态文化氛围浓厚，生态文明制度体系基本建立。通过持续接力的生态文明建设，浙江人民在生态环境保护中尝到了绿色福利，从生态经济发展中获得了绿色效益，从生态文化繁荣中取得了绿色品质。

第四节 生态文明建设的浙江经验和全国意义

浙江省是地域小省、资源小省、环境容量小省，资源环境的约束特别严苛。即使在这样的条件下，浙江省不仅建成了经济强省，而且创造了生态文明建设的全国样本。总结生态文明建设的浙江经验，对全国乃至世界不乏借鉴意义。

一 坚持“两山”重要论述不动摇

生态文明建设的浙江经验之一：坚持“两山”重要论述，妥善处理人、自然与社会的关系，努力追求生产发展、生活富裕、生态良好的新境界。

习近平总书记“绿水青山就是金山银山”重要论述是习近平新时代中国特色社会主义思想的重要内容。从“目的论”角度看，“两山”重要论述的追求目标就是作为“中国梦”组成部分的“美丽中国”；从“民生论”角度看，“两山”重要论述是充分体现以人民为中心的民生关切；从“发展论”角度看，“两山”重要论述是“五大发展”理念的重要基石。“两山”重要论述是习近平总书记在浙江工作时的重要理论创新，浙江是自觉践行“两山”重要论述的先行示范区。大力推进的生态浙江、美丽浙江建设等就是“两山”重要论述指导下的产物。思路决定出路，理论指导实践。在“两山”重要论述指导下，浙江不仅在认识人与自然、人与社会、人与人的关系上达到新高度，而且在现代化建设中已经越来越接近生产发展、生活富裕、生态良好的新境界。在人与自然的关系上，认识到人是自然的一个组成部分，而不是自然的主宰，因此，要敬畏自然；在人与社会的关系上，认识到人是社会的人，而不是孤立的个体的人，因此，要尊重社会秩序；在人与人的关系上，认识到生态系统、经济系统和社会系统均存在“一损俱损，一荣俱荣”的联系，因此，要妥善处理好这个人和那个人、这群人与那群人、当代人与后代人之间的关系。科学的思想是正确的行动的向导。浙江的生态文明建设是科学思想指导下的正确行动。

二 坚持“抓铁有痕”作风不动摇

生态文明建设的浙江经验之二：坚持“抓铁有痕”实干作风，娴熟运用“拆治归”系列组合拳，成功传递生态文明建设“接力棒”。

战略部署是行动向导，战术运用是实现手段。浙江省在生态文明建设上先后实施了绿色浙江建设战略、生态省建设战略、生态浙江建设战略、“两美浙江”建设战略、美丽浙江建设战略等重大战略。这些战略的演进是一脉相承的，这些战略的深化是与时俱进的。十多年来，浙江省委按照“一张蓝图绘到底”“一任接着一任干”“功成不必在我”的精神，持之以恒、锲而不舍地推进生态文明建设。尤其是省第十三次党代会以来，接连或同时打出了“三改一拆”“五水共治”“浙商回归”“四边三化”“四换三名”“811 行动计划”“特色小镇建设”等系列组合拳，以“抓铁有痕”的毅力狠抓落实，全面推进了生态文明建设，取得了显著的业绩，生态文化日渐浓厚，生态经济日益繁荣，生态环境显著改善，老百姓对生态文明建设的满意度、获得感、幸福感大幅度提升。“拆治归”等系列组合拳从开始的“要我做”到后来的“我要做”再到现在的“要求做”。这充分展现了战略和战术的成功运用。而且，在真抓实干的过程中，浙江的干部越来越有精气神，越来越有金点子，越来越有战斗力，培养了一支生态文明建设的“浙江铁军”。

三 坚持“以人民为中心”宗旨不动摇

生态文明建设的浙江经验之三：坚持“以人民为中心”基本观念，始终紧扣“人民对美好生活的向往，就是我们的奋斗目标”的宗旨精神。

习近平总书记关于“人民对美好生活的向往，就是我们的奋斗目标”的观点充分表达了“以人民为中心”的发展观。发展经济是为了民生，保护环境一样是为了民生。十多年来，浙江各级党委政府积极回应人民关切、顺应民生需求，加大生态环境保护力度，不断美化优化城乡人居环境，让人们望得见青山、看得见绿水、记得住乡愁。人民对美好生活的向往并非单一目标，而是经济效益、生态效益和社会效益等多重目标的统一。一方面，随着收入水平的上升，人民群众对环境问题的敏感度越来越高，容忍度越来越低；社会舆论对生态环境的关注度也越来越高，环境问题的“燃点”越来越低。另一方面，随着收入水平的上升，按照生态需求递增规律，人民群众对绿色审美、生态旅游、有机食品等生态产品和生态服务的需求呈现出递增的趋势。这就是问题所在、压力所在，也是方向所在、动力所在。正是因为人民在追求物质富裕、精神富有的同时，也十分向往山清水秀、天蓝地净的优美环境，浙江省委才提出并实施建设美丽浙江的战略，并涌现出安吉县、桐庐县、开化县、遂昌县、仙居县、磐安县等诸多全县景区化打造的典型。“以人民为中心”的发展观在浙江生态文明建设中已经显示出真理的光芒。

四　坚持经济生态化思路不动摇

生态文明建设的浙江经验之四：坚持经济生态化思路，在尊重自然、顺应自然、保护自然的前提下推进经济转型升级，确保人民的绿色福利。

生态文明是对工业文明的扬弃。生态文明要发扬工业文明的高效率优势，要抛弃工业文明高污染的弊端。人类的经济社会活动一方面要向生态系统获取自然资源，另一方面又要向生态系统排放废弃物。人类的所有活动都是离不开生态系统的。在地球这个生态系统中，人类只不过是食物链当中的一个环节，人类只不过是自然界的一个组成部分。因此，要尊重自然而不是鄙视自然，要顺应自然而不是对抗自然，要保护自然而不是破坏自然。正是基于上述认识，浙江省积极推进经济生态化，把生态文明建设与“腾笼换鸟”“空间换地”“三改一拆”“四边三化”和新农村建设等有机结合起来，开辟了浙江经济转型升级的新路子。加大对传统产业、重化工业的改造，走清洁化、循环化的路子，以此带动传统优势产业的改造提升。加快推进产业园区、集聚区的生态化建设，实现环境治理从点源治理向集中治理转变。经济生态化是一个壮士断腕的痛苦抉择。但是，对于以生态破坏、环境污染、资源耗竭为代价的传统发展模式，浙江省“敢于放弃GDP，敢于牺牲 GDP”，坚决贯彻“宁要绿水青山，不要金山银山”的思想。“不要躺在垃圾堆上数钱”已经成为浙江人民的共识。而且，“垃圾是放错位置的资源”，金华市浦江县的农民把垃圾简单地分成“可烂的”和“不可烂的”，有效地解决了垃圾的资源化利用和无害化处理难题。

五　坚持生态经济化方向不动摇

生态文明建设的浙江经验之五：坚持生态经济化方向，努力将“生态资本”转变成“富民资本”，培育绿色经济增长点。

生态环境是保障经济发展的基础，要实现经济的可持续发展必须保护好生态环境。生态环境是人们生活不可或缺的条件，优质的生态环境是生活质量的组成部分，劣质的生态环境必然导致生活质量的下降。生态环境不仅可以供自己享用，而且可以供他人享用，可以供其他经济主体有偿享用，从而实现其应有的价值。因此，努力把绿水青山转化成金山银山是生态文明建设的重要任务。“不能坐在绿水青山上没钱数。”把“生态资本”变成“富民资本”，夯实“绿水青山就是金山银山”的经济基础；把“生态资本”变成“富民资本”，依托绿水青山培育新的经济增长点。这是浙江的生动实践。湖州市的安吉县、宁波市的宁海县等基本上做到了绿水青山的价值实现。衢州市的开化县行走三天找不到一堆垃圾，村民说，“村口有垃圾，游客不上门”；丽水市的遂昌县村庄里找不到一颗烟蒂，村民说，“只有自己做到文明，才能吸引文明游客”；杭州市的淳安县仅生态补偿就可以获得每年4个亿的财政转移支付。勤劳聪明的浙江人民已经把天然氧吧、负氧离子、环境容量、生态景观等部分地转化成绿色经济。随着自然资源、环境资源、气候资源总量控制制度的日趋严格，附着在自然资源上的生态资源、碳汇资源等的货币化也将成为现实，届时绿水青山将成为老百姓的“绿色富矿”。

六　坚持城乡统筹理念不动摇

生态文明建设的浙江经验之六：坚持城乡统筹理念，美丽乡村、绿色城镇、生态城市建设齐头并进，实现生态文明建设在空间上的全面落地并各具特色。

生态文明建设必须在空间上落地。浙江省生态文明建设的空间特征是实现了美丽乡村、绿色城镇、生态城市建设的联动，形成各具特色的生态美。始于2003年的“千村示范、万村整治”美丽乡村建设活动为“美丽中国”建设提供了实践基础。15年来，美丽乡村建设已经开始从“一处美”迈向“一片美”，从“一时美”迈向“持久美”，从“外在美”迈向“内在美”，从“环境美”迈向“发展美”，从“形态美”迈向“制度美”，逐渐形成美丽乡村升级版。以生态文明城市、低碳城市、生态市创建等为载体的生态城市建设举措频频。湖州市、杭州市、丽水市、宁波市成为全国生态文明先行示范区试点，衢州市、海盐县、仙居县、天台县、泰顺县、文成县6个地区成为首批省级生态文明先行示范区创建地区。生态文明城市建设形成了一批生态文化美、生态经济美、生态环境美、生态人居美的先进典型，杭州市被习近平总书记誉为“生态文明之都”。基于绿色城镇建设的特色小镇建设，也形成了“一镇一产业、一镇一特色”浙江风格。总体上看，城乡统筹的生态文明建设格局已经确立，而且已经形成了生态城市、绿色城镇、美丽乡村的差异化发展局面，走出了一条城市与城市、城镇与城镇、村落与村落的特色化发展之路。

七　坚持齐抓共管方针不动摇

生态文明建设的浙江经验之七：坚持齐抓共管方针，促进政府引导、企业为主、公众参与的协同格局，形成生态文明建设的巨大合力。

生态文明建设是一项公共物品、混合物品和私人物品“多品并存”的事务，依靠单一主体是不可能建成“两美浙江”的，必须多个主体齐抓共管、协同发力。第一，党委政府是生态文明建设的引领者。政府是绿色制度、绿色环境等公共产品的供给者，是环境污染负外部性和生态保护正外部性的矫正者，是绿色产品市场交易秩序的维护者。浙江的各级党委政府自觉地肩负起了生态文明建设的领导责任，甚至冲到生态文明建设的第一线，党委书记往往担任区域治水最艰难最复杂的河流的河长。第二，企业是生态文明建设的主力军。绿色生产还是黑色生产、循环经济还是线性经济、高碳发展还是低碳发展，决策主体是企业。浙江的广大企业在激励性政策和约束性政策的引领下，越来越讲究绿色社会责任，越来越追求绿色产品红利。第三，公众是生态文明建设的参与者。作为消费者的公众，以货币购买商品实际就是用货币投票。如果把货币选票投给绿色产品，那么，

“黑色产品”就没有市场；如果把货币选票投给“黑色产品”，那么，绿色产品就会市场冷清。具有绿色意识的公众及绿色社团组织已经成为生态文明建设的“第三种力量”。浙江省正是充分激发了政府、企业、中介组织、社会团体和社会公众广泛参与生态文明建设的积极性、主动性和创新性，才形成了全社会的合力，保证了生态文明建设走在全国前列。

八　坚持体制机制改革不动摇

生态文明建设的浙江经验之八：坚持体制机制改革，加强生态文明制度建设，充分激励人们走绿色发展、循环发展和低碳发展之路。

推进生态文明建设必须依靠体制、机制和制度的保障。随着自然资源、环境资源、气候资源稀缺性的加剧以及资源环境产权界定技术的进步，让市场机制在资源配置中发挥决定性的作用和更好地发挥政府的作用成为可能。第一，由政府为主配置资源环境转向由市场为主配置资源环境。浙江省是开市场化改革先河的省份，也是运用市场手段配置资源环境走在全国前列的省份。十多年来，林权制度、水权制度、地权制度、排污权、碳权制度等产权制度发挥了日益重要的作用，生态补偿、循环补助、低碳补贴等财税制度的运用范围日益广泛。第二，由自下而上的改革转向自上而下的改革。浙江省是最早实施生态补偿的省份、最早实施排污权有偿使用的省份、最早开展水权交易的省份。十多年来，生态文明制度建设已经基本完成了省级层面的顶层设计，并成为全国的典型样本。第三，由单一制度的创新转向制度体系的构建。在生态文明建设中构建起了别无选择的强制性制度、权衡利弊的选择性制度、道德教化的引导性制度相结合的制度结构，尤其在“五水共治”中构建起了源头治水、过程治水、末端治水相结合的制度体系。第四，由重视制度建设转向制度建设和实施机制建设并举。不同区域有不同的功能定位，“不能以一把尺子丈量不同的区域”。因此，浙江省在全国最早实施差异化考核制度，对丽水市、淳安县等以生态保护为主的区域不考核 GDP。这为全国政绩考核制度的改革与创新提供了经验。浙江在“五水共治”中推广的“河长制”已经正式推广到全国治水工作中。科学有效的体制机制和制度安排，保障了浙江率先走上了绿色发展、循环发展和低碳发展之路。

“秉持浙江精神，干在实处，走在前列，勇立潮头。”浙江人民没有辜负习近平总书记的殷切期望，在生态文明建设方面提供了浙江实践和浙江经验，并将继续创新绿色发展的浙江思路和浙江样本，率先建成美丽中国的浙江样本——美丽浙江。

第二章　产业生态化

产业是经济发展的最大推动者，也是生态环境的最大影响者。浙江省是经济大省却是资源小省，产业如何发展关系着全省社会经济和生态环境的发展走向。由于自然资源的稀缺性，产业发展不能以耗竭自然资源和损害环境为代价，而应谋求与自然资源和生态环境有机平衡的发展。产业生态化，即通过环境保护促进产业结构优化，使得产业经济活动无害于甚至有利于生态环境保护。产业生态化是浙江转变经济增长方式、推进生态文明建设的重要内容，也是实现可持续发展的必然选择。

第一节　产业生态化的演进过程

改革开放以来，浙江经济从资源匮乏、工业基础薄弱发展到重要的民营经济大省和先进的制造业基地，创造了著名的“浙江模式”。从数据来看，浙江经济发展已经从“二三一”的产业结构顺序转向了“三二一”的产业结构顺序，实现了资源配置从低生产率产业向高生产率产业的转移。回顾发展历程，浙江省产业生态化演进过程的背后是人们从“生存需要”到“生态需要”的转变，是经济增长与环境保护的“博弈”演变，反映了不同时期经济增长与环境保护供需矛盾的发展过程。

一　重经济增长轻环境保护

经济与环境发展的关系究其根本是由特定时期内需求和供给共同

驱动的。从经济学角度，需求是消费者在某一特定时间内不同价格下对一种商品或劳务愿意而且能够购买的数量，是主观偏好与客观能力的统一。根据马斯洛需要层次理论，人类的需要从低到高分别是：生理需要、安全需要、社交需要、尊重需要和自我实现需要。改革开放初期，国民经济基础薄弱，物质贫乏，人们的需要首先是“生存需要”，首要任务是发展经济。浙江民营经济抓住改革开放机遇，掀起私营企业创建热潮，产业的发展从日用小商品起步，形成以轻纺工业为特色的产业优势，再逐步向重化工业转移。这一时期，重点是解决温饱问题，环境保护意识较为淡薄，再加上生产技术较为落后，企业普遍采用“高投入、高消耗、高排放”的粗放型经济增长方式，势必会造成资源短缺和环境严重污染。因此这一时期，一方面浙江的经济发展快速迈入工业化阶段，另一方面环境问题也开始显现。

（一）传统工业化阶段

改革开放后农村普遍推行家庭联产承包责任制，农村大量剩余劳动力向非农产业转移，个体私营经济开始发展。1992 年党的十四大后，个体私营经济出现了蓬勃发展的良好势头，浙江成为全国个体私营经济发展较快、影响较大的省份。一方面浙江加快了对能源、原材料和新兴产业的增量投入，另一方面通过调整传统产业结构和优化存量资本，使工业从单一、初级的结构逐步向具有比较优势和区域特色的结构转变，并逐渐形成了以纺织业、机械业、服装加工业、食品加工业、化学原料及化学制品制造业、电气机械及器材制造业、电子及通信设备制造业、电力供应业、非金属矿物制品业、交通运输设备制造业、金属制品业、塑料制品业等行业为主的工业结构[①]。这一期间，轻工业快速发展，基础工业不断发展壮大，产业资源的配置从计划导向转到以市场为主，形成了以“轻小集加”为特征的经济格局，生产力得到了飞速发展。1978—2002 年，浙江制造业增加值年均增长 17%，增长速度居全国之首；浙江 GDP 从 1978 年的 123.72 亿元跃升到 2002 年的 8003.67 亿元，GDP 年均增长率达 18.97%。其中，

① 盛世豪：《浙江工业结构演变过程的基本特征》，《中共浙江省委党校学报》2000 年第 1 期。

1991 年浙江 GDP 达 1089.23 亿元，首次超过千亿元，其增长速度也开始高于全国的增长速度。整体而言，浙江制造业已形成了以民营经济为主体的机制优势，以块状经济为代表的集聚优势，以专业市场为依托的营销优势，以轻纺工业为特色的产业优势，浙江已经成为全国重要的制造业基地。

随着劳动力和原料成本不断上涨，进入 20 世纪 90 年代以来，以轻纺工业为主的传统支柱产业的比较优势不断下降，难以继续带动整个经济及贸易的快速增长，工业结构重心由轻工业逐渐向重化工业转移。从浙江工业结构的变动趋势上看，1999 年浙江重工业增长速度开始超过轻工业。1999—2002 年规模以上重工业企业增加值增速为 17.2%。这一时期的三次产业占比也出现了快速的变化，表现为：第一产业比重迅速下降，从 1979 年 42.8% 下降到 2002 年的 8.6%；第二产业比重稳步上升，从 1979 年的 40.6% 上升到 2002 年的 51.3%；第三产业所占比重明显上升，从 1979 年的 16.6% 上升到 2002 年的 40.3%。2002 年浙江人均 GDP 达 1.7 万元，根据表 2-1 可判断，浙江省产业结构顺序进入“二三一”的工业化阶段。

表 2-1　**工业化不同阶段的主要指标值①**

主要指标		前工业化阶段	工业化实现阶段			后工业化阶段
			工业化初期	工业化中期	工业化后期	
人均 GDP（美元）	1982 年	364—728	728—1456	1456—2912	2912—5460	>5460
	2000 年	660—1320	1320—2640	2640—5280	5280—9910	>9910
	2015 年	875—1750	1750—3500	3500—7000	7000—13125	>13125
产业结构		A > I	A > 20% A < I	A < 20% I > S	A < 10% I > S	A < 10% I < S

注：A、I、S 分别代表第一、第二、第三产业增加值所占比重。

（二）环境形势日益严峻

浙江经济社会的发展依赖于众多乡镇企业，而很多乡镇企业技术

① 沈晓栋、张利仁：《“十三五”时期浙江发展阶段的基本判断和面临的挑战》，《浙江经济》2014 年第 11 期。

创新能力不足，多年来主要采用高投入、高消耗、高排放和低成本、低技术、低价格的增长方式。具有竞争优势的产业大多是低技术和低附加值的、兼具劳动力密集与资本密集的轻纺、化工、机械等传统制造业。这种粗放型的增长方式在要素价格高涨的压力下难以维系，也造成了极大的资源浪费和生态环境损害。

能源消耗强度大。与世界水平比较，浙江创造 GDP 过程中的能源消费代价是比较高的。1990 年浙江每亿美元 GDP 的能源消费量为 12.63 万吨标准煤当量，而世界平均水平为 4.70 万吨标准煤当量，高收入国家只有 3.45 万吨标准煤当量；2000 年浙江每亿美元 GDP 的能源消费量为 7.70 万吨标准煤当量，而世界平均水平为 4.48 万吨标准煤当量，高收入国家只有 2.90 万吨标准煤当量。①

资源消耗强度大。随着工业化和城镇化的进程加快，建设用地增加，浙江省的人均耕地面积大幅度降低，1996—2000 年，全省平均每年减少耕地面积21.95 万亩。2001 年末，全省共有耕地约160 万公顷，人均耕地 0.036 公顷，为全国人均耕地的 1/2，世界人均耕地的 1/7。工业用水量持续增长，1996—2000 年，全省平均每年增加工业用水量 3.23 亿立方米，且工业废水达标排放率低，1997 年浙江省工业废水排放达标率仅为52.7%，低于全国平均水平（61.8%）。农业灌溉方式落后，用水效率低下（如表 2－2 所示），这一期间浙江省的农田灌溉亩均用水量高于全国平均水平。

表 2－2　**我国和浙江省的农田灌溉亩均用水量②**　单位：立方米

年　份	1997	1998	1999	2000	2001	2002
浙江平均	524.5	542	542	508	473	480
全国平均	492	488	484	479	479	465

① 钟其：《当前浙江生态环境领域存在问题及思考》，《宁波大学学报》（人文科学版）2009 年第 22 期。

② 张明生：《浙江省水资源可持续利用与优化研究》，博士学位论文，浙江大学，2005 年。

水环境问题突出。浙江是全国著名的水乡和鱼米之乡，但随着废水、污水的排放量不断增加，水环境问题日益突出。根据浙江省历年的水环境公报，Ⅰ—Ⅲ类水段的比例逐年下降，从1991年的92.3%直降至1999年的55.3%；而Ⅳ—Ⅴ类水段的比例却逐年增加，1991年Ⅳ—Ⅴ类水段占比7.7%，尚无劣Ⅴ类水，此时基本上仍以功能水段为主，而1997年，Ⅳ—Ⅴ类水段占比增至21%，出现3%的劣Ⅴ类水段，2002年劣Ⅴ类水段更是增加至23%。浙江省河网的水质不断下降，其中太湖水系区、钱塘江区的部分河段污染严重，嘉兴、义乌、永康、武义、金华市区、衢州市区段超标严重。

除此之外，随着工业用煤量的大量增加，高硫煤燃烧引发酸雨问题。1988—1993年省控点临安站位的降水年平均pH值分别为4.6、4.56、4.7、4.52、4.07、4.06。1995年pH值低于5.6的地区占全省陆域面积的95%左右。从监测数据上看，浙江省酸雨已成了一个由杭州、金华、宁波三大城市为核心的三角形重酸雨区域。酸雨对浙江的农林业生产及构筑材料造成严重的经济损失。1982年，杭、嘉、湖地区由于受酸雨和F^-的危害桑叶，53万担春茧减产，直接损失达1000余万元。浙江余杭市超山梅林钢铁厂、半山电厂等也都受到不同程度的酸雨影响。而受酸雨长期影响，土壤、水体酸化，生态平衡等方面的损失更难以估算①。

这一时期，经济系统对环境系统是单向的索取，二者的发展是分割的，甚至是对立的，社会整体呈现出重经济增长轻环境保护的发展状态，产业由轻工业逐渐向重化工业发展。

二　经济增长与环境保护并举

不同时期人们的需求不同，影响需求的因素包括内在自身因素和外在环境因素。一方面，随着经济的快速发展，物质生活水平的不断提高，人们自身的精神需求日益增加；另一方面，随着环境污染事件发生、资源供给日益短缺，外在的资源和环境因素也驱使人

① 徐德才：《酸雨污染与防治——浙江区域酸雨趋势与防治对策》，《煤矿环境保护》1995年第4期。

们将关注点逐渐转向环境保护。在这一时期，“生态安全需要”提上了议事日程并成为人们的重要关切。传统的经济发展模式受到了质疑，经济体系内部正在滋生出一种自下而上、自发自觉地追求经济增长与自然环境和社会关系相和谐的力量，即经济增长需要与资源环境的承载能力相适应。在此背景下，浙江省一手抓经济建设，通过转变经济增长方式，进行产业升级，在加快改造高消耗高污染的传统产业的同时，大力发展高技术产业和服务业；另一手抓环境治理，在对已有的环境污染和破坏进行整治的同时，加强防范新的环境问题产生。此时经济发展和环境保护是社会发展的两个方向，既要经济增长也要环境保护。

（一）转变经济增长方式

经济的快速增长过程以粗放的方式进行大规模资源耗费，给浙江的生态环境带来了很大的负面影响。正确处理资源环境和经济发展之间的平衡关系，统筹人和自然的协调发展，成为浙江实现经济新一轮增长的关键。面对严峻的形势，浙江各级政府越来越重视生态环境保护问题，制定了重要的指导文件和政策方针，引导环境与经济协调发展。

2003 年省委省政府制定实施《浙江省生态省建设规划纲要》，把建设“生态省”摆到经济社会发展的战略地位。在此指导下，浙江省的发展方向为：“以经济建设为中心，进一步转变经济增长方式，正确处理经济社会发展与生态环境保护的关系，努力实现经济社会发展与生态保护‘双赢’，与人口、资源、环境协调，促进区域经济社会的可持续发展。”而此时既要克服环境、资源等要素的瓶颈制约，又要以一定的速度把握战略机遇期，解决此矛盾的出路就是转变经济增长方式。在 2003 年底的全省经济工作会议上，时任省委书记习近平同志说：“‘天育物有时，地生财有限，而人之欲无极’，浙江必须凤凰涅槃，浴火重生。”“腾笼换鸟”的经济政策就是在有限的资源空间和有限的发展转变时期，改变原有产业，把现有的传统制造业从产业基地“转移出去”，再把“先进生产力”转移进来，以达到经济转型、产业升级。而在一手抓产业升级转型的同时，另一只手抓环境工作。2004 年省政府启动“811 环境整治行动”工程，将省环境污染整治的首要任务确定为水环境整治，即对全省八大水系及杭嘉湖、宁绍、温黄和温瑞平原河网等重点流域的水污染整治。然而治理污染既要还清“旧账”，又不能再添“新债”，环境治理工作促使发展循环经济成为浙江的最佳选择。2005 年省政府出台《浙江省循环经济发展纲要》，印发“发展循环经济991 行动方案”，从建设循环经济示范企业、生态工业/农业示范园区、绿色建筑和绿色社区、节能/水/地/材示范工程、循环技术开发以及政策法规等 9 个领域全面启动发展循环经济、建设节约型社会工作。随后的 2007 年、2008 年，分别提出将“环境更加优美作为全面建设小康社会目标之一”，“把加强生态建设和环境保护、优化人居环境作为全面改善民生的重要内容”等。可以看出，这一时期经济与环境政策交错发展，浙江的经济与环境也走向新阶段。

（二）新型工业化阶段

改革开放以来的 20 多年中，轻工业一直是浙江工业经济快速发展的主要因素。这种工业轻型化格局到了“十五”时期终于出现了改变。2002 年党的十六大报告提出“走新型工业化道路，大力实施科教兴国战略和可持续发展战略”，随后浙江省委省政府按照十六大的战略部署，结合浙江实际，于 2003 年 9 月出台了全国第一部先进制造业基地建设规划纲要——《浙江省先进制造业基地建设规划纲要》，计划从 4 个方面推进先进制造业基地建设，加快推进工业化和工业现代化进程：①加快改造提升传统优势产业，包括纺织化纤、服装、皮革、塑料、造纸、家电、金属制品、精细化工、食品产业；②大力发展高技术产业，包括电子信息产业、新医药产业、仪器仪表产业；③积极发展沿海临港重化工产业，包括大石化产业、优特钢产业、船舶修造产业；④努力培育发展装备制造业，包括汽车摩托车及零部件产业、专用设备制造业、电气机械及器材制造业。其中浙江省各地拟培育的全国性制造中心如表 2 - 3 所示。

表2－3　浙江省先进制造业基地建设——拟培育的全国性制造中心（2003年）

序号	拟培育的制造中心名称	拟发展的重点产品	拟引导布局的重点地区
1	纺织化纤	化纤、化纤面料、家用纺织品、经编产品、高档丝绸	绍兴、杭州、嘉兴、宁波、湖州
2	精品皮革制品	皮革、皮革制品	温州、嘉兴
3	高档金属制品	五金制品、厨具	金华、台州、温州
4	品牌服装及饰品	服装、领带	宁波、温州、杭州、绍兴、嘉兴
5	化学原料药	出口优势原料药及中间体	台州、绍兴、金华
6	高低压电器	智能化真空断路器、高压负荷开关、输变电设备	温州、杭州
7	电子材料	磁性材料、硅材料	金华、嘉兴、衢州、宁波
8	氟硅化学品	氟树脂、氟医药、氟农药、消耗臭氧层物质（ODS）替代品、有机硅单体及制品	衢州、金华、杭州
9	汽车、摩托车零部件	汽车、摩托车零部件	杭州、宁波、台州、温州
10	铜铝加工	高精度铜棒、铜管、铜带、铝板带、高档铝合金型材	宁波、绍兴、温州
11	家用电器	抽油烟机、冰箱、冷柜、洗衣机、空调、日用小家电	宁波、台州、绍兴
12	塑料制品及模具	高档塑料制品、塑料薄膜、精密模具	台州、宁波

2004年第一次经济普查时，浙江工业结构已从轻工业为主转向轻工业和重工业并举的局面。规模以上工业企业中，轻工业产值和重工业产值之比由2002年的51.5∶48.5调整到2004年的46∶54。随着工业化的不断深入，工业内部结构继续由劳动密集型的轻工业向技术资本密集型的重工业转变。到2008年第二次经济普查时，在规模以上工业企业中，轻工业和重工业总产值比2004年分别增长96.7%和

136%。重工业快速增长，其中增长最快的行业分别为交通运输设备制造业、黑色金属冶炼及压延加工业和电气机械及器材制造业等技术密集型产业；轻工业呈下降趋势，其中下降最快的行业分别为纺织业、皮革、毛皮、羽毛及其制品业等劳动密集型产业。

2008年，浙江省人民政府出台了《关于进一步加快发展服务业的实施意见》，将发展服务业作为加快推进产业结构调整、转变经济发展方式的重要途径。在产业转型上，浙江加快互联网与传统产业深度融合，加快传统产业数字化、智能化，做大做强信息经济，拓展经济发展新空间。浙江建设了首个国家信息经济示范区，把以互联网为核心的信息经济列为七大支撑浙江未来发展的万亿级产业之首，加快推进全国云计算和大数据产业中心建设，全力打造“云上浙江”“数据强省”。在大数据、云计算的带领下，一大批传统企业借助信息化、机器换人实现转型升级，打造“互联网+旅游”“互联网+时尚”“互联网+健康”的发展模式。2011年，浙江省又出台了《关于进一步加快发展服务业的若干政策意见》，继续推进浙江省服务业的发展。进入21世纪，浙江每年的服务业产值比上年的增长幅度都大于同期GDP的增长幅度，服务业在浙江经济发展中的重要性日益突出，逐渐成为与第二产业一起推动浙江经济增长的重要力量。

2004年浙江全年GDP达11648亿元，首次超过万亿元。2012年人均GDP 63266元，首次突破1万美元，全省经济发展进入了一个崭新的阶段。根据《浙江省统计年鉴》数据，2003—2012年，浙江省GDP年均增长率为15.92%，这一时期的三次产业之比继续发生变化，由2003年的7.4∶52.5∶40.1转变为2012年的4.8∶48.9∶46.3。第一、第二产业比重持续下降，第三产业所占比重持续增加，浙江省已经进入工业化的后期阶段（如图2-1）。

（三）环境治理与保护

20世纪90年代浙江省经济发展速度令人惊喜，然而环境的持续恶化，特别是2004年夏钱塘江首次爆发蓝藻给了人们当头棒喝，浙江关闭458家排污企业，打响了环境保卫战。

2004年至今，浙江省委省政府相继部署实施了四轮“811”环境

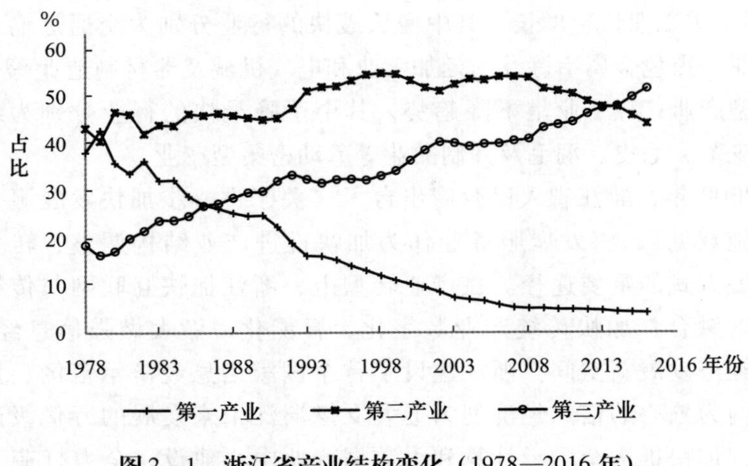

图 2 - 1　浙江省产业结构变化（1978—2016 年）

整治行动。首轮行动（2004—2007 年），重点整治以钱塘江水系为主的八大水系和 11 个省级环境保护重点监管区，涉及化工、医药、制革、印染、味精、水泥、冶炼、造纸 8 个重污染行业。在首轮行动期间，浙江省环保立法进程加快，先后出台了《固体废弃物污染环境防治条例》《建设项目环境保护管理办法》《环境污染监督管理办法》等 15 部地方性法规和规章。通过首轮的整治行动，2007 年三类以上水质监测断面比重占 66.7%，比 2004 年同期提高 13.4 个百分点；2007 年城市污水处理率达 59%，比 2004 年提高 8.6 个百分点①。一些河道发黑发臭，严重影响广大人民群众生活的现象基本消除，遏制了环境恶化的趋势。而在环境保护的重压下，企业必须通过科技创新、清洁生产等实现排污目标，由此也推进了企业的提升，走上良性发展道路。2007 年全国第一次工业企业创新调查资料显示，浙江省约有 60% 的工业企业开展了创新活动，远高于全国 28.8% 的平均水平。

第二轮的"811"环境保护新三年行动从 2008 年开始，面向污染减排、水污染防治、工业污染防治、城镇环境综合整治、农业农村环

① 柴国荣、徐祖贤：《浙江："811"环境污染整治行动首战告捷》，《中国经济时报》2007 年 12 月 24 日。

境污染防治、近岸海域污染防治、生态修复保护、生态创建8个方面。2010年底，第二轮环保行动结束，除钱塘江流域市县交接断面水质达标率外，其余目标全部得以实现。2010年底，浙江省的化学需氧量在2005年的基础上削减18.15%，超额完成了“十一五”减排目标。而本轮行动的重点从污染整治转向环境保护，也为环保产业的发展带来强大动力，2009年《浙江省政府关于加快推进环保产业发展的意见》中明确指出，要把环保产业摆在优先发展的战略位置，以促进产业结构调整和经济转型升级。根据《浙江省环境保护及相关产业基本情况调查状况公报》，2011年全省环境保护产品、资源循环利用产品的年销售产值、环境服务业年收入分别比2004年增加402.3%、128.5%和480.5%，年均增长率分别为25.9%、12.5%和28.6%。2012年全省工业废水重复利用率为66.7%，工业固废综合利用率为90.45%，2010年全省企业“三废”综合利用产值达到286.4亿元，占全国的26.35%，循环经济发展形势良好，并涌现出永康、台州、余姚、慈溪等区域性循环经济发展特色模式。

尽管环境保护工作取得了不错的成绩、全省对环境污染治理投资力度逐年递增（见图2－2）、单位GDP污染物排放在逐步递减（见图2－3），但是从排污总量上看，在2000—2010年期间，全省的废水、废气、废渣排放量仍以年均7.52%、15.1%、12.46%的速度在增加。总体上污染物排放量年增长率低于GDP的增长，或与GDP增长持平，而“三废”排放绝对量的大幅增加，导致累计在环境中的污染物远远超出了环境容量和生态环境承载能力。从资源消耗上看，2012年浙江单位GDP能耗0.55吨/万元，在全国各省区处于先进水平，用水总量即将逼近国家下达的控制目标，耕地后备资源开发难度越来越大。[①] 能源、土地、水资源等供需矛盾均愈发尖锐，将严重制约经济发展。

可见，经济建设在影响环境发展的同时，环境治理也影响着经济建设的发展方向。这一时期经济系统与环境系统的关系是双向的，两

① 王发明、蔡宁：《工业发展与生态建设协调进行的对策研究：以浙江为例》，《工业技术经济》2008年第8期。

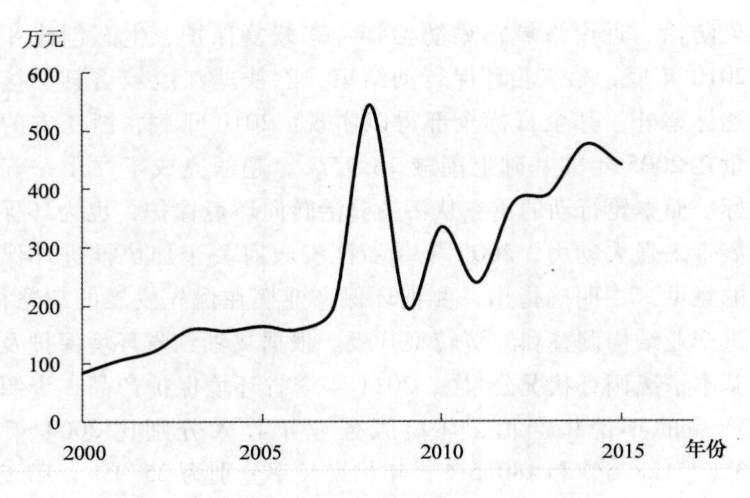

图 2－2　环境污染治理投资变化（2000—2015 年）

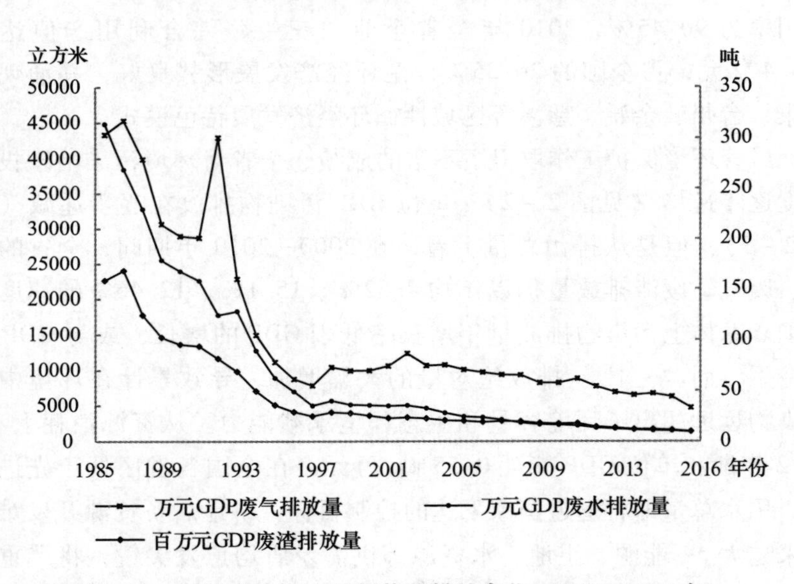

图 2－3　浙江省单位 GDP 污染物排放变化（1985—2016 年）

者相互影响、彼此不可分割。社会整体呈现出经济增长与环境保护并举的发展状态，促进传统产业清洁化和循环化，发展高新化和轻型化的新兴产业，形成以高技术产业为先导、基础产业和制造业为支撑、服务业全面发展的产业格局。

三　以环境保护为前提促进经济增长

当经济增长和环境意识进一步提高，人们对环境和经济的需求程度也随之增加并逐渐趋向一致。两者有一方的供需失衡都会严重影响整体社会的发展。因而，在经过经济发展和环境保护之间十余年的拉锯后，面对着仍然存在的环境问题，人们对经济增长与生态环境之间的关系认识更深一步。当环境产品和服务的供给不能满足人们对美好环境的需求时，环境产品和服务的供需矛盾成了社会发展的主要阻力。人们对经济增长的关注也由数量转至质量，有质量的经济增长需求亦是包含了对环境质量的需求。正如党的十九大报告所指出，“既要创造更多物质财富和精神财富以满足人民日益增长的美好生活需要，也要提供更多优质生态产品以满足人民日益增长的优美生态环境需要”。面向人们的“生态环境需要”，浙江省从2013年始全面推进生态文明建设，基于环境的供需矛盾，分别从“治水”“治土”寻找突破口倒逼产业转型升级，以环境保护为前提促进经济增长。

（一）全面推进生态文明建设

“十二五”时期浙江经济最突出的问题已经不是增速问题，而是增长质量和效益问题，人民群众生活中的主要矛盾已经变为“对良好生活环境的追求与环境污染之间的矛盾”。前两轮的环境行动主要针对环境污染整治和保护，而从第三轮“811”行动开始重点转移到生态文明建设上来。

浙江省委省政府出台《“811”生态文明建设推进行动方案》（2011—2015）指出通过开展节能减排、循环经济、绿色乡镇、美丽乡村、清洁水源、清洁空气、清洁土壤、森林建设、海洋建设、防灾减灾、绿色创建11个专项行动全面推进生态文明建设。第四轮行动（2016—2020年），省委省政府出台《“811”美丽浙江建设行动方案》引入“绿色经济”“生态文化”“制度创新”等新概念，通过绿色经济培育、节能减排、“五水共治”、大气污染防治、土壤污染防治、“三改一拆”、深化美丽乡村建设、生态屏障建设、灾害防控、生态文化培育、制度创新这11项专项行动，实现到2020年，构建较为完善的生态文明制度体系。2017 年省委省政府印发《浙江省生态文明体制改革总体方案》，指出到2020 年，构建起由自然资源资产产权制度、国土空间开发保护制度、空间规划体系、资源总量管理和全面节约制度、资源有偿使用和生态补偿制度、环境治理体系、环境治理和生态保护市场体系、生态文明绩效评价考核和责任追究制度 8 个方面构成的产权清晰、多元参与、激励约束并重、系统完整的生态文明制度体系，生态文明领域治理体系和治理能力现代化取得重大进展。可以看出，浙江省生态文明建设正在逐步深入，社会发展进入另一个新的阶段。

（二）以“治水”倒逼产业转型升级

党的十八届三中全会指出，建设社会主义生态文明，必须把节约资源放在首位，加大环境保护力度，做好生态保育工作，建设循环经济。2013 年，浙江省委十三届四次全会以党的十八届三中全会精神和“绿水青山就是金山银山”理念为指引，明确提出以“五水共治”为突破口倒逼转型升级，将之作为推进浙江新一轮改革发展的重大战略决策部署。治污水、防洪水、排涝水、保供水、抓节水的“五水共治”战略，一改原来仅侧重于水污染治理的思路，力求从根本上改善水环境质量和提升水生态系统。省政府相继印发《关于全面实施“河长制”进一步加强水环境治理工作的意见》《浙江省“十百千万治水大行动”2014 年工作计划的通知》《浙江省劣Ⅴ类水质断面削减计划（2015—2017）》，建立了组织领导、规划推进、责任落实、督查考核、区域联动、经费保障和全民共治等特色管理机制。此外，根据2016 年的《浙江省水污染防治行动计划》，全省要建立万元 GDP 水耗指标等用水效率评估体系，把节水目标任务完成情况纳入地方政府政绩考核。

2014—2015 年，浙江消灭垃圾河 6500 千米，完成黑河臭河整治 5100 千米；2016 年全省超额完成 1 亿立方米的年度清淤任务，省控劣Ⅴ类水质断面削减至 6 个。截至 2017 年上半年，Ⅰ—Ⅲ类水质断面占 81.0%，县级以上城市集中式饮用水水源水质达标率为 94.5%。浙江省“五水共治”取得了显著成效，然而“五水共治”的背后是加速淘汰低小散、高污染的落后产能，倒逼产业转型升级。治水的关键在于对体量巨大的传统产业进行产能压缩、技术改造和产业升级。如果就治水而治水，则仅是治标不治本。水是生产之基，什么样的生产方式和产业结构，决定了什么样的水体水质。在“治水”的推动下，浙江各地掀起整治热潮。金华浦江将分散的水晶加工业实现园区聚集，全部取缔高污染的作坊式生产，园区企业产生的工业废水，统一处理后达标排放；绍兴传统经济——染缸、酱缸、酒缸地位正逐渐被高端智能装备、信息经济等取代；富阳的造纸业，产品从低端的白纸板向高端用纸转型；仙居实施“人畜分离”工程，统一拆除农村房前屋后的猪舍，建设农村畜牧生态养殖集中点，进行畜牧业转型等。良好的水环境不仅提高了当地居民的生活质量，还创设了更好的投资环境，吸引了更多优质企业落户浙江。水生态系统的改善带动了旅游产业的发展，为浙江旅游业的发展提供了新的契机。

（三）以“治土”倒逼产业转型升级

经济发展对土地的需求与土地资源承载能力不匹配，倒逼着浙江省转变外延扩张式的发展观念，改变低效粗放型的用地模式。为了缓解土地压力，2014 年浙江省印发的《关于实施“空间换地”深化节约集约用地的意见》提出，遵循“宜高则高、宜深则深、宜密则密”原则，大力推进存量用地盘活挖潜，加大地上地下空间开发利用力度，提高土地利用效益，实现建设用地从外延扩张向内涵挖潜转变。推行工业用地分阶段管理制度，实行差别化地价政策，扶持节约集约用地，促进产业转型升级。一方面规划提升占地效率，另一方面推进产业集聚。浙江省将鼓励和引导民间资本参与多层标准厂房投资建设。对小微企业建设项目，原则上不再单独供地，鼓励和引导其进入标准厂房；对入驻标准厂房的科技型小微企业，当地政府将优先安排，并给予租金优惠或其他补贴奖励。为了推动产业集聚、人口集中、用地集约，努力把发展大平台建成集约高效用地的示范区，今后原则上不在国家、省级开发区（园区）及产业集聚区外安排新增工业用地。

浙江省各地纷纷出台激励措施，鼓励和支持工业生产企业通过厂房加层、老厂改造、内部整理等途径节约用地，以土地杠杆撬动了产业转型升级。杭州市出台《推进“空间换地”实施“亩产倍增”行动方案》，从锁定总量、优用增量、盘活存量、提高质量4方面制定土地发展目标；宁波为解决企业低效用地多的现象，开创工业用地分阶段管理制度，盘活存量低效用地；温州政府采取“租赁改造”的方式进行旧厂房改造，引进符合园区产业导向的项目，实现自行转型升级，使其亩产倍增。根据《浙江省城镇低效用地再开发工作方案》，浙江省力争到2017年全省新增工业用地容积率比2012年提高8%，单位建设用地GDP比2012年提高38%。

数据显示，“十二五”期间浙江省经济发展速度减缓，2012—2015年的年经济增长率为7.30%，经济增长速度变慢，但这一期间的增长质量却显著提高。能耗节约水平提升，2016年万元GDP能耗0.44吨标准煤，规模以上工业企业万元增加值能耗比2015年下降3.7%；规模以上工业企业产品中，纸浆、水泥熟料、人造板、水泥、粗钢产量分别下降19.5%、9.9%、7.8%、4.1%和1.6%。传统产业加快升级，2016年，规模以上工业企业新产品产值增长11.6%，新产品产值率为34.3%，比2015年提高2.3个百分点。新能源汽车、智能电视、光纤分别增长19.9倍、29.1%、28.5%，信息化和工业化正深度融合。规模以上服务业企业营业利润为1427亿元，同比增长28.4%，高于全国平均水平。2014年第三产业在GDP中的占比首次超过第二产业，并继续保持上升趋势，标志着浙江已进入以产业高端化、服务化为主要标志的后工业化时期。

在这一时期，经济系统和环境系统的关系是彼此融合的。发展经济必须保护环境，只有保护环境经济发展才有意义。至此，对经济发展和环境保护之间关系的再认识进一步提高，以绿色经济和生态经济为导向，以环保指标倒逼产业转型升级，产业生态化程度空前深入。

第二节　产业生态化的主要途径

当生态环境成为制约经济发展的主要因素，按照生态规律发展经济就成了浙江发展的根本出路。产业生态化就是依据生态经济学原理，将生态、经济规律融入传统产业的经营管理，提高资源效率、减少环境污染、增加经济效益的过程。[①] 产业生态化的核心在于追求高效率、低能耗、无污染、经济增长与环境保护相协调的产业生态过程。浙江省通过开展清洁生产、实施循环经济、发展低碳经济等方式逐步推进产业生态化，实现经济发展方式转变。

一　开展清洁生产行动计划

清洁生产是指将综合预防性的环境保护战略持续应用于生产全过程以及产品和服务生命周期中，以期增加生态效率并减轻人类面临的环境风险。从本质上来说，清洁生产是一种污染预防性的生产模式，终极目标是减少污染物，提高生态效率。清洁生产的定义包含了三个全过程控制：生产全过程、产品生命周期和服务生命周期。对生产过程而言，清洁生产指节约原材料与能源，淘汰有毒原材料，在生产过程中减少污染物和废物的数量和毒性；对产品而言，清洁生产是指降低产品整个生命周期（从原材料获取到产品最终处置过程）对环境的有害影响；对服务而言，清洁生产指将预防性的环境保护战略结合到设计和提供的服务中。其核心思想如图 2－4 所示，清洁生产是一种线性的绿色生产模式，是进行产业生态化的最直接路径。

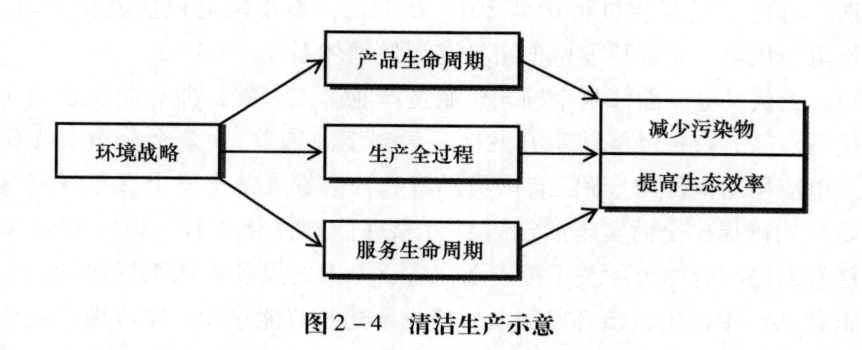

图 2－4　清洁生产示意

浙江自 2003 年起开始推进清洁生产，是全国最早实施清洁生产示范工程的省份之一。2002 年，浙江进入“工业—服务业—农业”

① 刘则渊、代锦：《产业生态化与我国经济的可持续发展道路》，《自然辩证法研究》1994 年第 12 期。

的工业化阶段，然而以相对粗放的方式带来的经济持续快速增长的背后，是大规模的资源耗费和生态环境损害，尤以水环境问题最为突出。经济系统与环境系统相背离的发展模式，使得环境和经济的发展都面临着严峻挑战。若要实现经济新一轮增长，浙江必须将环境整治和污染防范纳入经济的发展规划，引导经济—环境协调发展。而这一阶段最紧迫的任务就是削减污染物排放，从源头到末端的生产全过程缓解环境和资源压力。在此关键时刻，浙江省明确提出，积极促进清洁生产，从开发清洁能源、清洁生产技术、打造绿色产品、建立清洁生产政策体系等，全面推动企业实施清洁生产，实现工业污染防治向以预防为主的方式转变。

（一）构建清洁能源发展体系

浙江是国内首个清洁能源示范省，根据2016年浙江省能源发展报告，全省万元GDP能耗降至0.44吨标准煤，较2015年下降3.8%，2016年共节约800万吨标准煤，能效水平继续位居全国前列。全省清洁能源利用占比达20%以上，一次能源生产总量中的1/3来源于低排放、低污染的清洁能源，共发电824亿千瓦时，比2015年增长10%。根据《浙江省电力发展“十三五”规划》，到2020年，浙江可再生能源装机将达到2010万千瓦，稳步构建包括光伏发电、水电、风电、生物质发电的清洁能源发展体系。

光伏发电。浙江是全国光伏制造产业第二大省，拥有浙江嘉兴光伏高新区、余杭经济技术开发区、吴兴工业园等10余个分布式光伏发电应用示范区。《浙江省国民经济和社会发展第十三个五年规划纲要》明确提出全面实施浙江省百万家庭屋顶光伏工程。2016年《浙江省人民政府办公厅关于推进浙江省百万家庭屋顶光伏工程建设的实施意见》中提出，结合美丽乡村建设、建筑节能建设、城市现代化建设和光伏小康工程，在全省各市、县、村全方面推进分布式光伏发电。计划在2016—2020年建设家庭屋顶光伏装置100万户以上，总装机规模300万千瓦左右。[①]

---

① 盛晔：《推动光伏并网实施电能替代大力服务浙江清洁能源示范省建设》，《农电管理》2017年第6期。

抽水蓄能。作为常规水电的补充，抽水蓄能电站能够对负荷的急剧变化做出快速反应，在电力系统中起到调峰填谷作用，以适应不断加大的用电负荷峰谷差和用户的供电需求。浙江水力资源开发程度已有60%以上，抽水蓄能资源十分丰富，随着核电机组及外来电力的增多，发展抽水蓄能调峰机组势在必行。根据《浙江省"十二五"电力发展规划》，计划在2020年前，在已有和在建的抽水蓄能机组容量上再新增370万—700万千瓦。

风能发电。《浙江省"十二五"及中长期可再生能源发展规划》指出，浙江省陆地风能资源理论储量为2100万千瓦，技术可开发量为130万千瓦以上。主要分布在沿海山区、海岛、滩涂和内陆千米高山等地。力争到2020年，陆上风电累计装机容量达到120万千瓦以上；到2030年，陆上风电累计装机容量达到150万千瓦以上。根据2010年《浙江省海上风电场工程规划》全省水深0—50米海域内的风电技术可开发量达1515万千瓦左右，主要分布在杭州湾海域、舟山东部海域、宁波象山海域、台州海域和温州海域。根据《浙江省海上风电工程规划》，综合考虑建设条件、海洋综合利用和台风等各种因素，计划到2020年，全省海上风电累计装机容量达到200万千瓦；到2030年，全省海上风电累计装机容量达到600万千瓦。

沼气发电。浙江沼气资源丰富，据省农能办统计与计算，全省仅畜禽养殖所产生的排泄物年产沼气潜能为18.5亿立方米，年发电量约37亿千瓦时，如再加上餐厨垃圾、垃圾填埋场、农业与生活有机废弃物、污泥和生活污水等沼气的利用，据保守测算，年发电量达55亿千瓦时。根据浙江省生态循环农业发展"十二五"规划，到2020年，全省年产沼气3亿立方米，沼气发电累计装机容量5万千瓦。到2030年，全省年产沼气10亿立方米，沼气发电累计装机容量8万千瓦。

（二）强化清洁生产技术建设

强化农业清洁生产。以种植、养殖等高效农业为重点，抓住肥料、农药使用和家畜禽排放物、秸秆等废弃物利用，开展清洁生产。深入实施农药减量控害工程，加强病死畜禽无害化处理技术研发与推广应用，普及运用测土配方施肥技术，大力推广应用有机肥、生物农药、环保型饲料，推进农业清洁化生产。深入实施农村沼气工程，加快推进沼气集中供气、沼肥综合利用、生物质成型燃料开发。

强化工业清洁生产。通过实施“中德政府技术合作浙江省企业环保咨询项目”，引入德国环境管理工具 EoCM，对涉及医药、化工、印染、电镀、制革、蓄电池等高污染行业23家企业进行试点。通过激发企业内部有效识别低效率生产过程，减少浙江省由危险废物和工业行为而引起的环境污染。在此推动下，各地企业如绍兴印染、温州电镀、台州制药、杭州化工、湖州印染、桐乡皮革、长兴蓄电池等运用 EoCM 工具开展清洁生产，取得了明显的经济、环境、管理效益。

强化服务业清洁生产。针对公共交通、公共机构、商贸服务分别进行清洁生产试点和审核。对运输工具，主抓先进技术应用与绿色燃料使用、运输组织方式效率提升等项目；对道路设施，主抓道路照明、隧道照明、排风等项目。对公共机构，主要针对机关、学校、医院等部门，重点抓住照明、空调、用水和垃圾分类等开展清洁生产审核。对商贸服务，主要针对市场、商场、宾馆（酒店）、餐饮等行业，重点抓住用电、用热、用水等设备设施及资源消耗、餐厨垃圾处理等开展清洁生产审核。

（三）打造绿色产品

打造绿色车辆。浙江是中国“新能源汽车”发展的领先省份，2016年浙江省新能源汽车产量为5.7万辆，约占全国的11%。全省已初步建成杭州、台州、金华、宁波四大整车基地，形成一批以吉利、众泰为代表的知名汽车品牌。并且，已初步形成了包括新能源汽车示范运营、充电设施制造与建设、整车制造、关键零部件制造、核心基础材料研发生产在内的较为完整的新能源汽车产业链。

打造绿色保险产品。浙江是全国较早推动绿色金融创新发展的省份，也是第一个向国务院申报绿色金融改革创新试验区的省份。2014年，浙江衢州龙游为从源头上减少生猪养殖污染，率先将保险机制——“生猪保险”引入生猪无害化处理工作中，引导农户主动将病死畜禽进行集中无害化处理。此后，“龙游模式”已推广到46个主要畜牧县；2016 年，衢州又率先在全国试点安全生产和环境污染综合责任保险项目——“安环险”试点，由保险公司承担安全生产、环境污染和危险品运输等责任，市政府为参保企业提供 50% 保费金额补助，为保险公司提供 30% 保费金额补助。

打造绿色金融服务。绿色金融服务就是金融机构将环境评估纳入流程，在投融资行为中注重对生态环境的保护和绿色产业的发展。浙江积极打造绿色基金模式，推动银行、证券、私募基金等机构与各级政府积极合作，以多种模式设立绿色发展专项基金。如浙商银行、国开行、农发行与财政部门共同设立 100 亿元的特色小镇基金，衢州市设立了首期规模 10 亿元的绿色产业引导基金；除此之外，浙江创新绿色信贷模式，衢州全市银行机构将“环保一票否决”纳入信贷管理全流程，推动部分银行建立绿色信贷“四优先”服务通道（即“优先受理、优先审批、优先放贷”以及资金“优先保障”）。2007 年我国首家排污权储备交易中心在嘉兴市正式挂牌成立，随后嘉兴银行首创排污权抵押贷款模式，为企业创建了一条促发展和节能减排的融资渠道。随着排污权有偿使用和交易市场逐渐成熟，杭州、绍兴、温州、湖州、衢州等地的金融机构也进行了排污权抵押贷款业务的有益尝试。

（四）推进清洁生产政策体系建设

推进政策法规建设。浙江省坚持依法促进清洁生产，先后印发《浙江省人民政府关于全面推行清洁生产的实施意见》《浙江省清洁生产审核暂行办法》《浙江省清洁生产审核验收暂行办法》《关于全面推行清洁生产审核工作的通知》等规范性政策，为推进清洁生产奠定坚实基础。

推进审核标准建设。2015 年，浙江省质量技术监督局发布《清洁生产审核技术要求》地方标准，加大强制性清洁生产审核力度。以能源、水、原材料三大消耗和固、液、气三大排放以及有害有毒物的管控为着力点，在电力、石化、医药、精细化工、铅蓄电池、印染、造纸、皮革、水泥、化纤、冶炼、机械、电镀等产业深入持续开展清洁生产审核。对年能源消耗量在 3000 吨标准煤以上以及能源成本占有较大比重的企业，能源消耗必须是审核重点；对年取水量 15 万吨以上的企业，水资源消耗必须是审核重点。污染物削减目标不得低于当地环保主管部门对该企业的污染物削减目标。清洁生产方案和全过程的污染控制措施应当满足当地环保部门对该企业达标排放和总量控制的要求。清洁生产方案中有毒有害物质排放削减、替代、无害化措施以及危险废物的安全处置措施应当满足当地环保部门对该企业环境管理的要求。

推进审核管理工作。坚持强制性和自愿性清洁生产审核相结合原则。根据浙江工业和信息化部印发的《工业清洁生产审核规范》，对污染物排放超过国家或地方规定的排放标准，或者虽未超过国家或地方规定的排放标准，但超过重点污染物排放总量控制指标的企业，实施强制性审核。同时，积极鼓励和支持其他企业自愿开展清洁生产审核，对开展自愿性审核的企业，县级以上工业主管部门在其部门网站或主要媒体上公布名单，予以表彰，并可利用清洁生产、技术改造、节能减排等资金对企业实施清洁生产方案给予优先支持；对审核成效显著的企业可给予奖励。

推进激励机制建设。浙江省制定了《创建绿色企业（清洁生产先进企业）办法（试行）》，通过开展绿色企业（清洁生产先进企业）创建活动，树立一批资源利用率高、污染物排放少、环境清洁优美、经济效益显著并具有国际竞争力的绿色企业。2016 年度已有 78 家企业荣获“浙江省绿色企业”称号，这些先进企业可优先享受技术创新、财政、税收优惠政策等支持。

清洁生产不仅实现了环境目标，更推进了产业的生态化演变。在浙江政府的推动、环境保护的重压和经济效益的需求下，企业必须通过科技创新对原有的生产模式进行革新，实现节能减排，通过转变生产理念谋求新的绿色发展。以清洁生产为抓手，浙江高污染企业的生产技术得到升级，生态畜牧业、林下产业得到迅速发展，实现了产业生态化的逐步演变。总体来看，清洁生产的推进是浙江省环境保护与经济发展的现实需求，是实现环境系统与经济系统协同发展的首要路径，而在这一发展过程中，技术创新和制度保障无疑是推进清洁生产的关键。

二　实施循环经济“991”系列行动

循环经济又称物质闭环流动型经济，是以资源的高效利用和循环利用为核心，以减量化、再利用、再循环为原则（简称“3R”原则），以低投入、低消耗、低排放、高效率为特征，按照自然生态系统物质循环和能量流动规律运行的经济模式。循环经济是符合可持续发展理念的经济增长模式，属于资源节约型和环境友好型的经济形态。其运行模式如图2－5所示，循环经济的本质是一种生态经济，生物食物链物质循环理论是建立生态产业链的依据。其要求按照生态规律组织整个生产、消费和废弃物处理过程，将传统经济增长方式由资源—产品—废物排放的开环式转化为资源—产品—再生资源的闭环式，是产业生态化的重要模式。

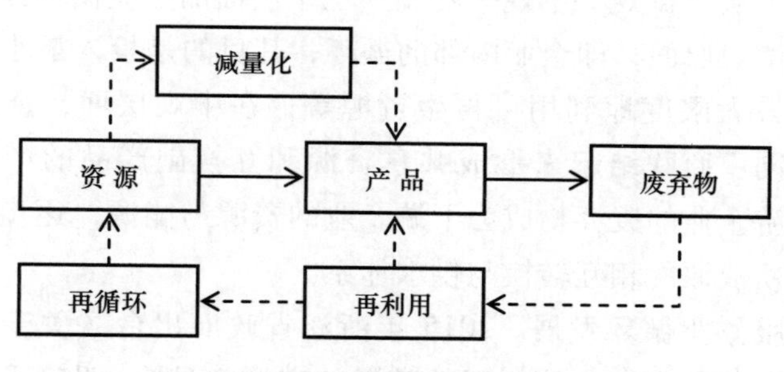

图2－5　循环经济运行模式

2005年起浙江省实施循环经济发展战略，出台了《浙江省循环经济发展纲要》《关于加快循环经济发展的若干意见》《浙江省循环经济“991”行动计划（2011—2015年）》等发展规划，以资源高效利用和循环利用为核心，以科技创新和制度创新为动力，加快形成节约能源资源和保护生态环境的产业结构、增长方式和消费模式，着力探索具有浙江特色的循环经济发展道路。

（一）建立三次产业循环经济发展模式

发展生态循环农业。浙江省委省政府印发的《关于加快推进农业现代化的若干意见》中提出积极发展生态循环农业。按照循环农业的原则，可将浙江循环农业的发展模式划分为减量型模式、再使用型模式、再资源化模式三种类型，分别表示通过投入端、中间过程、输出端和外部性方面的改造实现循环经济。[①] 如减量型的循环农业发展模式，主要针对农业生产的投入端，通过提高外部投入的使用率，以实现地、水、肥、药、电、油、煤、粮等生产投入的减量。再使用型的循环农业发展模式，针对农业生产的中间过程，通过对农业生产系统的内部改造，提高农业内部的生产效率，以减少单位产出的投入量。再资源化型的循环农业发展模式，主要针对农业生产的“输出端”，通过对各类农产品、林产品、水产品及其初加工后的副产品和有机废弃物进行系列开发和深度加工，提高农业生产效率。

推进工业循环发展。循环经济要围绕清洁生产、生态工业、绿色消费、废物处置等方面展开，使物质和能量在企业内部、生产环节乃至整个社会循环流动，达到平衡。按此思想，浙江省在“十一五”期间提出了从“微观—中观—宏观”三个层面的工业循环经济发展思路。如在微观层面，即企业内部的循环，其目的是投入最小化，排出最小化，最大限度地利用可再生资源等；在中观层面，企业间的循环，把不同厂商联结起来形成共享资源和互换副产品的产业共生组合，使上游企业的废弃物成为下游企业的资源与能源，逐步建立起企业间的物质能源的相互转换与供求体系。

促进服务业循环发展。2015 年浙江省政府出台《关于加快发展生产性服务业促进产业结构调整升级的实施意见》，明确了浙江要重点发展的 8 个生产性服务业：信息服务、研发服务、创意设计、物流与供应链服务、融资服务、商务服务、服务外包、节能环保服务。2016 年《关于进一步加快推进生活性服务业发展的指导意见》明确了浙江计划重点发展的 8 个生活性服务业：居家生活、家庭、健康、养老、旅游、体育、法律和教育培训。而《浙江省绿色经济培育行动实施方案》，明确了浙江服务业的发展方向，即推动金融、物流、文化创意、信息、会展等生产性服务业向专业化和产业链高端延伸，推动旅游、健康等生活性服务业向精细化和高品质转变。

---

① 张大东：《浙江省循环农业发展模式研究》，《中国农业资源与区划》2007 年第 28 期。

（二）提升资源综合利用水平

加强土地资源集约利用。根据《浙江省农业厅关于建设节约型农业的意见》，在“节地”方面，浙江省通过多种途径集约利用耕地，包括标准农田的建设和管理；按耕地综合生产能力对标准农田进行分等定级，对中低产田改造，开发有机肥资源；以及通过种植制度的改造和创新来集约利用土地，如浙江省上虞市在虞南山区积极实施板栗林套种高杆型名茶，实现集约利用土地。

加强水资源综合利用。浙江省从2005年开始实施“千万亩十亿方节水工程”，针对大中型灌区及重点小型自流灌区骨干渠道进行节水配套改造。推广“喷灌”“滴灌”的节水灌溉技术，水稻旱育秧、强化栽培、薄露灌溉、免耕直播和保护性耕作等粮食生产节水技术，提高水资源利用效率。《浙江省节约用水办法》提出，根据水资源承载能力、供水能力和经济社会发展情况，按照节约降耗的要求适时修订用水定额。工业用水应当采用节水型工艺、设备和产品，推行清洁生产，提高水的重复利用率。生产设备冷却、锅炉冷凝以及洗涤等用水应当循环使用、综合利用，降低单位产品产出的平均耗水量。鼓励开展再生水利用，在需水量大和水资源紧缺地区积极推广雨水集蓄、中水回用及分质供水工程，引导城市市政环卫、生态景观、洗车等行业使用再生水，鼓励城市大型公共建筑、居住小区建设区域雨水收集利用系统和中水回用系统。积极引导和鼓励海水和亚海水的利用，加快推进海水淡化产业发展。

加强农村废弃物循环利用。农业生产过程以及农产品消费过程中会产生大量废弃物，如秸秆、畜禽粪便、虾壳等。浙江省在新农村建设过程中，充分利用农区的秸秆资源，大力推广青贮氨化技术，发展牛羊生产，实行秸秆过腹还田，全面提高秸秆利用率。在粪污相对集中的规模化养殖场或养殖小区，重点实施畜禽粪污能源利用工程，大力推广雨污分流、干湿分离和设施化处理技术，使畜禽粪尿转化为农村清洁能源和有机肥。

加强再生资源回收利用。建立健全再生资源回收利用体系，全面推进废旧金属、废旧塑料、废旧家电及电子产品、废旧汽车、废旧轮胎、废旧纺织品、废旧竹木制品、废纸、废弃油脂等可再生资源的回收利用。建立健全城乡垃圾分类收集处置系统，积极促进全省垃圾焚烧发电厂的合理布局和健康发展，全面推进污泥、城市餐厨垃圾、农业农村废弃物的资源化利用与无害化处理，防止资源再生利用“二次污染”。

（三）建立循环经济发展载体

创建循环型企业。以冶金、电力、医药、造纸、建材、轻纺等行业为重点，培育一批清洁生产示范企业；以用能用电大户企业为重点，培育一批节能示范企业；以电力、纺织、造纸、化工等高耗水行业为重点，培育一批节水示范企业；以海岛地区、沿海地区为重点，培育一批海水淡化示范企业；以冶金、石化、建材、电力、造纸、印染、皮革等行业为重点，培育一批资源回收与综合利用示范企业；以农业主导产业发展、农产品精深加工、农业废弃物资源化利用为重点，培育一批生态循环农业示范企业。大力推进“绿色企业”“节约型企业”等创建工作，把循环经济发展水平作为企业创优评先的重要依据。浙江省建立循环经济试点企业，“十一五”期间要完成600家以污染治理企业为重点的清洁生产省级试点；创建8—10个国家级清洁生产示范企业；建设15—20个废水、废固“零排放”企业；推动大中心联合企业开展能流、物流集成和废物循环利用；创建30家省级循环型示范企业，带动一批循环经济型企业发展。

建设循环经济产业集聚区。构建区域内的资源流、物质流、信息流、技术流等高效耦合流，创建循环型生态工业园区和区域产业链。加快台州湾循环经济产业集聚区规划建设，鼓励先行先试，努力建设成为全省乃至全国循环经济发展示范区。依托各地现有的产业基础及比较优势，着力建设一批循环经济试点基地。全面推进开发区（园区）生态化改造，着力建设一批工业循环经济示范区；以粮食生产功能区、现代农业园区建设及农业主导产业发展为重点，着力建设一批生态循环农业示范区；以生态物流、生态旅游等为重点，着力建设一批服务业循环经济示范区。

建设循环经济重点项目。继续实施全省循环经济“991”行动计划，在再生资源回收利用、餐厨垃圾利用、污泥资源化利用、中水回用、海水淡化、余热利用、垃圾发电、农业废弃物资源化利用等重点领域，每年滚动实施100余项循环经济重点项目。

在整体部署下，浙江省工业循环经济的发展态势良好。根据统计数据，2016年，浙江省一般工业固体废弃物综合回收利用率为95%，居全国各省首位（见图2－6）。在推进循环经济发展的过程中，浙江省涌现出了像台州、永康、余姚、慈溪等典型的区域性循环经济发展特色模式。①

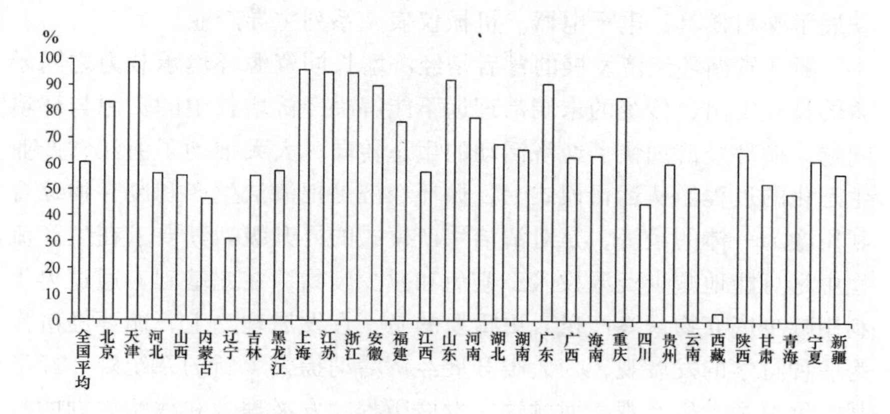

图2－6　全国一般工业固体废弃物综合回收利用率

台州—永康模式。台州是浙江东部沿海的一个地级市，永康是浙江省中部金华市下属的一个县级市。改革开放后台州和永康都完成了由基础薄弱的农业地区向全国重要的制造业基地的转变。两者发展相似，为解决资源缺乏的困难，台州从全国各地收购废旧金属进行拆解，并将废旧金属拆解业不断发展壮大，这些回收的铜铝等资源直接成为台州制造业廉价实用的原材料，带动水泵、阀门等区域特色经济的发展。永康则从全国甚至国外各地回收废铜、废铝，从冶炼炉渣、废旧电机中回收废金属，不仅满足了生产需求，同时发展了大量的从事金属再生利用的企业，逐步建设成为国内最大的五金产品制造、市场集散、文化传承基地。

慈溪—余姚模式。慈溪、余姚是浙江省东部宁波市下属的两个县

① 杜欢政：《浙江循环经济发展三模式》，《中国国情国力》2006年第5期。

级市，两市的小家电产业迅猛发展，是全国第三大家电制造基地。在改革开放初期，慈溪、余姚通过收购废塑料、废金属等再生资源获取原材料，逐步形成了“废旧物资—配件—家电产品”的产业链。而对废塑料的回收也极大促进了相关产业的发展，慈溪成了国内再生涤纶纤维生产的创始地。以废塑料、废金属回收为切入点，延伸产业链，提升产业层次，余姚、慈溪打造出了全国家用电器生产出口基地，并发展了塑料模具、电子电器、机械仪表一系列主导产业。

浙江省循环经济发展的背后是经济增长同资源环境承载力之间矛盾的日益突出，传统的末端治理远不能解决经济增长中的资源与环境问题。循环经济加快了经济活动的生态转向，大大推动了浙江省产业生态化的进程。从运行模式上，循环经济是把清洁生产和废弃物综合利用融为一体的经济，是对清洁生产模式的再升级。其要求在生产流程中尽可能地减少资源投入、避免和减少废物，在此基础上通过再生利用减少废弃物最终产量。更重要的是，在发展理念上，循环经济作为一种科学的发展观，为人类开展经济活动提供了新的系统观、经济观、价值观、生产观。回顾这一发展历程，发展理念和战略规划的科学导入、科技创新与制度创新的齐头并进、政府—企业—公众的多方联动是推进浙江循环经济发展的关键。

三　推动经济低碳转型

低碳经济是在可持续发展理念的指导下，通过技术创新、制度创新、产业转型、新能源开发等多种手段，尽可能地减少高碳能源消耗、减少温室气体排放，达到经济社会发展与生态环境保护“双赢”的一种经济形态。低碳经济的产生源于以二氧化碳为代表的温室气体排放导致的全球气候变暖，以及气候变化将给人类及生态系统带来的灾难性影响。发展低碳经济成了全球实现可持续发展的共同愿景。其根本思想仍是人与自然的和谐发展，但重点从资源环境转向了能源环境，因此实现路径也更强调能源的优化。因此，低碳经济的核心即能源高效利用、能源结构优化和清洁能源开发，可看作循环经济在能源领域的延伸。

在气候问题备受关注的国际大背景下，“十三五”时期以来低碳发展已从理念层面演进到落实层面。2016 年 5 月，浙江省发布全国首个低碳发展“十三五”规划。通过高碳行业技术革新、低碳能源结构构建、低碳工业园区建设、低碳发展制度创新等方式推进全省的低碳经济发展。

（一）高碳行业技术革新

低碳经济是相对于高碳经济而言，因此浙江首先对部分高碳企业进行淘汰（根据工信部公告的 2010 年淘汰落后产能企业名单，浙江淘汰落后产能企业 180 家，位居全国第三。特别是印染行业，浙江的淘汰任务占了全国的 2/3 左右），其次明确了五大高碳行业的技术革新发展方向。

钢铁行业。推进钢铁工业技术改造，实现高炉、转炉、电炉等技术装备向大型化、生产流程紧凑化、高效化转变。发展钢铁工业绿色低碳技术，推广高温高压干熄焦、高炉炉顶余压余热发电、资源综合利用等技术。建设废钢回收、加工、配送体系，积极发展以废钢为原料的电炉短流程工艺。推进能源管理中心建设，开发、生产高效钢材和绿色产品。

建材行业。水泥行业要推广利用电石渣、造纸污泥、脱硫石膏、粉煤灰、矿渣等非碳酸盐原料以替代传统石灰石原料，推广水泥窑协同处置废弃物技术，加快发展新兴低碳水泥，鼓励使用散装水泥、预拌混凝土和预拌砂浆。玻璃工业要推广运用浮法玻璃窑炉辅助融化、全氧（富氧）燃烧等技术。陶瓷工业要加快发展薄型化、减量化、节水型产品，研究推广干法制粉等工艺技术，开发新型节能材料。

化工行业。优化产品结构，减少制冷剂、己二酸、硝酸等行业生产过程中的温室气体排放。合理控制氟化工行业的发展规模和增长速度，加快含氢氟烃工业和硝酸等行业生产工艺改进。积极探索原料多元化发展途径，重点发展高端石化产品、新型专用化学品。石油化工行业重点推广重油催化热裂解等新技术。合成氨工业重点推广先进煤气化技术、高效脱硫脱碳、低位能余热吸收制冷等技术。

纺织行业。加强超仿真、功能性、差别性纤维和新型生物质纤维等的开发利用。加强新型纺纱织造工艺技术与设备应用，积极推广无水等离子体染整前处理技术、节能染色关键技术等，淘汰规模小的印染生产线及落后生产设备。

造纸行业。优化原料结构，推进“林浆纸一体化”产业链。充分发挥制浆造纸适宜热电联产的有利条件，大力推广靴形压干机、纸机烘干蒸汽闪蒸梯级利用、纸机排气余热回收利用和自备电厂高压冷凝、循环水热利用等技术，实现造纸行业绿色低碳发展。

（二）低碳能源结构建设

浙江在优化能源结构方面已做出许多尝试，其中包括以“煤改气”“煤改电”和新能源开发利用为抓手的清洁能源推广。目前浙江省能源利用效率不断提高，“十二五”期间单位 GDP 能耗累计降幅约 20.7%，能源结构趋于低碳。

促进能源结构优化。2015 年 7 月，金华市政府出台《金华市区高污染燃料锅炉整治实施方案》，启动实施“煤改气”工程，采用集中供热或实施天然气、电等清洁能源改造方式，在 2016 年底前完成市区范围内 1479 台高污染燃料锅炉淘汰改造。本次改造可分别减少燃煤消耗 78 万吨、烟尘排放 1.52 万吨、二氧化硫排放 0.99 万吨、二氧化碳排放 218.4 万吨。2016 年初，湖州积极推进电能替代升级改造，淘汰燃煤锅炉，实现烟尘、废气“零排放”。据统计，湖州市已实施电能替代项目 172 个，累计节约标准煤 2 万多吨。温州市 2016 年 7 月也正式启动天然气转换工作，截至 2017 年 4 月，温州市天然气转换已完成 38 个片区，共计 12.8 万居民用户、408 户非居民用户已使用天然气。

推动新能源开发。结合各地的资源特色优势，舟山市将风、潮、波浪能综合利用与海水淡化相结合，采用分布式能源发展模式，打造海洋新能源产业发展示范基地。嘉兴市秀洲区以 LED 产业和光伏产业为代表的新能源企业迅速发展，创建了浙江光伏产业高新园区。湖州市的新能源产业，已经初步形成了以蓄电池、太阳能利用设备制造为主体的新能源产业板块和先进制造中心。通过加快延伸产业链、推进产业集聚、加速项目推进、提升创新能力等举措，湖州正在着力构筑长三角新能源产业基地。而作为浙江省唯一的县级市新能源应用综合示范基地，潮汐能、生物能、太阳能、风能、垃圾发电、风光互补、浅层地热等都有不同规模的应用。温岭拥有规模位居全国第一、世界第三的江厦潮汐电站，有全省第一个农村沼气工程，有全省全面普及太阳能应用第一村，温岭新能源产业正在蓬勃发展。

根据《浙江省低碳发展“十三五”规划》目标，到 2020 年，全省非化石能源占比提高到 20.0% 左右（见表 2 – 4），煤炭消费量（不含外来火电用煤）占比降到 42.0% 左右，风电、光伏太阳能等非水可再生能源装机容量达到 1310 万千瓦。

表 2 – 4 浙江省低碳生产发展指标体系

指 标	2014 年	2015 年	2020 年
单位 GDP 二氧化碳排放下降率（%）	8.6	—	国家下达指标
单位 GDP 能耗下降率（%）	6.1	—	国家下达指标
非化石能源占一次能源消费比重（%）	13.6	16.0	20.0 左右
第三产业占 GDP 比重（%）	47.9	49.8	53.0 以上
七大万亿级产业增加值年均增速（%）	—	—	10
清洁能源装机容量（万千瓦）	2839	3314	4664

（三）低碳工业园区建设

2015 年工信部、发改委正式批复了国家低碳工业园区试点名单，试点期为 3 年，其中浙江杭州经济技术开发区、宁波经济技术开发区、温州经济技术开发区、嘉兴秀洲工业园区（现为嘉兴秀洲高新技术产业开发区）4 个园区成了第一批国家试点园区。2016 年，省发改委印发《关于开展省级低碳试点工作的通知》，要求在“十三五”期间全省要形成 15 家左右省级低碳园区试点，将低碳工业园区试点工作正式推广到省级层面。

低碳工业园区是构建创新能力强、品质服务优、协作紧密、环境友好的现代产业体系的重要载体。大部分园区均属于产业基地重要组成部分，规划方向明确，地处新城区，多项政策支持，属于经济的新增长点。浙江省的 4 个低碳工业园区面向不同产业集聚，各具特色，有较好的示范性。杭州经济技术开发区重点集聚高端装备制造、生物医药、信息技术、新能源新材料以及高端服务业，打造一流的创新源和人才基地；宁波经济技术开发区重点发展石化产业、装备制造业、汽车及汽配产业、新能源和清洁能源产业、高新技术与新兴产业，建立绿色清洁能源和低碳技术应用示范体系，重点打造节能减排关键技术合作平台；温州经济技术开发区，重点扶持电气机械、服装鞋革等传统优势产业和海洋科技与激光光电、新能源新材料、高端装备制造、电商与物流、汽车产业等新兴产业集群，打造浙南汽车整车及关键零部件研发、制造与销售基地，激光与光电高端装备省级高新技术产业园区；嘉兴秀洲工业园区形成以光伏产业为核心的产业集群，实现了从硅片、电池、组件、原辅材料生产、光伏系统开发应用及光伏装备生产的完整产业链，积极建设具有秀洲特色的光伏小镇展示平台。①

（四）低碳发展制度创新

通过制度建设与市场机制相结合推动重点领域、重点行业的低碳发展，包括：

建立节能奖惩制度。以全省单位 GDP 能耗水平为基础，按照高补低偿的原则，建立全省统一的节能量财政奖惩制度，促进各地单位 GDP 能耗的持续下降。并且在推进过程中，结合地方产业结构实际，适度调整奖惩幅度。

建立碳排放权交易制度。为严格控制地方煤炭消费总量，2016 年浙江省人民政府办公厅印发《浙江省碳排放权交易市场建设实施方案》，提出了阶段性目标：2016—2017 年完成基础准备工作，启动碳排放权交易；2018—2020 年完善体制机制，建立比较成熟的碳排放权交易市场体系。包括建立健全碳排放权初始分配制度，强化企业碳排放权有偿使用意识，建设重点企（事）业单位碳排放监测、报告和核查体系，加强配额管理和市场监管。

推进低碳金融财税政策实施。完善投融资政策，发展绿色低碳信贷，鼓励开展碳金融产品和服务创新。优化财税政策，研究制定促进低碳发展的财政补助、贷款贴息等激励支持政策。

发展低碳经济的根本途径在于提高能源效率和改善能源结构。而不同产业的能源强度不同，相同产业下不同技术水平的能源强度也不

① 魏丹青：《国内外低碳园区建设经验的启示》，《浙江经济》2016 年第 10 期。

同，需要通过产业结构优化升级和技术进步来提高能源效率。因此，发展低碳经济既是应对全球气候变化国际形势下的发展选择，同时也带动了本省产业生态化的新一轮演进。

从清洁生产—循环经济—低碳经济，不同的产业生态化方式是适应不同发展阶段的结果，是应对不同经济发展阶段下的环境资源稀缺性的成果。尽管它们都是为了实现可持续发展的最终目标，都倡导保护生态环境，发展资源节约与高效利用的经济体系，但在不同的社会大环境背景下各有不同的实现路径。相比较而言，低碳经济更具结果导向性、公众性和全球性，因而其发展所遵循的是清洁化、合作化、市民化原则（简称"3C"原则）。气候变化这个全球最大的公共物品不仅要求企业自身要实现输入—输出的清洁生产，还需要各国、各部门、各领域要建立最广泛的合作机制，以及公众的共同参与。从浙江省的低碳经济发展实践来看，技术创新、管理创新和市场培育是促进和推动低碳经济发展的关键。对内，需要继续进行技术创新，提高企业生态效率；对外，需要管理创新，发挥市场能动作用，调动公众广泛参与，为低碳经济形成良好的外部环境。

第三节　产业生态化的经验启示

浙江经济起步于改革开放之后的农村工业化，从最初的日用消费类加工逐步过渡到劳动密集型制造业，再向资本、技术密集型的制造业和服务业转型，从资源消耗型产业向环境友好型、资源节约型产业转型。从浙江的实践经验来看，经济转型的背后是产业生态化的不断发展过程，而这一过程的实现要归功于浙江省在环境保护、绿色产业、产业集聚、技术创新、制度建设等各方面的积极探索和科学决策。

一　环境保护倒逼产业生态化，通过淘汰落后产能提升绿色经济的比重

产业生态化源于工业化快速发展加剧了资源环境的稀缺性，环境问题成为影响社会发展的最重要因素。对此，解决问题的最直接有效的方式为进行环境保护，并以此为抓手调整生产方式。具体表现为：

第一，在总体经济发展方向上，从重经济发展轻环境保护向以环境保护为前提的经济发展战略转变；第二，在产业发展战略上，推动传统产业转型升级，扶持培育新兴产业；第三，在具体的企业政策上，从不同的环境要素视角对企业进行优胜劣汰。

从浙江的经济发展方向看，浙江省先后提出了建设绿色浙江、建设生态省、建设生态浙江等战略目标，环境保护的理念不断深化。从浙江的产业发展导向上，《浙江省先进制造业基地建设规划纲要》《关于进一步加快发展服务业的实施意见》等指出，对纺织、服装、化纤加工等传统产业改造提升，对电子信息、新医药产业等高技术产业大力发展，并将发展服务业作为加快推进产业结构调整、转变经济发展方式的重要途径；从具体的企业政策上，浙江省针对具体的环境要素，首先以“治水”“治土”两方面为突破口，通过“五水共治”“河长制”“空间换地”“三改一拆”等环境保护机制创新，倒逼经济转型升级。

浙江经济增长和环境改善的实际经历说明了以环保压力倒逼经济活动向生态转型的正确性。值得注意的是，以环境保护倒逼产业转型的整个过程是分阶段、有次序的：转型的第一阶段是清洁生产，因为在环境保护的重压下，传统企业的首要任务是减少生产全过程的环境污染；在清洁生产基础上，进入转型的第二阶段——循环经济，更注重企业—产业—社会不同层面的协同发展，通过不同产业流程和不同行业之间的横向和纵向共生，旨在实现产业在经济和环境大系统下的能量流动和物质循环，全面提升生态效率；在循环经济的基础上，应对全球气候情势，进入转型的第三阶段——低碳经济，重点提高能源效率。每一阶段的发展都是在上一阶段的基础上实现当下环境和经济发展情势下的产业升级。

二 绿色产业引领产业生态化，以绿色利润吸引企业投资绿色经济发展

绿色产业是指积极采用清洁生产技术，采用无害或低害的新工艺、新技术，大力降低原材料和能源消耗，实现少投入、高产出、低污染，尽可能把污染物的排放消除在生产过程之中的产业。绿色产业

是产业生态化的导向，引领产业发展方向。

在促进绿色产业的发展上，浙江省积极部署规划。在整体的发展规划上，浙江省明确指出，把环保产业摆在优先发展的战略位置，发挥其主力军的作用，促进产业结构调整和经济转型升级。重点发展环保装备和产品生产、环保工程、环保服务业、资源再生与综合利用等领域。在具体的区域发展规划上，浙江省考虑区域的绿色经济资源和绿色产业基础的差异性和非均衡性，实施绿色经济发展的扶持措施。如湖州通过制定扶持绿色产业发展的优惠政策，对绿色产品生产、流通企业降低创业门槛，在工商、税收、金融、信贷、土地使用等方面予以一定程度的优惠和便利。

发展绿色产业是实现产业生态化的必然要求，也是促进低碳经济发展的重要途径。尤其对于生态资源基础好、经济基础弱的地区，发展生态工业、生态农业、生态旅游等绿色产业更是其实现跨越式发展的现实选择。然而，绿色产业是伴随经济转型而逐渐产生的，因而在最初发展阶段要注重政府引导和政策扶持，通过建立配套的扶持机制来培育绿色市场，使之迅速发展。

三　产业集聚促进产业生态化，以产业集群为载体推动产业转型升级

产业集聚是指同一产业或不同产业及其在价值链上相关的支撑企业在一定地域集中、聚合进而形成产业集群的过程。产业集聚的过程是生态要素集聚和有效利用的过程，是推动产业转型升级的重要物质载体。在产业集聚的培育和发展过程中，引入循环经济、低碳经济等发展方式可以促进产业生态化发展。

为了加快形成节约能源资源和保护生态环境的产业结构、增长方式和消费模式，浙江省充分发挥产业集群对经济转型升级的载体作用。从实践经验来看，一方面产业集群有利于集中治理环境污染和废弃物回收利用，适合企业内部循环经济模式运行。另一方面，产业集聚是实现产业升级的平台，可延长扩展生产链，适合产业间循环经济模式运行。例如，绍兴以印染产业集聚升级的方式推进工业循环经济发展，单位印染布附加值年均提高 10% 以上，并通过向前向后延伸，

形成了从PTA到化纤、织造、印染、服装形成的完整产业链；慈溪的废旧塑料回收加工产业已经形成一种资源循环利用模式，而该产业集聚的同时，带动了慈溪其他相关产业如家电产业、纺织业、整机产品的发展。根据《浙江省产业集聚区发展总体规划（2011—2020年）》，浙江以循环经济、低碳经济和绿色经济发展为导向，布局14个省级产业集聚区，以大力培育和发展战略性新兴产业，积极推进传统产业高端化，加快实施产业集聚区内现有开发区（工业园区）的生态化改造，着力发展现代服务业和高效生态农业，力促产业集聚区内三次产业融合发展和转型提升。

产业集聚能够为循环经济和低碳经济提供理想的功能载体和物质载体，是推进产业生态化的重要实现路径。然而，产业集聚是个复杂的过程，涉及企业、政府、研究机构等多个行为主体。企业是产业集聚的主体，政府为产业集聚提供有利的外部环境，研究机构为产业集聚提供技术支撑。因此，发挥上述行为主体的联动作用是推进产业集聚的关键。

四　技术创新驱动产业生态化，通过技术创新实现绿色循环低碳发展

产业生态化的核心是实现生产过程的生态化，而技术进步是保障这一过程实现的内部推动力。以技术创新驱动产业生态化主要体现在：第一，产业技术自身的生态化，通过技术创新形成废弃物和副产品循环利用的生态产业链；第二，产业链技术的融合，上下游产业之间的技术联系和扩散，在形成生态产业链的同时又促进新的技术创新；第三，通过技术进步使产业结构整体素质和效率向更高层次不断演进，实现经济效益、社会效益、生态效益的有机融合。

浙江在推进技术创新方面已经做了很多有效的实际工作，包括：在技术提升上，浙江省采用“以重点突破带动整体推进”的发展战略。2013年浙江省印发《推进产业关键重大技术“双十计划”》，首先针对制约本省战略性新兴产业和传统优势产业发展的10项瓶颈技术问题，集中各方资源实现重点突破，然后以重大技术的突破带动其他相关技术发展，进而推动产业整体发展。在创新驱动上，通过营造

技术创新的大氛围转换企业发展动力。2013 年浙江出台《关于全面实施创新驱动发展战略加快建设创新型省份的决定》，将全面实施创新驱动发展战略作为浙江发展的核心战略，并通过财税等优惠政策，鼓励企业培育发展高新技术产业，增强自主创新能力。在科技转化上，浙江省建立产学研用相结合的技术创新体系促进研究开发与成果转化。为帮助企业尽早攻克技术难关，浙江省整合企业和高等院校、科研院所的科技资源，以产业链为纽带，形成技术联盟。如浙江省科学技术厅牵头主办的“张榜招贤”暨技术需求竞价会，已成为全省乃至全国高校院所等科研服务机构承接企业技术需求服务的重要平台，助力企业转型升级。

从浙江的成功经验来看，使技术创新成为引领绿色循环低碳发展的驱动力的关键在于创建技术创新的“市场”。一方面，通过政策引导、环保施压，刺激企业对于技术进步的需求；另一方面，围绕企业充分发挥政府、高校、科研院所等各级主体的协同作用，促进科学技术的成果转化，保障新兴技术的供给。此外，还需要为该市场搭建“交易平台”，建立科技成果转换的传导机制，使之在产业升级和经济转型中发挥关键作用。

五　制度建设激励产业生态化，以生态文明制度激励绿色发展

制度建设是激励产业生态化的外部推动力，对实现产业升级和绿色发展起着重要作用。纵观浙江省的产业生态演进发展，每一次的生态经济化探索都离不开政府政策的出台、引导和推动。在促进产业生态化的制度建设上，浙江省一直走在前列。

绿色发展理念领先。作为“绿水青山就是金山银山”重要论述的发源地，浙江省生态文明的创新理念一直领先。环境问题究其本质，是经济结构、生产方式和发展道路问题。建设生态文明对加快浙江全省转变经济发展方式具有最直接的倒逼作用。浙江省牢固树立保护环境、优化经济结构的意识，将环境保护作为新阶段推进发展的重要任务，着力发展“环境友好、资源节约、生态保护”的绿色经济，遏制“环境污染、资源浪费、生态破坏”的黑色经济。

生态文明制度领先。生态文明制度建设是生态文明建设的根本保

障，是关于推进生态文明建设的行为规则，是推进生态文化建设、生态产业发展、生态环境保护、生态资源开发等一系列制度的总称。[①]浙江省积极探索生态文明建设规律，在推进绿色浙江建设、生态省建设、生态浙江建设的各个时期，均为生态文明制度建设做出了积极探索。如浙江省在全国最早开展区域之间的水权交易，在全国最早实施排污权有偿使用制度，也在全国最早实施省级生态保护补偿机制。不仅如此，浙江省通过生态文明绩效评价考核制度和生态文明建设财政政策体系激励绿色发展，如实施单位GDP能耗财政奖惩制度、出境水水质财政奖惩制度、森林质量财政奖惩制度和生态环保财力转移支付制度等。

随着生态文明建设的推进，经过不懈努力，浙江省生态环境质量多年处于全国领先水平，并利用生态优势吸纳优质资本、淘汰劣质资本，走上绿色发展道路。浙江的成功经验践行了“保护环境就是保护生产力，改善环境就是发展生产力”的科学理念；说明了环境保护与经济发展是一脉相承的，正确的环境政策就是正确的经济政策；揭示了走生态文明之路是维护人民群众的根本利益，实现社会可持续发展的不二选择。

① 沈满洪：《生态文明建设：思路与出路》，中国环境出版社2014年版，第143—148页。

第三章　消费绿色化

消费行为两头连接自然：既向自然索取，又向自然排放。过度索取会浪费资源和破坏生物多样性，过度排放又会污染环境和破坏生态。人们消费需求的无限性与商品供给的有限性之间的矛盾表明，必须调整人们的消费模式，必须由传统消费模式向绿色消费模式转变。绿色消费是消费全过程注重无害化和资源化的全新消费模式，包括消费和废弃时不产生环境污染以及不过度消费。不同于西方国家采用宗教手段引导绿色消费，我国主要采取文化引领的方式推行绿色消费。浙江是“两山”重要论述发源地，也是绿色发展理念的孕育地。早在2010年，浙江省就出台了《中共浙江省委关于推进生态文明建设的决定》，提出要加强生态文化建设，而绿色文化又是生态文化的重要组成部分，绿色文化是推动绿色消费的意识形态，绿色消费则是绿色文化的体现载体，两者相辅相成。习近平总书记提出“积极倡导清洁生产和绿色消费”①，以绿色文化建设为引领推进绿色消费是浙江省发展绿色消费的基本思路和重要举措，浙江省绿色消费和绿色文化经历从“无”到“有”、从“概念”到“实践”、从“碎片化”到“体系化”逐步发展的过程，形成了可复制、可推广的“浙江经验”。

第一节　绿色文化引领绿色消费的总体思路

国务院2016年印发的《关于建立统一的绿色产品标准、认证、

① 习近平：《之江新语》，浙江人民出版社2007年版，2017年第11次印刷，第140页。

标识体系的意见》中认为，绿色产品内涵应兼顾资源能源消耗少、污染物排放低、低毒少害、易回收处理和再利用、健康安全和质量品质高等特征，且绿色产品配有统一标识。[①] 环保、节能、节水、循环、低碳、再生、有机等产品分别从不同角度涉及绿色产品的内涵，但各类产品的内涵又有一定程度的重叠。尽管绿色产品的概念尚未统一，内涵和外延的边界尚不明确，但绿色产品具有较普通产品要求更为严格、制作工艺更为复杂、生产成本更高，以及消费者需支付更高的价格才能进行消费等特性。

绿色文化是一种发展方式的变革[②]，从文明的生态学角度看[③]，绿色文化正从狭义向广义进行拓展，它包含在人类创造的所有文化当中，是研究人与环境关系的文化科学，是以绿色经济为基础，以追求人类的可持续发展、人与自然的和谐统一为目的的各种社会活动及成果的总称[④]。绿色文化是包含绿色意识、绿色产业、绿色企业、绿色产品等丰富内容的体系。绿色文化不应当仅仅是在过去高碳文化模式上加上些许的绿色的因素[⑤]，而应当是对我们过去的社会文化行为模式和造成的环境恶果进行深刻反思而建立的一种能够发展创新经济、解决能源安全、应对气候变化的，实现人类可持续发展和人与自然环境共存、共融、和谐的新文化。绿色文化已经遍布人类社会的经济、政治、法律和教育等所有领域，具有价值导向、教育规范、监督保障、提升审美等多方面的社会功能，其内涵和外延会随着时代的变化而逐步丰富和创新。

现代经济学消费理论认为，有效的消费需求需消费者同时具有消费能力和消费意愿。绿色消费是消费的特殊形式，亦不例外。为在浙江展开绿色消费的生动实践，打造全国绿色消费的“浙江样本”，

---

① 孙晓立：《国务院办公厅印发〈关于建立统一的绿色产品标准、认证、标识体系的意见〉》，《中国标准化》2017 年第 1 期。

② 郑继方、吴民、蔡玲平：《跨世纪的绿色文化——地球的祈祷》，《管理评论》1995 年第 1 期。

③ 周鸿：《文明的生态学分析与绿色文化》，《应用生态学报》1997 年第 S1 期。

④ 秦文展：《营造绿色文化　建设绿色湖南》，《经济研究导刊》2012 年第 4 期。

⑤ 杨新莹、李军松：《绿色文化：基于我国的构建与繁荣》，《青年研究》2007 年第 4 期。

提供“浙江方案”。自 2010 年以来，浙江省就采用大力促进居民收入水平提高和全面普及绿色文化两条腿同步走战略，取得了显著成效。

一　提高收入水平，奠定绿色消费基础

马斯洛需要层次理论表明，在经济不发达时期，生存需要等低层次需要成为人们首先需要满足的需要。随着经济水平不断提高，消费的无害化、绿色化以及价值化才有可能实现。绿色消费的主体有企业消费者和个人消费者两类。对于企业消费者而言，首先是要解决企业生存的问题，生存问题得到保障后才会考虑绿色生产、绿色消费的问题。对于个人消费者而言，只有衣食住行等基本需要得到保障后，才会考虑绿色消费的问题。但个人消费最终会集聚到产品的生产者也就是企业端，且单个企业消费者行为也可以用个人消费者进行类比。因此，在分析绿色消费时可以从分析个人消费者行为着手。有效需求理论认为，购买能力是构成有效需求的两个关键条件之一，收入水平则是衡量消费者是否具有购买绿色产品能力的决定性因素，收入水平的高低直接决定消费者能否实现需求的基本边界。收入水平与绿色产品购买能力的关系可以用下述模型进行解释。假设普通产品实际价格为 P_1，与之对应的绿色产品实际价格为 P_2（远大于 P_1），消费者当前收入水平下能接受的产品价格为 P_0（P_0的变化受两个因素的影响：一是会随着消费者收入水平的提高而提高；二是会随着消费者心理预期的变化而变化）。在理性经济人假设条件下，消费者的消费行为存在四种情形：情形一，当 $P_0 < P_1$时，居民对普通产品价格也不会接受，没有消费动机；情形二，当 $P_1 < P_0 < P_2$时，居民能接受普通产品价格，会按需购买；情形三，当 $P_0 > P_2$，但差距不大时，居民会同时接受普通产品和绿色产品的价格，但会谨慎选择是否需要消费绿色产品，价格因素会成为其是否购买绿色产品的决定性因素；情形四，当 P_0远远大于 P_2时，此时，外部因素成为消费者是否购买绿色产品的决定性因素。

改革开放 40 年来，浙江人民经历了由温饱不保到基本解决温饱，再到基本实现总体小康的重要历史阶段，现阶段正处于由总体小康向高水平全面小康过渡的关键时期。在改革开放的大潮中，浙江省历届省委

省政府积极抓住时代机遇，经济发展水平显著提升（见图3－1）。全省GDP由1978年的133亿元增长至2016年的83538亿元。城乡居民收入水平不断增强（见图3－2），城镇居民人均可支配收入从1978年的332元增长至2016年的47237元，农村居民人均可支配收入从1978年的165元增长至2016年的22866元。无论是城镇还是农村，居民的收入

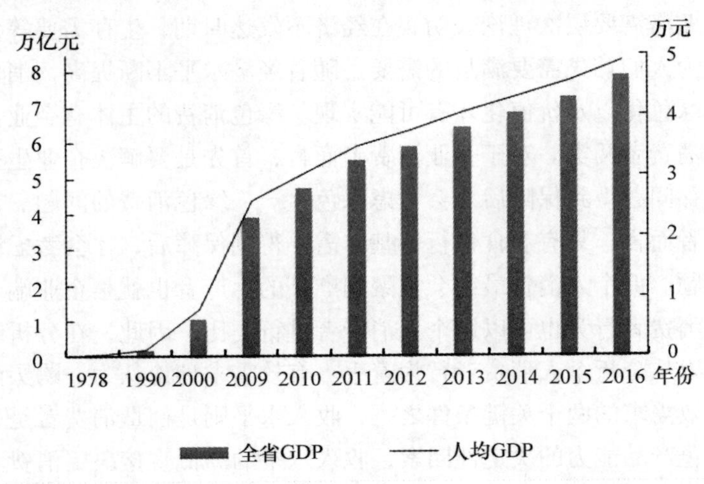

图3－1　浙江省经济发展水平变迁（1978—2016年）

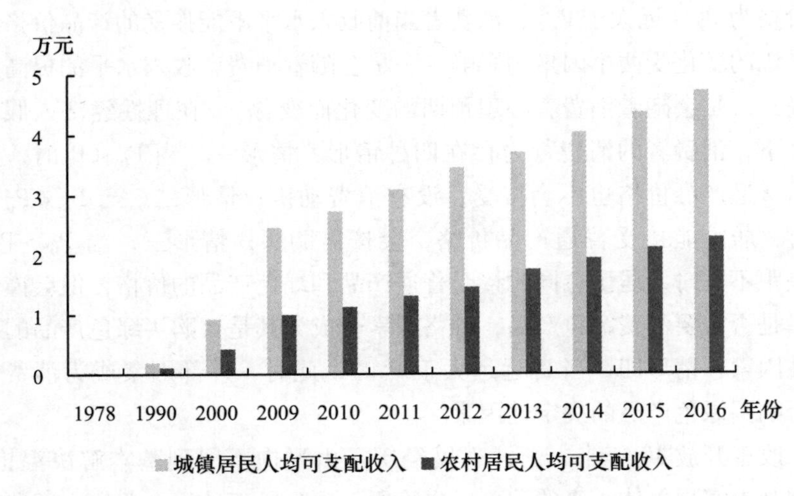

图3－2　浙江省城镇居民和农村居民收入水平变迁（1978—2016年）

水平都得到显著提高，高水平的消费需求逐渐增强。浙江省的经济发展水平极大地提高了居民的收入水平，促进了消费者行为由情形一、情形二转变为情形三，且正从情形三向情形四过渡。

二　普及绿色文化，增强绿色消费动机

消费行为的发生需要具备两个基本条件，一是有能力购买，二是主观上想购买。体现在经济学决策上就是既有客观购买能力，同时又有主观购买愿望。收入水平的提高解决了客观购买能力的问题，绿色文化的普及则激发了消费者主观购买愿望。绿色文化普及可理解为消费者对绿色发展内涵、绿色发展意义等绿色消费观念的了解和逐步接受，并在日常消费行为中践行绿色消费的过程，是消费者对绿色消费由了解到认知、认知到接受、接受到自觉践行的不同历史阶段。在经济发展中体现为绿色经济占 GDP 的比重逐步提高，从此种角度上来讲，可用绿色经济在 GDP 中的比重来衡量一国绿色文化进程的程度。根据绿色经济在 GDP 中的比重可将绿色文化进程分为初级、发展、成熟、深化发展等不同历史阶段。单个消费者的绿色文化水平则体现在绿色产品消费占个人消费的比例，社会层面的绿色文化普及程度会影响单个消费者的绿色文化水平。鉴于单个消费者个体差异，单个消费者的绿色文化水平存在不一致性。当绿色文化普及处于初级阶段时，绿色产品的购买愿望处于较低水平，几乎没有购买愿望。随着绿色文化逐步普及，绿色文化进程不断推进，消费者对绿色产品的接受程度逐渐提高，绿色产品的购买愿望随之增强。

三　绿色文化和收入水平共同促进绿色消费

绿色文化和收入水平虽然都是绿色需求的关键因素，但两者均不能单独决定绿色需求，两者的共同作用才能决定绿色产品的有效需求。绿色文化和收入水平可从两个方面影响到绿色需求：一是绿色产品本身。绿色产品的本质是商品，但在普通商品基础上加入了“绿色内涵”“绿色要素”等外延。二是在绿色文化和收入水平的共同作用下，“绿色要素”价格会在绿色产品需求侧逐步得到体现。在绿色文化尚处于初级阶段时，一般情况下，收入水平也还处于较低水平。由

于消费者对绿色产品缺乏了解，感受不到绿色产品所带来的额外效应，且本身购买能力有所限制，一般消费者无法表现出购买愿望，也不会有消费行为。此时，绿色产品的需求曲线为一条向右下方倾斜（接近平坦）的曲线，且需求价格弹性较小，通过降低产品价格的方式也无法刺激需求。在绿色文化逐步发展与推进的过程中，消费者逐步意识到消费绿色产品所带来的“绿色效应”，绿色产品的购买愿望不断增强，意味着，越来越多的消费者愿意为绿色产品支付更多的费用，在需求曲线上表现为曲线向右移动。

第二节　推动消费绿色化的“组合拳”

一　崇尚绿色建筑，筑建绿色居住方式

世界自然保护组织于1980年在《世界环境保护大纲》中提出“生态建筑”。从工作实际角度看[①]，绿色建筑的内涵可用健康环保、全生命周期、适用技术、利用可再生能源4个关键词予以概括。绿色建筑是可持续发展的必然产物，追求自然、人、建筑三者和谐统一[②]，且符合可持续发展要求，强调“四节一环保”。绿色建筑发展是生态学、建筑学、经济学等多学科融合的过程，概念与内涵是随着社会发展而不断进步的。自20世纪90年代开始我国就引入绿色建筑的概念，2001年开始进行探索性研究和推广应用。先后出台了《绿色建筑评价标准》《节能减排“十二五”规划》《绿色建筑评价技术细则（试行）》《绿色建筑评价标识管理办法》《绿色建筑行动方案》等政策文件，回答了绿色建筑该如何评价、如何建设、如何管理等一系列现实问题。

浙江省积极贯彻落实国家政策要求，高度结合自身实际，积极探索具有浙江特色的绿色建筑发展道路。开展绿色建筑以来，浙江省绿色建筑取得积极成效。2015年，全省累计5273项民用建筑强制执行

---

① 仇保兴：《从绿色建筑到低碳生态城》，《城市发展研究》2009年第7期。

② 申琪玉、李惠强：《绿色建筑与绿色施工》，《科学技术与工程》2005年第21期。

《民用建筑绿色设计标准》，206项建筑获得国家绿色建筑评价标识，建成节能建筑6.6亿平方米，建成太阳能热水器集热面积1500万平方米，覆盖700多万户城乡居民。截至2017年，浙江省累计实施绿色建筑13428项，共3.9亿平方米，绿色建筑发展水平和规模位居全国前列。其中，2017年，浙江大学医学院附属妇产科医院科教综合楼等三个项目荣获国家绿色建筑创新奖。浙江省正在逐步实现从传统建筑向绿色建筑的转变。

（一）以制度体系建设奠定绿色居住良好基础

在推进绿色建筑发展、推行绿色居住方式的历程中，浙江省始终坚持制度体系建设先行的基本方略。为推进建筑物节能，2007年，《浙江省建筑节能管理办法》（以下简称《办法》）以省政府令的形式签发通过，《办法》明确了建筑节能规范、监督、法律责任等实际问题。《办法》中的建筑节能思路是绿色建筑概念的雏形，具有绿色建筑有关内涵，是浙江省在绿色建筑展开的首次探索，实现绿色建筑制度从无到有的跨越。为进一步巩固建筑节能，强化太阳能在建筑中的利用，提高可再生能源在建筑中的应用水平，浙江省建设厅制定了《太阳能在建筑中利用实施的若干意见》。为应对新形势下的新情况，2010年，浙江省委做出了《关于推进生态文明建设的决定》重要战略部署，提出“加快推进建筑业转型发展，积极发展‘绿色建筑’”。这比国家的《关于加快推动我国绿色建筑发展的实施意见》提早两年。为贯彻实施《中共浙江省委关于推进生态文明建设的决定》，加快建设资源节约型、环境友好型社会，积极推进绿色建筑发展，2011年，浙江省政府发布《关于积极推进绿色建筑发展的若干意见》，从生态文明的角度阐述了绿色建筑的重大意义、重要目标及重要任务，标志着浙江省全面铺开绿色建筑发展的相关工作。2015年，省住建厅、省发改委、省机关事务管理局三部门联合印发《浙江省绿色建筑发展三年行动计划（2015—2017）》，通过明确目标、落实责任进一步推动绿色建筑的发展。2016年，省政府发布《浙江省绿色建筑条例》，首次以法律法规的形式明确了绿色建筑的重要地位，同时，对《浙江省建筑节能管理办法》予以废止。同年9月，为促进绿色建筑产业化发展，浙江省发布《关于推进绿色建筑和建筑工业化发展的实施意见》，提出进一步提升建筑使用功能以及节能、节水、节地、节材和环保水平，并要求各地开展绿色建筑专项规划编制工作。2017年，以杭州市、台州市、绍兴市、湖州市、嘉兴市等为代表的地市，研究并发布绿色建筑发展专项规划或行动计划，标志着绿色建筑实现从上到下、从理念到实践的逐步落地。至此，浙江省已形成以《浙江省绿色建筑条例》为核心，以专项规划和专项行动计划为补充的自上而下的绿色建筑制度体系（见表3－1），为浙江省发展绿色建筑明确了基本方向，提供了重要思路。通过自上而下的制度设计，使得绿色建筑概念、标准及内涵深入人心，为在浙江省全面形成绿色居住氛围奠定了基础。

（二）以载体建设为抓手扩大绿色建筑供给

为推动绿色建筑发展，浙江省积极开展绿色建筑载体建设，着力推进覆盖范围广、力度大的绿色建筑“四大工程”。全面推进新建建筑绿色化工程，严格落实新建建筑全过程监管，加强民用建筑节能评估审查、施工图审查、竣工验收等环节中绿色建筑内容的审查。提高农房绿色化水平，编制农民个人绿色建房推荐图集，积极开展绿色农房试点；大力推进新型建筑工业化工程，不断完善新型建筑工业化技术和标准，加大项目推动和基地建设，大力推进绿色施工，严格监督管理；稳步推进既有建筑节能改造工程，完善建筑能耗监测系统，不断探索既有公共建筑节能改造，有序推进既有居住建筑节能改造；加快先进适用技术和产品推广应用工程，加快配套技术研发和推广，推进可再生能源建筑应用，推广绿色建材应用，大力推进建筑垃圾资源化利用。

（三）以政策激励引导形成绿色居住方式

为激励绿色建筑发展，浙江省从供给侧和需求侧两端共同发力。在需求侧，一方面积极扩大公共设施的绿色建筑需求。对政府办公楼、学校、医院等公共场所建设提出绿色建筑的相关要求，必须按照绿色建筑的标准进行建设并开展验收；另一方面支持和鼓励个人购买绿色建筑，对购买采用新型建筑工业化方式建设的住宅的消费者，在个人住房贷款服务、贷款利率等方面给予支持，如采用公积金贷款，可优先放贷。在供给侧，一是不断激发地方政府发展绿色建筑的积极性，为各地发展绿色建筑提供土地、财政、税收等支持政策；二是积极支持企业发展绿色建筑，企业进行绿色建筑生产、研发和认定，可获得企业所得税、与工业企业相同的贷款贴息等优惠政策；三是鼓励和支持新型绿色建筑项目，对获得国家绿色建筑相应标识的新型建筑工业化项目，按照相关规定给予财政奖励。

（四）以工作机制构建确保绿色居住可持续性

为推动绿色建筑着实落地，形成稳定可持续的绿色居住方式，浙江省积极探索，逐步形成“政府部门＋社会组织”双通道工作机制。省级政府层面积极加强组织领导，成立省发展绿色建筑领导小组，负责组织协调全省绿色建筑发展工作。领导小组办公室设在省建设厅，省级各有关单位密切协作，形成合力，共同推进浙江省绿色建筑的发展。同时积极制定绿色建筑发展相关考核制度，将绿色建筑行动目标完成情况和措施落实情况纳入各地节能目标责任制评价考核体系，完善绩效考核办法，有序推进全省绿色建筑发展工作。与此同时，积极激发社会组织活力，已自发成立“浙江省绿色建筑与建筑节能行业协会”“浙江省新型建筑工业化产业联盟”等多家社会组织，开展与绿色建筑、建筑节能行业相关的研究咨询与顾问服务，为浙江省绿色建筑的发展贡献了社会智慧。

表3－1 **浙江省部分绿色建筑政策文件**

发布时间	发布部门	政策名称	主要内容或目的
2007年8月20日	省长	《浙江省建筑节能管理办法》	加强建筑节能管理，降低建筑物能耗，提高能源利用效率，促进经济社会可持续发展
2011年8月1日	省政府	《关于积极推进绿色建筑发展的若干意见》	明确“四节＋管理”、产业化发展等重点任务
2011年9月6日	省住建厅	《浙江省民用建筑项目节能评估和审查管理办法》	为了加强浙江省民用建筑节能管理，降低民用建筑能源消耗，提高能源利用效率

续表

发布时间	发布部门	政策名称	主要内容或目的
2015年9月9日	省住建厅、省发改委、省机关事务管理局	《关于印发〈浙江省绿色建筑发展三年行动计划（2015—2017）〉的通知》	通过三年的努力，绿色节能意识明显增强，基本形成绿色建筑发展体系和技术路线，实现从节能建筑到绿色建筑的跨越式发展，新建建筑绿色水平明显提高，建筑工业化取得显著成效，既有建筑节能改造稳步推进，绿色建筑发展水平处于全国领先
2016年4月10日	省政府	《浙江省绿色建筑条例》	绿色建筑的地方性法规
2016年4月21日	省住建厅	《关于发布浙江省工程建设标准〈绿色建筑设计标准〉的通知》	规范绿色建筑设计，制定相关环节标准。由浙江大学建筑设计研究院有限公司等单位主编。明确了必须严格执行的相关强制性条文
2016年8月31日	省政府办公厅	《关于推进绿色建筑和建筑工业化发展的实施意见》	为实现绿色建筑全覆盖、提高装配式建筑覆盖面、实现新建住宅全装修全覆盖三个目标，提出八大工程
2017年	台州等地市政府	《建筑节能及绿色建筑发展“十三五”规划》	作为指导地市“十三五”期间建筑节能与绿色建筑工作的纲领性文件，规划结合该市建筑节能与绿色建筑发展现状，提出了工作的指导思想、基本原则、规划目标、重点任务和保障措施

二　普及绿色交通，构建绿色出行方式

绿色交通概念论述大多集中在交通运输结构[①]、交通规划模式[②]等领域。绿色交通理念最早由加拿大人克里斯·布拉德肖（Chris

① 刘芳、杨淑君：《欧盟绿色交通发展新趋势》，《工程研究：跨学科视野中的工程》2017年第2期。

② 张斯阳：《导读：〈发展城市绿色交通的合理方法〉》，《城市交通》2017年第3期。

Bradshaw）于 1994 年提出，是相对于传统交通而言的，也可称为可持续交通，是为了减低交通拥挤、降低污染、促进社会公平、节省建设维护费用而发展低污染的、有利于城市环境的多元化城市交通工具来完成社会经济活动的和谐交通系统[①]；是通过各种节能减排等环保手段产生经济效益、生态效益、社会效益的交通运输运行经济形态。与绿色交通相近的概念还有循环交通、低碳交通、绿色出行等，但总体来说绿色交通的范围更广泛。为推进绿色交通发展，2013 年 5 月，国家交通运输部印发《加快推进绿色循环低碳交通运输发展指导意见》，这是我国发展绿色交通一份关键性文件。

浙江省积极响应绿色交通号召，结合自身优势不断探索绿色交通发展的新路子、新模式，确定了创建“绿色交通省”的战略目标，制定和实施加快推进绿色低碳交通运输发展规划和区域性试点实施方案，交通综合单位能耗逐年下降，绿色交通发展体系正逐步形成。

（一）以制度建设构建绿色出行供给框架

2014 年 12 月，省政府办公厅印发《浙江省加快推进绿色交通发展指导意见》（见表 3－2），明确了绿色交通的阶段性目标，提出到 2020 年，基本建成“低消耗、低排放、低污染，高效能、高效率、高效益”的交通运输体系，建成绿色交通运输示范省，绿色交通发展水平处于全国前列，回答了要不要干的问题。为进一步落实《浙江省加快推进绿色交通发展指导意见》相关举措，2015 年，以杭州、湖州等为代表的地市先后出台《创建绿色交通城市实施方案》，积极探索绿色交通建设的地方实践与经验。2016 年 1 月，《浙江省公务用车制度改革总体方案和省级机关实施方案》获中央车改组批复同意，提出要提高政府部门公车利用效率，倡导绿色出行。浙江省省级部门、事业单位等率先开展“公车改革”，并全面推广至全省地市政府、机关、事业单位等基层部门，规范政府公务人员用车，鼓励和支持公务人员采用公共交通工具。2016 年 9 月，浙江省交通厅印发《浙江省综合交通运输发展“十三五”规划》，提出加快发展绿色交通，明确了全省发展绿色交通的主要任务，从省级层面上回答了怎么做的问

① 何玉宏：《城市绿色交通论》，博士学位论文，南京林业大学，2009 年。

题。为促进浙江交通向绿色化转变，推进相关工作，省交通厅制定并发布《浙江省绿色交通工作考核办法》。该考核办法明确考核主管单位为省交通厅，具体由绿色交通领导小组执行。从绩效目标、重点任务及重要措施三个方面对各地市交通主管部门进行定量考核，考核结果与年度考核相挂钩，对考核结果进行“奖优惩劣”，回答了绿色交通发展怎么考核的问题。通过回答要不要干、怎么做、怎么考核的问题，实际上就构建起了绿色出行供给的基本框架。

（二）以“绿色交通省”创建为契机营造绿色出行良好氛围

为创建“绿色交通省”，浙江省编制出台《浙江省创建绿色交通省实施方案》，构建并形成“1+6+15”工作推进格局，即以《浙江省创建绿色交通省实施方案》为指导，着力打造杭州、宁波、嘉兴、湖州、绍兴、舟山6个绿色交通城市，积极推进以杭新景、龙浦、杭长高速公路及淳杨旅游公路为绿色公路、宁波港和温州港2个绿色港口、钱塘江中上游衢江（衢江段）、杭平申线（浙江段）、京杭运河（湖州段）3条绿色航道和温州、金华、衢州等6个绿色公交城市等15个主题性项目。提出到2018年，交通能源单耗和碳排放强度明显下降，绿色交通运输体系框架基本形成。到2020年，初步建成“低消耗、低排放、低污染，高效能、高效率、高效益”的综合交通运输体系，绿色发展机制更加完善。2015年开展创建工作以来，全省交通运输行业围绕“打造绿色交通、建设美丽浙江”主题，依托6个绿色交通城市、4条绿色公路、2个绿色港口、3条绿色航道、6个绿色公交城市建设，全面推进绿色交通项目实施，成功列入交通运输部3个“绿色交通省”创建试点省份之一。实施“绿色交通省”建设以来成效明显，杭州市还被交通运输部授予“绿色交通城市”荣誉称号。2015年5月，安吉县获批创建全国绿色交通试点县，成为全国首个也是唯一入选的县级城市。

（三）以公共交通体系建设夯实绿色出行基础

为促进居民绿色出行、环保出行，浙江省公共交通体系不断优化，绿色出行的基础条件已居全国前列。一是着力增加公共绿色交通工具的供给。地铁建设加快推进，以杭州为例，地铁建设目前已规划十余条线路，多条线路已开通，且可实现站内换乘，成为居民通勤的重要交通工具。大力推动公交、水上巴士等远距离地上通勤工具高效运转以及公交车、出租车等公共交通工具绿色化转型。着力推进公交车、出租车“油改气”工程，以杭州为例，为全面完成“油改气”工作目标，2013年，杭州市制定《杭州市机动车“油改气”工作实施方案》，提出到2013年底，杭州市区要建成并投运CNG（压缩天然气）和LNG（液化天然气）加气站不少于6座，发展油气两用双燃料出租车至1000辆，发展LNG公交车至1000辆。至2015年底，建成并投运CNG和LNG加气站12—15座，发展油气两用双燃料出租车4000—5000辆，发展LNG公交车至2000辆。分时租赁电动汽车、共享汽车等交通工具渐成气候，公共自行车、共享单车为解决出勤“最后一公里”问题提供了方案。二是着力提高不同交通工具间的协同性。公交与地铁的接驳、公共自行车与地铁和公交的接驳等均较为紧密，部分公交与公交之间甚至可实现站内换乘。三是绿色交通文化渐入人心。杭州市公共自行车覆盖率已达100%，在美国一家专业户外活动网站评选中被评为全球最好的16个地区公共自行车系统的第一名。此外，在省委省政府的倡导下，市民积极参与，杭州市已经形成汽车斑马线前礼让行人的“绿色交通文化”，且在全省推广复制“杭州经验”。

（四）以政策引导推广应用新能源汽车

为推进绿色、低碳出行，浙江省大力推进新能源汽车的应用，为新能源汽车的推广应用制定了一系列财政补贴政策。一方面，积极推广纯电动等新能源公交车、出租车的应用。截至2016年9月，杭州主城区投入使用的4967辆运营公交车辆中，各类清洁能源、节能与新能源车辆已达4483辆，占运营车辆总数的90.26%，2016年底，除150辆18米铰接车外，杭州主城区“绿色公交”实现全覆盖。另一方面，鼓励和支持个人购买新能源汽车。为减少传统汽车尾气排放，提高城市空气环境质量，浙江省积极制定优惠政策。对购买纯电动汽车的个人消费者给予不高于购车款50%的购车补贴，对购买后的纯电动汽车发放电动汽车牌照，无须参与车牌摇号或竞价，且不受杭州等城市限行规定的限制。据有关资料显示，截至2017年11月，浙江省新增新能源汽车推广数量近3万辆，全省累计推广新能源汽车

9 万辆，可向国家申请 1.2 亿元新能源汽车推广补贴。

表 3－2　　浙江省部分绿色交通政策文件

发布时间	发布部门	政策名称	主要内容或目的
2014 年 12 月 30 日	省政府办公厅	《浙江省加快推进绿色交通发展指导意见》	是落实交通运输部部署的综合交通、智慧交通、绿色交通、平安交通“四个交通”建设的重要内容，是建设“两美”浙江的具体实践。明确浙江省下阶段绿色交通发展目标、重点任务、重点工程等
2016 年 5 月 17 日	省交通厅	《关于印发 2016 年绿色交通绩效目标和重点任务的通知》	对各市交通运输局（委）、义乌市交通运输局，嘉兴、舟山、台州市港航（务）局，厅管厅属各单位落实相关任务，明确分工和责任
2016 年 9 月	省交通厅	《浙江省综合交通运输发展“十三五”规划》	提出六大主要任务：一是完善绿色综合交通运输体系。二是建设完善绿色交通基础设施。三是推广节能环保交通运输装备。四是发展集约高效运输组织方式。五是推进科技引领与交通智能化。六是提升绿色低碳交通管理能力。以试点示范和专项行动为主要抓手，将生态文明建设融入全省交通运输发展的各领域和全过程，促进交通运输绿色可持续发展，加速形成浙江省交通运输绿色发展的“新常态”
2016 年	省交通厅	《浙江省绿色交通工作考核办法》	对各地市绿色交通进行绩效考核。考核按 100 分制进行，分三个指标进行考核：绩效目标（20 分）、重点任务（40 分）、主要措施（40 分）

三　推广绿色时尚，形成绿色穿着方式

绿色时尚是指以服装、纺织、创意设计等为代表的时尚产业绿色化的过程，是指纺织、服装产品从原料选取、生产、销售、使用和废弃处理的整个过程中，将对环境和人的有害影响减小到符合要求的产品，具有“可回收、低污染、节省资源”等特点。绿色时尚不仅包含安全、环保等确保消费者安全的基本内涵，还应包含生产生态学、用户生态学和处理生态学等深层次内涵。[①]

浙江省时尚产业包括纺织、服装、皮革等行业，是浙江省的传统行业，杭州因女装而被称为“中国时尚女装之都”，温州因制鞋闻名而被称为“中国鞋都”，时尚产业因此而被列为“八大万亿”产业之一。近年来，面对国内外激烈的竞争压力和国内日趋严格的环境标准，为推进时尚产业绿色发展，形成绿色穿着方式，浙江省进行了积极探索。

（一）强化时尚产品制造过程的绿色化

为提高时尚产业竞争力，实现“万亿”目标，浙江积极推动传统时尚产业转型升级，不断提高传统时尚产业绿色化水平。2017 年 6 月，浙江省印发《浙江省全面改造提升传统制造业行动计划（2017—2020 年）》，全面展开包括传统时尚产品制造在内的传统产业转型升级。通过“三改一拆”“腾笼换鸟”等组合拳，淘汰落后传统时尚制造业，坚决关停“低小散”企业（作坊）。通过试点建设促进产业升级，宁波市海曙区、义乌市成功创建省级服装制造业省级试点，温州鹿城区、温岭市成为皮革制造业省级试点。绿色工厂、绿色园区、绿色供应链建设不断推进，时尚产业节能减排等主要指标持续提高。

（二）以特色小镇建设助推时尚产业绿色化

特色小镇是浙江在新时期下打出的“金名片”，获得国家充分肯定。浙江特色小镇建设是推动时尚产业绿色化的重要抓手。特色小镇

---

① 刘晓玲：《倡导绿色服装是可持续发展的重要组成部分》，《环境科学与技术》2001 年第 24 期。

建设要求在规划编制、基础设施配套、资源要素保障、文化内涵挖掘传承、生态环境保护等方面发挥作用，为时尚产业类特色小镇产业绿色化营造良好氛围。已列入创建（培育）名单的湖州丝绸小镇、桐乡毛衫时尚小镇、余杭伞艺小镇、海宁皮革时尚小镇等，在土地要素和财政支持上享有丰厚的优惠政策，正逐步实现传统产业从加工制造中心向以创意设计引领的时尚产业创造中心转变。

（三）注重时尚产品原材料使用的绿色化

提高行业标准，积极推进印染行业的绿色化。浙江绍兴是全国印染大市，印染总产能约占全国的1/3，占浙江省的2/3，也被称为“中国染缸”。而柯桥区又是绍兴印染行业的大本营，正是在这么一个以印染为生的地方，开始了“自我革命”之路。2016 年，绍兴率先提升行业标准，使得 90% 以上的印染企业面临整治，停产整治印染企业 107 家、化工企业 102 家。积极组建滨海印染集聚区，柯桥区已先后有三批共 96 家印染企业签约集聚滨海工业园区，两期 40 个集聚项目（52 家企业）相继动工建设，实现印染行业集聚发展。同时，不断向印染产业价值链中高端迈进，“自我革命”之路却也是“浴火重生”之路。

四　发展绿色食品，建立绿色饮食方式

绿色食品并非指“绿颜色”的食品，绿色食品是对无污染、优质、安全食品的一种称谓①，是按照可持续发展原则，遵循特定的生产方式，执行严格的生产、加工、包装与运输标准，并经专门机构认证的一类安全无污染食品②。20 世纪 70 年代开始，国外发达国家提出“有机食品”“生态食品”等概念和思路，我国于 1990 年提出“绿色食品”的概念，包含“无污染食品”“无公害食品”“有机食品”等内容。1992 年成立了“中国绿色食品发展中心”，1993 年中

① 章家恩：《我国绿色食品生产状况及其发展对策》，《农业资源与环境学报》1999 年第 3 期。

② 李博、柏连成：《有机食品与绿色食品的启示》，《生态经济》（中文版）2000 年第 9 期。

国绿色食品发展中心走出国门，正式加入有机农业运动国际联盟。[①②]据相关资料显示，我国农业部已发布绿色食品各类标准126项，包括绿色食品产地环境质量标准、生产技术标准、产品标准和包装储藏运输标准等。整体达到发达国家先进水平，地方配套颁布实施的绿色食品生产技术规程已达400多项，绿色食品标准体系也趋于完善。

浙江省绿色食品发展经历从无到有、从小到大、逐步发展壮大的过程。2002年3月，省农业厅制定了《关于加快我省绿色食品产业发展的若干意见》（见表3-3），拉开了全省绿色食品发展的帷幕。2003年，省委省政府提出大力发展高效生态特色精品农业，浙江省的绿色食品产业进入了一个快速发展时期。

（一）以“高效生态农业”战略扩大绿色产品供给

2003年，时任浙江省委书记习近平同志就审时度势提出“高效生态农业”的发展战略，提出“绿水青山就是金山银山”的发展理念。2014年，农业部正式批复支持浙江开展现代生态循环农业试点省建设，正式签署共建合作备忘录，浙江成为全国唯一的现代生态循环农业发展试点省。2017年2月，省发改委印发《绿色经济培育行动实施方案》，提出到2020年主要食用农产品中无公害农产品、绿色食品、有机产品认证比例达到55%。2017年3月，省农业厅印发《浙江省绿色农业行动计划》，提出到2020年成为全国绿色农业发展先行区和绿色农产品主产区。

（二）以“三品一标”建设打造绿色食品品牌

无公害农产品、绿色食品、有机农产品和农产品地理标志统称“三品一标”，是体现绿色食品的重要载体，也是消费者辨识绿色食品的重要依据。浙江省极为重视“三品一标”工作的推进，积极出台一系列的扶持政策，严格考核制度，合力推进“三品一标”产业发展。把新增无公害农产品、绿色食品认证数量和“三品”产地面积等指标列入年度生态省建设工作任务书考核内容。省农业厅每年将

---

① 刘高强、魏美才：《我国绿色食品的现状分析与发展》，《食品研究与开发》2002年第4期。

② 仲山民、胡芳名：《我国绿色食品的发展现状及趋势》，《经济林研究》2001年第2期。

新增无公害农产品、绿色食品认证数量和“三品”产地面积等指标列入对各市农业局的考核内容。此外，还把“三品”产地面积列入农业现代化评价指标。2015 年，浙江省有效用标绿色食品企业数达 774 家，有效用标绿色食品产品数达 1263 个。当年绿色食品获证企业数达 261 家，产品数达 423 个。

（三）以基地建设推进绿色食品标准化生产

2005 年，农业部印发《关于创建全国绿色食品标准化生产基地的意见》，并于 2012 年补充印发《关于进一步加强全国绿色食品原料标准化生产基地的意见》，要求各省积极申报绿色食品原料标准化生产基地。截至 2015 年，浙江省共有绿色食品原料标准化生产基地 3 个，面积为 23.3 万亩，产量为 13.8 万吨。2016 年 6 月，浙江省农业厅印发《关于实施“5510 行动计划”推进“三品一标”持续健康发展的意见》。提出大力开展“三品一标”基地创建。积极推进全国有机农业示范基地建设，适时开展有机农产品生产示范基地（企业、合作社、家庭农场等）创建。扎实推进以县域为基础的国家农产品地理标志登记保护示范创建，积极开展农产品地理标志登记保护优秀持有人和登记保护企业（合作社、家庭农场、种养大户）示范创建。以基地建设为抓手，推进绿色食品发展。

表 3－3　**浙江省部分绿色食品政策文件**

发布时间	发布部门	政策名称	主要内容或目的
2002 年	省农业厅	《关于加快我省绿色食品产业发展的若干意见》	为全面贯彻落实全省农产品安全与市场竞争力会议精神，加快浙江省绿色食品产业的发展步伐
2003 年	宁波市政府	《关于加快农村经济和社会发展的若干意见》	鼓励发展绿色、特色和名优农产品，对获得国家绿色食品和有机农产品认证的单位给予奖励，并每年安排绿色食品、无公害农产品生产基地建设专项经费 150 万元
2011 年	省农业厅	《浙江省生态循环农业发展“十二五”规划》	鼓励和支持农业生产经营者申请无公害农产品、绿色食品、有机农产品认证

续表

发布时间	发布部门	政策名称	主要内容或目的
2012年	省政府	《浙江省委省政府关于加快推进农业现代化的意见》	加快发展无公害农产品、绿色食品、森林食品、有机农产品和地理标志农产品，鼓励创建农产品品牌，促进品牌化经营
2013年	省农业厅	《加快推进农业现代化三年行动计划》	全面落实绿色食品企业年检制度，维护企业和产品形象
2015年	省农业厅	《加快推进现代生态循环农业试点省建设三年行动计划》	农业部与浙江省共同推进现代生态循环农业试点省建设，将加快发展现代生态循环农业纳入生态文明建设重要内容，围绕工作目标综合施策
2015年	省农业厅	《农业“两区”绿色发展三年行动计划（2015—2017年）》	农业“两区”产地全面达到无公害标准，其中20%左右的农产品通过绿色食品认证或有机农产品认证
2016年	省农业厅	《现代生态循环农业“十三五”发展规划》	推进农业供给侧结构性改革，转变农业发展方式、实现农业绿色化发展。提高无公害农产品、绿色食品和有机农产品比例
2016年	省农业厅	《关于实施“5510行动计划”推进“三品一标”持续健康发展的意见》	积极推进全国有机农业示范基地建设，适时开展有机农产品生产示范基地（企业、合作社、家庭农场等）创建
2017年	省农业厅	《浙江省绿色农业行动计划》	到2020年成为全国绿色农业发展先行区和绿色农产品主产区
2017年	省发改委	《绿色经济培育行动实施方案》	提出到2020年主要食用农产品中无公害农产品、绿色食品、有机产品认证比例达到55%

五　维护绿色空间，推广绿色旅游方式

生态旅游具有重要内涵，指以吸收自然和文化知识为取向，尽量

减少对生态环境的不利影响，确保旅游资源的可持续利用，将生态环境保护与公众教育同促进地方经济社会发展有机结合的旅游活动。是以生态资源为基础，为实现健康长寿、追求人类理想生存环境而开展的旅游形式。[①] 生态旅游具有生态性、高品位性、二重性、可持续性和自然趣味性五大特点。[②] 随着人们环境意识的觉醒，绿色运动及绿色消费席卷全球，生态旅游作为一种新的旅游形态，已经成为近年来新兴的热点旅游项目。

浙江省向来重视生态旅游，在2004年生态省建设工作思路中就已经提出生态旅游项目、生态旅游规划等内容。2005年8月，时任浙江省省委书记的习近平同志在浙江省安吉县余村考察时首次提出："如果能够把这些生态环境优势转化为生态农业、生态工业、生态旅游等生态经济的优势，那么绿水青山也就变成了金山银山"[③]，并提出"打响文化旅游、休闲旅游、商贸旅游、生态旅游、海洋旅游五张品牌"。可见，生态旅游被誉为"五张品牌"之一。[④]。至此，浙江省开启保护青山绿水、将绿水青山转化为金山银山的伟大征程，"五水共治""四边三化""三改一拆"等组合拳连续出击，浙江省生态基底进一步强化，逐步探索出以生态旅游为载体的绿色旅游消费模式，积累了浙江做法。

（一）以标准建设规范生态旅游发展

2007年4月，浙江省质监局发布了《生态旅游区建设与服务规范》（以下简称《规范》），《规范》对浙江省内各类生态旅游区建设提出了资源保护、环境保护、规划建设、经营服务、制度与管理、生态教育、社区共建等方面相关要求（见表3-4）。总体目标是对旅游景区实行生态化发展与管理，实现区域内经济、社会与环境的可持续发展。明确将生态旅游区（点）等级划分为两级，从高到低依次为

① 吴楚材、吴章文、郑群明等：《生态旅游概念的研究》，《旅游学刊》2007年第1期。

② 程占红、张金屯：《生态旅游的兴起和研究进展》，《经济地理》2001年第1期。

③ 习近平：《之江新语》，浙江人民出版社2007年版，2017年第11次印刷，第153页。

④ 同上书，第75页。

生态旅游示范区和生态旅游达标区，并设定相关评分细则。2012 年，浙江省旅游局与省质监局一起开展省级旅游标准化试点工作，培育一批旅游标准化示范单位。按照“大旅游、大产业”的理念，指导各地围绕旅游业发展需求和方向，抓紧制定和推广旅游服务质量标准、旅游新业态标准、旅游环境保护标准和旅游科技创新标准，科学引领旅游新业态、新技术、新科技发展。2016 年 4 月，为规范旅游市场行为，浙江省旅游局、浙江省公安厅、浙江省工商局与浙江省物价局联合印发《关于规范旅游市场行为的实施意见》（浙旅局〔2016〕52 号）。

（二）以规划引领生态旅游发展

2009 年，浙江省发改委印发《浙江省旅游发展规划》（浙发改规划〔2009〕1016 号），提出将《浙江省“三带十区”旅游建设规划》《浙江省海洋旅游发展规划》《浙江省乡村旅游发展规划》作为规划的子规划，由省旅游局发布组织实施。2014 年，浙江省发改委联合浙江省旅游局发布《浙江省旅游产业发展规划（2014—2017）》，提出要着力推进西部山区生态旅游业发展步伐，因地制宜探索形成以生态旅游业推动环境保护、促进新型城镇化、加快山区经济全面转型升级的科学发展模式，切实把山区生态优势转化成为旅游产业优势，使生态旅游业成为富民强县的主导产业。2015 年 3 月，浙江省旅游局印发《浙江省旅游景区提升三年行动计划（2015—2017）》（浙旅规划〔2015〕45 号），提出要加快发展一批生态旅游景区，培育发展生态旅游区。到 2017 年争取创建 10 个国家生态旅游示范区、100 个省级生态旅游示范区。2016 年 12 月，浙江省政府办公厅印发《浙江省旅游业发展“十三五”规划》，提出大力推进国家生态旅游协作区建设。加强浙皖闽赣四省联动，积极推进交界地带设立国家生态旅游协作区，围绕国家生态旅游协作区建设的大格局与总要求，主动推进重大基础设施互联互通和生态旅游体制机制与政策创新。

（三）以生态旅游示范区建设推进生态旅游

2008 年 11 月，由省旅游局、省环保局、浙江大学等单位组成的验收评定组，对全省首批 11 个创建生态旅游区试点景区进行了验收，认定绍兴会稽山风景区、宁波大桥生态农庄旅游区为生态旅游示范区，杭州天目山风景旅游区、嘉兴南湖风景区、舟山桃花岛风景旅游区、台州天台山风景名胜区、金华百杖潭景区、丽水南尖岩景区、衢州钱江源旅游区为省级第一批生态旅游区。2010 年 12 月，省旅游局、省环保厅等对全省第三批 10 个创建生态旅游区试点景区进行了验收。通过现场检查和资料审查，认定台州临海江南长城景区、宁波奉化溪口风景名胜区为生态旅游示范区，杭州湘湖景区、嘉兴乌镇景区、安吉中南百草园景区、温州百丈飞瀑景区、绍兴新昌大佛寺景区、金华兰溪六洞山景区、衢州天脊龙门景区、丽水东西岩景区为省级第三批生态旅游区。2013 年，杭州西溪湿地景区、宁波奉化滕头村、温州南雁荡山景区、丽水龙泉山旅游区、绍兴大香林景区、嘉兴海盐南北湖景区、台州神仙居景区、湖州长兴仙山湖景区、衢州药王山景区、金华浦江仙华山景区、舟山普陀山景区通过省级生态旅游区复核。截至目前，已累计开展 7 批生态旅游区创建。

（四）以全域旅游示范省建设助推生态旅游

在顶层设计方面，浙江省委省政府成立由省长兼组长的省旅游工作领导小组，正深化推进“景点旅游”向“全域旅游”转型。2016 年 12 月，在各地推荐上报基础上，25 个县入选浙江省全域旅游示范县（市、区）创建名单。2017 年，浙江省第十四次党代会高度关注旅游，提出要把省域建成大景区，实施“大花园”建设行动纲要，大力发展全域旅游，全面建成“诗画浙江”中国最佳旅游目的地。7 月，浙江省旅游局制定了《浙江省全域旅游示范县（市、区）创建工作指南》（浙旅规划〔2017〕88 号）。8 月，国家旅游局已经明确将浙江作为全国全域旅游示范省创建单位。全域领域是生态旅游的重要载体，尤其是浙江省西南地区。此外，旅游风情小镇作为加快旅游产业供给侧结构性改革的新名片，2016 年至今已经筛选并公布了 136 个重点培育单位。2018 年，省政府首批（14 家）浙江省旅游风情小镇正式命名。丽水“养生福地，秀山丽水”、德清“裸心谷”等旅游名片深入人心。

表 3－4　　浙江省部分生态旅游政策文件

发布时间	发布部门	政策名称	相关内容
2007 年	省质监局	《生态旅游区建设与服务规范》	对浙江省内各类生态旅游区建设提出了资源保护、环境保护、规划建设、经营服务、制度与管理、生态教育、社区共建等方面相关要求
2009 年	省发改委	《浙江省旅游发展规划》（浙发改规划〔2009〕1016 号）	提出将《浙江省“三带十区”旅游建设规划》《浙江省海洋旅游发展规划》《浙江省乡村旅游发展规划》作为规划的子规划，由省旅游局发布组织实施
2014 年	省发改委、省旅游局	《浙江省旅游产业发展规划（2014—2017）》	提出要着力推进西部山区生态旅游业发展步伐，因地制宜探索形成以生态旅游业推动环境保护、促进新型城镇化、加快山区经济全面转型升级的科学发展模式，切实把山区生态优势转化成为旅游产业优势，使生态旅游业成为富民强县的主导产业
2015 年	省旅游局	《浙江省旅游景区提升三年行动计划（2015—2017）》（浙旅规划〔2015〕45 号）	提出要加快发展一批生态旅游景区，培育发展生态旅游区
2016 年	省旅游局、省公安厅、省工商局、省物价局	《关于规范旅游市场行为的实施意见》（浙旅局〔2016〕52 号）	规范旅游市场行为
2016 年	省政府办公厅	《浙江省旅游业发展“十三五”规划》	提出大力推进国家生态旅游协作区建设
2017 年	省旅游局	《浙江省全域旅游示范县（市、区）创建工作指南》（浙旅规划〔2017〕88 号）	指导各地开展全域旅游示范区建设

六 营造绿色氛围，强化生态文化引导

生态文化是指以崇尚自然、保护环境、促进资源永续利用为基本特征，能使人与自然协调发展、和谐共进，促进实现可持续发展的文化，是绿色发展的重要文化载体。与生态文化相对应的概念还有绿色文化，绿色文化的范围和内涵比生态文化更为宽泛和深刻，不仅包含生态系统与人的关系，还包含生态、经济、社会三系统之间的相互关系。生态文化的消费和培育是强化绿色文化宣传的重要途径。从经济学角度上看，生态文化具有公共物品属性，其主要供给者还是政府和社会公益组织。习近平总书记指出“山水林田湖是一个生命共同体，人的命脉在田，田的命脉在水，水的命脉在山，山的命脉在土，土的命脉在树”[①]，道出了生态文化关于人与自然之间生态生命生存关系的思想精髓，提出“进一步加强生态文化建设，使生态文化成为全社会的共同价值理念，需要我们长期不懈地努力”[②]。《关于加快推进生态文明建设的意见》（中发〔2015〕12号）和《生态文明体制改革总体方案》（中发〔2015〕25号）提出，要坚持把培育生态文化作为重要支撑，大力推进生态文明建设。2016年，国家林业局印发《中国生态文化发展纲要（2016—2020年）》（林规发〔2016〕44号），对生态文化的背景、思路、重点任务、重点工程等进行了描述。

浙江省是“两山”重要论述的发源地，是生态文明改革总体方案的萌发地。2011年，《浙江省文化服务业“十二五”发展规划》（浙政发〔2011〕53号）将生态文化作为文化旅游服务业重要内容（见表3-5）。2016年，省委省政府更是将《“811”美丽浙江生态文化培育专项行动实施方案》作为《“811”美丽浙江建设行动方案》重要专项行动之一，并对省级各部门进行了任务分工。《浙江省文化发展“十三五”规划》（浙发改规划〔2016〕325号）提出要加强生态文化建设，支持丽水“生态文化绿廊”特色文化服务项目建设，体

---

① 习近平：《关于〈中共中央关于全面深化改革若干重大问题的决定〉的说明》，《新长征》2013年第12期。

② 习近平：《之江新语》，浙江人民出版社2007年版，2017年第11次印刷，第48页。

现出对生态文化的高度重视。

（一）以生态人文资源挖掘传承生态文化

浙江省文化厅不断拓展生态人文资源挖掘的深度和宽度，实现世界文化遗产增至3处，全国重点文物保护单位增至300处，省级文物保护单位增至900处，国家考古遗址公园增至2处，省级考古遗址公园增至13处。持续推进历史古村落保护利用重点村和一般村项目，建立古村落保护“外引内蓄”机制。持续办好浙江省非物质文化遗产主场城市活动和中国（浙江）非物质文化遗产博览会，引导非物质文化遗产展示展演项目和民宿文化活动专业化、品牌化和精品化建设。

（二）以生态文化基地建设助推生态文化发展

2015年，省林业厅积极开展“省生态文化基地”建设，组织8个单位申报全国生态文化村和国家生态文明教育基地。2017年，浙江省林业厅和浙江省生态文化协会联合发文，命名了杭州市余杭区百丈镇半山村等36个生态文化基地。从2011年起，省林业厅和省生态文化协会已连续7年共同组织“浙江省生态文化基地”遴选命名活动。活动每年评选一次，由各市林业局初评推荐，专家分组进行答辩评审、实地抽查确定。截至2018年1月，浙江省生态文化基地已达179个。

（三）以纪念活动弘扬生态文化

浙江省积极结合世界环境日、浙江生态日等纪念活动，展示生态环保成就、普及生态环保知识、弘扬生态人文精神。2010年，省十一届人大常委会第二十次会议通过了《浙江省人民代表大会常务委员会关于设立浙江生态日的决议》，决定每年6月30日为浙江生态日。2011年6月，浙江省开展纪念世界环境日活动，时任副省长陈加元出席活动并致辞，并开启首次“浙江生态日”活动。“浙江生态日”的确立，旨在将生态文明的理念渗透到每个单位、每个家庭、每个公民，使之成为全社会的自觉行动，发挥生态文化对生态文明建设的引领作用，促进生态文明新风尚的形成。

（四）以社会组织为媒介促进生态文化发展

为推进生态文化发展，浙江省已形成“政府+社会组织”的生态文化发展的组织构架。2010年12月9日，浙江省生态文化协会在杭州成立，弘扬生态文化，倡导绿色生活，共建生态文明。在全社会大力宣传生态文明观念，倡导尊重自然、保护自然、合理利用自然资源的理念和行动，促进人与自然的和谐。2011年10月，浙江省生态文化研究中心在浙江农林大学揭牌成立，旨在加强浙江生态文化自信，促进浙江生态省建设，提高公众生态文明意识和加强生态文明建设。省级层面上，省文化厅、省环保厅等部门共同推进。配合政府机构，社会组织的加入，使生态文化培育和传承更为顺畅。

表3-5　**浙江省部分生态文化政策文件**

发布时间	发布部门	政策名称	相关内容
2010年	省委	《浙江省人民代表大会常务委员会关于设立浙江生态日的决议》	确定将每年的6月30日作为“浙江生态日”
2011年	省政府	《浙江省文化服务业“十二五”发展规划》（浙政发〔2011〕53号）	将生态文化作为文化旅游服务业重要内容
2016年	省委、省政府	《“811”美丽浙江生态文化培育专项行动实施方案》	作为《“811”美丽浙江建设行动方案》重要专项行动之一，并对省级各部门进行了任务分工
2016年	省发改委、省文化厅	《浙江省文化发展“十三五”规划》（浙发改规划〔2016〕325号）	提出要加强生态文化建设，支持丽水“生态文化绿廊”特色文化服务项目建设，体现出对生态文化的高度重视

第三节　推进消费绿色化的经验启示

一　注重绿色消费顶层设计，积极构建绿色消费体系

坚持消费绿色化基本方略，以绿色产品供给侧改革为主线，以由省级政府向地方政府自上而下推广绿色消费为具体手段，以先政府部门后私人部门推进绿色消费“两步走”战略为行动指南，推进绿色

消费分散化管理模式向顶层设计转变。

浙江省的发展能取得巨大成就，获得习近平总书记“浙江的今天就是中国的明天”的高度评价，离不开顶层设计的科学性和前瞻性。绿色建筑、绿色交通、绿色时尚、绿色食品构成了绿色消费的基本框架，但其根本是服务于生态文明建设这一顶层设计。《中共浙江省委关于推进生态文明建设的决定》就是浙江省践行生态文明建设这一顶层设计的重要指南，在不断探索与实践中贡献了浙江经验。

坚持供给侧结构性改革为主线推进绿色消费。绿色消费是消费的新领域，绿色产品也是一个全新概念，消费者对绿色产品的消费就如同是刚开始吃螃蟹的人，对自己的绿色需求不够明确，只有把绿色产品的功能及性质展现出来，进行供给侧引导才能推广普及绿色消费。浙江省积极推进绿色消费领域的供给侧结构性改革，探索打出一套以“绿色建筑、绿色交通、绿色时尚和绿色食品”为基本框架的组合拳，积极构建结构合理、标准较高的绿色产品供给体系。

自上而下地推进绿色消费体系建设。绿色消费是新兴消费模式，符合人类可持续发展的基本要求。绿色消费涉及人们生产、生活等诸多领域，推进传统消费向绿色消费转型是一项系统性的变革，需要系统性思维。这决定了消费的变革必须是自上而下式展开，必须是先做顶层设计再具体展开实际工作。在推进绿色建筑的过程中省级层面不断探索，不断总结经验，再通过《浙江省绿色建筑条例》的形式自上而下予以推广，各地在省级基础上先后出台《绿色建筑实施方案》。在推广绿色交通时，确定以规划为指导，以绿色交通省创建为目标，自上而下开展“绿色交通省”“绿色交通城市”“绿色交通县”等一系列创建活动。

以“两步走”战略推广普及绿色消费。“两步走”的第一步是先在公共部门推动绿色消费，第二步是在私人消费者群体推广绿色消费。绿色消费具有一定的正外部性，全部由私人消费者进行会存在“搭便车”的现象，因此，很难全部由私人消费者进行消费。推进绿色消费的过程中，浙江省坚持公共部门先推进，私人消费者后推进的基本逻辑顺序。在推广绿色产品的过程中，政府部门率先制定绿色建筑产品推广目录，并规定机关事业单位和社会团体使用财政资金采购时，要优先购买推广目录内的产品。在推广绿色建筑时，对政府、学校、医院等公共部门的建筑提出严格要求，新建建筑必须达到绿色建筑的要求，否则不予以验收。通过行政权力约束公共部门推广绿色消费对私人消费者提供了很好的示范效应，后续的经济激励等政策是私人消费者开展绿色消费的重要动力。

二 注重绿色消费观念培育，塑造绿色消费良好氛围

坚持绿色消费观念培育先行的基本思路，遵循人们认知事物的一般规律，以教育倡导、文化宣传为具体手段，营造绿色消费的良好氛围，内化为绿色消费意识与观念。

消费者对绿色文化的接受程度很大程度上取决于自身消费观念的转变，绿色消费观念有助于消费者更好地接受绿色文化进而决定自己的消费行为，消费会变得更加理性。绿色消费观念培育的经济学本质是使得绿色产品的需求曲线向右移动，使消费者愿意以更高价格购买相同数量的绿色产品。作为“两山”重要论述的发源地，浙江极为注重绿色消费观念的培育，强化宣传引导。

积极倡导理性消费。大力引导节约消费，倡导和实践“五个节约”，积极主动节约水资源。早在2007年，浙江省就出台了《浙江省节约用水办法》，鼓励全省节约用水。2013年进一步提出“五水共治”，从更高层面阐述了“浙江水文化”。教育引导居民强化爱粮、惜粮意识，养成节约粮食、科学饮食的习惯。开展四个“节约型”建设，积极开展“节约型机关”“节约型家庭”“节约型企业”“节约型校园”等建设。着力引导适度消费，倡导“节约一分钱”，开展“光盘行动”，引导城乡居民转变消费理念，强化理性消费，养成长远计划、精打细算的习惯。积极引导循环型消费。强化保护环境意识，养成无纸化办公、循环用纸的习惯。

强化绿色文化宣传。积极开展绿色文化宣传活动，提高消费者绿色消费意识。结合“世界环境日”“世界地球日”“中国水周”“全国土地日”“中国植树节”等重要时节，推行低碳生活，鼓励绿色消费。举办“浙江生态日”活动，发挥生态文化对生态文明建设的引

领作用，促进生态文明新风尚的形成。截至2017年6月，“浙江生态日”活动已连续举办七届。推动农村绿色文化载体建设，积极建设农村文化礼堂，宣传引导农村居民开展绿色消费。开展青少年绿色文化教育，杭州绿色建筑科技馆、杭州低碳科技馆等对外开放，获得青少年的青睐。

这些举措为全省推行绿色消费营造了良好的氛围，极大地促进了消费者绿色消费观念的形成。

三 注重绿色消费行为培养，推进绿色生产生活方式

坚持培养绿色消费行为的基本手段，顺应消费者行为形成的一般性规律，以垃圾分类、节约资源等为落脚点，实现绿色消费从“指导”到“做到”的转变。

绿色消费是关乎人类可持续发展的重大战略，是消费领域的重要革命。绿色消费行为的形成非一日之功，需要长年累月的积累和总结。绿色消费行为的培养，对推进绿色生产生活方式具有重大意义。随着绿色消费观念的逐步发展，消费者逐步意识到绿色消费行为的正外部性不仅使其他人收益，也使自身收益，但非绿色消费所带来的负外部性不仅使他人受损，也使自身受损。从理性消费者角度来讲，消费者行为要在确保自己利益不受损的前提下增加自身的收益，消费者行为逐步由不习惯绿色消费转变为主动践行绿色消费。

从小事做起，积极开展全民垃圾分类。作为普遍推行垃圾分类制度的省份，浙江省垃圾分类工作的经验可圈可点，形成诸多典型模式。其中，杭州市作为国家“生活垃圾分类收集试点城市”和“生活垃圾强制分类试点城市”，生活垃圾分类经历了由“三分法”到“四分法”、“四分法”到“‘2 + n’分类方法”的演变，“2 + n”分类模式为城市生活垃圾有效分类找到可能的出路；金华市农村生活垃圾“两次四分”的分类做法获得国家住建部高度肯定，已提炼为典型经验供全国学习借鉴。

节约资源，全面开展循环试点建设。浙江省于2011年开始全面推进循环经济试点省建设，促进资源循环利用，对提高资源利用效率十分必要。作为水资源并不充裕的省份，浙江一方面要控制用水总

量，注重节约用水，另一方面也要注重用水效率，推行循环用水。通过教育宣传，引导居民循环利用生活用水，淘米及洗菜等用水可用于浇花及冲马桶等，提高生活用水效率。通过工业领域循环化改造，全省工业用水效率显著提升。2016 年，规模以上工业重复用水量 168.4 亿立方米，重复用水利用率 85.7%。

通过垃圾分类、循环用水等具体形式逐步培养消费者的行为习惯，无论是个人消费者还是企业消费者，都切实感受和思考到绿色消费到底该怎么做的问题，实现了绿色消费由理论到实践的跨越。

四　注重绿色消费制度建设，确保绿色消费可持续性

坚持政策引领为基本保障，结合浙江实际，综合运用管制性制度、经济手段等政策工具箱，实现绿色消费的短期性向长期性转变。

消费市场面临着市场失灵的困境。绿色消费具有正外部性，非绿色消费具有负外部性。因此，需要制度设计来矫正这类市场失灵，财税、价格、经济激励等制度是较为常用的制度工具箱。绿色消费制度的本质是通过制度建设来纠正消费市场的失衡，当消费行为有正外部性溢出时予以补贴和奖励，当消费行为出现负外部性时予以惩处，从而促进生态环境的资源公平、有效配置。

以环境标准等管制性手段限制非绿色消费。随着“雾霾”等一系列环境事件不断升级与发酵，人们对于环境的标准与要求不断提高。安全的水、安全的空气等逐渐成为居民最强烈的要求，为此，浙江省不断强化环境标准研究，主动提升环境标准。自 2014 年以来，浙江省全面开展淘汰“黄标车”行动，截至 2016 年 8 月，累计完成淘汰“黄标车”60.81 万辆，全面告别“黄标车”时代。从 2016 年开始，浙江省提前执行机动车国五排放标准，不符合国五排放标准的机动车不予以发放牌照，不允许上路行驶。此外，浙江省严格执行《党政机关公务用车选用车型目录管理细则》，在公务用车采购时，坚持一般公务用车和执法执勤用车发动机排气量不超过 1.8 升，机要通信用车发动机排气量不超过 1.6 升，否则财政不予以审批。

以经济手段激励绿色消费。自 2015 年开始，浙江省就积极推进新能源汽车推广应用。为此，浙江省制定诸多激励性政策。首先，对

于个人消费者购买新能源汽车给予不超过购车总价50%的补贴，免缴车辆购置税；其次，在杭州等限牌城市，传统燃油车需通过摇号和竞价的形式获得牌照方可上路，对于已高达5万元的竞牌价格而言，购买新能源汽车则直接上杭州牌照，消费者明显感受到有力的经济激励；最后，迫于道路拥堵压力，杭州市区实施单双号限行，传统燃油车在工作日早晚高峰期间禁行，新能源汽车行驶则不受此限制。

环境标准是约束性政策，环境标准的提高从产品准入的角度上讲是提高进入消费市场的门槛。改革后的环境标准，对非绿色消费存在较大挤出效应，不满足标准的非绿色产品被市场机制所淘汰，是对非绿色消费的“节流”。激励性政策使得原来不经济的消费行为转变为有条件的经济行为，例如新能源汽车消费存在续航里程短、电池不够安全等关键短板，但新能源汽车的激励政策促使消费者在“短板”与“长板”之间寻找均衡。促进绿色消费，是对绿色消费的“开源”。无论是环境标准，还是政策激励，都极大地提高了消费的绿色化水平，都为绿色消费的可持续性提供了政策性保障。

第四章　资源节约化

在推动生态文明建设进程中，浙江坚定不移地贯彻落实资源节约这一基本国策，紧紧围绕建设资源节约型和环境友好型社会目标，以科技创新与制度创新为根本动力，以需求侧管理为核心抓手，全面推进资源节约高效循环利用，加快形成节约资源和保护环境的增长方式、产业结构与消费模式，探索出一条努力实现经济社会可持续发展、人与自然和谐发展、具有浙江特色的资源利用转型之路。

第一节　资源短缺倒逼资源节约化

浙江是“资源小省、经济大省”。改革开放以来，经济增长与资源、环境不协调的问题日益突出，如土地资源缺乏与土地资源浪费并存，水资源不足与水资源利用不合理并存，能源资源匮乏与能源资源利用效率不高并存。浙江要实现经济增长向可持续发展的转变，关键就要理顺资源、环境与经济发展的协调关系。这个问题的研究不仅只是浙江的特殊性问题，也是全国经济发展中的一般性问题。浙江在推进生态文明建设的进程中，全面推进资源利用方式由“粗放型、低效率、一次利用”向“集约型、高效率、循环利用”转变，不仅体现出政府与民众高度的“自觉性”与“紧迫性”，而且还展现了“凤凰涅槃”般的崭新面貌。

一　资源粗放式利用到集约式利用

依据资源要素是否作为独特的投入要素来考虑经济增长的可持续

性，资源利用方式包括粗放式和集约式两类。粗放式利用方式下，不考虑资源稀缺性约束，资源对经济增长的贡献是“粗放式”总量扩张，经济增长势必以牺牲资源开发利用的效率和质量、忽视环境和社会影响为代价。集约型利用方式则兼顾资源和经济等综合效益，充分考虑资源要素的耗竭性，主要通过提高资源要素与其他生产要素之间的替代性、有效性和长期性，优化要素匹配组合，提升生产效率，实现经济的长期增长。

浙江是全国改革开放的先行省，经济发展的排头兵，工业化和现代化发展初期采用了粗放型、外延型增长方式。浙江在绿色发展的战略深化和生态文明的建设进程中，提升资源利用方式的一大亮点就是着力推动粗放式利用向集约式利用的转变。2005 年 12 月，习近平同志在浙江省委务虚会议上指出：“目前，全国已进入人均 GDP 1000—2000 美元发展阶段，这一阶段通常被称为战略机遇期；我省开始进入人均 GDP 3000—5000 美元发展阶段，这一阶段通常被称为经济腾飞时期，也是工业化、国际化、城市化加速发展的阶段。”[①]“必须按照科学发展观的要求，坚持走新型工业化道路、加快推进经济增长由粗放型向集约型方式转变。”[②]

相比先行工业化国家，如英、德、日、意等国经历上百年时间从经济发展战略期向腾飞期转型，浙江在 1995—2005 年约 10 年时间，人均 GDP 就从 976 美元提高到 3400 美元，是全国除直辖市外首个达到 3000 美元的省份。这一时期，浙江经济发展基本是“两头在外”的格局，即资源在外和市场在外。要推进经济腾飞不仅要承受自身资源环境压力，还要承担发达国家工业化后期转移的“高消耗、高污染”产业压力。经济发展与资源短缺、资源耗竭以及环境污染的矛盾，当时在全国尤为突出。

第一，经济增长与资源短缺的矛盾。根据联合国环境规划署对自然

---

① 习近平：《干在实处 走在前列——推动浙江新发展的思考与实践》，中共中央党校出版社 2006 年版，2014 年第 4 次印刷，第 31—32 页。

② 同上书，第 50 页。

资源[1]的定义和全国资源量水平，浙江省资源丰歉不平衡程度尤为突出。土地资源方面，受制于多山地丘陵的地貌和稠密人口的限制，土地资源较为紧张。根据1982—1985年浙江第二次土壤普查、1986年土地详查、2003年以及后续土地更新调查，农用地未超过880万公顷，2015年达到861.33万公顷（见表4－1），仅占全国的1.3%左右，列第24位。其中，耕地总量不超过220万公顷，2015年达到197.86万公顷，占全国1.5%左右，略高于农用地，排名第23位。水资源方面，供需基本平衡，年均总量达900亿立方米以上，位居全国前十，但区域性缺水、水量不平衡情况严重，如舟山供水总量仅为全省的0.8%，人均耗水量不足全省的32%；相应地，湖州供水总量占8.9%，但人均耗水量高达150%。矿产资源方面，根据国土资源厅统计数据[2]，纳入统计的矿产有93种，其中能源矿产和金属矿产成矿地质条件差、资源贫乏、贫矿居多，一直以来高度依赖省外或国外供给；非金属矿产较为丰富，有25个矿种列全国前十位，且矿床规模大、开采条件较好，但其他金属矿产仍依赖省外购进。浙江资源总量短缺和资源分布不平衡，使得资源粗放式利用的经济风险不断加剧。

第二，经济增长与资源耗竭的矛盾。浙江是“资源小省”，在“地荒、水荒、电荒”的同时，粗放型工业化意味着高速经济增长对资源消耗量巨大，对资源耗竭的影响更为严峻。经济发展初期阶段，耕地资源的下降速度惊人。1979—2003年，耕地面积减少达726万亩，相当于2003年末实有耕地面积的30.4%。2001—2003年，年均耕地下降量更是高达58.45万亩，以此速度50年后将无耕地可用。同样，矿产资源的耗竭速度也超出预期，以1996—2002年的开采速度，不仅是稀缺矿产如煤、铁矿将在15年后耗竭，优势矿产如萤石矿也将在80年后耗尽。因此，粗放型资源利用在资源禀赋并不充裕的浙江是难以维系的，转变资源利用方式则是发展的必由之路。

---

① 联合国：自然资源是一定时间和技术条件下，可以产生经济价值，提高人类当期和未来福利的自然环境因素的总称，包括土地、矿产和水等资源。

② http：//www.zjdlr.gov.cn/art/2016/11/30/art_ 1289936_ 5544963.html.

第三，经济增长与环境污染的矛盾。浙江经济的高速增长和资源的粗放式利用还表现在生态影响将超过环境容量和资源承载力极限。2001年，废水排放量达24.26亿吨；工业废气排放总量达8530亿标立方米，工业固体废物产生量达1603万吨，分别对应亿元GDP排放35.2万吨废水，亿元工业增加值3.33亿标立方米废气和0.50万吨固废，这比1990年增长了125%、460%和150%。"三废"处理情况不容乐观。废物未综合利用率近20%，硫化物、烟尘和粉尘排放未达标率近10%。"八大水系"中，过半数属于Ⅳ—劣Ⅴ类水质，尤其是乡镇工业发达的县区，水污染严重且不能满足功能河段要求。运河水质尽管有所好转，但90%以上河段水质均不能满足功能要求。

表4-1　　2015年各省（市、区）土地利用情况　　单位：万公顷

地区	农用地总量	农用地分类（不含"其他"）				建设用地
		耕地	园地	林地	牧草地	
全国	64545.68	13499.87	1432.33	25299.20	21942.06	3859.33
北京	114.78	21.93	13.49	73.71	0.02	35.70
天津	69.64	43.69	2.99	5.49	—	41.19
河北	1308.43	652.55	83.72	460.22	40.17	218.74
山西	1002.96	405.88	40.70	485.73	3.38	102.60
内蒙古	8289.73	923.80	5.67	2323.64	4954.75	162.19
辽宁	1153.56	497.74	46.86	561.71	0.32	162.35
吉林	1660.62	699.92	6.58	885.49	23.72	108.99
黑龙江	3992.27	1585.41	4.47	2182.29	109.63	162.20
上海	31.46	18.98	1.67	4.67	—	30.71
江苏	649.70	457.49	30.11	25.75	0.01	227.08
浙江	861.33	197.86	58.51	564.67	0.03	128.20
安徽	1115.38	587.29	35.10	374.99	0.05	198.08
福建	1088.02	133.63	77.30	833.64	0.03	81.97
江西	1443.70	308.27	32.61	1033.45	0.07	127.24
山东	1152.85	761.10	72.12	148.95	0.58	282.01

续表

地区	农用地总量	农用地分类（不含“其他”）				建设用地
		耕地	园地	林地	牧草地	
河南	1268.12	810.59	22.06	347.17	0.03	258.65
湖北	1576.58	525.50	48.29	860.15	0.20	169.60
湖南	1819.40	415.02	66.44	1221.51	1.35	161.99
广东	1497.29	261.59	127.13	1003.43	0.31	200.46
广西	1955.70	440.23	108.47	1330.95	0.52	121.77
海南	297.39	72.59	92.15	119.89	1.80	34.07
重庆	708.04	243.05	27.09	380.71	4.55	65.98
四川	4218.06	673.14	73.20	2215.86	1095.85	180.90
贵州	1475.91	453.74	16.46	893.91	7.26	68.12
云南	3294.40	620.85	163.39	2302.04	14.73	106.52
西藏	8724.01	44.30	0.16	1602.65	7069.23	14.50
陕西	1861.31	399.52	81.97	1119.45	217.85	94.14
甘肃	1854.95	537.49	25.71	609.93	592.06	89.57
青海	4510.15	58.84	0.61	354.15	4080.89	34.38
宁夏	380.99	129.01	5.04	76.69	149.40	31.37
新疆	5168.95	518.89	62.29	896.33	3573.26	158.03

资料来源：参见国家统计局、环境保护部编《2016中国环境统计年鉴》，第88—89页。

表4-2　　2015年浙江省各市供水耗水情况

单位：亿立方米、立方米/人

地区	2015年供水/用水量	2015年供水量		2015年人均耗水	2008年供水/用水量	2008年供水量		2008年人均耗水
		地表水	地下水			地表水	地下水	
浙江	186.06	183.36	1.70	181.86	216.62	210.97	5.30	230.39
杭州市	34.79	34.51	0.14	192.76	56.70	56.30	0.40	327.69
宁波市	20.66	20.30	0.05	148.92	21.12	20.82	0.12	161.69
温州市	19.13	18.98	0.15	124.88	19.00	18.78	0.22	131.45
嘉兴市	18.96	18.96	—	215.72	20.05	19.14	0.91	302.92
湖州市	16.50	16.22	0.08	287.10	17.67	17.56	0.11	346.62
绍兴市	18.52	18.40	0.12	204.77	21.34	20.76	0.58	253.44

续表

地区	2015 年供水/用水量	2015 年供水量		2015 年人均耗水	2008 年供水/用水量	2008 年供水量		2008 年人均耗水
		地表水	地下水			地表水	地下水	
金华市	17.51	16.64	0.66	182.57	19.63	17.98	1.65	234.51
衢州市	13.46	13.36	0.09	337.48	14.59	14.42	0.17	336.26
舟山市	1.49	1.39	—	59.29	59.29	1.24	0.01	63.19
台州市	17.34	16.93	0.36	152.42	16.34	15.15	1.08	159.78
丽水市	7.70	7.65	0.05	220.74	—	8.83	0.05	265.15

资料来源：《2016 中国环境统计年鉴》；《2016 年浙江省自然资源与环境统计年鉴》，第 20 页。人均耗水量指标单位为立方米/人，其他指标单位为亿立方米。

表 4－3　　**浙江“八大水系”和运河的水质状况**　　单位：%

年份	水质	钱塘江	曹娥江	甬江	灵江	瓯江	飞云江	鳌江	苕溪	运河
1996	Ⅰ—Ⅱ类	45.4	81.7	53.9	51.6	75.7	74.5	11.9	59.5	0
	Ⅲ类	22.1	0	4.4	26.7	13.5	0	0	28	0
	Ⅳ—劣Ⅴ类	32.5	18.3	41.7	21.7	10.8	25.5	88.1	12.5	100
	满足功能河段	69.8	81.7	58.4	78.4	72.3	74.5	11.9	94.3	0
2001	Ⅰ—Ⅱ类	48.2	46.5	73.5	49.7	93	78.6	—	—	—
	Ⅲ类	—	—	—	—	—	—	—	68.8	—
	Ⅳ—劣Ⅴ类	—	—	—	—	—	—	—	—	—
	满足功能河段	50.8	70	45.3	39.7	86.9	78.6	0	54.7	0
2004	Ⅰ—Ⅲ类	51.2	50	50	30.8	92.8	100	0	66.7	9.9
	Ⅳ—劣Ⅴ类	48.8	50	50	69.2	7.2	0	100	33.3	90.1
	满足功能河段	40	50	57.1	23.1	82.1	80	0	66.7	9.9
2010	Ⅰ—Ⅲ类	73.3	70	64.3	84.6	96.6	100	25	94.4	27.3
	Ⅳ—劣Ⅴ类	26.7	30	35.7	15.4	3.4	0	75	5.6	72.7
	满足功能河段	64.4	70	78.6	76.9	96.6	100	25	88.9	45.5
2015	Ⅰ—Ⅲ类	87.2	100	81.8	100	100	100	25	100	14.3
	Ⅳ—劣Ⅴ类	—	—	—	—	—	—	—	—	—
	满足功能河段	87.2	100	81.8	100	100	100	25	100	14.3

资料来源：浙江省环境质量年度公告。

因此，浙江经济要腾飞，就必须走新型工业化道路，彻底转变“高投入、高污染、高排放”的“三高”资源利用方式。为加快资源利用方式转变，习近平同志提出：“必须把可持续发展的战略、绿色GDP的理念、保护生态的道德观念作为重要内容加以宣传和实施”，“转变增长方式，就是要在生态省建设的大格局中进行转变，在资源节约中实现增长，并以循环的方式推动发展”。[①] 为此，浙江坚定不移转变经济增长方式，在深化生态文明建设过程中，加快形成绿色发展理念、管理方式和社会氛围，全方位推进资源粗放式利用向集约式利用转变。

首先，不断提升资源节约集约利用发展观，深化资源节约战略部署。浙江推进新型工业化发展，着力提升资源开发利用的节约集约观，解决发展过程中付出资源环境代价过大、能源资源对发展的“瓶颈”制约以及用地矛盾突出等问题。从绿色浙江建设到生态省建设战略，将资源节约利用与经济增长相统筹逐步扩大到经济、环境、社会等多层面协同发展的资源节约集约利用上来；从生态省建设到生态立省战略，将资源节约利用作为转变产业结构、增长方式和消费模式的首要任务；再从生态浙江到“两美浙江”建设战略，最终实现资源节约集约利用就是经济增长的根本动力。

其次，积极转变资源管理方式，形成资源节约集约利用常态化。资源节约集约化利用由供给侧向需求端管理转变，即由资源生产总量控制向需求总量和强度控制转变，通过改变资源需求行为倒逼资源开发利用方式转型。2001—2015 年，以资源依赖性曲线来分析，浙江人均水资源利用量已逐步从资源依赖性倒“U”形曲线上升阶段转向缓速下降阶段，而人均能源消费量依然处于减速上升阶段（见图 4－1），说明浙江资源节约集约利用已经进入转折的关键时期。

最后，深化全民参与意识，形成政府为主导、企业为主体、全社会共同参与的协同格局。紧紧围绕生态文明建设的阶段性战略任务，浙江加快推进教育引导与实践养成相结合、集中活动与建立长效机制

---

① 习近平：《落实科学发展观与和谐社会要求　下大力气加快建设生态省》，《政策瞭望》2005 年第 5 期。

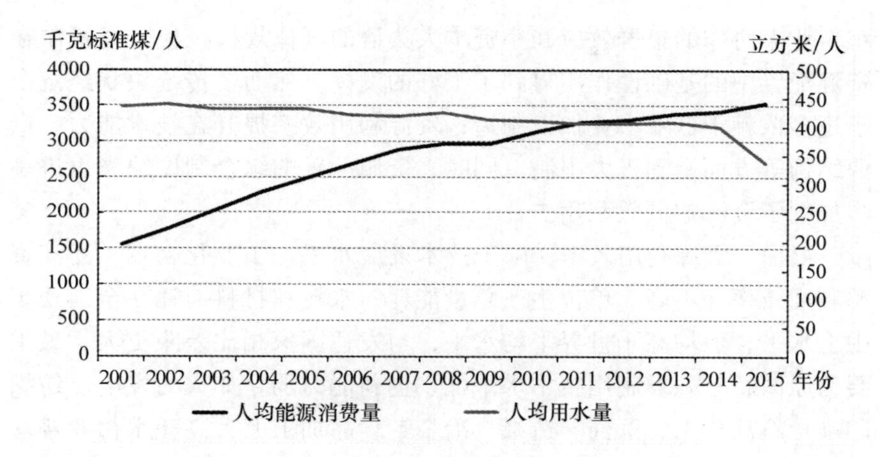

图4－1　浙江省人均资源利用

资料来源：《浙江省自然资源与环境统计年鉴》。

相结合，形成了全社会、全民资源节约集约利用的良好氛围。政府部门通过主导资源节约化战略行动，加强党政机关“节约型机关”建设，形成以战略行动为引领，自身建设为表率的良好示范效应。生产建设领域，通过对企业建立资源节约集约利用奖罚机制到建设“节约型企业”，激发企业转变资源利用方式的内生需求。社区、家庭以及大中小学教育宣传中，通过开展各类形式的宣讲活动到建设“节约型家庭”和“节约型校园”，资源节约集约利用的思想逐步内化于心并外化于行。

二　资源低效率利用到高效率利用

资源利用效率是指单位资源消耗所获得的经济、环境和社会最优效益，重点在于投入产出效益。资源效率提升方式不仅包含技术进步所引起的资源利用效率由生产技术边界内向边界扩张以及前沿技术边界整体外扩，还包括由于资源配置方式和产业结构调整所导致的技术边界变化和效率改进。资源利用效率提升不仅体现在社会生产领域，还体现在流通和消费的各个领域。

作为区域经济发展的重要增长极，浙江传统块状经济和地区特色产业发展呈现小商品大市场的产业格局、低成本高效益的比较优势、小企业大协作的集群效应和小资本大集群的群体规模，使市场机制在资源配置中的基础性作用得到了很好的发挥。然而，传统块状经济由于过多依赖于低端产业加工制造，资源利用效率提升在技术能力、产业结构等方面受到极大限制。同时，资源配置的综合制度缺失也进一步加剧了资源的低效利用。

第一，资源利用效率受限于技术发展水平。工业化初期，浙江资源利用效率并不高，单位生产总量能耗、水耗和材料消耗在全国处于中上水平，但均高于世界平均水平，与发达国家相比差距更大。最主要的原因就是开发利用技术水平低、创新能力弱，如火力发电、纺织印染、石油化工、医药、造纸、冶金、食品加工七大高耗水行业普遍缺乏节水工艺、技术和设备，2000 年万元工业增加值用水量为 682.86 立方米/万元，是 2015 年的 6.5 倍；钢铁、有色金属、建材、石化、化工和电力六大高耗能行业不断提升设备节能和控制节能技术，但仍普遍缺乏工艺节能技术（系统节能），2000 年 GDP 能耗达到 0.85 吨标准煤/万元，是 1985 年的 25% 以及 2015 年的 188%；矿产资源地质勘查程度普遍较低，未按矿产资源质量和用途分类、分采，优势矿产深加工也尚未形成规模化、产业化生产。

第二，资源利用效率受制于“高投入、高消耗、高排放”的产业结构。浙江工业化初期，由于在技术、经济以及国际经济格局中处于弱势地位，国际市场产业分工的格局也只能分布于劳动密集型产业领域，如纺织、机械、食品、化工、建材和造纸业等传统加工制造业。其中，化工化纤、纺织、造纸以及非金属矿物制品业、有色金属冶炼及压延加工业、黑色金属冶炼及压延加工业等在加工制造环节均属于高耗能、高耗材、高耗水行业。浙江产业分工处于微笑曲线的底端，资源利用“三高”困境难以摆脱。

第三，资源利用效率受困于资源有效利用的综合制度缺失。建立健全自然资源资产产权制度和用途管制制度可以有效反映市场供求和资源稀缺程度，体现自然价值和代际补偿水平，通过市场方式抑制资源不合理占用和耗竭，从而提升资源有效配置和高效利用水平。然而，不仅是在浙江，全国范围的资源有偿使用和补偿赔偿制度并不健全。2000 年前，还未有省级层面的水权交易，也未开展污染权交易试点，更没有完善的生态保护补偿法律法规。资源配置的综合制度缺失进一步加剧了资源的低效利用。

为切实提升资源利用效率，2003 年《浙江生态省建设规划纲要》和 2010 年《中共浙江省委关于推进生态文明建设的决定》均将资源高效利用列为资源节约化重点工作，着力推动资源强度和资源效益的不断提升。习近平总书记指出："推动资源利用方式根本转变，加强全过程节约管理，实行能源和水资源消耗、建设用地等总量和强度双控行动，大幅提高资源利用综合效益。"[①] 为此，浙江在技术创新、产业结构和制度安排等各层面，积极推进资源高效利用。

首先，技术创新推动资源高效利用和技术高效利用。浙江在推进资源节约型建设中，通过加快节能技术推进利用，转变资源投入结构，加强资源节约化监督管理来全面提高资源利用效率。第一，资源高效利用技术。主要通过实施节能、节水、节材、节地及废弃物循环利用等技术创新和技术改造，提高资源利用效率。第二，资源投入结构调整。主要针对短缺资源或高技改难度资源，逐步由可耗竭资源向可再生资源转型，由自然资源向复合资源、新材料技术转变。第三，资源节约化监督管理创新。主要通过推动管理技术的创新和应用，促使全过程、全流程资源效率的提升。

其次，产业结构"低消耗、高效益"转型推进资源结构性效率提升。浙江推进新型工业化发展中，重视三次产业以及产业内部结构高端化。传统产业强调产业内提升，包括产业链延伸、工业技术改进和组织结构优化等，逐步由微笑曲线底端向两端拓展，不仅减少了资源依赖性，也提高了资源在高尖端领域的高效利用。产业结构高端化主要强化高新产业、新兴战略产业和生产生活服务产业发展，包括生物医药保健产业、新能源及环保产业、互联网产业等，降低对可耗竭资源依赖性，提高资源利用效率。2015 年，浙江高新产业占工业增加值的 37.2%，新兴战略产业占工业增加值的 22.9%，服务业占 GDP 的 49.8%，分别是 2000 年占比的 8 倍、7.8 倍和 1.4 倍，前两者还

① 习近平：《中国共产党第十八届中央委员会第五次全体会议重要讲话》，人民网，2015 年。

是全国占比的2.5倍和2.9倍，经济对资源投入的依赖程度显著降低。

最后，建立健全制度体系提高资源配置效率。生态文明建设进程中，浙江深入探索了资源要素市场化配置约束激励机制，在资源开发利用的制度体系构建上取得重要突破，有效提升了资源利用效率。2000年，浙江最先开展区域之间的水权交易。2002年，区级层面自主探索了排污权有偿使用交易，开创了中国排污权有偿使用的先河。2005—2007年，陆续出台省级、市级层面的生态保护补偿政策，成为全国最早推行生态保护补偿制度的省份。2012年以来，进一步健全了矿业权交易和矿产资源补偿制度，开展资源税征收制度等政策性改革。2015年，“八大水系”满足功能河段的水体比1996年提高13—28个百分点，比2005年提高了20—77个百分点，显著提升了水资源利用效率。2006—2015年，绿色矿山从零增至415家，占总矿山的70.3%，废弃矿井治理量超过1500个，治理率达到90%，显著改善了矿产资源开发利用率。

三 资源一次性利用到循环利用

资源循环利用是实现全面节约和高效利用资源的重要途径，是生态系统论的核心体现，是“绿色生产力观”的必然要求。资源循环利用打破了传统经济发展理论将经济系统和资源生态系统人为割裂的弊端，重视经济与生态发展的系统关系，要求将经济发展建立在自然生态规律的基础上，形成经济—资源—环境系统平衡的可持续发展模式。资源循环利用按照“减量化、再利用、资源化”原则，把经济活动按照自然生态系统的模式，组织成一个“资源→产品→再生资源”的反复循环过程，以最大限度地利用资源，达到“低投入、高利用、低排放”的效果。

浙江工业化进程也是民营企业“草根经济”的发展壮大之路。99.8%的企业是民营企业，是从个私经济和乡镇企业发展而来的，“低、小、散”现象在初期尤为突出。尽管在块状经济和集约用地政策推动下，企业经营已逐步由地区分散向基于“产业链”和“产品类别”的工业园区、开发区和专业区转变，形成空间上的产业集聚，有利于土地、水、能源资源等集约利用，但还未形成企业间及行业间的协同发展、优势互补、资源共享等。

第一，循环利用技术与规模限制难以促成企业层次有效的资源循环利用方式。依据生态效率理念，企业层面的资源循环利用要求企业减少产品和服务的物料使用，最大限度可持续地利用可再生资源或形成封闭式工艺流程循环利用资源，从而达到“低投入、高利用、低排放”的效果。然而，这不仅要求技术层面的相关支撑，还需要企业生产达到一定规模以上。浙江新型工业化初期，大部分企业仍处于中小规模水平，难以具备相应的技术能力或资金投入用于资源循环利用。

第二，区域块状经济的产业集聚模式难以构建产业层面有效的循环经济体系。产业层面的资源循环利用，要求企业间通过废物交换、循环利用、清洁生产等手段，形成集聚区域企业间生态链和闭路循环生产体系，实现空间区域污染“零排放”。浙江以传统特色产业为基础的块状经济以及融“生产 + 市场”为一体的“生产基地 + 专业市场”产业集聚，将区域规模和分工协作有效结合，充分发挥了“低成本 + 大市场”的竞争优势。但这种集聚型工业用地模式，难以在企业间形成共享资源和互换副产品的产业共生组合，难以构建工业体系中资源循环利用的生态体系。

第三，社会认知与共识缺乏，难以形成社会层面有效的资源循环体系。社会层面的循环经济体系不仅需要资源物质闭环流动，更强调从生产、流通、消费各环节共同推动资源循环利用，抑制自然资源的消费和废弃物的排放，实现经济—资源环境—社会各体系的可持续发展。2000 年起，浙江部分城市已经开始进行推广垃圾分类收集试点，但在实施过程中，由于普及力度不足、居民认识不够，收效不够明显。同时，由于市场业态不完善、消费引导不充分，漠视甚至排斥废弃物再利用、资源再生产品的流通和消费的事例也屡见不鲜。

因此，为全面、高效提升资源利用水平，必须推进资源一次利用向循环利用方式的根本转变。习近平同志强调：“循环利用是转变经济发展模式的要求，全国都应该走这样的路。”[①] 习近平同志指出：

---

① 习近平：《习近平讲述循环利用的重要意义》，人民网，2016 年。

“要按照‘减量化、再使用、可循环’的原则，大力发展循环经济，全面推行清洁生产，最大限度地减少资源消耗和废弃物排放，实现资源的循环利用。”[①]“要把建设节约型社会、发展循环经济的要求体现和落实到制度层面，把发展循环经济纳入国民经济和社会发展规划，建立和完善促进循环经济发展的评价指标体系和科学考核机制”[②]。浙江省积极践行习近平总书记讲话精神，深入推进生态文明建设，在发展理念、利用方式、城乡协调发展等各层面先行先试，全面提升资源的循环利用效率。

首先，全面提升资源循环利用的科学发展观。习近平同志指出：“推进生态建设，打造‘绿色浙江’，走科技先导型、资源节约型、清洁生产型、生态保护型、循环经济型的经济发展之路，不仅有利于促进资源的永续利用，实现物质能量的多层次分级循环利用，改变我省资源保证程度低、环境容量小对经济发展的制约，更重要的是从根本上整合和重新配置有限的环境资源，优化产业布局，更加合理地调整产业结构，不断提升产业层次和经济质量，从而为可持续发展铺平道路。”[③] 浙江深刻认识到资源循环利用不仅是摆脱资源短缺困境的重要途径，更是产业转型升级的内生需求、绿色经济增长的必然要求。通过生产、流通、消费各环节以及技术创新、产业结构、地域协同等各领域，着力提高资源循环利用水平，全面落实资源循环利用的科学发展观。

其次，全面发展循环经济，提升资源循环利用效率。2009 年起，浙江启动“发展循环经济 991 行动计划”，在产业结构、增长方式和消费模式各方面推动循环经济发展。在农业、工业、服务业各产业领域，创新推广块状经济整合、市场要素改革以及循环经济新产业相结合的循环经济形式，通过提升“三废”综合处理技术、加快再生资

---

① 习近平：《干在实处 走在前列——推进浙江新发展的思考与实践》，中共中央党校出版社 2006 年版，2014 年第 4 次印刷，第 52 页。

② 习近平：《落实科学发展观与和谐社会要求　下大力气加快建设生态省》，《政策瞭望》2005 年第 5 期。

③ 习近平：《干在实处 走在前列——推进浙江新发展的思考与实践》，中共中央党校出版社 2006 年版，2014 年第 4 次印刷，第 187 页。

源利用、发展产品再制造产业、建设生态工业园区和产业生态链等方式来提高资源循环利用水平。到2015年，全省工业固体废弃物综合利用率达到93.2%，县以上城市生活垃圾无害化处理率达到95%，秸秆综合利用率达到89%，规模畜禽养殖场排泄物综合利用率达到92.9%，再生资源回收企业销售收入达到1470亿元，节能环保产业和新能源产业分别实现年销售收入6500亿元和3500亿元，远超过全国平均水平。

最后，全面加快城际、城乡循环经济协同发展并提升资源循环利用水平。资源循环利用不仅是物质系统，更是地区系统的协调发展。"十二五"期间，浙江开始推动城市间在水资源利用、新能源开发、园区循环化改造等领域的协同发展，提高跨区资源循环利用水平。加快推动循环经济示范城市建设，并统筹城市与农村在生活垃圾、工业固体废弃物、建筑废弃物等方面的共同处理，提升城乡废弃物协同处置水平，提升区域整体资源循环利用水平。截至2015年，浙江四市两县荣获国家循环经济示范城市，数量位居全国榜首，资源循环利用跨区协同发展走在前列。

第二节　促进资源节约化的主要举措

浙江工业化进程中，深刻感受到粗放式、低效率和一次性的资源开发利用方式带来的"成长的烦恼"和"制约的疼痛"。浙江要持续领跑经济增长，实现经济腾飞，必须坚持资源、环境与经济增长协调发展，形成更为节约集约高效的发展模式。为此，浙江积极探索转型发展之路，在提高资源生产率、促进循环利用和改善资源投入结构等方面采取了一系列重要措施，将资源困境转变为成长契机和发展动力，全面促进资源节约化利用，有效推动绿色发展和可持续发展，在生态文明建设不同时期均取得了显著成效，逐渐形成了具有地区特色的"浙江样本"。

一　提高资源生产率

为全面提高资源生产率，浙江启动一系列"节源增效"重点工程，深化资源要素市场化配置改革，构建资源管理和评估体系制度并建立健全各项资源利用效率的法规和标准化体系，着力提高土地节约集约效率、能源节约降耗效率以及矿产资源开发利用率。

（一）启动一系列重点工程

2008年出台的《浙江省“365”节约集约用地实施方案》重点是加强推进土地节约集约利用，构建节约集约用地的长效机制。通过节约集约用地政策和制度的全面实施，进一步提高土地资源利用效率和综合利用水平并保持全国领先水平。具体实施节约集约用地六大工程，即城镇建设节地工程、工业建设节地工程、住宅建设节地工程、基础设施建设节地工程、农村建设节地工程、土地开发整理工程。重点实施五大举措，即加强土地利用总体规划空间管控、实施“亩产倍增”行动计划、实施“空间换地”、狠抓城镇低效用地再开发和大力开展农村土地综合整治，整体推进全省土地节约集约工作的有序高效开展。通过几年的探索、创新和实践，2015年单位国内生产总值建设用地使用面积达到469亩/亿元，比2010年下降了25.9%，仅是2000年的25%，累计完成城镇低效用地再开发17.9万亩，完成农村土地综合整治项目验收564个，复垦新增耕地面积7.4万亩，土地节约集约水平走在全国前列，并获得国土资源节约集约示范省创建批复，将为全国提供示范和借鉴。

2008年出台的《浙江省节能降耗实施方案》重点是做好节能增效“加减乘除”法。“加”就是通过加快发展装备制造业等低能耗高附加值产业，降低单位产值能耗，实现节能增效的加法效应；“减”就是通过控制减少新上高耗能项目，推进节能技术改造和加强节能管理，减少能源消耗，实现能耗的减量化；“乘”就是积极发展高新技术，提升传统产业技术含量，大幅提高能源利用效率，实现技术进步节能增效的“乘”数效应；“除”就是建立落后产能退出机制，加快淘汰一批高能耗、高污染生产工艺和装备，降低能源消耗，实现淘汰落后产能的“去除”效应。为此，具体实施节能降耗“十大工程”，即千家重点企业节能推进工程、落后产能淘汰推进工程、传统优势产业改造推进工程、装备制造业振兴推进工程、技术创新推进工程、建筑节能推进工程、交通运输节能推进工程、商业及民用节能推进工程、公共机构节能推进工程、资源综合利用推进工程。重点举措包括能源总量和效率"双控"、能源消费结构去碳化和重点领域节能环保措施等，全面推进全省节能降耗工作的有序开展。浙江节能降耗成效卓著，2015年万元GDP能耗0.48吨标准煤，位居全国前列；煤炭、石油消费比重为74.8%，远低于全国平均水平；火电、水泥、炼油等22项单位综合能耗达到国际先进或国内领先水平。

（二）深化资源要素市场化配置改革

充分发挥市场配置资源的基础性作用，深化资源要素市场化配置改革。2014年，在总结海宁试点经验的基础上，全省加快推进资源要素市场化配置的改革与扩面，着力破除要素配置中的体制性障碍，提高要素配置效能和节约集约利用水平。先后出台《浙江省人民政府办公厅印发关于推广海宁试点经验加快推进资源要素市场化配置改革指导意见的通知》《浙江省人民政府办公厅关于在杭州市萧山区等24个县（市、区）推广开展资源要素市场化配置综合配套改革的复函》《浙江省企业投资项目核准目录》以及24个县（市、区）资源要素市场化配置改革整体方案等政策文件。

改革实行自愿申报与引导申报相结合，重点抓好工业大县大区的申报改革，建立公开公正的亩均效益综合评价排序机制、差别化的资源要素价格机制、"腾笼换鸟"激励倒逼机制、金融与人才要素支撑保障机制、便捷高效的要素交易机制。通过充分发挥市场和政府"两个作用"，合力形成要素配置与企业质量和效益相挂钩的机制，切实推动资源配置向发挥市场决定性作用转变，推动企业由要素驱动向创新驱动转变。

建立公开公正的亩产效益综合评价排序机制。结合区域产业结构和企业规模特点，综合考虑亩均产出、亩均税收、单位能耗、单位排放等指标，建立分类分档、公开排序、动态管理的综合评价机制，配套实施差别化的政策措施，促进结构调整和产业转型，实现要素高效利用。

建立差别化的资源要素价格机制。建立企业认定管理办法，实施差别化电价政策，限制高耗能行业发展。出台分行业的非居民用水定额管理办法，超额部分在基准水价基础上实行超计划累进加价收费，完善多用水、多付费的水资源有偿使用机制，促进节约用水。推行污水处理复合计价收费制度。

建立“腾笼换鸟”激励倒逼机制。严格执行国家和省有关产业政策和产业结构调整指导目录，完善低效企业关停并转退的配套政策。针对企业兼并重组、淘汰关停、退低进高、腾退土地等不同形式，建立相应的补偿激励机制，盘活存量资源要素。根据国家和浙江省产业导向，制定符合转型升级要求的产业发展导向目录。建立以投入产出、节能减排、用工绩效等为主要内容的项目承诺准入制度，实施严格的履诺问责机制。建立“建设期+投产期+剩余年限使用期”的用地弹性出让制度，实行分阶段考核验收，验收未达标即按照合同约定退出，提高土地节约集约利用水平。建立多规融合机制，合理布局、有效整合空间资源。健全“亩产倍增行动计划”实施机制，完善城镇低效用地开发、地下空间利用、高标准厂房建设等政策，促进土地资源节约集约利用，释放土地要素最大效益。

建立便捷高效的要素交易机制。整合提升要素交易平台功能，完善运行规则和交易流程，推动土地、排污权、用能等资源要素自由交易、市场化配置。鼓励社会资本参与要素交易平台建设。

（三）构建资源管理和评估体系制度

建立健全能源管理体系和评价制度。2013年起，通过《浙江省“万吨千家”节能行动实施方案》《浙江省“万吨千家”企业（单位）能源管理体系建设推进计划》《浙江省能源管理体系评价工作指南（试行）》等政策文件，逐步建立完善能源管理体系及其评价制度。具体措施包括，实施能源消费“双控”制度，通过能源总量控制和能效控制，提高能源利用效率；建立完善固定资产投资项目节能评估和审查制度，按照审批制度改革要求推进审批权限下放，开展区域能评改革试点，进一步提高服务效率；实施用能预算化管理制度，实行单位GDP能耗、能源消费总量、煤炭消费总量红黄绿预警制度，并建立重点用能单位能源消费在线监测系统，进行企业能源消费在线监测，实现能源效率目标的全过程管理。

完善优化土地节约集约利用管理体系和评价制度。坚持耕地保护共同责任机制，优化用途管制和规划管控，提高土地节约集约利用效率。2013年，大力推进“百万”造地和“812”土地整治工程，确保全省耕地数量不减少、质量基本稳定。2011年出台《关于土地利用总体规划有条件建设区土地规划用途调整管理的通知》和《关于各级土地利用总体规划预留指标使用管理的通知》以及2013年出台《土地利用总体规划评估修改意见》，按照“权责一致”原则，明确省、市、县三级国土资源管理部门的审查报批职责，建立分级审查制度，完善土地节约集约管理效率。

建立健全水资源节约集约利用管理体系和评价制度。坚守水资源效率管理红线，强化水资源效率管理的规范化和自动化，提高资源开发利用效率。2009年修订《浙江省水资源管理条例》，确立水资源开发、利用、节约、保护和管理的统筹规划与综合利用规范。2013年，出台《浙江省实行最严格水资源管理制度考核暂行办法》，确立水资源利用效率评价考核和责任追究制度，在制度管理上促进水资源高效利用。2009年起，浙江开展水资源管理信息系统建设，提高水资源管理信息化水平，建立“水量水质双控+水量调度+信息化”（双控一调一化）的水资源管理自动化工程，对水资源利用进行信息化、透明化和及时管理，实现水资源利用效率的全过程管理。

（四）逐步健全提高资源利用效率的法规和标准化体系

土地节约集约利用重点工作是加强用地规模、用地标准、用地空间和浪费用地惩罚等方面的相关立法。相继出台2011年《浙江省土地利用总体规划条例》、2014年《浙江省土地整治条例》、2016年《浙江省土地节约集约利用办法》等法规条例，实施土地用途管制、规划城乡建设和统筹土地利用活动，规范土地整治活动，为提高耕地保护力度和耕地质量，以及优化土地资源配置和保护土地权利人合法权益，提供了法律法规依据，保障了土地资源可持续利用。

保障能源高效生产重点工作是制定用能规范和技术标准。《浙江省实施〈节能法〉办法（修订）》《浙江省建筑节能管理办法》《浙江省固定资产投资项目节能评估和审查管理办法》《浙江省超限额标准用能电价加价管理办法》《浙江省节能监察办法》《浙江省实施〈公共机构节能条例〉办法》《浙江省绿色建筑条例》等70余个节能法规、规章和规范性文件，制定发布了98项地方能耗限额标准。其中强制性标准41项，基本形成了具有浙江省特色的节能法规和标准化体系，有效指导了节能依法行政和节能推广工作，为全省节能执法稽查及考核工作提供了标准依据。

促进其他资源高效利用的法规和条例。2007年，颁布《浙江省节约用水办法》替代1993年的《浙江省城市节约用水管理实施办法》，对全省范围内的用水、供水、节水及相应的监督处罚进行了详尽的规范规定，对进一步促进全省的合理用水、节约用水、科学用水提供了法律依据。2013年，修订了《浙江省矿产资源管理条例》，对勘查、开采矿产资源进行规范管理，实行统一规划、合理布局、综合勘查、合理开发和综合利用，提高矿产资源规模化、集约化经营效率，确保矿产资源合理利用。

二　促进资源循环利用

浙江促进资源循环利用，主要通过推进“三个三”：三大产业资源循环化利用体系建设、三大载体示范建设和三大领域关键技术攻关。

（一）推进三大产业资源循环化利用体系建设

基于产业特点、集聚模式、产业链关联以及资源利用方式，浙江着力推动农业、工业和服务业三大产业的资源循环化利用体系建设。

2009年起，浙江开展“发展循环经济991行动计划”，大力促进生态循环农业和服务业的资源循环利用。构建农业资源循环利用生态产业链，通过种养结合，促进养殖场建设和农田建设有机结合，促进水产养殖业与种植业有效对接，逐步培育种植业和养殖业资源复合利用循环模式。培育农业废弃物资源化产业，加快农林废弃物、农产品加工副产品在生物质能源以及生物质油等新能源行业的循环利用。强化服务业资源循环产业发展，建设互联网与跨区再生资源综合利用产业基地、区域集散市场、专业分拣中心相结合的资源流通网络体系，创新资源循环利用新业态和新模式。

浙江依托工业循环经济“733”工程、“双百工程”等，开拓资源循环利用的新业态。浙江在已有产业集群、产业集聚区、开发区（工业园区）基础上构建特色生态产业链，如利用已建及拟建的大型炼油、乙烯项目以及氟化工基地，大力发展下游产业，大力构建石化产业及其下游的纺织、塑料、精细化工、化纤、医药等共生发展的循环经济产业链。浙江着力推进再生资源回收利用与区域特色产业进一步融合。浙江是全国首屈一指的“市场大省”，已形成原材料和产品两个大市场，不仅为企业提供生产要素和产品销售渠道，更促使市场机制在资源配置中的基础性作用得以发挥出来。浙江以“永康（五金）模式”（金属再生资源购入以原材料为依托），“路桥—温岭模式”（废旧金属拆解产业为主导）和“余姚—慈溪模式”（废旧金属、塑料回收为切入点）为代表，积极延伸资源经济产业链，发展绿色再制造产业，示范建设“块状经济＋专业市场＋资源循环经济”新模式。

（二）推进三大载体示范建设

浙江以载体示范建设为抓手，系统建设资源循环利用平台。通过行动计划、项目扶持、示范带动等手段，重点提升三大载体：产业示范区、示范企业和重点项目建设。

“十二五”以来，浙江积极推进产业循环经济示范区建设，逐步形成循环经济型产业集聚模式。以开发区（园区）生态化改造为抓手，着力建设一批工业循环经济示范区。以生态农业生产和田园农业综合体为抓手，着力建设一批生态农业示范区。以物流、旅游为重点，着力建设一批服务业示范区。现已建立建成国家级7个循环化改造示范试点和2个“双百工程”示范基地，取得重要示范带动效应。

浙江坚持推进资源循环利用在重点领域、重点企业的示范建设。以八大耗能产业的用能用电大户企业为重点，培育一批节能节电封闭式工艺流程示范企业。以电力、纺织、造纸、化工等高耗水行业为焦点，培育一批水循环利用示范企业。以工业废弃物量大而利用难的冶金、石化、建材、电力、造纸、印染、皮革等行业为着力点，培育一批资源回收与综合利用示范企业。已评选为“双百工程”骨干企业4个、国家再制造试点单位3个，资源循环利用水平处于全国领先地位。

浙江资源循环利用重点项目建设主要依托“991行动计划”，落实再生资源回收利用、餐厨垃圾利用、污泥资源化利用、中水回用、海水淡化、余热利用、垃圾发电、农业废弃物资源化利用等重点领域的技术建设项目。每年实施百项资源循环利用重点开发项目，大力支持项目技术普及推广。

（三）加快三大领域关键技术攻关

技术创新是提高资源循环利用水平，建设经济—资源生态体系的根本途径。浙江重点加快了三大领域关键技术突破：水资源综合利用、节能与可再生能源利用和固体废弃物综合利用。

结合《国家中长期科学和技术发展规划纲要（2006—2020）》、资源技术应用国家战略行动和资源技术行业发展需求，浙江通过定期编制关键技术指南，支持技术攻关项目研发，引进与培育高级别人才等手段，重点加强具有自主知识产权的资源循环利用核心技术研发，加强高效低成本技术突破，加强前沿技术产业化应用。水资源综合利用方面，重点研究开发海水淡化与综合利用、中水和再生水回用、工业废水和城市污水高效处理、主要水系污染控制和水域生态修复等关键技术。节能与可再生能源利用方面，重点研究开发建筑循环和新兴可再生新能源技术，太阳能光热光伏、风能发电、生物质能发电、地热能利用等高效低成本技术以及生活垃圾高效环保燃烧发电技术。固体废弃物综合利用方面，重点研究开发工业废弃物、污水污泥、城市生活垃圾和餐厨垃圾的无害化、资源化处置关键技术，生活垃圾焚烧发电有毒有害气体无害化处理技术，畜禽养殖排泄物、农作物秸秆、农村清洁能源和有机肥加工施用等综合利用技术。

以新兴能源产业技术创新发展为例，浙江以重点研究院建设、重大专项技术攻关和青年科学家培养“三位一体”为抓手，扎实提高持续创新能力，培育产业技术竞争力。创新主体建设方面，重点在全省范围选择具有较好研发基础、较强创新能力的龙头骨干企业、重点高校和研究机构、产学研基地建设一批省级、国家级研究院，并利用省战略性新兴产业专项经费进行资金补助，地方安排配套经费。省级有关部门成立试点工作协调小组和指导工作组，协调落实企业研究院规划建设等相关政策和重大问题，及时解决产业技术创新综合试点中遇到的困难。重大专项技术攻关方面，重点创新管理体制。省市县鼓励研究院自主编制技术路线图，提出需要攻关的技术难题，通过专项经费、技术合作进行联合支持，推动技术联合攻关；鼓励创新主体按市场需求提出技术攻关申报，通过动态评价、滚动支持的运行管理机制，资助3年内成功实施成果转化的项目，在创新决策、研发投入、科研组织和成果应用等方面推动创新主体建设。强化人才保障方面，着重青年科学家培养。把高层次人才和领军人才作为产业技术创新的战略性资源，优先列入省或国家有关人才培养计划，任职时间不少于3年，并依托大专院校和科研机构，加强产业国际化实用人才培养和国外工程师、博士生等高层次人才引进，选派到重点研究院工作，全力支持人才队伍建设。在"三位一体"政策支持下，浙江在新兴能源产业已率先建成多个企业国家重点实验室，在高效电池、大规模储能、组串式逆变器和新材料等前沿技术领域保持行业领先地位。

三　调整资源投入结构

浙江优化资源投入结构，主要通过清洁生产先进省份、清洁能源示范省份以及再生资源利用先进省份建设，推动资源投入向绿色、清洁、高效的结构转变。

（一）打造清洁生产先进省份，转变清洁资源投入结构

浙江省是最早开展推广清洁生产的先进省份。清洁生产通过改进设计，使用清洁的能源和原料，采用先进的工艺技术与设备，改善管理，综合利用资源等系统措施，优化资源投入结构，促进清洁制造和绿色增长。2006年，浙江省出台《浙江省创建绿色企业（清洁生产先进企业）办法（试行）》，实施财政、税收优惠政策来鼓励企业进行清洁生产。2013年，浙江开展《浙江省清洁生产行动计划》，全面推进清洁生产审核来培育一批绿色示范企业和示范园区，实施强制性审核来创建一批成效突出企业，鼓励创新来开发推广一批先进技术和重点项目，以点带面，加快推动开展清洁生产，建立资源节约型和环境友好型工业体系。

（二）打造清洁能源示范省份，高效利用清洁能源

2015年起，浙江全力推动清洁能源示范省建设，通过能源清洁化转型，转变能源结构，推动绿色发展。实施控制能源消费总量、加快煤炭消费替代、实施煤电清洁改造利用等手段，实现能源消费清洁

化。实行示范工程和可再生能源电价附加财税政策，加快推进水能、风能、太阳能、生物质能、海洋能、地热能等可再生能源规模化发展。重点扶持高效新兴能源技术产业化项目，推进风电、光伏发电高效技术产业化，加强潮流能、洋流能等海洋能的研究开发和产业化。实施绿色交通行动计划，通过充（换）电、加气等基础设施建设，绿色公交车辆投入等措施，加快清洁能源车规模化应用。加强电力需求侧管理，建立并推广供需互动用电系统，实施电力需求侧管理，推进移峰填谷，适应分布式能源、电动汽车、储能等多元化负荷接入需求，打造清洁、安全、便捷、有序的互动用电服务平台。

浙江打造清洁能源示范省份，在清洁能源市场应用上尤其凸显地方特色。凭借新兴能源产业先发优势和地区资源条件，浙江先行推动户用光伏示范项目和“百万屋顶计划”项目，较早实现示范应用向市场规模化应用转变，并形成多种形式、多能融合的应用模式如风光互补、渔光互补、建筑一体化等，极大地提升了新能源综合利用效率。项目实施推广中，浙江实行“政府主导”和“企业主导”两种管理模式，“整村推进”和“单户落地”两类建设方式，兼顾了绿电应用的社会效应和经济效应。项目资金补助上，不仅落实国家固定上网电价分类资源区补贴，还出台地方补贴标准，应地应时调整补贴需求，保障项目建设资金支持。在此基础上，浙江户用光伏装机量稳居全国第一，还创造多个“最”和“首”效应，如国内首座太阳能光伏发电项目慈溪天和家园“光伏屋顶”在2007年1月建成运行；全国规模最大的光伏发电村——宁波李岙村344户分布式光伏电站2015年建成且并网运行；世界最大光伏建筑一体化项目——上海大众宁波分公司光伏车棚一体化分布式光伏电站在2015年启动并成功运行。

（三）建设再生资源利用先进省份，优化资源综合利用结构

2009年起，浙江依托循环经济“991行动计划”和工业循环经济“733”工程，开展弃物处置和回收利用工程和再制造产业化工程，变废为宝推进废弃物资源化利用，优化资源投入结构。弃物处置和回收利用工程主要推进冶金、电力、医药、石化、造纸、建材、轻纺等行业固体废弃物的循环利用，开展粉煤灰、煤矸石和冶金、化工废渣及有机物综合利用，鼓励发展粉煤灰—水泥、水泥熟料生产线余热—

电力、粉煤灰—脱硫石膏—新型建材、铅锌尾砂—硅酸盐水泥、竹/木渣—人造板等工业固废综合利用模式。再制造产业化工程主要依托金华、杭州、宁波等地的产业基础，以汽车零部件、大型轮胎、模具、工程机械、机床等再制造为重点，促进再制造产业链延伸，优化资源综合利用的结构。

城镇生活垃圾综合利用是再生资源化的重要内容，也是最顽固的短板部分。浙江先行先试，建立省长联席会议制，坚持试点扩面、管理创新、建章立制和要素优先保障，初步形成地方特色的垃圾分类处理“三化四分”（减量化、资源化、无害化，分类投放、分类收运、分类利用、分类处理）模式，在“居民最先一投”“收集最后一米”“处置最难一关”等重点环节成效显著。“源头减量化”环节，浙江主要针对分类运输和处理设施不到位、“先分后混”问题，重点做好分类设施全覆盖和智能化提升，即通过试点扩面强化城镇生活垃圾分类全覆盖，通过智能创新生鲜垃圾控水清运技术提高减量化效率。“处理资源化”环节，主要针对“餐厨废弃物资源化量少、低值可回收物品回收和处置效率低”等问题，重点做好“干湿分离”“互联网+垃圾回收”和分类管理提升，即推进餐厨废弃物规范管理和收运体系建设，推广普及线上线下联动回收模式和低值可回收物专用通道，以及建立健全老小区道德监督、物业公司责任到人、沿街商户垃圾不落地制度和公共机构强制管理分类体系，提高垃圾回收和再资源化效率。“末端无害化”环节，主要针对“处理手段单一（填埋为主、焚烧处置率低）、处置能力不足”等困难，重点推进垃圾分类处理和转运站建设，通过优先提供土地、资金、技术、税费等要素保障，加快餐厨垃圾和厨余垃圾处理厂、生活垃圾焚烧发电厂以及生活垃圾分类转运站的建设和运营，更好地实现原生垃圾“零填埋”和垃圾无害化处置。2016年，浙江垃圾城区分类收集覆盖面已达到55%，垃圾焚烧处理率已达65%，无害化处置处理率达99.96%，平均高出全国近5个百分点。杭州已建成约3400个低价值物品回收点，扩展玻璃、废金属、纺织品、服装边角料等的回收利用，使低值可回收物重新进入资源再生利用体系，变废为宝。

第三节　推进资源节约化的经验启示

节约资源是保护生态环境的根本之策。生态文明建设深刻揭示了资源节约化与经济发展、改善环境之间的辩证关系，为浙江走出“地域小省、资源小省”困境、探索资源永续利用和经济绿色发展之路指明了方向。2002—2017 年，浙江不断深化生态文明建设，坚定不移实施资源节约化战略，推进资源管理由供给侧管理向需求侧管理转变，有效落实资源双控和经济增长方式转变，推进资源节约化技术创新，有效构建节源增效的新业态、新模式和新技术，推进自然资源产权交易制度建设，有效促进资源优化配置和高效利用，重塑节约资源和保护环境的产业结构、生产方式和生活方式，从而率先走出一条“低投入、低消耗、低排放、高效益”的资源利用转型升级新路子，并形成一系列的成功经验与启示。

一　资源管理必须从供给侧管理转向需求侧管理

资源供给侧管理强调通过提高资源生产能力来促进经济增长，重点是资源开发和生产效率。资源需求侧管理强调减少资源依赖的经济增长，通过资源需求的引导和调控，控制资源过度开发，限制粗放式利用，鼓励资源节约，提升资源利用效率。资源管理从供给侧向需求侧转变意味着资源管理主体、利用方式、管理手段的重大改变，即将管理重点从资源开发生产商管理向生产消费商和生活消费者管理转换，资源生产管理向集约高效循环利用管理转型，以及资源生产总量和效率向消费总量和效率“双控”管理手段转变。

资源需求侧管理体现宏观经济供给侧结构性改革目标。在“去产能”“去库存”“去杠杆”“降成本”和“补短板”五大任务方面，资源供给侧结构性改革主要体现为促进高污染、高耗能僵尸企业退出市场，给高效能企业和环保企业腾出市场空间，加快绿色金融发展，为企业提高环境风险防范能力提供金融支持，加强清洁生产和清洁能源技术的研发创新，有效提高资源利用效率并降低原材料和治污成本，以及加大绿色产业财政支持力度，鼓励绿色产品的研发和生产。

资源需求侧管理目标同样聚焦于以上五个方面，但在管理方式上，更强调不以权利约束资源的使用方式和需求规模，而以激发需求侧能动性加快由被动节约资源向主动优化资源利用效率转变，自下而上提升资源利用能力，摆脱对资源的过度依赖。由此，资源需求侧管理更为有效地体现了供给侧结构性改革的要求。

国家层面各类资源需求侧管理制度已逐步完善。2012 年，国家出台《国务院关于实行最严格水资源管理制度的意见》，确立了水资源需求侧管理重要变革，设定水资源开发利用控制红线和用水效率控制红线管理，全面推进节水型社会建设。2014 年，国家出台《关于强化管控落实最严格耕地保护制度的通知》，确立土地资源需求侧管理重点，通过规划管控和划定永久性基本农田，严防死守耕地红线，建设最严格的耕地保护制度；通过严控增量、盘活存量和优化结构，坚持最严格的节约用地制度。2014 年，习近平总书记还指出："坚决控制能源消费总量，有效落实节能优先方针，把节能贯穿于经济社会发展全过程和各领域，坚定调整产业结构，高度重视城镇化节能，树立勤俭节约的消费观，加快形成能源节约型社会。"[①] 这充分体现了能源需求侧管理在用能总量和用能效率方面的指导思想。

浙江作为"资源小省、经济大省"，更需要激发各类主体资源集约高效循环利用的能动性。浙江坚持资源"双控"管理与转变经济发展方式相结合，坚持生产消费和生活消费需求管理相结合，坚持需求侧管理倒逼供给侧结构性改革，在实践资源节约集约高效利用管理上走在全国前列。习近平总书记在十八届五中全会规划建议说明中指出："实行能源和水资源消耗、建设用地等总量和强度双控行动，就是一项硬措施。这就是说，既要控制总量，也要控制单位国内生产总值能源消耗、水资源消耗、建设用地的强度。这项工作做好了，既能节约能源和水土资源，从源头上减少污染物排放，也能倒逼经济发展方式转变，提高我国经济发展绿色水平。"[②] 为此，2005 年起，浙江先行实施能源资源"双控"制度，构建省、市、县三级"双控"责

① 习近平：《中国共产党第十八届中央委员会第五次全体会议讲话》，人民网，2015。
② 同上。

任体系，按照积极优化用能、全面节约用能、淘汰落后用能、调控新增用能、拓展清洁用能、保障民生用能的思路建立科学的“双控”调控模式，抓好“双控”监测预警体系和基础制度体系建设，推进能源清洁高效利用和经济绿色增长。“十二五”以来，省委省政府又率先开展“五水共治”决策部署，建立了省级对设区市，设区市对县（市、区）的逐级最严格水资源管理考核制度、行政首长负责制和部门协作机制，按照水资源消耗总量控制，强化水资源承载能力刚性约束，促进经济发展方式和用水方式转变；按照水资源消耗强度，加快推进节水型社会建设，把节约用水贯穿于经济社会发展和生态文明建设全过程。2008 年和 2016 年，浙江分阶段推进土地“双控”制度建设，有效建立以“规划管控”为龙头，“节约集约共管”为推动机制，“市场配置资源”起决定性作用的用地总量和强度“双控”管理体系。陆续出台的《浙江省限制用地项目目录》《浙江省禁止用地项目目录》《浙江省土地节约集约利用办法》以及土地利用和工业项目建设用地控制指标规定等，严格划定了永久基本农田及示范区并实行特殊保护，建立占用耕地论证制度以规范项目预审管理，加快了土地节约集约利用理念融入规划编制和实施全过程的步伐，以及通过空间布局优化和盘活存量来有效提升土地节约集约利用效率。浙江还坚持全社会广泛开展节俭节约资源宣传教育和实践活动。2014 年起，开展《浙江省节俭养德全民节约行动实施方案》，紧紧围绕“建设美丽浙江、创造美好生活”的战略任务，坚持教育引导与实践养成相结合，坚持集中活动与建立长效机制相结合，在党政机关、社区家庭、企业、学校广泛开展“节约型”建设，形成资源节约集约利用思想内化，实现政府为主导、企业为主体、全社会共同践行资源节约化利用的协同格局。

浙江推进资源需求侧管理的成效卓著，用能、用水、用地效率均领先全国水平。2015 年，浙江万元 GDP 能耗下降到 0.48（全国 0.71）吨标准煤，2010 年 0.61（全国 1.03）吨标准煤，2005 年 0.9（全国 1.2）吨标准煤。2005—2015 年全省共实现节能量 8943 万吨标煤以上。2015 年，全省用水总量从 2005 年 209.91 亿立方米和 2010 年 197.91 亿立方米下降到 184.77 亿立方米，万元工业增加值用水量下降到29.18（全国55.1）立方米，万元GDP用水量下降到44.9（全国101.2）立方米，领跑全国其他省份。2015年，全省建筑用地128.20万公顷，人均0.02公顷，是全国平均水平的78%，节约用地保持在全国前十位。从社会成效来看，浙江省率先提出在全国创建国家清洁能源示范省，最早得到国土资源节约集约示范省创建批复，节水型社会建设的第一批27个县（市、区）均已通过国家或省级验收，第二批20个县（市、区）的节水型社会建设全面启动。全民节水节电意识不断提升，低碳出行、节能产品消费得到广泛普及。

二 资源节约化的根本途径是推进科学技术创新

针对浙江资源紧缺、环境容量小等制约，习近平总书记强调："要突破自身发展瓶颈、解决深层次矛盾和问题，根本出路就在于创新，关键要靠科技力量。"[1]"建设绿色浙江、数字浙江、信用浙江，不但要靠体制创新，更要靠科技创新，通过狠抓'第一生产力'来落实'第一要务'。"[2]浙江是"资源小省、经济大省"，在经济高速增长的历程中，深刻感受到"成长的烦恼"和"制约的疼痛"。为破解资源环境瓶颈制约，浙江紧紧围绕建设资源节约型社会战略目标，坚持创新驱动发展理念，以科技创新为根本动力，加快形成节约能源资源和保护生态环境的产业结构、增长方式和消费模式，努力实现经济增长向绿色发展转变。

为有效提高资源利用效率，浙江坚持技术创新与产业结构调整并举，既要全面推动技术创新，实现资源利用"减量化"和"无害化"，还要加快技术创新提升产业结构生态化，实现资源利用"高效化"与"结构优化"。为此，浙江做好技术创新"三个狠抓"：狠抓节约资源的共性关键技术攻关，努力突破技术瓶颈，大力推广应用节约资源的新技术、新工艺、新设备和新材料，构建节约资源的技术支撑体系，实现集约型经济增长；狠抓产业结构优化和资源综合利用技

---

① 《挺立潮头开新天——习近平总书记在浙江的探索与实践·创新篇》，浙江在线，2017年。

② 同上。

术，努力提高资源综合利用及各类废弃物资源化技术创新，大力推进企业清洁生产技术以及企业间产业生态链的集成技术开发应用，切实提升资源高效循环利用方式，实现产业结构生态化转型；狠抓新兴产业清洁资源的高效技术创新，努力突破低成本、高效能技术瓶颈，大力推动清洁能源资源技术的示范推广和规模化应用，加强资源利用前沿技术储备和研发，推进资源永续利用的绿色经济发展。

浙江实施创新驱动发展战略，逐步形成了资源集约高效循环利用新局面。浙江入选全国“双百工程”产业废物综合利用、再生利用骨干企业、国家再制造试点单位、国家园区循环化改造示范试点以及国家“城市矿产”示范基地数量均领跑全国其他省份。通过资源技术创新，企业逐步走上低能耗、低污染、高附加值的路子，实现美丽蝶变。新兴生态经济正在崛起，正泰集团太阳能发电系统突破兆瓦级，众泰集团电动汽车实现批量生产。资源循环利用正在提速，富阳一年回收15亿只牛奶盒，台州一年可再生一座大型铜矿。同时，资源节约化技术创新有效推动了技术标准规范建设。浙江不仅建立健全资源高效利用的标准规范体系，还积极推进将关键技术和成套技术研究成果转化为标准，构建了高于国家指标的最低指标和领跑者指标，是浙江成为全国唯一国家标准化综合改革试点省份的重要基础。

三　自然资源产权交易制度是促进资源优化配置的必然选择

自然资源资产产权制度就是要明确自然资源资产“归谁有”“归谁管”和“归谁用”的问题。在建立健全自然资源资产产权制度基础上，还需要深化公共资源产品价格的市场形成机制，健全自然资源产权交易规则，明确有偿“定价”和损害“补偿”规则，才能充分发挥市场优化配置资源的作用，充分体现自然资源的社会经济属性，实现经济效益、社会效益和生态效益最佳匹配。《中共中央关于全面深化改革若干重大问题的决定》中，提出形成归属清晰、权责明确、监管有效的自然资源资产产权制度。对创新政府配置资源方式的指导意见中，习近平同志指出：“创新政府配置资源方式，要发挥市场在资源配置中的决定性作用和更好发挥政府作用，大幅度减少政府对资源的直接配置，更多引入市场机制和市场化手段，提高资源配置效率和效益。对由全民所有的自然资源，要建立明晰的产权制度，健全管理体制，完善资源有偿使用制度。”①

浙江推进生态文明建设，将自然资源产权交易制度建设作为促进资源优化配置的根本保障和核心基础。高度重视自然资源产权交易制度建设，在资源确权、市场交易、监测监管等制度方面发挥积极示范带头作用。高度重视自然资源产权市场建设，不断完善市场交易体系和定价制度，把资源保护成本、损害成本等充分反映到资源使用价格上，降低“节源”和“减污”成本，提高高耗能、低效率企业的资源“壁垒”，推动实现产业转型升级和生态文明建设。

浙江率先成为自然资源资产负债表编制试点地区，为推进生态文明建设、有效保护和永续利用自然资源提供信息基础、监测预警和决策支持的示范样本。2016 年，湖州完成第一张全国地市级自然资源资产负债表。这张表主要核算土地、林木和水三类自然资源，并在资源环境核算理论框架下，遵循先实物后价值、先存量后流量、先分类后综合的技术路径，从底表到辅表，再到主表，最后到总表，对自然资源资产负债情况进行了研究和测算。这张表折射出地方发展中对自然资源的保护和利用状况，也为完善生态文明绩效评价考核和责任追究制度，推进生态文明建设和绿色低碳发展提供了基础依据。

为建立健全自然资源产权交易制度，浙江率先出台了自然资源确权和市场交易等系列文件。具体包括：2005 年《关于进一步完善生态补偿机制的若干意见》，全国首个省级生态补偿机制文件，体现了“保护生态就是保护生产力”的基本精神，提出了生态补偿的主要途径和措施，包括积极探索市场化生态补偿模式，引导社会各方参与环境保护和生态建设；2009 年《关于开展排污权有偿使用和交易试点工作的指导意见》，全国最早实施排污权有偿使用和交易的省级文件，确立了初始排污权指标、市场定价和交易规则，促进了市场机制优化资源配置和环境保护的目标。在该文件基础上，省级层面后续出台相关政策文件 11 个，地方 68 个，基本建立了排污权有偿使用和交易政策法规体系的框架；2011 年，《浙江省矿业权交易管理暂行办法》，

① 《中央全面深化改革领导小组第二十七次会议召开》，人民网，2016。

明确了矿业权出让和转让的交易规范，完善矿业资源领域市场交易和定价机制；2015 年《关于推进我省用能权有偿使用和交易试点工作的指导意见》，浙江率先成为全国四个用能权和交易试点省份，重点建立健全能源总量目标约束下用能权交易的市场机制，进一步创新资源需求侧管理和资源节约集约高效利用目标；2017 年，《浙江省生态文明体制改革总体方案》，进一步健全自然资源资产产权制度和交易制度。

浙江省排污权市场建设情况良好，交易量领跑全国，充分体现了资源稀缺、有价和有偿的科学利用理念。2014 年底，全省累计开展排污权有偿使用 13271 笔，缴纳有偿使用费 20.46 亿元。排污权交易 4925 笔，交易额 8.89 亿元，全省累计排污权有偿使用和交易额占全国累计总额的 2/3 以上。另有，373 家排污单位通过排污权抵押获得银行贷款 83.13 亿元。浙江省用能权市场试行情况良好，选择海宁、萧山、衢州市区等 26 个地区开展用能权有偿使用和交易试点，加快完善市场交易制度和定价体系。截至 2015 年底，全省已实施用能量交易申购项目 182 个，有偿申购金额 1493 万元。浙江自然资源资产产权交易制度的建立和完善，对提高自然资源开发利用率，促进自然资源可持续开发利用和公平性使用，以及推进绿色发展和生态文明建设具有极其深远的影响，还将为全国范围优化资源配置方式和效率提供良好的示范样本和经验借鉴。

第五章　生态经济化

生态经济化是浙江省从经济增长到绿色发展的重要特色之一。习近平同志主政浙江以来，“七山一水两分田”的浙江就开始探索“绿色浙江”“生态省”“生态浙江”“美丽浙江”的发展模式，它旨在协调资源环境的稀缺性与地区经济的增长性之间的矛盾。本着解决资源危机、环境危机和气候危机，浙江省充分发挥政府、市场和社会各个经济主体的主观能动性，通过“自下而上”“自上而下”“地区推广”的制度创新和推广方式，实现了资源、环境、气候等生态产品从“无价”到“有价”的转变，实现了资源、环境、气候等生态产权的确权、分配和再分配，实现了资源税、环境税、碳税等方式下的生态产品价格化和市场化。浙江省的生态经济化是“市场均衡—地区均衡——般均衡”的制度选择过程，是“推进—停滞—再推进”的政策实践过程，是“均衡—打破均衡—再均衡”的生态资本化过程。

第一节　打破生态环境资源零价格使用的进程

一　从资源无偿使用到资源有偿使用

资源包括自然资源和社会资源，自然资源又包括实物资源和环境资源。从无偿使用到有偿使用的资源一般是指实物资源，包括生物资源、土地资源、水资源和矿产资源等。浙江省是资源小省，2015 年全省年末人口数为 4873. 34 万人，土地面积为 10. 55 万平方千米，人口密度为 462 人/平方千米；水资源总量为 1405. 11 亿立方米，人均水资源量为 2883 立方米/人；森林覆盖率为 60. 96%；海岸线总长

6486千米。与此同时，浙江省有储备的矿产资源仅为铁矿石、煤、沸石、叶蜡石、普通萤石、明矾石和水泥用灰岩等。其中，水泥用灰岩的保有储量相对较高，2015年为350997万吨；像煤等能源类资源的保有储量较少，2015年浙江省煤的保有储量为9309万吨，远跟不上市场需求。2015年，浙江省原煤一项的当年消费量就达12487万吨；加上洗精煤、其他洗煤和煤制品，煤类资源浙江单年的消费量达13137万吨；相对于不到1亿吨煤保有量而言，浙江省煤炭资源的市场缺口巨大。[①]

浙江省虽然在历史上以“鱼米之乡”著称，但这也仅限于有限的人口规模和丰富的生物资源以及“精耕细作”的农耕文明，资源短缺（尤其是实物资源）在21世纪初也依然如此。早在2002年，全省年末人口数就达4535.98万人，土地面积为10.18万平方千米，人口密度为446人/平方千米；水资源总量为1230.5亿立方米，人均水资源量为2713立方米/人；森林覆盖率为59.4%。与此同时，就矿产资源储备而言，水泥用灰岩的保有储量最高，为195517万吨；煤的保有储量为9651万吨。[②]

比较2002年和2015年浙江省资源储备和消费等数据可以发现，浙江省资源小省的格局并未发生实质性改变。然而，这十多年来浙江省经济却保持着高速增长，名义人均GDP从16841元增加至77644元，实际人均GDP增加至20202元，是2002年的1.2倍[③]。资源依赖性曲线普遍经历了一个倒“U”形的发展阶段，如图5－1、图5－2和图5－3所示。在图5－1和图5－3中，工业燃料煤和用电量的资源依赖性曲线拐点并不明显，资源依赖性经济增长模式并未发生根本性转变。图5－2刻画了工业原料煤消费量与实际人均GDP之间的关系。当人均GDP达到19000元附近时，工业原料煤的使用达到了倒“U”形的顶点。经济高速增长过程中突出的资源瓶颈倒逼着浙江省开始探索要素的市场化改革，而这一改革恰始于矿产、土地、水和海

① 资料来源：参见浙江省统计局编《2016年浙江统计年鉴》，2016年8月。
② 资料来源：参见浙江省统计局编《2013年浙江统计年鉴》，2013年8月。
③ 实际人均GDP根据全省GDP指数平减至2002年。

岛等自然实物资源。

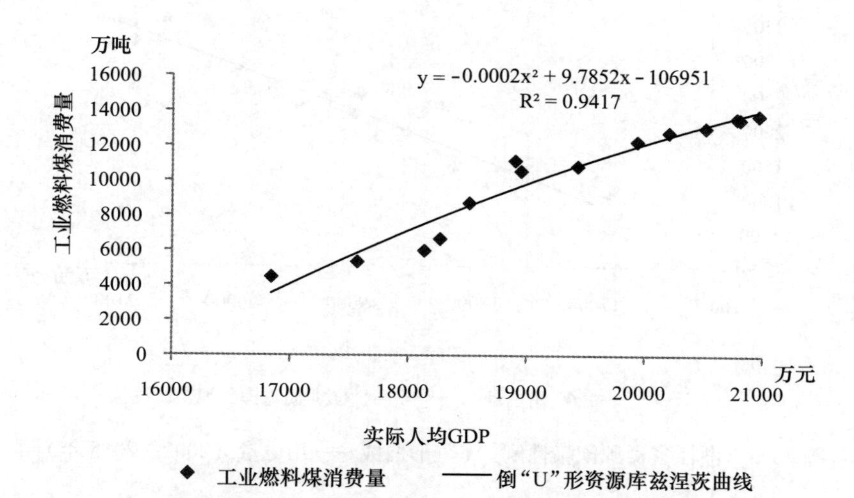

图 5-1 浙江省资源依赖性倒"U"形曲线——工业燃料煤消费量（2002—2015 年）

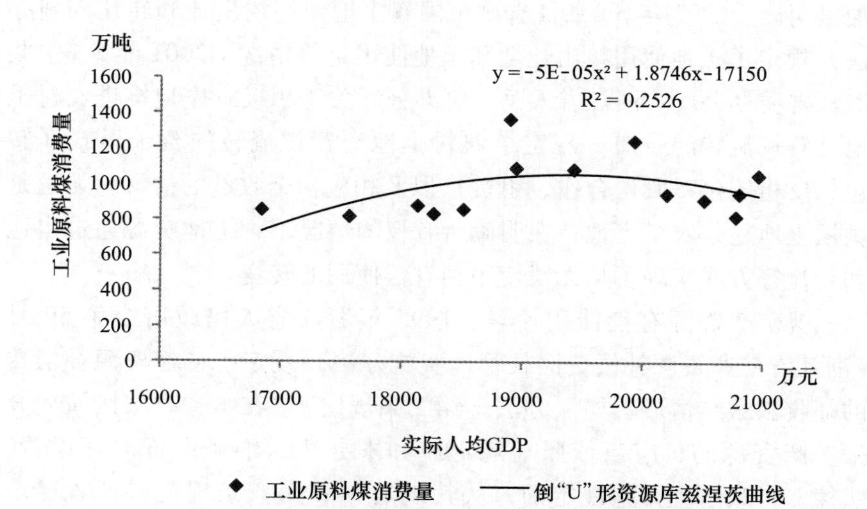

图 5-2 浙江省资源依赖性倒"U"形曲线——工业原料煤消费量（2002—2015 年）

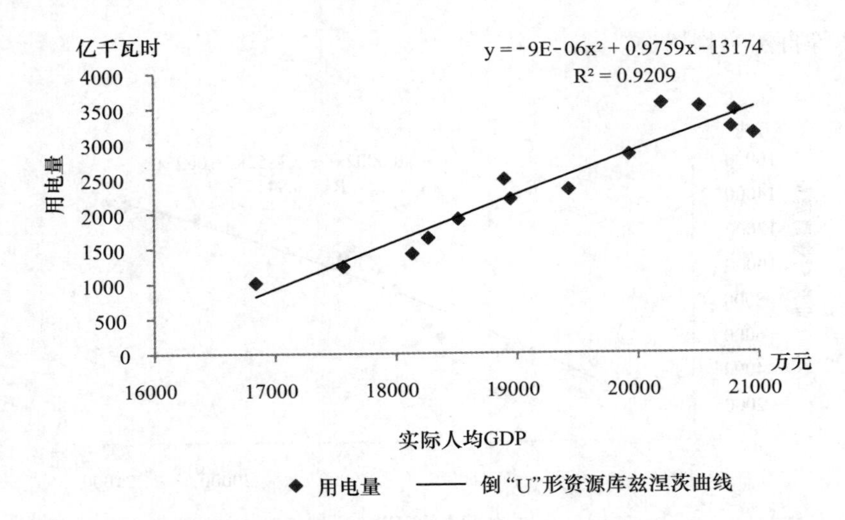

图 5-3 浙江省资源依赖性倒“U”形曲线——用电量（2002—2015 年）

1987 年，《浙江省土地管理实施办法》颁布，抛荒费、造地费、土地补偿费、青苗补偿费和地面附着物补偿费等各类土地价格率先被加以明确。1992 年，《浙江省城镇国有土地使用权出让和转让实施办法》规定了土地使用权出让金和土地使用金等情况。2001 年，《中共浙江省委办公厅、浙江省人民政府办公厅关于积极有序地推进农村土地经营权流转的通知》规定了农村土地经营权流转的若干形式（转包、反租倒包、股份合作、租赁）以及相应租金收益的情形。无论是城镇土地还是农村土地，在明确所有权的情况下，土地资源通过出让和转让等方式实现了从无偿使用到有偿使用的转变。

就矿产资源有偿使用而言，1995 年浙江省人民政府令第 59 号《浙江省矿产资源补偿费征收管理实施办法》规定了矿产资源补偿费的征收和缴纳情形。如《办法》第二条规定，“在本省行政区域内开采矿产资源的，应当依照《规定》和本办法缴纳矿产资源补偿费；法律、行政法规另有规定的，从其规定”①；第八条规定“征收矿产资源补偿费 = 矿产品销售金额 × 补偿费费率 × 开采回采率系数”；第

① 此处《规定》系国务院《矿产资源补偿费征收管理规定》（国务院令第 150 号，1994 年 4 月 1 日）。

十六条规定“矿产资源补偿费应及时、全额上缴中央金库”。相对于土地使用权的转让和租赁，矿产资源有偿使用的系列条款实际上指向了资源所有权收益，即国家作为矿产资源的所有者所享有的权益。

此外，还有一类收益系综合资源的有偿使用，如海域海岛有偿使用。浙江省人民政府令第98号《浙江省海域使用管理办法》（1998年，已失效）和浙江省人民政府令第221号《浙江省海域使用管理办法》（2006年）就海洋功能区、海域使用权的取得、海域使用与保护等做出了明确规定，如海域使用权招标、拍卖、挂牌完成后，由县（市、区）海洋主管部门与中标人或者买受人签订海域使用权出让合同；通过申请批准方式取得海域使用权的，依法缴纳海域使用金后，由海域所在的县（市、区）人民政府登记，颁发海域使用权证书。2012年，《浙江省海域使用管理条例》出台，海域使用权的管理进一步实现了有法可依。海域使用管理将所有近岸海洋资源均纳入有偿使用范畴，包括海域面积、红树林、滨海湿地、渔业、生物多样性等。这一有偿使用模式改变了传统单一资源有偿使用的方式，将多种生态环境资源纳入统一框架中以实现其经济价值。

总之，资源无偿使用有其历史原因，但资源“从无偿使用到有偿使用”实际上是在区分实物资源的传统经济价值属性和新型的生态价值属性。“从资源无偿使用到有偿使用”的根本原因还是在于资源的稀缺性。根据稀缺性假设，相对于人类多种多样且无限的需求而言，满足人类需求的资源是有限的。面对资源零价格所导致的“资源过度开发、过度消耗、结构性滥用”等问题，推动资源从无偿使用到有偿使用旨在通过“成本—收益”分析或市场化的方式实现资源节约和高效利用。与此同时，2013年《中共中央关于全面深化改革若干重大问题的决定》要求“实行资源有偿使用制度和生态补偿制度”；2015年《中共中央国务院关于加快推进生态文明建设的意见》要求“进一步深化矿产资源有偿使用制度改革，调整矿业权使用费征收标准”；同年《生态文明体制改革总体方案》明确要求“完善土地有偿使用制度、完善矿产资源有偿使用制度、完善海域海岛有偿使用制度”。因此，为了更好地践行“绿水青山就是金山银山”重要论述和生态文明建设的系列治国理政理念，坚持走资源有偿使用的生态经济化之路是浙江走出资源无偿使用困局、走进资源高效利用格局和走向资源节约型社会的创新之举和时代要求。

二　从环境无偿使用到环境有偿使用

环境资源包括环境容量资源、环境景观资源、生态平衡资源等。[①] 环境容量资源往往通过化学需氧量（COD）、二氧化硫（SO_2）、总磷、氨氮等污染物的排放量来刻画，COD 和 SO_2 等水体和大气污染物的有偿使用和交易实践实际就是在推进环境容量资源的有偿使用。环境景观资源的有偿使用较为多见，突出表现为景区门票、游客的观光旅游支出和生态旅游支出等。生态平衡资源在于强调资源的生态功能，它是生态环境系统不可或缺的一部分，如生态用水、生态用地和生态用气等；生态平衡资源的有偿使用具体表现为生态补偿的实践。

浙江省虽然是“资源小省”，但却是“环境大省”。省内水系密布，主要有钱塘江、瓯江、灵江、苕溪、甬江、飞云江、鳌江、曹娥江八大水系和京杭大运河浙江段；森林覆盖率较高，有西北支山脉从浙赣交界的怀玉山伸展成天目山、千里岗山等，有中支山脉从浙闽交界的仙霞岭延伸成四明山、会稽山、天台山，入海成舟山群岛，有东南支山脉从浙闽交界的洞宫山延伸成大洋山、括苍山、雁荡山；浙江海域面积 26 万平方千米，面积大于 500 平方米的海岛有 2878 个，大于 10 平方千米的海岛有 26 个，是全国岛屿最多的省份，其中面积 502.65 平方千米的舟山岛为中国第四大岛。[②] 密布水系、延绵群山和广袤海洋都为浙江提供了丰富的环境容量资源、环境景观资源和生态平衡资源，但是浙江省却率先遭遇“成长中的烦恼”，如江南水乡水质性缺水问题、局部矿山粗放式开采所产生的烟尘污染问题等。

在环境治理从“浓度控制”转向“总量控制”的大背景下，浙江省率先遭遇“成长中的烦恼”，突出表现为 2003 年前后浙江省环境突发事件次数达到一个高峰。2002—2015 年浙江省环境突发事件次

---

① 沈满洪主编：《资源与环境经济学》（第二版），中国环境出版社 2015 年版，第 4 页。

② 资料来源：浙江省人民政府网（http：//www.zj.gov.cn/col/col789/index.html），2017 年 7 月 31 日。

数如图 5 - 4 所示。在 2003 年，《中国环境年鉴》统计到的环境突发事件高达 229 次，相当于平均每个月有 19 起，相当于每个月每个地级市都有 1.7 起。这充分说明浙江省环境质量已经到了老百姓不能忍受的边缘，浙江省需要以“壮士断腕”的决心推进环境治理。也正是在那样一个环境中，才有了 2005 年在安吉县余村“绿水青山就是金山银山”论述的提出。

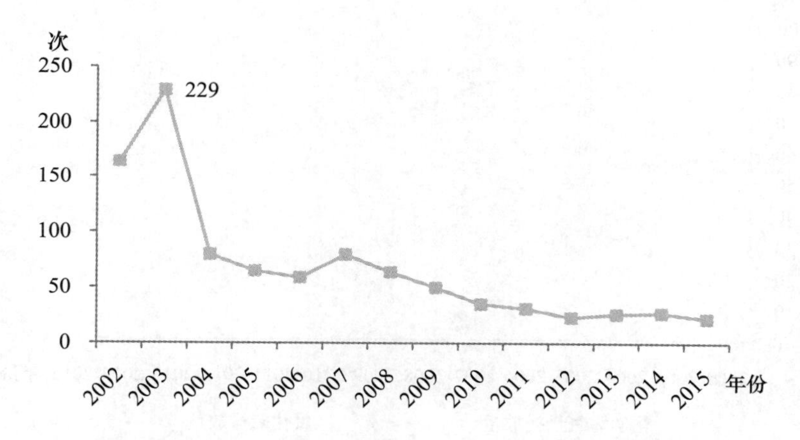

图 5 - 4　浙江省 2002—2015 年环境突发事件次数趋势

浙江省环境治理始于化学需氧量、二氧化硫、氨氮、总磷等污染物的总量减排。浙江省 2002—2015 年化学需氧量和二氧化硫排放量如图 5 - 5 所示。化学需氧量排放量在 2005 年和 2011 年均有一个环境库兹涅茨曲线倒“U”形的拐点。浙江省二氧化硫排放量的环境库兹涅茨曲线倒“U”形拐点出现在 2005—2006 年前后。与此同时，二氧化硫的绝对减排压力在 2011 年之前一直高于化学需氧量，而在 2011 年之后化学需氧量的绝对减排压力骤升并超过了二氧化硫。然而，由于减排任务在不同年份之间存在变化，化学需氧量和二氧化硫的相对减排压力较之于绝对减排压力不同；即便在化学需氧量绝对减排压力较大的阶段上，化学需氧量的相对减排压力较小。具体来说，“十一五”期间，浙江省化学需氧量的减排任务是 2010 年在 2005 年的基础上减排 15.1%，实际减排 18.15%；浙江省二氧化硫的减排任务是2010年在2005年的基础上减排15%，实际减排21.13%。[①]“十二五”期间，浙江省化学需氧量和二氧化硫的减排任务分别是11.4%和13.3%；基于“十一五”末2010年的排放数据，“十二五”期间浙江省需要减排化学需氧量5.55万吨，需要减排二氧化硫7.73万吨。[②]

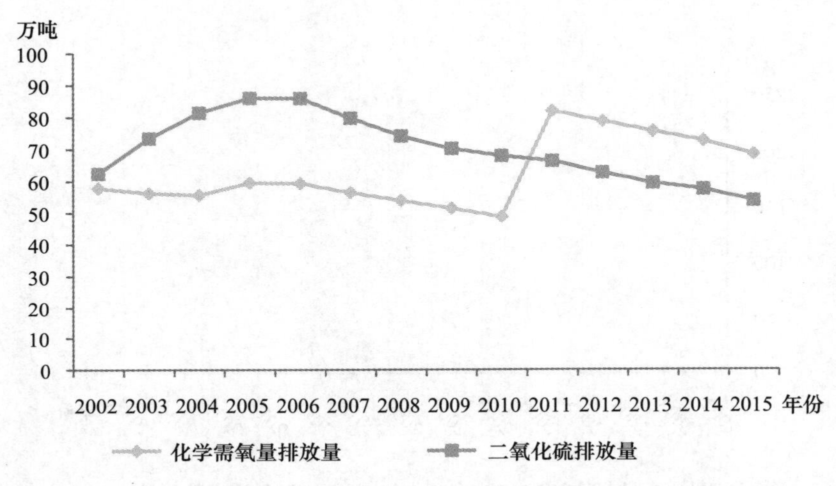

图5-5 浙江省2002—2015年化学需氧量和二氧化硫排放量趋势

由于企业污染物减排成本存在显著的异质性，污染物在各污染企业间的交易会极大地提高环境的利用效率和企业的绿色全要素生产率，企业间污染物的交易以有偿使用为前提。早期的环境有偿使用以征收排污费为特征。1982年，浙江省第五届人大常委会第十五次会议通过了《浙江省征收排污费暂行规定》；1997年，《关于修改〈浙江省征收排污费和罚款暂行规定〉的决定》由浙江省第八届人大常委会第四十次

① 化学需氧量从2005年的59.5万吨下降为2010年的48.7万吨；二氧化硫从2005年的86万吨下降为2010年的67.83万吨。资料来源：《中国环境年鉴2003—2016》；减排数据来自《浙江省人民政府关于进一步加强污染减排工作的通知》，详见http://www.zjepb.gov.cn/root14/hbt/zlc/200911/t20091123_15272.html。

② 孙燕：《浙江全面完成国家下达的“十二五”减排目标》，《浙江在线——钱江晚报》2015年9月8日，详见http://zjnews.zjol.com.cn/system/2015/09/08/020822385.shtml。

会议通过。2001 年，浙江省嘉兴市秀洲区通过工业排污指标的有偿使用为生活废水的处理筹集资金，开创了中国环境容量资源有偿使用的先河。[①] 2007 年 9 月，嘉兴市人民政府正式颁布实施《嘉兴市主要污染物排污权交易办法（试行）》；2009 年，《浙江省人民政府关于开展排污权有偿使用和交易试点工作的指导意见》颁布；排污权有偿使用和交易制度在嘉兴市、全省范围乃至太湖流域全面铺开。诸如此类，浙江省环境容量资源实现了从“无偿使用”到“有偿使用”的转变。

环境景观资源的有偿使用集中体现在门票价格的征收与管理上。新中国景区定价大体可以分为三个阶段：一是新中国成立初期至改革开放初期的景区门票低价阶段，二是 20 世纪 80 年代后期到 20 世纪 90 年代末的景区门票价格初步调整阶段，三是从 20 世纪末至今的旅游景区票价大幅上涨和城市公园免费开放阶段。[②] 改革开放之前，浙江省旅游景点的非营利性和社会福利性特征突出，门票价格多以政府定价和政府补贴为主。改革开放之后，浙江省旅游景点开始迈入了“有偿使用阶段”。在全国景区门票频繁调高和国家发改委规定“旅游景区门票价格调整频次不低于 3 年”的背景下，2002 年 10 月杭州西湖风景名胜区逆势成为全国第一个免费开放的 5A 级风景区。表 5－1 给出了 2016 年浙江省 5A 级景区景点门票价格的均值。根据表 5－1 所示，免门票并不代表环境景观资源“无偿使用”，更不代表无旅行成本和时间的机会成本，环境景观资源的经济化之路正越走越多样，也越走越宽。浙江省旅游业在 2017 年提前实现“万亿产业”目标，“大花园”“大景区”“万村景区化”以及全域旅游“村”时代正全面到来。

生态平衡资源的有偿使用既可以是指人对自然的补偿，也可以是指人对人的补偿。浙江省生态平衡资源的有偿使用不仅限于人对人的补偿，即在生态补偿中考虑了生态用水、生态用地和生态用气等的可能性。浙江省生态补偿始于 2004 年湖州市德清县范围内富裕地区对贫困地区的补偿，2005 年 3 月德清县人民政府出台了《关于建立西

① 沈满洪、谢慧明：《生态经济化的实证与规范分析——以嘉兴市排污权有偿使用案为例》，《中国地质大学学报》（社会科学版）2010 年第 6 期。

② 贾真真、吴小根、李亚洲：《国内旅游景区门票价格研究进展》，《北京第二外国语学院学报》（旅游版）2008 年第 3 期。

部乡镇生态补偿机制的实施意见》，进一步完善了县域层面的生态补偿机制；浙江省地级市层面的生态补偿见于2005年5月31日的《中共杭州市委办公厅、杭州市人民政府办公厅关于建立健全生态补偿机制的若干意见》；2005年8月26日，浙江省人民政府颁布了《关于进一步完善生态补偿机制的若干意见》，它是全国范围内出台的第一个省级层面的生态补偿文件。[①] 2006年4月28日，《钱塘江源头地区生态环境保护省级财政专项补助暂行办法》出台；2009年8月，在财政部、环保部等有关部门的指导下，《新安江流域跨省水环境补偿方案》出台，诸如此类均揭示出浙江省生态平衡资源的有偿使用正在不断落地、推广与深化。

表5－1　　2016年浙江省5A级景区景点门票价格均值

浙江省5A级景区	门票价格均值（元）	浙江省5A级景区	门票价格均值（元）
杭州西湖风景名胜区	96.12	衢州开化根宫佛国文化旅游景区	73.33
杭州西溪湿地旅游区	402.89	嘉兴南湖旅游区	67.5
杭州千岛湖风景名胜区	307.51	金华东阳横店影视城景区	192.35
温州雁荡山风景名胜区	96.07	绍兴鲁迅故里景区	156.09
舟山普陀山风景名胜区	162.66	绍兴沈园	159.67
嘉兴西塘古镇旅游景区	57.5	衢州江山江郎山景区	143.71
嘉兴桐乡乌镇古镇旅游区	123.33	衢州江山廿八都	139.25
台州神仙居景区	69	宁波奉化溪口风景区	180
台州天台山景区	55	宁波奉化滕头生态旅游区	54
湖州南浔古镇景区	89.5		

注：各景区门票价格均值系各景区内景点门票价格的均值（含单程票和套票），资料来源于携程网 http：//www. ctrip. com/。

总之，环境治理从“浓度控制”转向“总量控制”，环境景观从“非营利性”转向“营利性”，生态补偿从“县区试点”到“跨省试

① 沈满洪、谢慧明、王晋等：《生态补偿制度建设的“浙江模式”》，《中共浙江省委党校学报》2015年第4期。

点”都不断地揭示出“环境”的稀缺性。浙江省排污权有偿使用和交易制度刻画了环境容量资源的稀缺性，浙江省景区门票管理制度刻画了生态景观资源的稀缺性，浙江省生态补偿制度刻画了生态平衡资源的稀缺性。在稀缺性面前，市场是天然的资源配置手段，能够在政府定价的基础上实现环境资源的高效配置。与此同时，环境从“无偿使用”到“有偿使用”，也是2013年《中共中央关于全面深化改革若干重大问题的决定》要求实行的资源有偿使用制度和生态补偿制度的应有之义，符合2015年《中共中央国务院关于加快推进生态文明建设的意见》中“健全生态保护补偿机制”和“扩大排污权有偿使用和交易试点范围，发展排污权交易市场”的要求，与《生态文明体制改革总体方案》中对环境容量的要求（如“人口规模、产业结构、增长速度不能超出当地水土资源承载能力和环境容量”“对资源消耗和环境容量超过或接近承载能力的地区，实行预警提醒和限制性措施”等）保持高度一致。坚持走环境有偿使用的生态经济化之路既是浙江省应对“成长中的烦恼”的历史选择，也是浙江省市场化改革和实现环境要素市场化的必然选择，更是浙江构建“绿色浙江”“生态省”“生态浙江”“美丽浙江”的科学选择。

三　从气候无偿使用到气候有偿使用

以全球气候变暖为特征的气候变化将对陆地生态系统、海洋生态系统、天气和人类生存等产生深刻影响。人类活动中化石燃料燃烧是气候变暖的诱发因素。燃料燃烧后排放的能够引起气候变暖的气体统称为温室气体。温室气体有很多种，其中气候变化国际公约中所指的主要是二氧化碳（CO_2）、甲烷（CH_4）、二氧化亚氮（N_2O）、全氟化碳（PFC）、氢氟碳化物（HFC_s）和六氟化硫（SF_6）六种气体。二氧化碳占温室气体排放的比例往往最高（如2011年世界范围内CO_2排放占比为74%、日本CO_2排放占比为93%），使得二氧化碳减排成为各国和地区最受关注的应对气候变化举措。[①]

在应对全球气候变化问题上，“搭便车”问题突出，世界各国

① 魏楚：《中国二氧化碳排放特征与减排战略研究：基于产业结构视角》，人民出版社2015年版，第4—7页。

“存量与增量的争论”“总量与人均的争论”“生产与消费的争论”“一致还是差别的争论”和“自主创新与技术转移的争论”是主旋律。[①] 在解决全球气候变化问题中，“中国声音”赢得世界赞赏。习近平总书记于2015年11月30日在气候变化巴黎大会开幕式上发表重要讲话：“面向未来，中国将把生态文明建设作为‘十三五’规划重要内容……中国在‘国家自主贡献’中提出将于2030年左右使二氧化碳排放达到峰值并争取尽早实现，2030年单位国内生产总值二氧化碳排放比2005年下降60%—65%，非化石能源占一次能源消费比重达到20%左右，森林蓄积量比2005年增加45亿立方米左右。虽然需要付出艰苦的努力，但我们有信心和决心实现我们的承诺。”[②]

为了实现“十三五”乃至2030年更长期的温室气体减排目标，气候资源有偿使用和构建二氧化碳交易市场成为各省市在承担温室气体减排任务时的一项重要举措，浙江省也不例外。早期，浙江省应对气候变化主要是针对空气污染，真正针对碳排放管理是在2010年后。2010年，浙江省人民政府发布《浙江省应对气候变化方案》；2013年，杭州市出台《杭州市能源消费过程碳排放权交易管理暂行办法》；2014年，嘉兴市海盐县、南湖区、秀洲区、平湖市纷纷出台各地的《用能总量指标有偿使用和交易办法（试行）》。在全省范围内，气候资源有偿使用和交易工作的指导意见出台于2015年，即《关于推进我省用能权有偿使用和交易试点工作的指导意见》。[③] 与此同时，浙江省碳汇建设也已实践多年。2008年以来，浙江碳汇基金、温州碳汇基金、临安碳汇基金、浙江碳汇基金鄞州专项等先后成立，《浙江碳汇基金管理办法》《温州碳汇基金管理办法》和《浙江碳汇基金

① 沈满洪、吴文博、池熊伟：《低碳发展论》，中国环境出版社2014年版，第31—38页。

② 习近平：《携手构建合作共赢、公平合理的气候变化治理机制——在气候变化巴黎大会开幕式上的讲话》，新华网（http://news.xinhuanet.com/world/2015-12/01/c_1117），2015年12月1日。

③ 沈满洪、张迅、谢慧明等：《2016浙江生态经济发展报告——生态文明制度建设的浙江实践》，中国财政经济出版社2016年版，第53—54页。

碳汇项目实施方案编制提纲》等办法也相继出台。①

以二氧化碳为标的的气候资源有偿使用会由于项目形式的不同而会处于不同的发展阶段。如在清洁发展机制框架下，项目制的二氧化碳交易已经成功实施多年，中国的诸多项目在出售二氧化碳，而不同中国项目能否"走出去"有其内在的影响因素。② 二氧化碳有偿使用起步较晚，中国二氧化碳交易市场可以追溯到2013年6月19日，该笔交易在深圳排放权交易所以29元/吨成交。在政府定价模式中，气候资源的有偿使用价格普遍偏低，二氧化碳的价格约为1000元/吨。③

差异化的气候资源有偿使用价格源于温室气体排放总量难以度量，二氧化碳排放量的统计工作仍在不断地深入与细化，浙江省也没有一个准确的二氧化碳排放量数据。一般而言，根据能源消费量以及CO_2排放系数可以初步估算二氧化碳排放量。④ 根据六类能源消费所估算出来的浙江省2002—2015年二氧化碳排放量如图5-6所示。从中可以看出，浙江省二氧化碳排放量逐年增加，二氧化碳总量未见明显下降趋势。在2004年，浙江省二氧化碳排放量有一个骤然增加的过程。这主要是因为2004年浙江省绍兴市家庭煤气使用量奇高，超过了供给量，达207001万立方米。2004年，浙江省二氧化碳排放量中各个能源的占比情况如图5-7所示。正常情况下，浙江省二氧化碳排放量中各个能源的占比情况如图5-8所示，其中家庭煤气和工业燃料煤是两类最重要排放源。因此，基于不同行业、不同能源和不同地域开展二氧化碳排放量的总量控制政策十分必要且非常迫切，一旦二氧化碳排放总量不同，那么其所对应的政府价格或市场均衡价格均会

---

① 周子贵、张勇、李兰英等：《浙江省林业碳汇发展现状、存在问题及对策建议》，《浙江农业科学》2014年第7期。

② Xie, H., M. Shen, & R. Wang, "Determinants of Clean Development Mechanism Activity: Evidence from China", *Energy Policy*, Vol. 67 (2014), pp. 797-806.

③ Xie, H., M. Shen, & C. Wei, "Technical Efficiency, Shadow Price and Substitutability of Chinese Industrial SO_2 Emissions: A Parametric Approach", *Journal of Cleaner Production*, Vol. 112 (2016), pp. 1386-1394. 魏楚：《中国城市CO_2边际减排成本及其影响因素》，《世界经济》2014年第7期。

④ Glaeser, E. L. & M. E. Kahn, "The Greenness of Cities: Carbon Dioxide Emissions and Urban Development", *Journal of Urban Economics*, Vol. 67 (2010), pp. 404-418.

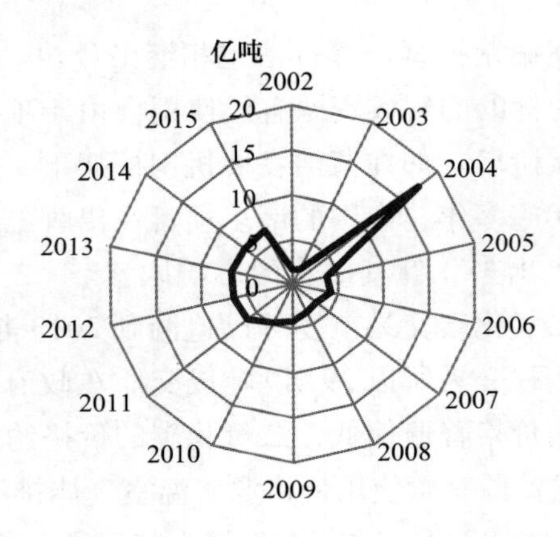

图 5 - 6　浙江省 2002—2015 年二氧化碳排放量趋势

注：六类能源分别为工业燃料煤、工业原料煤、燃料油、煤气、液化石油气、用电量；六类能源的二氧化碳排放系数分别为 1.98 千克二氧化碳/千克，2.495 千克二氧化碳/千克，3.239 千克二氧化碳/千克，0.743 千克二氧化碳/立方米，3.169 千克二氧化碳/千克和 0。

资料来源：《中国环境年鉴（2003—2016）》《中国能源统计年鉴（2003—2016）》《中国城市统计年鉴（2003—2016）》和《中国统计年鉴（2003—2016）》。

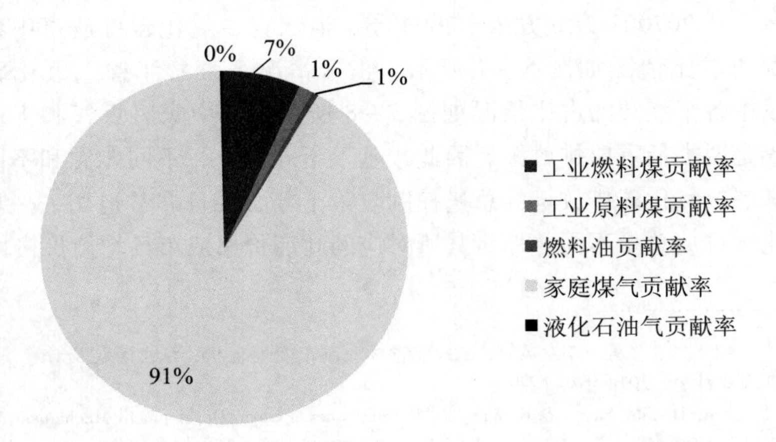

图 5 - 7　2004 年浙江省二氧化碳排放量中各个能源的占比情况

呈现出一定的差异性，多元的市场交易价格会活跃碳权交易市场，进而完善二氧化碳或碳权有偿使用的价格形成机制。

总之，基于政府定价、影子价格或边际减排成本等有偿使用价

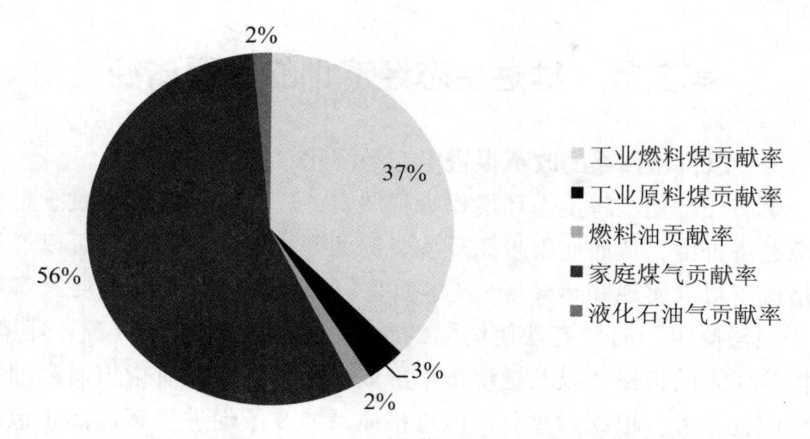

图 5－8 2015 年浙江省二氧化碳排放量中各个能源的占比情况

格的二氧化碳减排成了中国各试点省市以及浙江省推进碳权有偿使用和交易的主要方案。然而，遵循 2013 年《中共中央关于全面深化改革若干重大问题的决定》，浙江应积极“发展环保市场，推行节能量、碳排放权、排污权、水权交易制度，建立吸引社会资本投入生态环境保护的市场化机制，推行环境污染第三方治理”。根据 2015 年《中共中央国务院关于加快推进生态文明建设的意见》的要求，浙江需要秉持“大力推进绿色发展、循环发展、低碳发展”“坚持把绿色发展、循环发展、低碳发展作为基本途径”等基本思路；需要“采用先进适用节能低碳环保技术改造提升传统产业”“建立节能量、碳排放权交易制度，深化交易试点，推动建立全国碳排放权交易市场”“扎实推进低碳省区、城市、城镇、产业园区、社区试点”等具体手段，以期实现“单位国内生产总值二氧化碳排放强度比 2005 年下降 40%—45%”等阶段性目标。与此同时，积极践行用能权和碳排放权交易制度，包括用能权和碳排放权的确权、分配、定价、交易和监管等诸多环节。坚持走气候有偿使用的生态经济化之路是浙江作为经济强省贯彻执行中央决策和主动承担大国责任的自主选择，是浙江作为改革开放“弄潮儿”健全市场化机制和深化对外开放的应有选择。

第二节　推进生态经济化的主要途径

一　以价格体系的改革促进生态经济化

生态经济化是将生态环境作为稀缺资源，按照经济规律赋予生态资源经济价值，从而使得生态环境资源的配置、流通和使用可以通过价格机制得以实现和运转。[①] 其本质是资源、环境、气候等要素实现从“无偿使用”向“有偿使用”的转变，核心在于确定资源、环境、气候等要素的价格，以及围绕价格形成、调整或调控所衍生而来的税收和产权手段。根据对象分，以价格体系的改革促进生态经济化包括资源品价格体系改革、环境品价格体系改革和气候品价格体系改革。资源品是指资源类生态产品（简称“生态品”），如土地、煤炭等；环境品是指环境类生态品，一般依附于资源品但又区别于资源品，与人类活动密切相关；气候品是指气候类生态品，如二氧化碳。根据机制分，以价格体系的改革促进生态经济化包括生态品价格的形成机制、调整机制和调控机制。对象和机制组合进一步明晰了，以价格体系的改革促进生态经济化的内容主要是指资源品价格的形成、调整和调控机制，环境品价格的形成、调整和调控机制，气候品价格的形成、调整或调控机制；或者是资源品、环境品、气候品等生态品的价格形成机制、价格调整机制和价格调控机制。

自改革开放以来，中国的价格体系改革已经走过了 40 个年头。1978 年 12 月，十一届三中全会对价格改革特别是农产品价格改革问题进行了部署；1984 年，十二届三中全会《中共中央关于经济体制改革的决定》中进一步明确指出，“价格体系的改革是整个经济体制改革成败的关键”。从改革过程来看，大体可以分为以下几个时期：1979—1984 年以调整不合理价格体系为主；1984—1991 年中国开始实行生产资料价格双轨制并逐步向市场价格单轨制转变；1992 年开始从狭义的价格改革向包括生产要素价格市场化的广义价格改革转变；1998 年 5 月 1 日《中华人民共和国价格法》的实施标志着依法

---

① 谢慧明：《生态经济化制度研究》，博士学位论文，浙江大学，2012 年。

规范政府和企业价格行为的开始；2000 年以后生产要素与资源产品价格改革启动。①

由此可见，生态品价格的形成、调整和调控主要是在 2000 年以后，特别是党的十七大和十八大两次全国代表大会，推动了特定生产要素与资源品的价格改革。中国共产党第十七次全国代表大会特别提出，“要完善反映市场供求关系、资源稀缺程度、环境损害成本的生产要素和资源价格形成机制”。中国共产党第十八次全国代表大会特别提出，“深化资源性产品价格和税费改革，建立反映市场供求和资源稀缺程度、体现生态价值和代际补偿的资源有偿使用制度和生态补偿制度”。两大纲领性文件均要求根据市场供求和资源稀缺程度对资源品进行定价。按照经济学供求原理，资源品、环境品和气候品等生态品的价格由市场供给和市场需求决定；当生态品的供给等于需求时，生态品的市场均衡价格出现，该均衡价格的出现表明现实中生态品从“无偿使用”到“有偿使用”，其背后的逻辑是生态品出现“有限供给”，在“需求为无限弹性”而“供给是零弹性”的极端情形下生态品的价格则由需求者的支付意愿决定。因此，生态品供需双方力量强弱的变化是生态品价格形成的内在机理，而且价格从无到有的变化源于生态品极度稀缺。

一旦生态品的价格形成，生态品的价格就会随着市场供求状况的变化发生改变，即生态品的价格调整过程。该过程中价格的调整机制被称为生态品的价格调整机制。一般而言，当需求增加而有效供给不足时，生态品的价格上升；当供给增加而有效需求不足时，生态品的价格下降。浙江省资源品价格的波动与资源品的进出口密切相关，因为作为“资源小省”的浙江受国际资源品的价格影响较大；浙江省环境品价格的波动与总量控制政策密切相关，浙江省环境品的供给由总量控制政策决定；浙江省气候品价格的波动与区域性碳权交易市场密切相关，浙江气候品的成交量和成交价与碳权市场供求者的谈判能力密切相关。由此可见，虽然供求影响生态品的价格调整过程，但影

① 张卓元：《中国价格改革三十年：成效、历程与展望》，《经济纵横》2008 年第 12 期。

响资源品、环境品和气候品的供求维度可以不同，可以是对外开放的因素，可以是政策因素，可以是市场规模因素。与此同时，生态品价格调整机制还包括动态调整，即资源品、环境品和气候品等生态品的价格变化趋势。从变化趋势来看，2000 年后资源品价格（如油价）上升态势明显，各省市环境品的试点价格（如化学需氧量和二氧化硫的价格）差异显著，每一笔的气候品成交价（如二氧化碳价格）差异较大但市场规模有限使得无法观察到某一特定市场二氧化碳价格的变化趋势。

从生态品价格的形成过程及其变化趋势来看，生态品的价格调控机制无处不在也必不可少。生态品的价格调控一方面表现为在价格形成过程中生态品的政府定价或“价量”齐控上。以环境品中化学需氧量为例，在其有偿使用的过程中，政府通常采用成本加成的定价方式。该成本为化学需氧量的治理成本，而加成系数则包括经济发展水平、地区差异水平和行业差异水平等。当化学需氧量有一个市场基准价后，按照科斯定理，自由交易能够实现社会福利的最大化。然而科斯定理所要求的零交易成本又往往不存在，故自由市场导致一开始排污企业“惜售”排污权，而这又诱致政府去“拉郎配”排污权的供给者和需求者，“价量”齐控的格局使得排污权市场频频失灵。[①] 由此有另一层面的调控机制。它是指生态品价格机制出现失灵后，政府需要进行调控，包括最低限价等传统的支持性政策或最严格的总量控制制度等限制性政策。这些调控政策旨在推进生态经济化过程中的生态经济价值顺利实现，旨在保证生态资本形成过程及其结果的合理性。当生态品价格过低时，支持性的价格应及时实施从而防治该市场刚刚出现便面临夭折的风险；当生态品价格过高时，应及时实施限制性的价格从而保障各类主体在该类市场中的合法权益并维持生态品市场有序健康发展。

以价格体系的改革促进生态经济化既要信奉价格机制在配置生态品中的基础性地位，但又不能盲目崇拜。市场化是中国改革开放所遵

① 谢慧明、沈满洪：《排污权制度失灵原因探析》，《浙江理工大学学报》（社会科学版）2014 年第 4 期。

循的一条基本原则，推进生态经济化也应该遵循这一原则。从中国价格改革的过程来看，随着市场化改革的深入，中国价格体系的改革正逐渐转向资源和能源等要素价格的改革与调整。然而，要素市场领域的改革面临着诸多突出的问题，其根源在于我国要素市场的自然垄断性质。[①] 因此，自然垄断部门要推进价格形成机制、调整机制和调节机制的改革，重点在于依法规范自然垄断部门的行为和自然垄断企业的定价策略。浙江省在以价格体系的改革促进生态经济化过程中的具体做法：一是明确参与主体的资格要求，尤其是在市场形成和培育的初级阶段；二是出台自然垄断部门参与市场的一系列权限，旨在维护市场交易的平稳有序；三是选择政府监管部门的定位与职责分工，如配额调度、交易审核、管理协调、奖惩监督等。诸如此类均离不开法律法规、部门规章、地方性法规或政策文件。在上位法缺失的情况下，加强地方性法规或政策文件体系的建设以完善资源品、环境品和气候品等生态品的价格体系改革是浙江省在全国率先推进生态经济化的重要保障。

二　以财税体制的改革促进生态经济化

相对于生态经济化市场手段所关注的价格体系改革，生态经济化的另一条可行路径是财税体制的改革。我国财税体制改革的总体思路是："建立'扁平化'的财政层级框架，合理划分中央、省、市县三级事权和支出责任，改进转移支付制度，建立健全财力与事权相匹配、财权与事权相呼应的财税体制；实行促进增长方式转变、践行科学发展观的税制改革；深化财政预算管理制度的改革并强化绩效导向。"[②] 其中，资源税及其他特定目的税类相互配合的复合税制体系是税制体制改革的一条基本思路，也与"理顺关系、优化结构和提高效率"财税体制改革重点密切相关。环境税是财税体制改革的第二个重要方面。1994 年税制改革后共设立了 23 个税种，其中消费税、资

---

① 张卓元、路遥：《价格改革面临的新问题与深化改革》，《中国物资流通》2001 年第 12 期。

② 贾康、刘军民、张鹏等：《中国财税体制改革的战略取向：2010～2020》，《改革》2010 年第 1 期。

源税、车船税、固定资产投资方向调节税、城市维护建设税等税种与生态环境有关，但此类税种无法提供充足的环保资金，对生态环境保护的作用也有限，更无法解决各地区所面临的突出环境问题，因此增设环境税是以财税体制改革促进生态经济化的重要突破口，也是中国环境管理体系的必然选择。此外，财税体制框架下，资源有偿使用可以界定为如“矿业权的有偿取得”“排污权有偿取得”“污水、垃圾处理费”“排污费”和“生态补偿”等资源品、环境品或气候品等生态品的“费用”征收过程，此即狭义的资源有偿使用和生态补偿。广义的资源有偿使用和生态补偿包括“资源税”“环境税”、狭义的资源有偿使用和生态补偿三个方面。

我国于1984年开征资源税，并于1986年、1994年、2011年和2014年四次对资源税进行了改革。1984年国务院发布的《中华人民共和国资源税条例（草案）》对境内从事原油、天然气等资源开发的单位和个人以销售收入为税基根据应税产品的销售利润率征收资源税；1986年，《矿产资源法》第五条明确“国家对矿产资源试行有偿开采，必须按照国家有关规定缴纳资源税和矿产资源补偿费”，即矿产资源开采“税费并存”制度以法律的形式确立了下来；1994年，《中华人民共和国资源税暂行条例》颁布，较大幅度地调整了资源税的征收范围；2011年，国务院《关于修改〈中华人民共和国资源税暂行条例〉的决定》《关于修改〈中华人民共和国对外合作开采陆上石油资源条例〉的决定》《关于修改〈中华人民共和国对外合作开采海洋石油资源条例〉的决定》调整了石油、天然气资源税的计征办法；财政部和国家税务总局2011年发布的《关于提高石油特别收益金起征点的通知》和2014年《关于调整原油、天然气资源税有关政策的通知》分别提高了石油特别收益金的起征点和推进了“清费立税”改革。[①] 鉴于财税政策的全国统一性，浙江只能是在各个阶段的资源税征收办法下推进以资源税调整为手段的生态经济化工作。

环境税是基于庇古税原理，针对污水、废气、噪声和废弃物等污

---

① 郭焦锋、白彦锋：《资源税改革轨迹与他国镜鉴：引申一个框架》，《改革》2014年第12期。

染类型强制征收的一种税，也称为“环境保护税”。《中华人民共和国环境保护税法》于2016年12月25日由第十二届全国人民代表大会常务委员会第二十五次会议通过，中国税制开始了“绿色化”进程。《中华人民共和国环境保护税法》共五章，包括总则、计税依据和应纳税额、税收减免、征收管理、附则。中国环境保护税针对四类污染物：大气污染物、水污染物、固体废物和噪声。《环境保护税税目税额表》给出了大气污染物、水体污染物、固体废弃物和噪声的计税单位和税额；其中大气污染物和水污染物的每污染当量税额较低，分别为1.2—12元和1.4—14元；固体废弃物和噪声的每单位税额较高，分别为5—1000元和350—11200元/月。《应税污染物和当量值表》详尽地给出了61种第一类和第二类水污染物污染当量值，4种pH值、色度、大肠菌群数、余氯量水污染物污染当量值，6种畜禽养殖业、小型企业和第三产业水污染物污染当量值，以及44种大气污染物污染当量值，合计污染物种类有115种。《中华人民共和国环境保护税法》于2018年1月1日起施行，它将深刻影响大部分企业事业单位和其他生产经营者的经营决策与环境污染或保护行为。

以财税体制改革促进生态经济化的第三维度——狭义的资源有偿使用和生态补偿在浙江实现了诸多创举。2001年嘉兴市秀洲区开创了中国环境容量资源有偿使用的先河，2005年浙江省在全国范围内率先出台省级层面的生态补偿文件。与1987年上海市闵行区排污权交易不同，嘉兴市秀洲区初始排污权的分配是有偿的，有偿使用费就是税制改革初期政府征收的费，它旨在通过拍卖等方式实现有限环境容量资源的最大生态经济价值，进而为地区产业结构转型升级提供环境倒逼机制的财税手段。2002年10月9日，秀洲区洪合、王店等镇的11家企业在“全区首批废水排污权有偿使用启动仪式”上办理了排污权有偿使用手续，合同交易金额143万余元，实际到位资金近百万元。相对于浓度控制时期的“排污费”，“排污权有偿使用费”刻画了总量控制背景下环境容量稀缺性的价格。前者与“谁污染、谁付费”原则对应，体现了使用权的价格，而后者与“稀缺性”原则对应，在一定程度上体现出了环境容量资源的市场元素。浙江省生态补偿制度的特色在于专项试点与全流域补偿。2006年，浙江省人民政府印发《钱塘江源头地区生态环境保护省级财政专项补助暂行办法》，安排2亿元对钱塘江源头地区10个县（市、区）进行考核并补偿；2008年，《浙江省生态保护财力转移支付试点办法》决定对境内八大水系干流和流域面积100平方千米以上的一级支流源头和流域面积较大的县（市、区）实施生态环保财力转移支付政策；2012年，按照“扩面、并轨、完善”的要求，浙江省将支付范围扩大到全省所有县市，生态环保转移支付资金也从2006年的每年2亿元提高到2014年的18亿元。[①]

以财税体制改革促进生态经济化具有“费”“税”和“税费并存”三种方式，而且一般需要经过从“费”到“税费并存”再到“税”的过程，因为“清费立税”是财税体制改革的总体趋势。这样一个过程或趋势给生态经济化提供了创新空间。在试点初期或制度创立之初，实现生态品从“无偿使用”到“有偿使用”的转变需要“费”的形式，它有利于提高地方政府的积极性和实现地方政府在财税制度上的边际创新。然而，一旦“有偿使用”的过程得以明确，那么推广之、规范之和完善之则需要“税”的形式，它有利于统一各地区纷繁复杂的各类“费”进而规范地方政府行为。“税费并存”是一种过渡阶段，如排污费和排污权有偿使用费，它服务于制度创新，但最终会通过“清费立税”过程而归并于或内化于环境税等特定目的的税种。以财税体制改革促进生态经济化为浙江省从经济增长到绿色发展提供了制度创新空间，以狭义的资源有偿使用和生态补偿促进生态经济化的浙江实践较之于全国统一口径的资源税或环境税改革具有更大的灵活性和鲜明的地方特色，也能够丰富财税体制改革的内涵与生态经济化的财税体制改革思路。

三　以产权制度的改革促进生态经济化

在以价格体系的改革促进生态经济化过程中，大部分资源已经高度市场化，如煤炭、石油等能源类资源品，而有一些资源如环境品和

① 沈满洪、张迅、谢慧明等：《2016浙江生态经济发展报告——生态文明制度建设的浙江实践》，中国财政经济出版社2016年版，第146页。

气候品则游离于市场体系之外，即绝大部分时候还是被界定为不稀缺且没有价格的物品。然而，在局部地区或特定阶段上，那些游离于市场体系之外的环境品或气候品变得十分稀缺，基于总量控制的环境品和气候品的经济化过程首先需要明晰产权。与此同时，以狭义的资源有偿使用和生态补偿促进生态经济化过程中所关注的生态品一方面或具有那些游离于市场体系之外生态品经济化的条件，如排污权有偿使用；另一方面或是符合地区可持续发展的要求，满足地区协调发展的战略定位，如流域生态补偿；诸如此类生态品在通过财税体制的改革促进生态经济化过程中往往将伴随着产权制度的改革诉求。总之，以产权制度的改革促进生态经济化具有两方面明显的特征：一是它不以生态经济化为直接目标，只是服务于以价格体系改革促进生态经济化；二是它直接以生态经济化为目标，具体表现为产权制度改革后生态品的交易制度安排，它有时以财税体制改革为基础并依托于价格体系的改革。

20世纪70年代末80年代初开始的改革实际上一直以产权制度为对象。[①] 改革开放以后，自然资源产权制度，特别是农业自然资源产权制度发生了根本性的变化，包括在公有制基础上的定额契约关系和准企业分成契约关系。[②] 随后，围绕监督成本和交易成本，我国自然资源产权制度改革进行了诸多探索并表现出以下四点特征：一是所有权主体相对单一但使用权主体逐渐多元；二是从所有权与使用权的分离到使用权与转让权的分离；三是从以政府管理为主到重视市场作用的转变；四是从使用权的无偿取得与不可交易到使用权的有偿取得与可以交易。[③] 产权制度改革关注森林、草原、渔业、矿产资源、土地、水、野生动物、环境等，并采用单行法的方式对自然资源和环境的开发、利用与保护进行规定。

党的十八大以来，2013年《中共中央关于全面深化改革若干重

---

① 黄少安：《确立产权制度改革目标的基本依据和原则》，《财经论丛》1995年第4期。

② 陈安宁：《论我国自然资源产权制度的改革》，《自然资源学报》1994年第1期。

③ 谢高地、曹淑艳、王浩等：《自然资源资产产权制度的发展趋势》，《陕西师范大学学报》（哲学社会科学版）2015年第5期。

大问题的决定》明确提出“健全自然资源资产产权制度和用途管制制度”，该制度建设关注的重点自然生态空间包括水流、森林、山岭、草原、荒地、滩涂等，关键任务是进行统一确权登记，主要目标是归属清晰、权责明确、监管有效。2015 年《中共中央国务院关于加快推进生态文明建设的意见》进一步明确了健全自然资源资产产权制度和用途管制制度的任务等，包括统一确权登记和明确国土空间的自然资源资产所有者、监管者及其责任。《生态文明体制改革总体方案》则进一步丰富了健全自然资源资产产权制度和用途管制制度的内容，包括建立统一的确权登记系统、建立权责明确的自然资源产权体系、健全国家自然资源资产管理体制、探索建立分级行使所有权的体制、开展水流和湿地产权确权试点。以产权制度的改革促进生态经济化在系列生态文明建设纲要中不断地被具体化并推向实践。

浙江省在以产权制度的改革促进生态经济化的过程中走在前列，如水权交易、排污权有偿使用和交易制度等。不同地区采用了不同的模式试行了产权制度改革，也取得了不同的成效。在浙江省的东阳市和义乌市，东阳富水义乌缺水、东阳落后义乌发达、东阳愿意卖水义乌愿意买水，一系列表面特征就已经昭示着东阳和义乌之间的水权交易极可能成功。在产权学者的研究中，东阳和义乌之间成功的水权交易源于交易双方的内部净收益大于零且存在“外部补贴”[①]。在浙江省的温州市，楠溪江上的中国包江第一案经过政府与承包者签约、村民与承包者争利、政府与村民冲突等过程而以失败告终。这一水权交易案例失败的根源在于包江契约的不完全和不可完全。[②] 在浙江省的嘉兴市，排污权从无偿使用到有偿使用的过程需要满足产权的可分解性、排污权二级市场的可置信承诺和隐性一致同意等条件。[③] 从不同的有偿使用和交易案例来看，浙江省以产权制度改革推进生态经济化需要供求主体、需要政府的主导、需要市场的意识、需要法律政策的

---

① 沈满洪：《水权交易与政府创新——以东阳义乌水权交易案为例》，《管理世界》2005 年第 6 期。

② 沈满洪：《水权交易与契约安排——以中国第一包江案为例》，《管理世界》2006 年第 2 期。

③ 谢慧明：《生态经济化制度研究》，博士学位论文，浙江大学，2012 年。

保障。从产权界定到产权分配、从产权转让到产权收益、从收益权分配到产权的再转让与再分配，浙江省水权交易制度、排污权有偿使用和交易制度为以产权制度的改革促进生态经济化提供了重要思路。

与此同时，中国财税体制改革进程中要素税制的出现也为产权制度改革的生态经济化提供了新思路。环境保护税的出台实际上已然界定了水环境容量的所有者或水权的主体，同时环境保护税的支出方式和方向实际上也给出了水权相关利益主体在水资源、水环境和水生态等方面的收益权及其分配情况。在即将实施的《中华人民共和国环境保护税法》中，《应税污染物和当量值表》所界定的应纳税的115种污染物排放权不是归大部分企业事业单位和其他生产经营者所有，而是归国家或集体所有；在税收减免情形中，部分主体拥有相应污染物的排放权，如农业生产者（不包括规模化养殖），机动车、铁路机车、非道路移动机械、船舶和航空器等流动污染源排放者，城乡污水集中处理和生活垃圾集中处理场所（不超过国家和地方规定的排放标准），符合国家和地方环境保护标准的固体废物综合利用者等。诸如此类，污染主体有没有污染排放权事实上就是界定相关生态品的归属问题。一旦界定清晰，强制性环境保护税实际上就是在刻画污染的负外部性和量化环境品的价值，实现生态品的经济化。在环境保护税实施后，环境保护税的税收收入如果用于环境保护，那么政府实际上就扮演着转移支付的角色，即将从排污者处征收的环境保护税用于环境保护而造福于环境利益受损者；如果用于其他方面，那么政府转移支付的情形就变得相对复杂，环境保护税税收收入的非环境保护支出或在协调资源品、环境品和生态品等相关主体之间的利益关系。

由此可见，以产权制度的改革促进生态经济化既有强制性特征，也有自愿性特征，还可能兼具强制性和自愿性。如果它服务于财税制度改革，那么产权制度的改革往往具有强制性；如果它服务于价格体系的改革，那么产权制度的改革往往具有自愿性；如果它综合地服务于价格体系和财税制度的改革，那么强制性和自愿性的兼具特征就相对明显。然而，值得指出的是，产权制度的改革一般具有强制性的特征，如在产权界定和分配环节，政府的可执行承诺起着十分重要的作用。在以产权制度的改革促进生态经济化过程中，虽然产权界定的

“历史原则”“土地原则”“河岸原则”等揭示的产权界定和分配过程相对自愿，但其背后依然有强政府或组织的支撑。因此，“强制性”和“兼具强制性和自愿性”在现实中较为常见，而纯粹的“自愿性”特征相对较少。浙江省在推进以产权制度的改革促进生态经济化就遵循“强制性”和“兼具强制性和自愿性”两个原则。在资源税和环境税等全国统一的生态经济化制度安排中，基于财税体制的改革实现以产权制度的改革促进生态经济化是浙江实践的一个重要特色。在水权交易、排污权有偿使用和交易等生态经济化制度安排中，在强制产权界定和分配的基础上，推进水权和排污权等的有偿使用和在各排污者之间的交易具有明显的自愿特征。

第三节　实现生态经济化的经验启示

浙江是“绿水青山就是金山银山”重要论述的发源地，是将“绿水青山”转化为“金山银山”的先行者，是生态经济化实践的率先探索者。自改革开放以来，浙江不论在主体视角（省委省政府、各级地方政府、广大人民群众），还是在创新层面（技术与制度创新），或是在“样本”建设维度均做出了许多创举，积累了丰富经验。

一　构建生态经济化主体框架

砥砺奋进中的浙江省委省政府以人民满意为最高标准变革人与自然的经济关系，在充分利用浙江省“有效市场”建设前期成果的基础上调动企业和社会各经济主体参与应对资源危机、环境危机和气候危机，努力实施“绿水青山就是金山银山”的生态经济化战略。

生态经济化过程就是生态品的经济价值实现过程。从单一主体之间的关系来看，存在以下六种形式：一是政府与政府之间的互通有无；二是企业与企业之间的互通有无；三是公众与公众之间的互通有无；四是政府与企业之间的互通有无；五是政府与公众之间的互通有无；六是企业与公众之间的互通有无。从实现过程来看，存在以下三种情形：一是交易；二是缴税；三是缴费（有偿使用）。政府与政府之间、企业与企业之间、公众与公众之间、企业与公众之间的互通有无往往采用交易的方式，政府与企业之间、政府与公众之间的互通有无往往采用缴税或缴费（有偿使用）的方式。不管是交易情形、缴税情形还是缴费情形，政府、企业和公众是生态经济化过程中必不可少的三大主体，而且政府主导生态经济化的初级阶段，企业参与生态经济化的初级阶段，公众监督保障生态经济化的初级阶段。

生态经济化的初级阶段是指生态品从无偿使用到有偿使用的过程，该过程或伴随着早期较为低级的交易方式或“拉郎配”式的交易。在浙江，无论是水权，还是排污权，生态品从无偿使用到有偿使用的过程均存在交易的情形，而诸如此类交易均是在强政府的可置信承诺下发生和发展的。“有为政府”在充分利用“有效市场”的过程中实现宏观加总目标——“绿水青山”和生态文明。从浙江省资源品、环境品和气候品等生态品的有偿使用过程可以发现，浙江省委省政府在理念创新、政策扶持、市场培育等方面做出了卓有成效的贡献。作为“绿水青山就是金山银山”重要论述的发源地，浙江省生态文明的创新理念一直领先，东阳义乌水权交易案例开创了中国水权交易的先河、嘉兴市秀洲区排污权有偿使用案例开创了排污权有偿使用的先河、“五水共治”践行了系统治水的先进理念并诱发“河长制”“滩长制”等区域水制度的再创新。浙江省生态经济化过程中的政府主导还体现在政策保障和制度氛围的营造与市场的孕育等方面。浙江省率先出台了省级层面的生态补偿文件，各地市或县（市、区）在生态经济化过程中也频繁地出台规定、办法、细则等红头文件以彰显政府的公信力和生态经济化制度的执行力。即便在“拉郎配”式的市场孕育过程中，政府也始终扮演第三方裁判员的角色。

生态经济化的高级阶段是生态品的市场交易过程，该过程中政府的定位只能是服务或监管，而不能直接参与其中，此时企业的参与就变得十分重要。全球成熟的生态品市场有美国芝加哥气候交易所、欧洲气候交易所、蒙特利尔气候交易所等，中国碳排放交易已试点多年，碳排放交易网（http：//www. tanpaifang. com/）也已正式运行多年，浙江省排污权交易网（http：//zjpwq. net/）也已上线。从“有偿使用”到“交易”的实现或存在障碍，但生态经济化实践却在浙江得以不断深化。生态经济化的市场化之路是一个漫长的过程，也是最终的奋斗目标。在初级阶段或转型阶段，“政府主导、企业参与和公众监督”的生态经济化主体框架所揭示的人与自然经济关系将存在较长时间。

二　变革生态经济化方式方法

锐意进取的各级地方政府以“有为政府”为参照系绘制生态文明建设新画卷，在推进外源式和内源式技术创新兼容并包的基础上实现绿色全要素生产率的稳步提升，让生态文明之果结在生态经济化之路上。

在政府主导的生态经济化初级阶段，政府政策的出台、调整和演变是生态经济化得以顺利推进的关键。浙江省各地市每一次生态经济化的探索都离不开“办法”“方案”“实施细则”“条例”等的保障，也有从“试行”到“非试行”的转变。在杭州，排污权有偿使用和交易制度的匹配政策就经历了以下的演变：《杭州市主要污染物排放权交易管理办法》（2006）、《杭州市主要污染物排放总量控制配额分配方案》（2007）、《杭州市主要污染物排放权交易实施细则（试行）》（2008）、《杭州市主要污染物排放权排放许可管理条例》（2008）。与此同时，政府的政策还存在关联情形，即子制度与子制度之间存在互补、替代、前置等关系。以水制度为例，水污染权总量控制制度是取水总量控制制度的前置性制度安排，取水总量控制制度是水资源有偿使用和交易的前提，水污染权总量控制制度是水环境容量资源有偿使用和交易的前提，水权交易制度与水污染权交易制度是互补关系，水权交易制度和水污染权交易制度、水生态补偿制度之间是替代关系，水生态补偿制度与水污染损害赔偿制度是互补关系，水生态补偿制度与水环境污染问责制度是互补关系。[①] 因此，政策演变可以是线性的，也可以是非线性（网络状）的，浙江省生态经济化的过程较好地把脉了政策演变的线性与非线性特征，较好地利用了生

① 谢慧明、沈满洪：《中国水制度的总体框架、结构演变与规制强度》，《浙江大学学报》（人文社会科学版）2016年第4期。

态品之间的有机联系。

生态经济化离不开技术进步，浙江省生态经济化也是绿色全要素生产率提高的过程。从实践层面来看，生态经济化过程中所要求的技术进步表现为在线监控系统、刷卡排污系统、脱硝脱硫设施等技术的运用与创新。这既有引进来的减排技术，又有内源式的技术创新。以排污权有偿使用和交易为例，嘉兴桐乡市率先试点刷卡排污系统。该系统包括刷卡、定量、关闸和开闸四个环节。当企业排污量接近核定量的80%时，系统会以短信形式告诉企业，当接近核定量的90%时，系统会发出警告；当达到核定量的100%时，排污系统自动关闭。[①]在闸门的开关之间，高减排成本企业将停产，而低减排成本的企业将扩大再生产，或者低减排成本的企业将多余的排污权出让给高减排成本的企业，从而提高企业的绿色全要素生产率。相对于传统的全要素生产率，绿色全要素生产率也被称为环境全要素生产率，它是指将能源作为中间投入品、将污染排放作为坏产出来综合地考察资本和劳动对经济产值的影响[②]；据估算，浙江省绿色全要素生产率排位靠前但不在前沿面上（即最有效率）[③]。因此，浙江省在生态经济化的框架下应努力提高资源品的利用效率、提高环境品和气候品的配置效率和技术效率，进而综合地提高绿色全要素生产率。

生态经济化之路需要采取必要的举措来规避市场失灵，尤其是在环境品和气候品的负外部性方面。这一问题由来已久，也是生态经济化的重要障碍。浙江省是市场化改革的先行区，也是绿色发展的先行区，生态经济化的市场化改革重点突出表现为生态经济化过程中所碰到的市场阻力。第一，企业是逐利的，只要能外部化污染成本企业就不会主动去内部化，强调企业的内在社会责任将收效甚微；第二，公众是弱势的，只要能内部化污染成本的公众就不会主动去外部化，强

---

① 沈满洪、周树勋、谢慧明等：《排污权监管机制研究》，中国环境出版社2014年版，第108页。

② 陈诗一：《中国的绿色工业革命：基于环境全要素生产率视角的解释（1980—2008）》，《经济研究》2010年第11期。

③ 王兵、吴延瑞、颜鹏飞：《中国区域环境效率与环境全要素生产率增长》，《经济研究》2010年第5期。

调公众的监督离不开政府的支持；第三，在可为可不为的情况下，政府是中立的，强调政府的监管需要市场本身的成熟度。因此，浙江省生态经济化之路上的市场化改革举措必不可少，它也是后续生态品市场孕育、发展与成熟的基础；让生态经济化开花结果是生态文明建设的应有之义，也是浙江省生态经济化的目标和动力。

三　创新生态经济化制度安排

勇立改革潮头的浙江人民以要素市场化改革为契机引领生态文明制度创新，在实现强制性和诱致性制度变迁兼收并蓄的基础上，通过自下而上、自上而下和地区推广等制度创新方式实现生态经济化。

自下而上的制度创新是“摸着石头过河”模式的重要手段。自下而上的制度创新与诱致性制度变迁对应，它是指对现有的制度安排进行修正或替代，或是出现一种新的制度安排，这种新的制度安排是由个人或一群人在对可获利的机会做出反应时自发倡导、组织并实行的。[①] 虽然政府主导模式下的生态经济化离不开政府的命令和法律，浙江省生态经济化的典型案例中各主体在契约签订的初期往往仅是一群人（这一群人往往具有不同的利益诉求，譬如买水方和卖水方、排污权购买方和排污权出售方）为了各自的利益在政府的帮助下自发倡导、组织并实行的。由此可见，浙江省生态经济化具有诱致性制度变迁的特征。在诱致性制度变迁的分析框架下，当制度非均衡能够带来获利机会时，诱致性制度变迁就能够发生。这意味着“无偿使用”制度安排不再是生态经济制度安排选择集中最有效的，采用“有偿使用”制度安排能够带来“多赢”。

强制性制度变迁具有自上而下的特征，强调的是政府命令与法律的作用。在资源税和环境税的案例中，浙江省只是执行中央政府的财税体制改革方案，因此浙江省以财税体制的改革促进生态经济化具有明显的强制性特征。在以价格体系改革和产权制度改革促进生态经济化的案例中，诱致性的特征较为显著但依然不乏强制性色彩，尤其是

---

① 林毅夫：《新结构经济学：反思经济发展与政策的理论框架》，北京大学出版社2014年版，第283页。

在从“无偿使用”到“有偿使用”的制度环节。虽然“无偿使用”到“有偿使用”具有内源式的制度变迁动力，但政府的强制执行也非常重要，政府的可置信承诺是保证一级市场和二级市场顺利开展的关键。在政府做出可置信承诺后或在生态经济化制度试点后，地方政府全面铺开某一生态经济化制度时，生态经济化制度的创新就具有明显的强制性特征。当然，政府决策离不开成本收益的分析。政府决定全面铺开某一生态经济化制度意味着该项制度给政府带来的收益要大于其成本。

“自下而上”和“自上而下”的制度创新还与地区推广的生态经济化方式密切相关。地区推广方式在空间维度上进一步揭示了制度变迁的过程。在如排污权有偿使用和生态补偿制度的案例中，浙江省生态经济化的制度创新在空间维度上表现为“县（市、区）—地市—全省—流域—跨省”的制度推广过程。从政府行政级别来看，这一地区推广方式也是一种“自下而上”。浙江省生态经济化的制度创新在空间维度上也表现为“国家层面立法—省、自治区、直辖市人民政府报备—县级以上地方人民政府执行”的制度实施过程。“省、自治区、直辖市人民政府报备”在《中华人民共和国环境保护税法》中是指，“省、自治区、直辖市人民政府根据本地区污染物减排的特殊需要，可以增加同一排放口征收环境保护税的应税污染物项目数，报同级人民代表大会常务委员会决定，并报全国人民代表大会常务委员会和国务院备案”。“县级以上地方人民政府执行”则是指，“县级以上地方人民政府应当建立税务机关、环境保护主管部门和其他相关单位分工协作工作机制，加强环境保护税征收管理，保障税款及时足额入库”。从行政级别看，资源税和环境税的制度实施过程遵循“自上而下”方式。总之，只要制度选择集发生改变，最优的制度安排也可能发生改变，而这一改变或许是“自下而上”的，或许是“自上而下”的，还可能是“地区推广”的，只要它符合地区发展诉求，不管是何种方式的生态经济化路径均可采纳。从浙江的实践来看，生态经济化制度的“百花齐放”是一个总体概念，是多维度耦合制度创新方式的结果，“殊途同归”或许是地区制度创新方式选择的一个重要原则。

四　理顺生态经济化实现途径

生态经济化的“浙江样本”以稀缺性为导向探索生态资本的形成与增值路径，在理顺以价格体系、财税体制和产权制度的改革促进生态经济化关系的基础上推动了自然资源产权界定成本的下降和自然资源交易成本的节约。

浙江省生态经济化可以通过改革价格体系、财税体制和产权制度实现，而且每一条途径都有特定的制度或案例与之相对应。以价格体系的改革促进生态经济化对应的是排污权交易制度，以财税体制的改革促进生态经济化对应的是排污权有偿使用和交易制度以及资源税、环境税改革等，以产权制度的改革促进生态经济化对应的是水权交易制度。然而，建构起一一对应的途径和案例关系略显武断，理顺各途径之间的相互关系才是浙江省生态经济化制度创新走在前列并保持活力的关键。总体来说，以产权制度的改革促进生态经济化是游离于市场体系以外的那些资源通过价格体系改革促进生态经济化的前提，是以狭义的资源有偿使用和生态补偿促进生态经济化的必然要求；以财税体制的改革促进生态经济化通过明晰产权的方式可为以产权制度的改革促进生态经济化创造条件，是以价格体系的改革促进生态经济化的必要补充；以价格体系的改革促进生态经济化是在培育市场的过程中利用市场机制实现生态资本增值和控制生态风险，是以产权制度的改革促进生态经济化的最终目标，能为以财税体制的改革促进生态经济化提供试点经验。基于三大途径关系的讨论和浙江省生态经济化的实践，两条较为常见且具有推广价值的途径组合创新如下。

一是“财税体制—产权制度—价格体系”的创新途径组合。绿色化是财税体制改革的重要方向，包括绿色发展的财政收入政策和绿色发展的财政支出政策，绿色发展的财政收入政策如资源税、环境税和碳税等，绿色发展的财政支出政策包括生态补偿、循环补贴和低碳补助等。[①] 以财税体制的改革促进生态经济化实际上就是财税体制改革

① 沈满洪：《促进绿色发展的财税制度改革》，《中共杭州市委党校学报》2016 年第 3 期。

的绿色化过程，也是绿色财税体制的构建过程。从资源税到环境税，从生态品无偿使用到有偿使用，缴税或缴费的过程不但实现了生态品的经济价值，而且也对生态品的归属问题、生态品使用权的分配问题、生态品经济价值的收益问题等进行界定，而这些问题恰恰是产权制度变革所要求解决的问题。换言之，财税体制改革完成后，相应生态品的产权制度安排往往也就有了着落，接着的生态经济化过程就与价格体系的改革相关，而与产权的初始分配及其是否有偿无关。因此，以财税体制改革为起点、附加有产权制度改革的生态经济化为以价格体系的改革促进生态经济化提供了新途径，能够矫正生态资源市场失灵和促进自然资源产权界定成本的下降。

二是“产权制度—财税体制—价格体系”的创新途径组合。产权制度的变革一开始关注的便是生态环境等极具外部性的问题。无论是“搭便车”，还是“公共池塘资源”，或是“公地悲剧”，“公共事物的治理之道”深刻揭示了产权制度改革的必要性。浙江省生态经济化的诸多成功实践均以产权制度的改革为起点。从总量控制到总量分配，从有偿使用到转让收益的再分配均在回应产权制度变革中所有权、使用权、收益权的归属与分配问题。紧随产权制度变革的财税体制改革实际上一般是指狭义的有偿使用和生态补偿，即缴费或绿色发展的财政支出等。与前一条路径不同，本条路径要求放松价格管制以促进生态资源均衡价格的形成，旨在实现自然资源产权交易成本的节约。

第六章　美丽乡村建设

改革开放以来，浙江经济高速发展，资源小省一跃成了经济大省。农村居民人均纯收入连续40年位列我国各省（市、区）前三强之列。物质富裕已不再是农村居民“幸福感”的唯一衡量标准，农村居民对生存发展环境和农村生态尤为关注。浙江省决策层认识到“全面建成小康”、建设“物质富裕精神富有”的现代化浙江，广大农村绝不能掉队，必须全力统筹城乡人居质量，关注乡亲诉求。于是一场历时数十年的“美丽接力”在浙江农村“星火传递”。浙江省委省政府自2003年做出实施“千村示范、万村整治”工程的重大决策以来，前赴后继持续推进乡村基础设施、生态环境、乡村文化与风俗等全方位提升与传承行动，率先在全国践行让居民“望得见山、看得见水、记得住乡愁”精神。[①] 十余载的美丽乡村营建，既秉承了2005年时任浙江省委书记习近平同志提出的“绿水青山就是金山银山”的论断，又因地制宜创新了浙江村落文化、生态环境与乡村经济融合发展的模式。本章回顾了浙江省委省政府以乡村文化保护与建设为主线推进美丽乡村建设的历程、特征、重大举措，诠释浙江省美丽乡村建设经验，审视作为美丽乡村建设首创地[②]的浙江省践行“创新、协调、绿色、开放、共享”发展理念的基本规律。

---

① 新华社：《中央城镇化工作会议在北京举行》，《人民日报》2013年12月15日第1版。

② 潘伟光、顾益康、赵兴泉等：《美丽乡村建设的浙江经验》，《浙江日报》2017年5月8日第5版。

第一节　从"千万工程"到美丽乡村建设

2003年习近平同志亲自调研、亲自部署、亲自推动"千村示范、万村整治"工程，开启了浙江美丽乡村建设的新篇章。省第十三次党代会以来，省委省政府又与时俱进提出打造美丽乡村升级版的新要求。省第十四次党代会提出深化美丽乡村建设，谋划实施"大花园"建设行动纲要。全省各地坚持"绿水青山就是金山银山"重要论述，奋力开拓，不断丰富内涵，不断提升美丽乡村建设整体水平，促进美丽经济发展。

一　"千万工程"奠定美丽乡村基础

"三农"形势要求浙江创新农村建设小康社会理念和抓手。2000年后，浙江省各地按照提前基本实现农业和农村现代化的要求，加快农业和农村经济结构调整，大力发展农村经济，促进农业增效、农民增收，取得了很大的成效。但是，农村经济社会发展不协调的问题依然存在，城乡差距扩大的趋势没有根本扭转，主要表现在：一些地方的村庄布局缺乏规划指导和约束，农民建房缺乏科学设计，有新房无新村、环境脏乱差等现象普遍存在，农村精神文明建设、社会事业发展相对滞后。这些问题，已成为制约浙江省农业和农村现代化建设的突出矛盾。为此，全面贯彻落实党的十六大和《中共浙江省委、浙江省人民政府关于进一步加快农村经济社会发展的意见》（浙委〔2003〕5号）精神，经省委省政府研究，提出针对农村建设和社会发展中存在的突出问题，为加快全面建设小康社会，统筹城乡经济社会发展和积极扩大内需，加快生态省建设，提高广大农民群众的生活质量、健康水平和文明素质，做出实施"千村示范、万村整治"工程的重大决策，并于2003年6月4日以中共浙江省委办公厅、浙江省人民政府办公厅发文《关于实施"千村示范、万村整治"工程的通知》（浙委办〔2003〕26号）为起点。

实施"千村示范、万村整治"工程具有明确的指导思想和目标要求。总体指导思想是："按照统筹城乡社会经济发展要求，结合农村基层党组织'先锋工程'、创建民主法治村、争创文明村等活动，以村庄规划为龙头，从治理'脏、乱、差、散'入手，加大村庄环境整治力度，完善农村基础设施，加快发展农村社会事业，使农村面貌有一个明显改变，为加快实现农业和农村现代化打下扎实的基础。"[①] 工程坚持"农民自愿，因地制宜；规划先行，统筹安排；保护生态，协调发展；以民为本，整体推进；各方支持，密切协作"基本原则。实施15年来，农民主体、政府主导、社会参与、市场运作、规划引领的建设机制使浙江乡村的宜居水平、共同富裕程度、文化乐活与善治结构得到系统全面的升级。目标要求是：用5年时间，对全省10000个左右的行政村进行全面整治，并把其中1000个左右的行政村建设成全面小康示范村（以下简称示范村）；列入第一批基本实现农业和农村现代化的县（市、区），每年要对10%左右的行政村进行整治，同时建设3—5个示范村；列入第二、第三批基本实现农业和农村现代化的县（市、区），每年要对2%—5%的行政村进行整治，同时建设1—2个示范村。"千村示范、万村整治"工程由各市、县（市、区）负责实施，省里抓好指导和检查。[②]

实施"千村示范、万村整治"工程必须加强政策创新与组织领导。（1）浙江省创新政策组合工具统筹推进"千村示范、万村整治"工程。相关政策工具主要包括：一是各级政府集中财力统筹用于示范村规划编制补助和村庄整治的以奖代补。二是基于统一规划整合各部门力量推进相关工程。省直有关部门基于统一规划，全面实施"万里清水河道""万里绿色通道""乡村康庄""千万农民饮水""生态家园富民计划"等工程项目。三是盘活存量土地保证村庄建设用地。在村庄整治中，宅基地退建还耕和土地整理等继续享受省定扶持政策。其中宅基地退建还耕实施前，省里按规划复垦耕地面积的80%配发

---

① 杨军雄：《"千万工程"惠及千万农民》，《浙江日报》2010年10月18日第1版。

② 胡立新：《"千万"工程再战五年 浙江八成村庄将换新颜》，《农村工作通讯》2008年第19期。

周转指标，完工后再从省级造地改田资金中安排一定额度的以奖代补资金。四是强化服务降低建设成本。凡涉及“千村示范、万村整治”工程建设收费的，原则上能免则免，能减则减。各级各部门要在简化审批手续，降低规费收取标准，优先安排农用地转用指标，提供优惠贷款，加强指导监督等方面，提供实实在在的服务。五是运用市场机制吸纳社会资金。根据整治实际，统筹考虑重大项目安排，积极探索试行土地资产运作、个人资本参与、企业投资经营、业主承包开发、共同投资管理等有利于促进“千村示范、万村整治”工程建设的好办法。（2）实施“千村示范、万村整治”工程，离不开组织领导。主要措施：一是基础在村，关键在乡（镇），责任在市、县（市、区），各地建立了相应的领导机构，县一级应建立专门的工作班子。省委省政府成立浙江省“千村示范、万村整治”工作协调小组。二是各地组织有资质的专业机构，抓紧制定、完善村庄布局总体规划。在此基础上确定示范村和其他整治村的具体名单，编制好整治规划。三是村庄整治工作坚持民主决策。建设方案经村民（代表）会议讨论通过，并报县（市、区）有关部门批准后组织实施。四是加强检查指导。示范村由市有关部门组织验收，符合条件的由市委市政府授予“全面小康建设示范村”称号；其他整治村由县级政府组织验收。各市要推荐一部分建设标准高、示范作用强的示范村报省有关部门组织验收，达到要求的由省委省政府授予“全面小康建设示范村”称号。[①]

推进“千村示范、万村整治”工程的政策措施也十分清晰明了。（1）定期轮流举行年度全省“千村示范、万村整治”工程工作会议，强化各市主动探索和责任。自2003年6月5日浙江省“千村示范、万村整治”工作会议首次召开，先后由湖州、嘉兴、台州、衢州、金华、舟山、宁波、丽水等市承担现场工作会议，系统推进“千村示范、万村整治”工程，从最初的环境整治，向乡村基本公共服务配置，向乡村文化与村级组织建设，全面带动省直各部门围绕农业和农村发展合力投入，提升浙江城乡统筹发展水平。（2）省委省政府把

① 王太、李永生、蒋文龙：《城乡统筹的浙江解码》，《今日浙江》2008年第23期。

“十五”“十一五”“十二五”期间规划实施的工程项目，统一纳入“千村示范、万村整治”工程。统筹城乡建设规划，统筹村庄整治的规划、水利、供水、交通、绿化、污水治理，整体推进农业和农村基础设施建设（见表6-1）。各级党委政府配合力度空前加大，省政府组成部门纷纷行动，从自己的本职工作出发积极配合“千万工程”实施，实施了垃圾处理、污水治理、卫生改厕、村道硬化、村庄绿化、农村文化礼堂、邮局与教育等大项目建设。①

表6-1　**浙江省政府层面制定的“千村示范、万村整治”工程的部分推进政策**

时间	文件名
2003年	《关于实施“千村示范、万村整治”工程的通知》（浙委办〔2003〕26号）
2004年	《关于加快实施“千万农民饮用水工程”的通知》（浙政办发〔2004〕27号）
	《关于印发浙江省环境污染整治行动方案的通知》（浙政办发〔2004〕102号）
2006年	《关于印发〈浙江省百万农户生活污水净化沼气工程资金管理办法（试行）〉》（浙农计发〔2006〕6号）
2007年	《关于表彰省“千村示范万村整治”工作先进单位和先进个人的通报》（浙委办〔2007〕70号）
2008年	《关于深入实施“千村示范万村整治”工程的意见》（浙委办〔2008〕18号）
	《关于印发〈2008年度“千村示范万村整治”工程项目建设实施方案〉的通知》（浙农办〔2008〕10号）
	《关于印发浙江省“千村示范万村整治”工程专项资金管理办法的通知》（浙财农〔2008〕104号）
2009年	《关于〈2008年度“千村示范万村整治”工程项目建设实施方案〉的补充意见》（浙农办〔2009〕19号）

① 孙嘉江：《新农村建设规划中的难题与对策——以浙江省“千万工程”为例》，《小城镇建设》2007年第8期。

续表

时间	文件名
2010年	《关于深入开展农村土地综合整治工作 扎实推进社会主义新农村建设的意见》（浙委办〔2010〕1号）
	《关于加快培育建设中心村的若干意见》（浙委办〔2010〕97号）
	《关于印发〈浙江省美丽乡村建设行动计划（2011—2015年）〉的通知》（浙委办〔2010〕141号）
	《关于开展中心村培育建设项目申报及组织实施工作的通知》（浙村整建办〔2010〕7号）
	《关于印发浙江省"千万农村劳动力素质培训工程"项目和资金管理办法（试行）的通知》（浙财农〔2010〕77号）
	《关于印发浙江省中高级农村"两创"实用人才培训项目和资金管理办法（试行）的通知》（浙财农〔2010〕488号）
2011年	《浙江省农村实用人才队伍建设中长期规划（2011—2020年）》（浙委人〔2011〕7号）
	《浙江省人民政府办公厅关于提升发展农家乐休闲旅游业的意见》（浙政办发〔2011〕82号）
	《浙江省财政农业专项资金管理办法》（浙财农〔2011〕6号）
	《关于印发浙江省"千村示范万村整治"工程项目与资金管理办法的通知》（浙财农〔2011〕79号）
	《关于印发浙江省农家乐休闲旅游发展资金管理办法的通知》（浙财农〔2011〕599号）
2012年	《关于加强历史文化村落保护利用的若干意见》（浙委办〔2012〕38号）
	《关于深化"千村示范、万村整治"工程 全面推进美丽乡村建设的若干意见》（浙委办〔2012〕130号）
	《关于开展全省历史文化村落普查工作的通知》（浙农办〔2012〕42号）
2013年	《关于印发浙江省"千村示范万村整治"工程项目与资金管理办法的通知》（浙财农〔2013〕125号）

续表

时间	文件名
2014 年	《关于深化“千村示范、万村整治”工程扎实推进农村生活污水治理的若干意见》（浙委办发〔2014〕2 号）
	《浙江省财政厅关于推进财政支农体制机制改革的意见》（浙财农〔2014〕289 号）
	《关于印发浙江省“千村示范万村整治”工程资金与项目管理办法的通知》（浙财农〔2014〕52 号）
2015 年	《关于印发浙江省美丽乡村建设专项资金管理办法（试行）的通知》（浙财农〔2015〕45 号）

实施“千村示范、万村整治”工程取得明显成效。2003 年，浙江省委省政府按照党的十六大提出的统筹城乡发展的要求，顺应农民群众的新期盼，做出了实施“千村示范、万村整治”工程的重大决策。至 2007 年，对全省 10303 个建制村进行了整治，并把其中的 1181 个建制村建设成“全面小康建设示范村”。在此基础上，2010 年，浙江省委省政府进一步做出推进“美丽乡村”建设的决策。到 2013 年底，全省共有 2.7 万个村完成环境整治，村庄整治率达到 94%，成功打造 35 个美丽乡村创建先进县。到 2016 年底，浙江省培育美丽乡村示范县 6 个、示范乡镇 100 个、特色精品村 300 个、美丽庭院 1 万个；新建成农村文化礼堂 1568 个、2013—2016 年累计 6527 个。[①] 10 多年来，浙江省始终把实施“千村示范、万村整治”工程和美丽乡村建设作为推进新农村建设的有效抓手，坚持一张蓝图绘到底、一年接着一年干、一届接着一届干，坚持以人为本、城乡一体、生态优先、因地制宜，大力改善农村的生产生活生态环境，积极构建具有浙江特色的美丽乡村建设格局，扎实推动全省新农村建设和生态文明建设再上新台阶。

① 项乐民：《“两山”化“两美”全力打造美丽乡村升级版》，《政策瞭望》2016 年第 2 期。

二　美丽乡村建设由点及面

“千村示范、万村整治”工程的示范引领。2003年开始浙江启动“千村示范、万村整治”工程，把农民反映最强烈的环境“脏乱差”问题作为突破口，经过5年的努力，对全省10303个建制村进行初步整治，并把其中的1181个建制村建设成“全面小康建设示范村”。该过程为示范引领阶段，是浙江“美丽接力”决胜起跑的关键一棒。它为深化“千万工程”和建设美丽乡村开好了头、引好了路。不仅促进了村容整洁、乡风文明，推动了生产发展和农民增收，还带动了统筹城乡、利民惠民的系列工程在农村“开花结果”，浙江农村局部面貌发生了“大”的变化。[①] 此后，省委省政府每年围绕一个重点，召开“千万工程”现场会。以政府主导和农民主体并重、投入机制不断健全的城乡共建共享帮扶模式在浙江推开。2008年起，浙江在“千万工程”树立“示范美”的基础上，按照城乡基本公共服务均等化的要求，把“全面小康建设示范村”的成功经验深化、扩大至全省所有乡村。这一过程称为普遍推行阶段，是浙江“美丽接力”的第二次交棒。以生活垃圾收集、生活污水治理等工作为重点，浙江从源头上推进农村环境综合整治。逐步形成了农民受益广泛、村点覆盖全面、运行机制完善的整治建设格局。截至2012年，浙江又完成环境综合整治村1.6万个，农村面貌发生了“整体”的变化。

“美丽乡村”建设的提出与行动计划。浙江省委省政府在“示范美”基础上于2010年提出“美丽乡村”建设决策，进一步推进“千村示范、万村整治”工程，出台《浙江省美丽乡村建设行动计划(2011—2015年)》，突出强调“规划科学布局美、村容整洁环境美、创业增收生活美、乡风文明身心美”建设要求，并于2016年推出升级版规划《浙江省深化美丽乡村建设行动计划（2016—2020年)》，突出强调我省千万农民的切身利益作为美丽乡村升级版建设进程的

---

① 沈文玺：《美丽乡村促“三农”转型发展的案例研究——以安吉县典型村为例》，《中国农业信息》2017年第5期。

主线。[①]

“美丽乡村”建设要素侧重于全域拓展。初始阶段，浙江省以垃圾收集、污水治理、卫生改厕、河沟清理、道路硬化、村庄绿化为重点，优先对条件基础较好的村进行整治。全面推行“户集、村收、镇运、县处理”的农村垃圾集中收集处理模式[②]，彻底清理露天粪坑，全面改造简易户厕，建立农村卫生长效保洁机制，推行“村集体主导、保洁员负责、农户分区包干”的常态保洁制度，着力保持村庄洁净。2011 年起全面实施美丽乡村建设五年行动计划，注重从根源上、区域上解决农村环境问题，联动推进生态人居、生态环境、生态经济、生态文化建设，联动推进区域性路网、管网、林网、河网、垃圾处理网和污水处理网等一体化建设，加快村庄整治以点为基、串点成线、连线成片。该阶段浙江省建立了县乡村户四级创建联动机制，倒逼农村生产方式、生活方式、建设方式的转型升级，把全省美丽乡村建设提升到一个新高度，实现了“千村示范、万村整治”工程和美丽乡村建设，点上整治是基础，面上改观是目标。《浙江省深化美丽乡村建设行动计划（2016—2020 年）》更是强调“一处美”迈向“一片美”，注重从根源上、区域上解决农村环境问题，联动推进区域性路网、管网、林网、河网、垃圾处理网和污水处理网等一体化建设，全面开展高速公路、国道沿线、名胜景区、城镇周边的整治建设和整乡整镇的环境整治。积极开展生活垃圾资源化、减量化处理，并注重抓好日常维护和管理工作。

三　美丽乡村建设到美丽中国建设

宣传与推介浙江“美丽乡村”建设典范，引领全国改善农村人居环境。2013 年 10 月 9 日，全国改善农村人居环境工作会议在浙江桐庐召开，会议总结推广了浙江省开展“千村示范、万村整治”工程的经验，加快推进农村人居环境综合整治。时任国务院副总理汪洋出席会议并指出“浙江省坚持不懈推动‘千村示范、万村整治’工程，

① 沈晶晶：《千乡万村气象新》，《浙江日报》2017 年 5 月 8 日第 1 版。
② 胡芸：《垃圾分类美城乡》，《浙江日报》2017 年 6 月 2 日第 1 版。

不仅改善了农村环境面貌，而且带动了农村经济社会发展，浙江的经验和做法，值得学习和借鉴”[①]。随后，浙江省接待了全国各地美丽乡村建设考察团百余次，系统推广美丽乡村建设的因地制宜、分类指导，统一要求与尊重差异相结合；坚持规划先行、完善机制，集中整治与分步实施相结合；坚持突出重点、统筹协调，改善环境与促进发展相结合的基本规律。

研制并向全国推广“美丽乡村”建设标准。作为美丽乡村建设先行区，2014 年 4 月浙江省出台全国首个美丽乡村省级地方标准——《美丽乡村建设规范（DB 33/T 912—2014）》。该标准起草单位是安吉县人民政府、安吉县质量技术监督局、浙江省标准化研究院、安吉县农业和农村工作办公室、安吉县农村综合改革办公室。该标准以安吉县新农村建设成功经验为基础，引用了新农村建设方面现有的国家、行业及地方标准 21 项，主要从村庄建设、生态环境、经济发展、社会事业发展、精神文明建设等 7 个方面 36 个指标为美丽乡村建设提出可操作的实践指导。浙江率先发布《美丽乡村建设规范》（以下简称《规范》），将为全国建设美丽乡村提供一个蓝本，将自身探索转化为其他地方的经验。当然，此次出台的《规范》只是操作指引，并非要求美丽乡村建设整齐划一，而是尽力彰显各乡村自己的特色，按照乡村的自然禀赋、历史传统和未来发展要求，最大限度地保留原汁原味的乡村文化和乡村特色，以适应不同村庄的发展要求。2015 年 4 月 29 日由质检总局和国家标准委发布推荐性国家标准《美丽乡村建设指南》（以下简称《指南》），该《指南》研制过程由以浙江省质量技术监督局、中国标准化研究院、福建省质量技术监督局为主体的总组织协调小组，负责总体协调、调度及技术把关；成立了由安吉县人民政府、浙江省标准化研究院、福建省标准化研究院、中国标准化研究院食品与农业所、贵州省标准化研究院、安徽省标准化研究院、广西壮族自治区标准化研究院、重庆市标准化研究院组成的标准起草小组，负责

① 浙江在线—浙江日报，http：//zjnews. zjol. com. cn/system/2013/10/10/019634331. shtml，2017 年 10 月 7 日访问。

共同完成标准的起草工作。[①]

接待兄弟省份调研，分享浙江创美经验。2003—2013 年，浙江连续三届省委持之以恒，投入资金共计 1200 多亿元，首先打包实施农村垃圾清理、污水治理、改水改厕、河道洁化整治项目；随后推进美丽乡村全面实施。[②] 自 2013 年首次全国改善农村人居环境工作会议在浙江杭州桐庐召开后，国家领导和国内各兄弟省、市、县高度关注浙江经验，集中表现在：一是学习浙江强化城乡统筹发展理念，借鉴浙江各地将美丽乡村建设与发展富民产业、促进城乡公共服务均等化、推动生态文明建设、历史文化传承保护有机统一起来“四位一体”同步发展思路。[③] 二是重视走产业带动发展的路子，兄弟省份积极推广浙江省把农民增收致富摆在美丽乡村建设的首位，推动农业生产经营形态多样化，使美丽乡村成为农民增收和农村经济发展的新源泉的经验。三是坚持科学编制规划和切实执行相统一的工作主线被广泛学习。浙江各地在村庄整治、美丽乡村建设中历来重视规划工作，坚持通过规划的引领、规范和指导，使美丽乡村建设有序推进。

第二节　美丽乡村建设的重大举措

美丽乡村建设包括众多要素。浙江省委省政府印发的《浙江省深化美丽乡村建设行动计划（2016—2020 年）》要求努力实现空间优化布局美、生态宜居环境美、乡土特色风貌美、业新民富生活美、人文和谐风尚美和改革引领发展美的美丽乡村美好愿景，总体可以概括为以“三生融合”理念统领人居环境建设、产业发展和环境营造，即人居环境建设包括生态环境治理、村庄规划与建设，产业发展主要是孵化乡村美丽经济，环境营造主要包括公共服务、基层组织和长效管

---

① 《美丽乡村建设指南》国家标准起草组：《国家标准〈美丽乡村建设指南〉编制说明》，2014 年 12 月。

② 顾益康、王丽娟：《从德清美丽乡村建设实践看乡村复兴之路》，《浙江经济》2016 年第 23 期。

③ 赵华勤、江勇、王丰：《浙江省古村落保护与发展的体制机制创新实践》，《小城镇建设》2015 年第 9 期。

理。浙江省在深化“千村示范、万村整治”工程和美丽乡村建设过程时，始终将改善农村人居环境、发展美丽产业和包括村庄公共服务、文化氛围、长效管理在内的环境营造作为打造美丽乡村升级版的突破口和主攻点。

一　“三生融合”统领美丽浙江

浙江省从2003年开始，在习近平同志的倡导和主持下，按照统筹城乡发展的理念和农村全面小康建设的要求，以农村生产、生活、生态的“三生”环境改善为重点，开展了“千村示范、万村整治”工程，随后在“美丽乡村建设行动计划”及其升级版“深化美丽乡村建设行动计划”中，始终秉持“两山”重要论述，以全域化、景区化、连片式建设“美丽浙江”为主线，持续推进乡村生态环境横向部门/区域合作与纵向“流”合作的综合治理；持续高标准实施“三改一拆”“四边三化”，打造生态和文化融合的“一村一韵”；持续孵化合民意、接地气、有前景的美丽乡村产业。这不仅实现了还美丽生态予百姓和产业，而且创新了生产、生态、生活融合的路径。浙江美丽乡村建设从1.0版的“千万工程”持续升级至2016年开始实施的3.0版，始终将建设美丽乡村与经营美丽乡村统一起来，大力发展美丽产业，做到美丽乡村扩面与提质相统一、人居美与产业美相统一、生态环境美与村落文化美相统一、乡村风貌美与村庄社会治理美相统一，实现了以“保护美丽山水增乡村气质、高效生态助力美丽产业、百姓恋家创业乐业增收致富”主导的“农业绿化、农村美化、农民转化”相统一的新型城乡一体化的浙江样本和“三农”发展标杆省份。

二　美丽人居建设

（一）垃圾无害化分类处理提升浙江乡村村容村貌

浙江省启动“千村示范、万村整治”工程是从农村垃圾集中处理、村庄环境整治入手，推进农村垃圾分类建设。首先推广“户集、村收、镇运、县处理”的垃圾处理模式，成功破解了浙江农村经济快速发展和农村居民生活水平提高后农村生活垃圾爆发式增长难题。随后，农村生活垃圾减量化、资源化、无害化处置，成为浙江省改革农村垃圾集中收集处理的战略目标。全面启动了各村镇农村垃圾减量化、资源化处理的“分类收集、定点投放、分拣清运、回收利用、生物堆肥”等各个环节的科学规范、基本制度和有效办法的制定工作。2016 年 12 月 21 日，中央财经领导小组举行了第十四次会议，听取了浙江关于普遍推行垃圾分类制度的汇报，并决定全面推行浙江垃圾分类制度经验。一是健全政策法规，努力做到垃圾分类有章可循。浙江省先后出台了《关于开展农村垃圾减量化资源化处理试点的通知》《关于建设美丽浙江创造美好生活的决定》和《浙江省深化农村垃圾分类建设行动计划（2016—2020 年）》，探索农村垃圾减量化、资源化处理的“分类收集、定点投放、分拣清运、回收利用、生物堆肥”等各个环节的科学规范。二是鼓励改革创新，着力推广垃圾分类处理试点经验。充分尊重基层首创，鼓励因地制宜探索新的垃圾分类运行和处理模式。如安吉县探索实行“农村物业管理”新模式，将原本分散在各部门和镇街的城乡环境管理职能统一整合委托给农村物业公司，农村物业公司对全县农村、公路、河道、集镇、村庄五大区域进行统一“保洁、收集、清运、处理、养护”，组建专业化环境卫生管理队伍，实行网格化布局、标准化作业、分类化处理和智能化监管、社会化监督、项目化考核；永康市建立健全农村环境卫生保洁长效管理机制，成立农村垃圾治理工作小组，专人负责垃圾分类处理工作，指导全市农村垃圾分类处理工作的组织实施、协调和监督检查，实现部门间协同配合，广泛联动。2013 年以来，全省连续 3 年选择 350 个中心村开展村庄垃圾分类减量试点，推广机器堆肥、太阳能堆肥和微生物发酵处理技术，多模式破解生活垃圾终端处理难题。全省采用机器堆肥设施处理的村有 1324 个，采用微生物发酵快速成肥设施处理的省级试点村有 380 个，建成太阳能堆肥房 1849 座，还不包括各村自建或联建的各种处理设施。三是探索简便易行方法，努力做到垃圾分类群众可接受。浙江各地在垃圾分类上充分考虑群众行为习惯，探索采取了一些简便易行的方法：如金华市推行简便易行的“二次四分法”；临安市积极推广利用“贴心城管”手机 APP、二维码、物联网等智能化手段；海宁等地将垃圾分为可回收、可堆肥、不可堆肥、有毒有害垃圾四类，已取得明显效果。[1]

（二）“五水共治”，提升美丽乡村水环境综合治理成效

2013年，浙江省委省政府做出了“五水共治”（治污水、防洪水、排涝水、保供水、抓节水）的重大决策，决心以治水为突破口，加快走出“绿水青山就是金山银山”的发展新路。2014年浙江省委办公厅下发了《关于深化“千村示范、万村整治”工程 扎实推进农村生活污水治理的意见》（浙委办发〔2014〕2号）。与此同时，一套具有鲜明浙江特色的“河长制”在省内全面推行，完成“清三河”治理任务。2014年以来各级投入300多亿元，500万户农户生活污水实现截污纳管，2.1万个村完成治理，全省村庄覆盖率、农户受益率分别为90%、74%。在省、市、县、乡、村五级6万多名“河长”的努力下，浙江省已关停小企业3万多家，整治养殖场5万多户，消灭垃圾河6500千米，消除黑臭河超5100千米，城乡环境明显改善。

（三）改造农村危旧房，打造“浙派民居”，改善村民居住环境与村落风貌

提升乡亲居住条件和改善村落风貌是浙江美丽乡村建设的初衷与目标。一是把握全省农村困难群众危旧房改造契机，推进乡村风貌整治。全省2006年开始全面启动农村困难群众住房救助工作，省财政也设立相应的省级专项补助资金。2006—2009年支持6.6万户低保收入1倍以下的农村困难家庭进行危房改造。2010—2011年对8.2万户低保收入1.5倍以下的农村困难家庭危旧房改造给予资金支持。2013年，全省又将农村危房改造救助覆盖面扩大到低保标准（2007年）200%以内。到2015年底，省级以上资金支出约14亿元，累计完成农村困难家庭危房改造约27万户。浙江省按照深入推进新型城市化和新农村建设的要求，为加快改善农村人居环境，推动提升农村住房空间品质，协力推进美丽宜居示范村建设中的“三拆、三化”（三拆指拆危房、拆旧房、拆违法建筑，三化指美化、绿化、洁化）项目。二是充分运用政策优势和财政资金的杠杆效应，加快美丽宜居示范村建设。全省2012年起启动美丽宜居示范村试点建设项目，至

[1] 王永康：《深化“千万工程”建设美丽乡村》，《今日浙江》2015年第14期。

2015 年省财政已拨付专项资金 12.5 亿元，保障启动实施 671 个美丽宜居示范村试点建设，支持农村人居环境改善、村庄规划布局优化和农村历史建筑的保护利用，累计带动各地完成投资约 83 亿元。到 2017 年底，全面完成村庄规划编制（修改），全面完成 4000 个中心村村庄设计、1000 个美丽宜居示范村建设，有效保护 1 万幢历史建筑，建成一大批“浙派民居”建筑群落。如温州市结合农村危旧房改造，建设一批具有温州特色的“浙派民居”，建成美丽乡村风景线 10 条、精品村 100 个。同时，温州市海洋与渔业部门也将进行美丽海洋建设，计划投入 3 亿元建设滨海公园、景观岸线等海洋生态修复和亲海项目，通过全局性美丽乡村打造，赋予温州的乡村有更多的诗和远方的美丽田野。

三　美丽产业发展

以“两山”重要论述为指引，发展美丽经济，建设共享共富的乡村，从建设美丽乡村向经营美丽乡村转变，大力推进“美丽成果”向“美丽经济”转化，把美丽转化为生产力，增强美丽乡村建设持久动力。[1]

（一）将“美丽”嵌入日常生活，致力打造“美丽经济”

如果能够把生态环境优势转化为生态农业、生态工业、生态旅游等生态经济的优势，那么绿水青山也就变成了金山银山。[2] 多年来，浙江广大干部群众把“美丽浙江”作为可持续发展的最大本钱，护美绿水青山、做大金山银山，果断“腾笼换鸟”，过去的生产资源小省，正在变成绿色资源大省。如浙江安吉县余村潘春林看准乡村生态旅游商机，贷款开办农家乐，余村年接待游客量已超过 30 多万人次、村级生态旅游收入超过 1500 万元；浦江县虞宅乡马岭脚村“断崖式”放弃水晶产业，重新改造的 170 间黄泥房错落有致，被称为浙江最美民宿之一。十多年来，从“千村示范、万村整治”，到“五水共治”

① 夏宝龙：《美丽乡村建设的浙江实践》，《求是》2014 年第 5 期。

② 裘立华：《将“美丽”嵌入日常生活——浙江致力打造“美丽经济”》，新华社（http://news.xinhuanet.com/politics/2017-08/29/c_1121563049.htm）。

“三改一拆”，浙江数以万计的村庄美化了环境，城乡环境发生了翻天覆地的变化，人民群众对生活环境的关注比任何时候都高。生态红利，正反过来促进生态建设和经济建设的发展。“秀山丽水、潇洒桐庐、金色平湖、幸福江山、自在舟山、梦留奉化……”从浙江这些市县的新名片可以看出，“美丽”二字正不断嵌入浙江人的幸福生活，“美丽经济”正不断印证“绿水青山就是金山银山”的道理，也正迎来令人惊叹的生态和经济融合发展的乘法效应。

（二）依托美丽乡村，推进农村第一、第二、第三产业融合，衍生美丽产业

注重以乡村文化、生态环境等与农业相关产业融合衍生美丽产业的机制探索。一是大力开展美丽乡村示范县、示范乡镇、特色精品村创建和美丽乡村风景线打造。实行全域规划、全域提升、全域建设、全域管理，推进美丽庭院、精品村、风景线、示范县四级联创，创建美丽庭院43万户，培育特色精品村2000多个，打造美丽乡村风景线300多条，已培育美丽乡村先进县58个、示范县6个、示范乡镇100个、特色精品村300个。进而依托美丽乡村促进产业融合，培育农村新型业态，转化美丽乡村建设成果，培育发展乡村旅游、休闲经济、运动经济（漂流、自行车、绿道）、养老（生）经济、民宿经济、农事体验、农村电子商务和农村文化创意产业八大新型业态[①]，使其成为农民就业的新平台，农户增收的新渠道。二是依托美丽乡村，推进农村第一、第二、第三产业融合发展，拓展农业新功能。因地制宜推进休闲观光农业、创意农业、养生农业等新型农业业态；农家乐、民宿等乡村休闲旅游业蓬勃发展。2016年，浙江全省农家乐特色村（点）3484个，从业人员16.6万人，年营业收入291亿元。三是依托互联网大省的优势，推动互联网与农业农村深度渗透融合的新经济业态，农村电子商务迅猛发展。浙江全省农产品网上销售额304亿元，建成淘宝村506个、村级电商服务站1.1万个，农村电商走在全国最前列。四是依托美丽乡村资源优势，科学推进农村集体“三资”经营管理，探索资产经营、资源开发、服务创收等多途径促进集体经济增收，集体经济不断壮大。2015年全省村

---

① 崔艺凡、尹昌斌、王飞等：《浙江省生态循环农业发展实践与启示》，《中国农业资源与区划》2016年第7期。

级集体经济收入362亿元，村均收入123万元。[①]

（三）鼓励乡村发挥美丽优势经营村庄

鼓励各示范村探索美丽乡村建设作为培育农村经济新增长点的有效途径。一是着力转变农村经济发展方式。推进农村集体经济产权制度改革，进一步壮大农村集体经济，2013年全省村均集体经济收入100万元左右。加快推进农业科技进步和农作制度创新，不断优化畜禽养殖布局、结构、规模和方式，大幅减少农业面源污染。大力发展养生经济、运动经济、文创经济、物业经济、商贸经济以及劳务经济，把美丽乡村生态良好的潜在优势转化为产业发展的现实优势，做好农村经济生态化和生态经济化。二是着力转变农民生活方式。坚持一手抓各种设施和服务的完善，一手抓对农民的教育培训和宣传引导，增强农民维护农村环境卫生的自觉性和责任感，促进农民思想观念、行为方式、生活方式的变化。三是着力转变农村建设方式。坚决拆除农村违章建筑，大力推进美丽宜居村镇建设和农村危旧住房改造，加快推行传统建筑现代化、现代建筑本土化和居住条件人性化，促进农村风貌、乡土建筑与自然山水相协调。如绍兴市2013年采取多种手段，大力推进美村与富民的有机融合，确保农民普遍持续较快增收。2013年前三季度，全市农家乐接待游客累计超过655万人次，营业收入8.39亿元，带动农产品销售2.26亿元。2013年新启动80个村开展农村集体经济股份制改造，增加持股农民数量。深入开展欠发达乡村和低收入农户奔小康帮扶工程，探索形成了龙头带动、产业扶贫、合作开发和政策扶持等多形式的帮扶模式。[②]

四　美丽环境营造

（一）建设乡村公共设施，提升基本公共服务水平

乡村基本公共服务与公共设施，始终是美丽环境营造的要务。一是持续推进乡村环境设施建设。“千村示范、万村整治”工程和美丽

---

① 黄平：《浙江：美丽乡村释放生态红利》，《经济日报》2015年11月14日第2版。

② 《绍兴市2014年度美丽乡村建设工作总结》（绍村整建办〔2015〕4号）（http：//sxscjg. gov. cn/art/2015/7/15 /art_ 43089_ 1168. html）。

乡村建设经过15年的努力，农村面貌焕然一新，绝大多数村庄都完成了农村人居环境综合整治，普遍做到了垃圾无害化处理、污水集中处理，实现了村村通公交、通宽带，做到了人人有社保、教育文化医疗等基本公共服务，初步实现了城乡均等化。2015年，浙江基本公共服务均等化实现度为90.71%，完成8500个村庄生活垃圾资源化、无害化示范工程建设，每个村至少建1个无害化卫生厕所，提高农户无害化卫生厕所普及率。二是推进全省规划体制改革，健全了统筹城乡公共服务体系，制定市域、县域总体规划，制定完善村庄布局规划，完善城乡交通、供水、教育、卫生等专项规划。即使身处山村海岛，因为"双下沉、两提升"，人们在家门口也能享受省城名医的优质医疗服务；因为城乡居民医保并轨，大病保险全省覆盖，农民看病也可报销，"因病致贫"大大减少；农村文化礼堂、农家书屋建设等，让精神家园不再荒芜。从改革户籍制度，到"三权到人（户）、权跟人（户）走"，山区海岛群众可以大胆地放下山林田地，去城市逐梦未来，去追逐现代农业和乡村旅游业的脚步。

（二）保护乡村历史文化，传承美丽乡村亲情

乡村文脉的传承与修复，尤其是利用村民礼堂建设、历史文化村落保护等形式传承乡村文脉，修复被快速工业化与城市化损害的乡村邻里关系、宗族关系、干群关系等，传承与塑造了乡村亲情新内涵。[①] 一是推进乡村文化建设。2013年起，农村文化礼堂的建设工作连续被纳入省政府为民办实事项目，礼堂活动内容越来越丰富，滋养了一批"最美"典型，弘扬了农村"好家风"，文化礼堂已经成为村民的"精神家园"。2016年底已建成农村文化礼堂6424个，浙江省成为文化部全国基层综合性文化服务中心建设工作试点省。二是持续推进历史文化村落保护。2012年起，浙江省全面开展历史文化村落保护利用工作，先后启动172个历史文化村落重点村和868个历史文化村落一般村的保护利用工作，修复古建筑3000余幢、古道212千米。在全国率先实施"《千村故事》'五个一'行动计划"，弘扬具有浙江时代印记和地域特色的文化遗产。1237个历史文化村落逐步成为浙江美丽乡村建设的文

---

① 刘刚：《"两美"浙江开新局》，《浙江日报》2015年8月12日第1版。

化窗口。三是培育好淳朴文明乡风。深入实施优秀文化传承行动等“六大行动”，将核心价值观融入道路、公园、河岸的建设之中，让农民在赏心悦目中受到教育。开展乡风评议和新乡贤活动，运用村规民约、家规家训、牌匾楹联等，提升农民价值取向和道德观念。

（三）万村景区化建设，共享美丽乡村“大花园”

因地制宜景区化建设乡村，提升美丽乡村的旅游可进入性。一是深入推进美丽乡村建设，推进万村景区化建设。“千村3A景区、万村A级景区”的“新千万工程”是省委省政府与时俱进做出的新的战略部署，是落实习近平总书记对浙江提出的“要继续推进美丽乡村建设，把‘千村示范、万村整治’工程提高到新的水平”这一新指示的实际行动，也体现了以“八八战略”为总纲，一张蓝图绘到底、一任接着一任干的优良“浙风”。“万村景区化”的“新千万工程”建设，顺应了生态文明新时代和全民旅游休闲时代到来以及全域旅游兴起的新趋势。把绿水青山的美丽乡村作为全域旅游的重点区域，是按照把省域建成大景区的理念和目标，推进全域旅游示范省建设，全面建成“诗画浙江”、中国最佳旅游目的地，打造“诗画江南”韵味“大花园”的创新工程。这也是将累积15年“千万工程”和美丽乡村建设的成果转化为发展美丽经济、开辟农民增收新路径的一次新探索。二是大力开展美丽乡村示范县、示范乡镇、特色精品村创建和美丽乡村风景线打造。实行全域规划、全域提升、全域建设、全域管理，推进美丽庭院、精品村、风景线、示范县四级联创，初步创建美丽庭院43万户，培育特色精品村2000多个，打造美丽乡村风景线300多条，已培育美丽乡村先进县58个、示范县6个、示范乡镇100个、特色精品村300个，对在全社会倡导新时代的生活方式和消费习惯、完善公众参与机制起到积极作用。

第三节　美丽乡村建设的经验启示

一　牢记“没有美丽农村就没有美丽中国”论断

2013年中央一号文件做出了加强农村生态建设、环境保护和综合整治，努力建设“美丽乡村”的工作部署。“美丽乡村”创建是升级版的新农村建设，它既秉承和发展了新农村建设“生产发展、生活宽裕、村容整洁、乡风文明、管理民主”的宗旨思路，延续和完善相关的方针政策，又丰富和充实了其内涵实质，集中体现在尊重和把握其内在发展规律，更加注重关注生态环境资源的有效利用，更加关注人与自然和谐相处，更加关注农业发展方式转变，更加关注农业功能多样性发展，更加关注农村可持续发展，更加关注保护和传承农业文明。“美丽乡村”之美既体现在自然层面，也体现在社会层面。在城镇化快速推进的今天，“美丽乡村”建设对于改造空心村，盘活和重组土地资源，提升农业产业，缩小城乡差距，推进城乡一体化也有着重要意义。浙江践行乡村生产、生活、生态“三生”和谐发展新理念，坚持“科学规划、目标引导、试点先行、注重实效”的原则，以政策、人才、科技、组织为支撑，以发展农业生产、改善人居环境、传承生态文化、培育文明新风为途径，构建与资源环境相协调的农村生产生活方式，打造“生态宜居、生产高效、生活美好、人文和谐”的示范典型，形成各具特色的“美丽乡村”发展模式。现代化的农业文明不仅为中华民族的繁衍生息提供了丰富多样的衣食产品，也为中华文化的发展提供了色彩缤纷的精神资源。农业文明是现代文明、城市文明的根基，是中华民族的文化根脉和精神家园。在现代化建设飞速发展的当代社会，工业化、城镇化对传统文化造成的冲击让现代人不知乡归何处，找寻不到“幸福感”。浙江省美丽乡村建设，既注重外在美，又要注重内在美，更注重农业文明的保护和传承。浙江创建美丽乡村的过程全面复兴村落文明，探索出了乡村美、产业兴、村民富的农村包围城市的美丽运动，让农村人乐享其中，让城市人心驰神往。

二　优先制定美丽乡村建设规划

（一）科学规划、分类引导，保障美丽乡村建设科学性、操作性与公平性

美丽乡村建设浙江探索的首要经验是科学规划与分类引导。（1）编制了“美丽乡村”总体规划、系列专项规划相互衔接的规划体

系。在实施“千村示范、万村整治”工程和美丽乡村建设中，浙江坚持从实际出发，因地制宜编制规划，科学把握各类规划的定位和深度，努力做到总体规划明方向、专项规划相协调、重点规划有深度、建设规划能落地。一是坚持城乡一体编制规划，与城镇体系规划一起共同形成了以“中心城市—县城—中心镇—中心村”为骨架的城乡规划体系。二是坚持因地制宜编制规划，合理确定村庄的布局和每类村庄的人口规模、功能定位、发展方向，避免不必要的重复建设和大拆大建，做到村庄内的生活、生产、生态等功能的合理分区和服务设施的合理布点。三是坚持衔接配套编制规划，确保县域村庄布局规划、村庄建设规划的有机统一，加强县域村庄布局规划与土地利用总体规划、城镇体系规划、基础设施建设规划等相互衔接，实现了县域范围城乡规划全覆盖、要素全统筹、建设一盘棋。(2) 因地制宜，分类指导。首先确立了“重点建设中心村、全面整治保留村、科学保护特色村、控制搬迁小型村”的整治思路，确保村庄整治保持田园风光、传承优秀文化、体现农村特色。如衢州开化县美丽乡村建设突出治水造景、培育创意农业、发展生态旅游业等规划分类，引导开化农村走向“人人有事做、家家有收入”的美好生活。其次保持地方特色并弘扬乡村文化。重视各地差异性，更多地关注村庄的特色和个性，力求体现山区、丘陵、盆地、平原、水网、滨海等不同地域特色的民居风貌。将“修复优雅传统建筑、弘扬悠久传统文化、打造优美人居环境、营造悠闲生活方式”作为历史文化村落保护利用的建设方向，突出“一村一品”“一村一景”“一村一韵”的建设主题，整体提升村落人居环境与乡亲认同。(3) 因地配套财政全面提升美丽乡村财政绩效。将全省县市区分为一类美丽乡村财政补助区（25 个经济欠发达市县、4 个海岛市县及金华市、安吉县、兰溪市，共 32 个市县）、二类美丽乡村财政补助区（31 个经济发达和较发达市县），做到“符合规律不折腾、统筹推进不重复、长效使用不浪费”，落实规划配套建设项目和资金要素，建立乡村规划执法队伍，发挥社会各界对规划实施的监督作用，真正做到“体现共性有标准、尊重差异有特色”，真正实现规划、建设、管理、经营各个环节的有机衔接。

（二）科学研究和探索适宜浙江美丽乡村规划、建设的技术体系与群众参与方式

科学探究与群众参与相结合摸索浙江美丽乡村规划技术体系。（1）尊重农村建设阶段性，强调发达地区和欠发达地区要分别研究工作抓手。浙江省农办和浙江省住建厅组织规划院深入一线调查浙江省地处城郊、平原、山区、海岛不同区位、不同地貌、不同文化、不同实力、不同规模的村庄，探索“千村示范、万村整治”工程和“美丽乡村”建设的技术导则，开展有针对性的分类指导和整治建设，都强调村庄整治和美丽乡村建设应遵循“注重衔接、因地制宜、突出特色、公众参与”的规划原则，加强与上位规划和各专项规划的衔接；注重村庄风情和地方特色，充分听取村民意见，加强规划建设的宣传与引导。（2）既重视村镇物质规划内容，更强调生态文明视域的“产业、环境、文化、社区”四大工程。美丽产业，强调充分挖掘村庄的资源特色，围绕特色资源打造具有发展前景的特色产业经济，突出全产业链，以建设富裕村庄。村庄环境强调村庄的生态基础设施，尤其是外围植被绿化、农田水利建设；内部加强绿化广场及垃圾收集、污水排放等公共性设施规划。村庄文化要求充分挖掘村落传统文化，继承并发扬光大，丰富村民文化生活。社区管理强调村庄管理须配套相应的设施及设施管护秩序，让村民共管共享美丽生活。（3）探索美丽村镇规划平面整合，实现村域多规衔接。围绕道路网、建筑、建设项目等的整合，既实现路网的通达性及村落绿化环境卫生的整体改造，又针对不同建筑维护或拆迁安置制定专有资金投入等，实现了乡村建设的规划、设计、施工、审计的多规衔接。当然浙江省在“千村示范、万村整治”工程和美丽乡村建设过程中举办了多次村庄规划评比活动，既不断提高本省村庄规划编制和农房设计水平，又更好地引导和适应了新形势下美丽乡村建设的规划技术创新。

（三）打造现代农村社区与保护乡土文化血脉相结合

浙江省将美丽乡村与推进新型城镇化有机结合起来，扎实推动资源要素向农村特别是中心村配置，促进了产业布局合理化、人口居住集中化，加快传统农村社区向现代农村社区转变，积极保护和传承乡土文化。在优化县域村庄布局和农村社区布局的基础上，围绕提升农

村30分钟公共服务圈，扩大中心村公共服务平台的建设内容和辐射范围，加速实现城乡基本公共服务均等化。2016年全省行政村等级公路实现了“村村通”，广播实现“村村响”，用电实现了“户户通、城乡同价”，客运班车通村率达到93%，安全饮用水覆盖率达到97%，农村有线电视入户率达到91%，便捷的农技服务圈、教育服务圈、卫生服务圈、文化服务圈也逐步建成。同时，浙江坚持培育与传承农村文化，不断彰显美丽乡村建设的乡土特色。如开化县在村庄整治建设中，发掘反映村落个性的钱江源水文化、山村耕读文化、地方风情，提炼体现开化特色的民间技艺与民俗文化，打造一村一品、一村一业、一村一韵、一村一景的特色文化村，充分展示山区、丘陵等不同特点的村落文化。

三　建立美丽乡村标准体系

浙江省持续推进美丽乡村建设过程，为确保“建有规范、评有标准、管有办法”，相继开展了一系列“三农”标准化工作，通过明确设定一系列建设规范、通用要求和实施标准，全方位编织定量及定性指标系统，多层次构筑“中国美丽乡村”建设标准体系，探索一条本地管用、外地可用的新农村建设的新模式。

（一）紧扣试点、示范村抓标准建设并推广应用，提升实施成效

2003年至今，浙江省以安吉县、德清县等地“千村示范、万村整治”工程的试点村、示范村建设经验为基础，积极推进美丽乡村建设的“标准化”[①]。（1）构建标准体系。2008年以来，安吉县围绕“中国美丽乡村”建设，先后制定36项考核标准、六大标准体系，涵盖了美丽乡村的建设、管理、经营等各方面。（2）强化标准实施。安吉县在农村产业标准化经营、农村公共事业标准化建设、生态环境标准化提升、推进农村事务标准化管理四个方面实施美丽乡村标准化管理，实现了农业标准化示范园区、农业主导产业示范园区和特色农业精品园区建设，制定休闲农业与乡村旅游地方标准，

① 王甲、邱少春：《安吉县推进美丽乡村标准化建设》，人民网—理论频道（http://theory.people.com.cn/n1/2016/0801/c401815-28601810.html），2016年8月1日。

明确了农村医疗、教育、社保、文化、通信等农村公共服务标准，研制了15个乡镇和97个行政村编制生态乡镇、生态村建设规划，形成了横向到边、纵向到底的建设规划体系，并形成农村政务、党务、财务、事务标准化运作体系。（3）促进标准推广。2012年安吉县在浙江省质量技术监督局的指导下启动“美丽乡村省级规范”起草工作，相继开展了四轮意见征求活动，走访全省46家新农村建设成员单位，召集各类座谈会13场，收到反馈意见289条，最大限度地整合了浙江各地区“三农”工作的差异和特色。随后于2014年4月6日，由安吉县人民政府、浙江标准化研究院共同起草发布了《美丽乡村建设规范（DB33/T 914—2014）》。（4）安吉县美丽乡村创建流程逐渐规范清晰，各环节操作渐趋科学合理、简便易行，建设速度进一步加快，美丽乡村的各项工作质量显著。一是通过农村基础设施标准化建设，美丽乡村“硬件”日臻完善。全县新建成186个农村社区综合服务中心，建筑面积10.23万平方米，新建村级其他各类公共配套设施建筑29.5万平方米，实施农村饮用水工程建设6134处，新增垃圾中转设施815处，新增垃圾箱14206只，新建公厕340所。90%的行政村建有标准化幼儿园，80%以上的村完成中心村建设，70%的村建成老年活动中心。二是通过农村公共服务体系的规范化构建，推进农村公共服务规范化供给，确保农村医疗、教育、社保、文化、通信等基本公共服务项目与城镇“种类无差异，质量相一致”。三是通过农村产业标准化管理，涌现了一批有较强区域特色和竞争优势的专业特色村和特色产业，其中，白茶、笋竹、蚕桑等品牌农业实施标准化的田间管理技术，运用科学化的产品加工工艺和采用规范化的市场营销模式，实现一产“接二连三”“跨二进三”的产业互动目标。农村休闲旅游产业严格执行各类规范要求，按照星级评定标准，提升旅游服务质量和产业整体竞争力，2014年安吉县继婺源之后被国家旅游局列为“国家乡村旅游度假实验区”。四是通过生态环境的标准化建设，深入开展“双十村示范、双百村整治”工程，扎实做好环境污染治理，有效推进生态修复工作。安吉县农村生活垃圾收集覆盖率达100%、太阳能特色村覆盖面达到98.3%，90%的行政村开展农村生活污水处理，城镇污水处理受益率达 81.1%，农村垃圾无害化处理率达 92.3%，在全省率先实现了垃圾收运一体化、处置无害化。在全国率先开展农业面源污染治理，大力推进废弃矿山复垦复绿、小流域生态改造，建成生态公益林 43.73 万亩，每年新增城乡绿化面积万亩以上，森林覆盖率达到 71% 以上，出境水质在 2013 年以来连续 6 年均值达到Ⅱ类水质，全县空气质量常年保持在一级。

（二）研制浙江美丽乡村建设标准，全面推广美丽乡村建设的内容体系

2014 年 4 月 2 日，由安吉县人民政府、浙江省标准化研究院等 6 家单位共同起草的全国首个美丽乡村省级地方标准——《美丽乡村建设规范（DB33/T912—2014）》正式发布[①]，包括基本要求、村庄建设、生态环境、经济发展、社会事业发展、社会精神文明建设、组织建设与常态化管理 7 个部分，确保美丽乡村建有方向、评有标准、管有办法。（1）制定标准过程坚持真实性、可操作、可比性、公众参与四项原则。（2）注重循序渐进，全面性与阶段重点相结合。根据美丽乡村建设的整体情况及所处阶段，特别是针对农村环境保护的薄弱环节，对农村生活污水治理、农作物秸秆综合利用率、清洁能源普及率等环境重要指标提出高标准、严要求。同时提出农村信息化建设等方面的发展性要求。（3）因地制宜，鼓励各地探索美丽乡村建设模式。总结试点、示范村基本情况，标准囊括了四种主要类型的基本指标。一是聚集发展型，作为中心村，完善水、电、路、气、房和公共服务等配套建设，将地域相近、人缘相亲、经济相融的村庄成片组团，引导农民向中心村和新社区适度集中，建立新型农村社区管理机制。二是旧村改造型，通过村内道路硬化、路灯亮化、绿化美化、休闲场地等设施建设，促进村庄整体建筑、布局与当地自然景观协调。三是古村保护型，对自然和文化遗产保留完好、原有古村落景观特征明显、保护开发价值较高的古村落，以保护性修缮为主，积极完善村庄道路、水系、基础设施和配套设施，按照修旧如旧的原则，提升村庄人居品味。四是景区园区带动型，加快推进景区沿线创建点的巩固

① http://zjrb.zjol.com.cn/html/2014-04/03/content_2598220.htm?div=-1.

提升，把景区沿线打造成文明秀美的人文景观通道；依托现代农业示范区建设，鼓励走“旧宅变新房、村庄变社区、村民变居民、农民变工人”的美丽乡村建设之路。

（三）形成可评价、可复制、可移植的浙江省美丽乡村标准

美丽乡村标准化建设是社会主义新农村建设的有益探索，浙江省将标准的理念、标准的方法、标准的要求和标准的技术应用于农业和农村现代化建设各领域，并总结提炼出美丽乡村建设的通用要求和细化标准，增强了美丽乡村建设的可操作性、科学性和社会参与性，这在全国处于领先地位。(1) 标准化增强了美丽乡村建设的可操作性，使宏伟又抽象的理念成为抓手明确、细化操作的系统工作，使经验鲜活但又观念朴素的美丽乡村建设实践上升为体系健全、范式规范的一般模式和主要类型，实现了浙江省美丽乡村建设“立足县域抓提升、着眼全省建试点、面向全国做示范”愿景。(2) 标准化增强了美丽乡村建设的科学性，规范了美丽乡村建设的质量、流程和责任，易于各地美丽乡村建设的通用领域参照规范，降低了探索成本，加快了美丽乡村建设的步伐。(3) 标准化增强了美丽乡村建设的社会参与性，将美丽乡村建设各个环节加以明确、简化和规范，使美丽乡村建设的标准让广大群众尤其是农民所熟知、所接受，使农民真正从美丽乡村建设战略的贯彻执行者变成主动参与者，极大地激发了农民参与美丽乡村建设的主体意识和创业激情。

第七章　美丽城市建设

绿色发展，是党中央立足基本国情审慎把握生态文明建设新的阶段性特征，是对发展理念的时代性探索。[①] 城市是环境、经济、社会的复合体与基本单元，美丽城市建设是美丽中国实现的重要基础和途径，也是推进中国城镇化和现代化建设的重点任务。截至 2017 年初，我国的城镇化率为 57.35%，城市发展成就举世瞩目。但经济发展带来快速城镇化的同时，环境恶化、交通拥堵、资源短缺、雾霾严重、管理粗放等问题不断凸显，这些问题使城市建设步伐受阻、遭遇各种瓶颈，同时降低了城市居民的生活幸福感。美丽城市建设，不仅可促进良好城市形象的塑造、城市品位的提升及人民群众生活质量的提高，而且对城市产业经济结构调整、城市功能布局优化及城市生态环境改善有着十分重要的推动作用，是我国实现城市可持续发展战略的必然选择。

第一节　从文明城市到美丽城市建设

城市是现代文明的重要标志，是社会、经济高效发展集聚的中心。城市通过高密度的资本、技术、人才和信息等生产要素的组合和配置，产生高级经济能量，创造社会财富。城市化是 21 世纪全球主流发展趋势，老旧的城市理念未能有效地预见城市发展出现的生态环

---

① 张高丽：《深入贯彻落实绿色发展理念　坚定不移推进生态文明建设》，《人民日报》2017 年 9 月 9 日第 1 版。

境等系列问题。美丽城市应运而生，生态环境、生态建筑、生态住区、生态型城市逐渐成为未来城市规划设计的主线。浙江省正处于城市化快速发展的关键时期，生态文明城市建设是浙江省未来城市发展的必然选择，极具现实意义。

一　从环保模范城市到美丽城市建设

（一）环保模范城市

1996 年，中央针对改革开放后城市发展的诸多环境问题，发布《国家环境保护“九五”计划和2010 年远景目标》，强调了“建成若干经济快速发展、环境清洁优美、生态良性循环的示范城市和示范地区”。为将政策落实、推进城市可持续发展，国家环境保护总局决定在全国开展创建国家环境保护模范城市活动，涵盖了社会、经济、环境、城建、卫生、园林等方面内容。环保模范城市体现了我国对城市可持续发展的要求，通过努力建设资源节约型和环境友好型社会，使群众充分享受发展的成果，为人的全面发展提供最适宜的空间，满足了走中国特色城镇发展道路的需求。

浙江省政府积极响应，按照国家环境保护模范城市考核指标要求开展国家环保城市的创建工作。杭州、宁波、绍兴等城市第一时间递交了创建申请，还有大量城市和城区积极开展前期工作。2001 年，杭州、宁波成功通过环保部环保模范城市创建的考核验收，成为浙江省首批国家环保模范城市，绍兴紧跟其后，在次年成功创模。

在整个创建模范城市的过程中，浙江省印发了一系列文件，同步进行国家级和浙江省环境保护模范城市的创建工作，来保证创建模范城市的顺利实施。2007 年，为全面贯彻落实《国务院关于落实科学发展观加强环境保护的决定》和第七次浙江省环境保护大会精神，经省政府同意，浙江省环保局发布了《浙江省环境保护模范城市创建与管理工作暂行规定》《浙江省环境保护模范城市考核指标（试行）》[以下简称《暂行规定》和《考核指标（试行）》]，宣布开始开展浙江省环境保护模范城市创建活动。创建国家级和浙江省环境保护模范城市的工作可以同步进行：浙江省环境保护模范城市的建设标准和考核办法，按照省环保局有关规定执行，由省环保局命名；国家环境保护模范城市的建设标准与考核办法，按照国家环境保护总局有关规定执行，由国家环境保护总局命名。2011 年对《暂行规定》与《考核指标（试行)》进行了修订后，浙江省环保局又印发《浙江省环境保护模范城市创建与管理工作规定》和《浙江省环境保护模范城市考核指标》，并定期按文件要求开展复检。《浙江省环境保护模范城市创建与管理工作规定》对浙江环保模范城市的创建程序（申请、组织实施、技术评估、考核验收、公告和公示、命名和表彰)、监督管理（持续改进，强化退出机制，动态评估，营造协力推进氛围）给予了充分说明。各设区城市环保局积极响应，在国家、省环保模范城市创建（以下简称创模）举措、工作督查、考核验收与复检等方面积累了丰富经验。

2006 年 6 月，浙江创模工作全面铺开。丽水市全面推进环保模范城市创建，提前完成主要污染物减排任务，市区在全省城市环境综合整治考核中连续名列前茅。2009 年，丽水市提出，要进一步完善创模规划、节能减排、水和大气污染防治、工业园区污染整治、城市环境基础设施建设、环境卫生综合整治、机动车尾气和油烟污染治理等创建模范城市工作重点。金华市 2009 年在《金华坚持六大原则开展省级环保模范城市创建》中提出创建六原则：优化城市经济；构筑现代化城市框架；助推城市环境综合整治；城乡同创；保障民生；长效管理。台州各地在创模中重视过程，长远规划，着重以创模为载体来促进各部门协调配合，确保持续推进城市环境综合整治及环保基础设施建设等，切实改善城市环境质量。台州市创建办和市创模办组织督查组对三区及有关单位制订整改方案情况、创模整改工作落实情况及群众投诉问题解决情况进行督查。2011 年，浙江省环境保护厅在富阳主持召开了“国家环保模范城市复检工作座谈会”，全省 7 个迎复检国家环保模范城市、7 个省级环保模范城市等就创模工作亮点做了交流。显然，各地创模工作重在强化落实，形成合力、强化基础，改善环境、强化弱项，提升水平。会议指出利用创模契机，整合行政合力，创造共创共建共享良好氛围，推进环保基础设施建设，全面推进了全省的生态文明建设。[①] 截至2012年4月20日，国家环保模范城市和省级环保模范城市创建活动成果丰硕。浙江省已有7个国家环保模范城市，分别是杭州市、宁波市、绍兴市、富阳市、湖州市、义乌市、临安市。

环保城市与美丽城市仍有一定差距。环保模范城市是该阶段有中国特色的生态城市，是实施可持续发展战略的重要抓手之一。我国政府为巩固并深化创建工作所取得的成效，将创建国家环境保护模范城市作为推进可持续发展战略的重要载体，逐步按城市环境基础设施建设高标准在城乡接合部和农村地区开展生态与循环经济试点，提升国家环境保护综合能力。因此，环境保护模范城市虽未能全面体现美丽城市广义的生态观，但在发展上与美丽城市是一脉相承，是美丽城市建设的初级阶段，代表着我国城市发展的一个重要里程。

（二）美丽城市

2012年，针对资源约束趋紧、环境污染严重、生态系统退化等问题，党的十八大提出："把生态文明建设放在突出地位，融入经济建设、政治建设、文化建设、社会建设各方面和全过程，努力建设美丽中国，实现中华民族永续发展。"这是"美丽中国"首次作为执政理念而被提出，也是"五位一体"总体布局形成的重要依据。努力建设"美丽中国"，是推进生态文明建设的实质和本质特征，也是对中国现代化建设提出的要求。2015年10月召开的党的十八届五中全会上，"美丽中国"被纳入"十三五"规划——首次被纳入五年计划。2017年，习近平同志在党的十九大报告中指出，加快生态文明体制改革，建设美丽中国。

在发达国家发展历程中，往往出现过一段时期的城市美化运动，而这个城市美化运动一般在国家的城镇化率达到50%左右的时候出现。中国在2011年刚刚突破50%，中央就提出"美丽中国"的概念。各地区响应中央的政策，2013年时31个省、市、自治区都已经

① 《我省"国家环保模范城市复检工作座谈会"在富阳召开》，http：//zfxxgk.zj.gov.cn/xxgk/jcms_files/jcms1/web37/site/art/2012/12/29/art_2528_587207.html，2011年8月19日。

把“美丽”这个词加到自己地区的名字前面，如美丽广东、美丽四川、美丽宁夏，进而每个城市也把“美丽”加到自己城市的名字前面，如美丽广州、美丽重庆、美丽青岛。到了城市这个层面，大家就集合起来，提出了“美丽城市”的概念。

美丽城市是美学、社会学、地理学等多学科概念的统一。[①] 联合国人居中心、美世生活质量调查、经济学人宜居性调查报告等侧重从“宜居”的视角理解；香港中国城市竞争力研究会把城市规划设计合理、基础设施完善、建筑个性鲜明且整体协调等作为美丽城市重要内容，侧重从空间视角理解；四川大学“美丽中国”研究所从“五位一体”视角提出，美丽城市包含发展美、治理美、文化美、和谐美及生态文明美，归根结底是要体现为美好生活。

早在2002年，浙江省第十一次党代会就提出建设绿色浙江目标。2003年，浙江省委省政府做出建设生态省的决定。2010年，浙江省委作出《关于推进生态文明建设的决定》，提出要“努力把浙江省建设成为全国生态文明示范区”。2012年，浙江省第十三次党代会把生态文明建设摆到更加突出的位置；省第十三次二中全会提出“深化生态省建设，加快建设美丽浙江”的战略目标。从“绿色浙江”到“生态浙江”，再到“美丽浙江”，十余年的生态战略坚持换来了浙江绿色发展的全国领先，将“绿水青山就是金山银山”化为生动的实践。2014年5月，浙江省委通过了《中共浙江省委关于建设美丽浙江创造美好生活的决定》，指出建设“两美”浙江是建设美丽中国在浙江的具体实践，也是对历届省委提出的建设绿色浙江、生态省、全国生态文明示范区等战略目标的继承和提升。

2015年9月，浙江省委省政府将原先的生态省建设工作领导小组调整为“美丽浙江”建设领导小组，各市、县成立了组织机构，形成党委政府领导、人大、政协推动、相关部门齐抓共管、社会公众广泛参与的生态文明建设工作格局。2016年4月，环境保护部和浙江省相关领导在杭州桐庐县签署了《关于共建美丽中国示范区的合作协

---

① 方和荣：《基于“五大发展”理念的美丽厦门建设研究》，《厦门特区党校学报》2016年第2期。

议》，浙江成为全国首个开展省部共建美丽中国示范区的省份。2017年，浙江省第十四次党代会上明确提出“美丽浙江”目标，描绘了未来生态画卷，包括继续坚定不移地推进环境治理，绝不把违法建筑、污泥浊水、脏乱差带入全面小康社会，全面推进空气、水、土壤的治理，走出一条浙江生态发展的新路子。

（三）构建美丽城市的杭州实践

党的十八大后，习近平总书记听取杭州市工作汇报时，又殷切希望杭州更加扎实地推进生态文明建设，努力成为美丽中国建设的样本。习近平总书记的这一重要指示，为杭州的科学发展提出了更高要求。为认真贯彻党的十八大精神和习近平总书记关于杭州要努力成为美丽中国建设的样本的重要指示要求，加快“东方品质之城、幸福和谐杭州”建设，2013年7月30日中共杭州市第十一届委员会第五次全体会议审议通过《“美丽杭州”建设实施纲要（2013—2020年）》，主动顺应时代发展潮流，以建设“美丽杭州”为抓手，以生态文明为引领，在更高层次上实现人与自然、人与社会、环境与发展和谐统一，努力走生产发展、生活富裕、生态良好的文明发展道路。

《“美丽杭州”建设实施纲要（2013—2020年）》中指出，要坚持以人为本、富民惠民、生态优先、绿色发展、系统谋划、重点突破、注重品质，彰显特色、党政推动、全民参与为基本原则，经由三个阶段步骤：（1）近期（到2015年）：“美丽杭州”建设的空间布局、发展路径、政策机制基本构建，城乡生态产品供给水平持续提高，环境质量明显改善，经济发展活力增强，宜居程度不断提升，美丽人文进一步彰显，基本公共服务水平较大提高，成功创建国家生态市，全面建成小康社会。（2）中期（到2020年）：“美丽杭州”建设纵深推进，生态系统持续恢复，环境质量全面改善，产业转型总体完成，全面达到国家生态文明建设示范区的目标要求，全市基本实现现代化。（3）远期（到2030年）：“美丽杭州”建设取得突破性进展和标志性成果，城乡自然—经济—社会复合系统良性循环、稳定共生，山水相容、城景交融、水净气清、城乡融合的城市外在形象进一步彰显，富庶安宁、精致大气、绿色低碳、和谐包容的城市内在品质进一步形成。以实现山清水秀、天蓝地净、绿色低碳、宜居舒适、道法自然、幸福和谐为主要标志，建设生态美、生产美、生活美的“美丽杭州”，成为美丽中国先行区。具体举措有：

第一，着力完善城乡区域空间布局。按照人口资源环境相均衡、经济社会生态效益相统一的原则，整体谋划市域国土开发，统筹城镇、产业、居住、生态布局，形成“一核五极、山水之城，组团强镇、网络都市”的市域空间总体布局框架，实施主体功能区战略，深化市域空间管制，调整开发建设布局，促进生产空间集约高效、生活空间宜居适度、生态空间山清水秀。坚持网络均衡和城乡融合的发展理念，完善市域城镇群发展主框架，构建“中心城市（杭州市区）—中等城市（五个县城）—小城市（中心镇）—特色镇—中心村—特色村”城镇体系，形成城市紧凑、乡村疏朗、城乡对接、功能配套的城镇化发展格局。提升中心城市主导功能，完善“一主三副六组团”的杭州市区空间布局，加快从以西湖为中心的“西湖时代”向以钱塘江为轴线的“钱塘江时代”转变。优化主城区空间结构，加强城市存量空间挖潜改造，完善主城区公共服务和基础设施配套，提升研发创新、管理服务、商贸商务会展功能，巩固发展旅游休闲、网络经济功能。加快推进城乡一体化，坚持以新型城市化为主导，加大城乡区域统筹发展力度，加快推进城乡规划、基础设施、公共服务、环境保护等一体化，深化区县（市）协作，深入实施“旅游西进”“科技西进”“文创西进”“现代服务业西进”，促进城乡要素平等交换和公共资源均衡配置，力争高速铁路覆盖到县（市）、高等级公路覆盖到镇乡、基本公共服务设施覆盖到村、社会保障覆盖到人，打造城乡统筹示范区。

第二，着力保护和修复自然生态系统。以保护生态系统完整性为目标，修复和完善由生态屏障区、生态带、生态廊道、生态节点组成的生态系统串联体系。重点建设钱塘江、苕溪、运河等主要水系河流蓝色生态廊道，组成网络化的水生态廊道体系。以“四边三化”行动为载体，重点建设以高速公路、高等级公路、铁路为主要通道的绿色廊道，构建形成干道绿色生态廊道体系。以自然保护区、风景名胜区、旅游度假区、饮用水水源保护区、湿地保护区和森林公园等生态保护地为载体，保育关键生态节点，保留永久生态空间。继续推进西溪、大江东（江海）等重点湿地综合保护，促进湿地保护和利用进入有序良性循环。加强耕地保护，实施城乡生态保护区块耕地、高标准基本农田和生态用地“三位一体”的集中连片保护管理，提高农田生态系统质量，发挥农田生态系统的调节功能。彰显城市自然景观特色。保持“一江春水穿城过”“三面云山一面城、一城山色半城湖”的城市景观格局，把自然本底作为杭州城乡特色风貌塑造的基本载体，维护西湖和千岛湖区域景观核，充分运用山、水、林、园、城等景观要素，使各组团、片区镶嵌在绿地、森林、湿地、河流之间，彰显“城中有山、山中有城，城在林中、林在城中，湖水相伴、绿带环绕”的杭州山水城市特色。

第三，着力推进环境突出问题综合治理。开展清水治污行动，深入实施城市河道综合整治，加强对重点流域化工、印染、造纸等高污染行业整治，巩固实施西湖、西溪湿地、运河、市区河道综合保护工程，积极整治平原河网水系，构建湿地生态网络体系，优先完善饮用水源保障体系，加强城市饮用水源地保护区的污染整治。开展大气整治行动，积极推广天然气、太阳能等清洁能源，减少煤炭消费总量，从源头上降低区域污染负荷。巩固和深化脱硫除尘成果，推进工业脱硝工程，加快重点行业脱硫脱硝除尘改造，提升污染防治水平，持续降低排放总量。加强土壤环境安全管理，以耕地和集中式饮用水水源地为重点，建立严格的土壤环境保护制度。加强工矿业、农业等人为活动的环境管理，阻断土壤污染物来源。以生活垃圾分类收集处置为抓手，强化垃圾中转站和处理设施的环境监管，实现生活垃圾资源化和无害化处置。加强资源能源节约集约利用，实施能源消费总量和能源消耗强度“双控制”，完善落后产能退出机制，强化节能减排目标责任考核。实施重点节能工程，推广清洁生产，推行合同能源管理，提升全社会能源利用效率。健全水资源配置体系，强化水资源管理和有偿使用，严格控制地下水开采，加强农业节约用水、工业废水回收再利用和区域性中水回用系统建设。

第四，着力推进产业升级和绿色转型。优化产业布局，实施“东优西进”“腾笼换鸟”等战略，充分发挥资源优势，推进全市产业转型升级，优化产业空间布局和市域经济发展格局。调整产业结构，加快信息化与工业化深度融合，促进制造业与服务业紧密结合，推动实体市场和虚拟市场相互运用，引导企业运用高新技术、先进适用技术改造提升传统优势产业。加强科技创新驱动，坚持以信息化和信息产业为突破口，有针对性地集中力量开展攻关，协同突破技术瓶颈，形成若干具有自主知识产权的核心产品，引导一批具有国际竞争力的创新型企业主导或参与制定国际先进标准，努力在若干产业和技术领域形成领先优势。发展绿色循环低碳经济，以节能降耗减排为方向，推进工业园区生态化建设与改造，鼓励产业废物循环利用，推进静脉产业园区建设，建立健全再生资源现代回收体系，实现资源再生利用产业化。探索以低能耗、低污染、低排放为基础的低碳经济发展模式，推动建立以企业为主体、产学研相结合的低碳技术创新和成果转化体系，鼓励低碳设计，认证低碳产品，建设和培育低碳产业链，促进低碳产业集群发展壮大。

第五，着力改善城乡人居环境。加强城市景观和建筑风貌设计，实施西湖东岸景观提升工程，加强西溪湿地周边建筑景观控制，引导钱塘江两岸建筑高度布局，丰富城市景观层次，增强沿江城市景观特色。健全绿色公共交通体系，加快城市轨道交通建设，扩大公共自行车租赁服务能力，发展公共电动汽车租赁，健全智能交通体系。优化城市社区和居住小区环境。围绕打造“国内最清洁城市”，创新城市管理举措，建设智慧城管系统，促进数字城管向智慧城管转变。加强洁化绿化亮化序化长效管理，继续深化背街小巷、危旧房、庭院等改善工程，大力推进“三改一拆”工作，完善基本公共配套设施，改善社区和居住小区环境。加大对城中村改造项目的政策扶持力度，加快城中村环境综合整治。加强社区绿地、社区广场、社区活动中心等尺度宜人的绿色休闲空间建设，丰富社区文化，营造优美环境，打造文明社区。加快钱塘江、富春江、新安江两岸的生态景观保护和建设，重点保护“三江两岸”自然生态环境，打造现代版的“富春山居图”。

第六，着力传承和发展美丽人文。健全多层次文化遗产保护体系，打造杭州文化遗产精品，增加文化厚度，加强历史街区、历史建筑、老字号、工业遗产、商业遗产等的保护，保护历史文化名镇名村。完善非物质文化普查、传承、研究、展示体系，强化非物质文化遗产保护。培育发展生态文化，坚持自然生态文明和社会生态文明并重发展，努力培育现代生态文化，总结提炼新时期杭州建设发展中体现的现代生态文化。建设一批培育和创新生态文化的载体，充分发挥图书馆、科技馆、文化馆等在传播生态文化方面的作用。普及生态文明教育，深入开展公众生态教育，加强对各级公务员、企业管理人员的生态环境与生态文明专业知识培训，提高其生态素养。

第七，着力提升城乡居民生活品质。构筑包容公平和谐的社会环境。完善社会服务管理网络，巩固创新“网格化管理、组团式服务、片组户联系”、“五链式”社会矛盾化解、“三全十服务”工作模式，构建和谐劳动关系等有效机制和特色做法，使群众利益诉求表达渠道畅通，完善利益平衡与协调机制。深化“民生十项工程”，加快发展社会事业，着力建立健全公共教育、健康医疗服务、养老服务、住房保障体系，切实解决好人民群众反映强烈的交通、医疗、教育、就业、住房、防灾减灾等问题，努力实现学有优教、劳有多得、病有良医、老有善养、住有宜居的目标。坚持宣传引导、经济调节、示范带动，大力倡导绿色、文明、健康的生活方式和消费模式，扩大绿色产品的有效需求，增强节约资源、保护环境的自觉性。倡导绿色出行、生态旅游和健康文明的娱乐方式，培育绿色饮食文化，积极引导人们衣、食、住、行、用等向低碳模式转变，促进公众绿色消费行为的自觉形成。提升物质和精神生活水准，按照增加收入、保障就业、丰富文化、促进参与的思路，努力打造物质富裕、精神富有的品质生活。继续实施居民收入倍增计划，健全分配体系和税收制度，建立完善合理的社会分配体系，努力提高居民收入水平。完善就业创业服务机制、改善就业创业环境，加大公共文化设施建设，增大文化惠民力度。

第八，健全政策机制和保障措施。建立完善组织领导和综合决策机制。在市国家生态文明试点市暨生态市建设工作领导小组的基础上，成立杭州市生态文明建设（“美丽杭州”建设）委员会，发挥牵头抓总作用，统筹协调、指导监督生态文明和“美丽杭州”建设的重大工作。建立完善统筹推进和考核评价机制。按照分阶段推进要求，滚动制订三年行动计划和年度工作计划，各牵头部门、责任部门必须按照行动计划和年度计划制定实施细则，严格组织实施。制定“美丽杭州”建设工作目标绩效考核办法，实施阶段性目标考核和年度工作考核，并将考核结果纳入各级领导班子和干部的政绩考核范围。建立完善法制保障和激励约束机制，强化生态文明法治建设，适时出台生态文明建设和“美丽杭州”的地方性法规，探索建立生态保护的公检法专门机构。探索建立经济激励约束长效机制。进一步整合市、区县（市）两级财政资金，合理配置政府各项资源，盘活存量、整合增量，加大投入，提高绩效，发挥市场作用，鼓励企业、金融机构等社会投资主体参与“美丽杭州”建设，健全生态补偿机制。建立完善先行先试和示范创建机制。坚持改革创新、先行先试，积极探索在区、县（市）建立“美丽杭州”建设实验区，推进综合配套改革，积累“美丽杭州”建设的典型经验。

二　从文明城市到生态文明城市

（一）文明城市

文明城市是指在全面建设小康社会、推进社会主义现代化建设新的发展阶段上，坚持科学发展观，经济和社会各项事业全面进步，物质文明、政治文明和精神文明协调发展，精神文明建设取得显著成就，市民素质和文明程度较高的城市。所谓创建文明城市，主要以提高城市文明程度、提高市民文明素质、提高群众生活质量为目标，在软环境上多下功夫，突出提高人的思想道德素质，促进建设廉洁高效的政务环境、公正公平的法治环境、安居乐业的生活环境、规范守信的市场环境、健康向上的人文环境、可持续发展的生态环境，促进经济社会和人的全面发展。[1]

我国创建文明城市活动，始于20世纪80年代。1996年，党的十四届六中全会在《关于加强社会主义精神文明建设若干重要问题的决议》中明确提出：“要以提高市民素质和城市文明程度为目标，

---

① 徐振宇：《善治视野中的创建文明城市活动研究——以长沙市创建文明城市活动为例》，硕士学位论文，国防科学技术大学，2008年。

开展创建文明城市活动。每个单位都要围绕实现优美环境、优良秩序、优质服务，推动城市的精神文明建设。各省、自治区、直辖市要制定规划，到2010年建成一批具有示范作用的文明城市和文明城区。”这是“创建文明城市”一词首次出现在中央文件上。党的十六大以来，群众性精神文明创建活动持续发展。2003年8月，中央文明委印发了《关于评选表彰全国文明城市、文明村镇、文明单位的暂行办法》。2004年9月，由中央文明办组织专家研制的《全国文明城市测评体系（试行）》正式颁布实行，这是全国第一个评价与考核群众性精神文明创建活动成效的指标体系，共119项指标。《全国文明城市测评体系操作手册》于2005年4月出台，2011年被修正为《全国文明城市测评体系》，其包括基本指标和特色指标两大部分。创建文明城市活动在提高市民素质和城市文明程度等方面发挥了重要作用。

自中央提出后，浙江省各县市都高度重视文明城市的创建。截至2015年，浙江省已有15个城市成功申报全国文明城市，其中宁波更是全国少有的夺得“五连冠”的城市之一。浙江省各县市都做了相当多的工作迎接文明城市的评审。台州市通过根除不文明痼疾，挥剑城市陋习，在全国文明城市创建行动中，以培育和践行社会主义核心价值观为核心，大力倡导文明和谐新风，积极营造争创的浓厚氛围，引导和激励全市人民做文明有礼台州人。[①] 义乌结合“美丽义乌大会战”，立足镇村，多举措推进文明城市创建工作：一是实行“三张清单一方案”；二是实行“负面行为告诫制度”；三是强化三支队伍建设；四是制定“路长制”。[②] 普陀区紧紧围绕创建总体目标，凝聚力量，抓住重点，攻克难点，积极作为，各项创建工作取得了明显成绩[③]。丽水针对违法停车、非机动车闯红灯等十大交通违法行为，出

① 《台州多举措全面创建全国文明城市》，http：//zfxxgk. zj. gov. cn/xxgk/jcms_ files/jcms1/web46/site/art /2017/8/3/art_ 3182_ 1963742. html，2017年8月3日。

② 《义乌立足镇村推进文明城市创建》，http：//zfxxgk. zj. gov. cn/xxgk/jcms_ files/jcms1/web25/site/art/ 2016/7/6/art_ 10883_ 1552824. html ，2016年7月6日。

③ 《普陀全力推进全国文明城市创建工作》，http：//zfxxgk. zj. gov. cn/xxgk/jcms_ files/jcms1/web14/site/art/ 2014/6/6/art_ 1021_ 955295. html，2014年6月6日。

台了礼让斑马线等行为规范；广泛开展了“烟头不落地”行动，现正全力以赴打造“最整洁、最礼让、最有序、最有爱心、最平安”城市，全力以赴创建全国文明城市。[①] 绍兴市将出租汽车行业文明风采作为重点，推进文明城市创建关键。[②] 丽水市莲都区借助发挥数字城管平台，强化案件处置力度，不断提升文明城市创建成效。[③] 宁波召开争创全国文明城市“五连冠”动员大会，指出在推进新一轮文明城市创建中，必须把握“六大关系”：一要把握坚持与发展的关系，二要把握整体与重点的关系，三要把握共性与个性的关系，四要把握面子与里子的关系，五要把握务虚与务实的关系，六要把握当前与长远的关系。[④]

（二）生态文明城市

生态文明是指以人与自然、人与环境、人与人、人与社会和谐共生、良性循环、全面发展、持续繁荣为基本宗旨的文化伦理形态。生态文明城市是落实生态文明、顺应人类发展需要的产物。生态文明城市是一个以人的行为为主导、自然环境为依托、资源流动为命脉、社会体制为经络的“社会—经济—自然”的复合系统，是可持续发展的人类居住区。[⑤] 生态文明城市是一个自然生态系统和社会生态系统达到最优化和良性运行的状态，它具有高度自我调节、自我修复维持和发展能力。[⑥] 生态文明城市建设的本质是以“人与自然和谐发展”为宗旨，物质文明与精神文明协同发展为基准，全面提升居民持久的生

① 《全力冲刺文明城市创建》，http：//www. zj. gov. cn/art/2017/7/11/art_ 15774_ 2239794. html，2017 年 7 月 11 日。

② 《绍兴出租汽车以创建诚信行业为主题推进文明城市创建》，http：//www. zj. gov. cn/art/2014/9/9/art_ 13104_ 1329836. html，2014 年 9 月 9 日。

③ 《丽水市莲都区建设分局借助数字城管平台创建文明城市》，http：//zfxxgk. zj. gov. cn/xxgk/jcms_ files/jcms1/web46 /site/art/2016/1/4/art_ 3185_ 1393861. html，2016 年 1 月 4 日。

④ 《宁波今日吹响动员令　冲刺全国文明城市“五连冠”》，http：//nb. ifeng. com/a/20170901/5960840_ 0. shtml，2017 年 9 月 1 日。

⑤ 王良：《生态文明城市——兼论济南建设生态文明城市时代动因与战略展望》，中共中央党校出版社 2010 年版。

⑥ 覃玲玲：《生态文明城市建设与指标体系研究》，《广西社会科学》2011 年第 7 期。

活品质为目标，大力提高各类自然资源维护和利用效能。①

中国生态文明建设处于萌芽阶段，浙江省政府就已对如何建设生态文明进行着积极的探索与实践。其中湖州市一马当先，作为浙江省“生态样本”最先被列入生态文明先行示范区。湖州市政府先后通过实施《浙江省湖州市生态文明先行示范区建设方案》（2004）、《湖州市生态文明先行示范区建设条例》《湖州市国家生态文明标准化示范区建设2016—2017年推进计划》等文件，通过构建科学合理的空间布局体系、集约宜居的城乡融合体系、绿色低碳的产业发展体系、高效节约的资源利用体系、自然秀美的生态环境体系、健康文明的生态文化体系、系统完整的制度保障体系等措施，大力推进湖州市生态文明先行示范区建设。继湖州市之后，杭州市、丽水市、宁波市也先后颁布实施《杭州市生态文明先行示范区建设行动计划（2015—2018年）》（2015）、《浙江丽水国家生态文明先行示范区建设方案》（2015）、《宁波生态文明先行示范区建设实施方案》（2015）等文件，全省迎来了创建生态文明城市的春风。

（三）创建生态文明城市的湖州实践

2005年8月15日，时任浙江省委书记的习近平同志到湖州市安吉县余村考察时，明确提出“绿水青山就是金山银山”的重要论断，要求湖州充分发挥好生态这一最大优势，将生态理念融入经济社会建设发展的全过程。多年来，湖州市委牢记习近平同志的重要指示精神，认真贯彻中央和省委决策部署，以实际行动保护绿水青山，将湖州打造成为全国首个地市级生态文明先行示范区。

第一，转变观念，形成风尚。绿水青山要成为金山银山，就必须树立保护绿水青山就是保护生产力、发展生产力的观念，把生态环境保护放在更加突出的位置，像保护眼睛一样保护生态环境，像对待生命一样对待生态环境。湖州是文化底蕴深厚的地方，湖州市委把弘扬生态文明与挖掘具有湖州特色的生态文化结合起来，深入实施名山、名湖、名镇、名人、名品“五名”工程，广泛宣传“热

① 王家贵：《试论“生态文明城市”建设及其评估指标体系》，《城市发展研究》2012年第9期。

爱自然、崇尚自然、亲近自然”“人与自然和谐相处”等理念，促进公众生态价值观的养成。同时，以创建国家生态市为载体，动员广大群众自觉参与，扎实开展绿色社区、绿色学校等创建活动，引导绿色消费、低碳生活，努力在全社会形成注重节约、爱护自然、保护环境的良好风尚。全市80%的县区被创建为国家级生态县（区），80%的乡镇被创建为国家级生态乡镇，生态环境质量公众满意度连续6年位居全省前列。

第二，“腾笼换鸟”，淘汰落后。改革开放后，湖州一度成为长三角建筑石料的主要供应地，试图用绿水青山去换金山银山，结果造成青山掉色、绿水变浑。沉痛的代价使湖州市委认识到，在生态环境保护上，一定要算大账、算长远账、算整体账、算综合账，绝不能再以牺牲生态环境为代价换取经济的一时发展。湖州市委对高能耗、高污染、高排放的产业和行业坚决说“不”，以壮士断腕的决心，重拳推进印染、造纸、制革、化工四大行业整治提升，努力实现资源利用最大化、污染排放最小化。坚持拆改建并举，扎实推进旧住宅区、旧厂区、城中村改造和拆除违法建筑行动，腾出建设用地空间。严格落实节能减排目标责任，加强能耗强度和总量双控管理；铁腕抓矿山治理，扎实推进减点、控量、治污，全市矿山企业由612家削减至33家，开采量由近2亿吨压缩到4500万吨以内，在产矿山全部达到绿色矿山标准，并被列为全国工矿废弃地复垦利用试点。全面实施总投资近100亿元的太湖流域水环境综合治理工程，关停搬迁沿岸所有工业涉污企业，在全省率先实现镇级污水处理厂全覆盖。现在，全市水环境质量明显改善，实现了“清水入太湖”。

第三，“筑巢引凤”，做优增量。绿水青山并不排斥养山富山。湖州市委抓好各类产业集聚区、开发区建设，大力实施浙（湖）商回归工程，以优质的项目增量推动传统产业生态化、特色产业规模化、新兴产业高端化，新增工业用地亩均投资强度达269万元。把握产业发展趋势，加快发展高端装备制造、生物医药、新能源等战略性新兴产业，加快发展现代物流、休闲旅游、电子商务、健康养生等现代服务业，加快发展生态高效农业，积极构建以生态农业为基础、绿色工业为支撑、现代服务业为引领的现代产业体系。2014 年，重点特色产业增加值占规模以上工业增加值的比重达 54.4%，战略性新兴产业、高新技术产业、装备制造业增加值增速普遍快于面上，工业企业利税、利润增幅居全省前列，农业现代化综合评价居全省首位。通过把美丽湖州建设与涵养风景旅游资源结合起来，围绕科学规划布局美、创业增收生活美、村容整洁环境美、乡风文明素质美、管理民主和谐美和宜业宜居宜游“五美三宜”的要求，着力建设全省美丽乡村示范市，17 条美丽乡村示范带展示出靓丽形象，实现用绿水青山留住美丽乡愁的愿景。

第四，“凤凰涅槃”，转型提升。绿水青山要成为金山银山，必须加快转变经济发展方式，让产业结构变“轻”，经济形态变“绿”，发展质量变“优”。湖州市以浴火重生的勇气，推动传统优势产业转型提升，向微笑曲线两端延伸，向价值链高端攀升，着力解决经济结构性问题。特别是对蓄电池行业实施两轮整治提升，实现“脱胎换骨”。深入实施创新驱动发展战略，鼓励企业加大技改投入，与中科院、清华、北大、浙大等开展产学研合作，大力引进海内外高层次创业创新人才，为经济转型发展提供有力支撑。

第五，深化改革，创新制度。湖州市紧紧抓住源头严防、过程严管、后果严惩三个关键环节，向深化改革要动力、要红利，切实加强制度创新，积极探索可复制可推广的生态文明建设体制机制。严格执行项目、总量、空间“三位一体”的环境准入制，建立新上项目专家预评估、“环评一票否决”等制度，从源头上杜绝不符合环保要求的建设项目。加强部门环境执法联动，初步建立起环境行政执法与刑事司法衔接机制，严厉打击环境违法行为。深化资源要素配置市场化改革，实行差别化电价、水价、地价政策，探索建立水源地保护生态补偿、矿产资源开发补偿、排污权有偿使用和交易等制度。设立政府引导资金，鼓励社会资本参与污水处理厂、垃圾焚烧发电厂等环保基础设施建设。实行领导干部生态环境保护“一票否决制”和环境损害责任终身追究制度。采取专家咨询、社会听证、群众测评等办法，探索建立社会监督评价制度。

第二节 美丽城市建设的主要载体

党的十八大提出，大力推进生态文明建设，努力建设美丽中国。美丽城市来源于美丽中国建设，服务于美丽中国建设，是美丽中国实现的重要途径。美丽城市是以人为本的城市，具体体现在经济发展美、生态环境美、生活舒适美，并最终实现人与自然和谐、人民生活富足、人居生活环境良好的美好城市，是已经提出的“绿色城市”“生态城市”“低碳城市”等概念的综合和升华。[①] 2016年7月，浙江省《“811”美丽浙江建设行动方案》出台，引入“两美”理念，将人民对于优良环境和幸福生活的美好向往纳入规划，成为未来5年“美丽浙江”建设的行动指南。[②] 浙江省美丽城市的建设立足于浙江实际，从环保模范城市、低碳城市、森林城市的建设，再到生态市、美丽县城、花园城市的建设，其建设历程可以概括为“绿色浙江—生态浙江—美丽浙江”。环保模范城市、生态城市、低碳城市、森林城市、美丽县城和花园城市六个城市建设载体，承载着美丽城市建立和发展的基础与动力，是美丽城市创建的强有力杠杆。

一 环保模范城市建设

2017年5月发布的《中国环境公报》显示，2016年，全国338个地级及以上城市中，有84个城市环境空气质量达标，占全部城市数的24.9%；而254个城市环境空气质量超标，占75.1%。此外，338个地级及以上城市平均优良天数比例为78.8%，比2015年上升2.1个百分点。清洁的空气、纯净的水源、宜居的环境等都成为现代中国人民对生活的更美好、更深远的追求。全国第四次环保大会召开之后，我国的环境保护工作开始进入一个新的发展时期，按照《中共中央关于加强社会主义精神文明建设若干问题的决议》和《国务院

---

① 张雅静：《“美丽宁波”的科学内涵及实现途径》，《中国人口·资源与环境》2013年第23期。

② 江帆：《我省出台〈“811”美丽浙江建设行动方案〉打造美丽中国的“浙江样板”》，《浙江日报》2016年7月8日第7版。

关于环境保护若干问题的决定》，以及1996年《国家环境保护“九五”计划和2010年远景目标》中提出的城市环境保护“要建成若干个经济快速发展、环境清洁优美、生态良性循环的示范城市”的要求，国家环保总局决定在全国各城市开展创建国家环境保护模范城市活动，以此推动我国城市环境保护进程。2017年6月，中华人民共和国环境保护部在《对十二届全国人大五次会议第7794号建议的答复》中提到，全国已有84个城市（区）获得国家环保模范城市称号，129个城市（区）正在创建过程中，覆盖省份达30个。环保城市创建为推动城市发展方式转变发挥了积极的示范作用。

（一）环保模范城市建设的总体进展

截至2016年，浙江省全省已累计创建7个国家环保模范城市、43个国家级生态示范区、138个国家环境优美乡镇和20个省级生态县（市），根据中国环境监测总站的报告，浙江省总体生态环境质量继续保持全国前列。浙江省已完成创建的国家级环境保护模范城市有杭州市（2001）、宁波市（2001）、绍兴市（2002）、富阳市（2005）、湖州市（2006）、义乌市（2007）、临安市（2010）。浙江省的创模工作经过近二十年的努力，不断向前推进，取得喜人进展。

（二）环保模范城市建设的主要内容

浙江省各市创模的主要内容既有共同点又有不同点。

杭州市的建设内容主要是：进一步加大环境综合治理力度，努力改善环境质量；认真做好创模资料档案整理工作，真实反映经济、社会和环境建设的丰硕成果；认真做好创模宣传发动工作，营造浓厚的创模环境氛围；创立创模领导小组，尽早实现环保模范城市建设；进一步强化城市环境管理，加大环保执法力度，严肃查处环保违法案件；各区各部门制定切实可行的实施计划和措施，层层抓落实；计划、财政等部门要积极支持创建活动，安排创建资金。

宁波市的建设内容主要是：提高环境质量，治理水环境；提高企业污染物处理率，大力推行清洁生产；实现生活垃圾无害化处理；环境保护目标落实到位，实施政绩考核制；推进城乡互动发展，全面提升环境质量；建立独立的环境保护机构，环境治理能力达到国家标准。

绍兴市的建设内容是：科学规划，节能减排；坚持绿色发展；制定并完善环境保护政策体系；推动产业转型升级；强化工业企业污染防治；提升环境基础设施运行管理水平；提升环境保护能力建设。

富阳市的建设内容是：加强环境综合治理能力；推进农村环境治理和保护工作；创新环境保护管理体制机制；完善城市环境基础设施。

湖州市的建设内容是：采取综合整治措施，努力提高水环境质量；建立创模领导小组和联络员制度，实行目标责任制；切实加强领导，为创建国家环保模范城市提供组织保障；建立综合决策机制，为创建国家环保模范城市提供政策保障；完善管理体制，为创建国家环保模范城市提供体制保障；拓展多元化投融资渠道，努力增加环保投入；加大环境法制建设力度，实施依法管理方略；加强宣传教育，充分发挥社会监督和公众参与作用。

义乌市的建设内容是：加强领导，建立统一高效的创建机制；多元化投入，完善城市环境基础设施建设；弘扬绿色文化，提高公众环境意识；推行清洁生产，不断增强可持续发展能力；狠抓环境综合整治，全面提升环境质量；加强环保队伍建设，提高环境监管能力。

临安市的建设内容是：构筑生态环境综合防治体系；形成控制水污染、保障水安全、改善水环境等“六位一体”的源头护水新模式；改善农村环境质量，促进农村经济可持续发展；践行“引资不引污”发展理念。

（三）环保模范城市建设的主要举措

国家级环保模范城市的创建，浙江省在积极响应的同时，各市根据自身现状，制定《创建国家环境保护模范城市规划》，采取了多种举措来积极开展创模。各市采取了具有区域特色的有效措施。

杭州市的主要举措是：加强领导，明确责任，开展巩固深化创模活动；深入宣传，全民参与，营造巩固深化创模氛围；调整工业布局和产业结构，改善城市功能布局，推进实施可持续发展战略；完善法制建设，加大执法力度，实施污染源长效管理；深入开展“蓝天、碧水、绿色、清静”工程，强化城乡环境综合整治，进一步改善环境质量；开展实施萧山、余杭区创模工作，全面提高和改善市区环境质量。

宁波市的主要举措是：以科学发展观为统领，推进经济社会全面协调可持续发展，塑造国家环保模范城市的新形象；以环境保护优化经济增长，强化环境综合整治[①]，赋予国家环保模范城市新的内涵；以人民群众满意为标准，打好复查迎检攻坚战，实施巩固国家环保模范城市的新举措；以“十一五”指标为要求，继续加大环境保护工作力度，实现环保模范城市的新目标。

绍兴市的主要举措是：设立创模办公室，设置专职人员，以城市环境综合整治定量考核工作为载体，深入抓好国家环保模范城市的巩固与提高；推进重点区域、重点行业、重点企业的污染治理工作，巩固国家环保模范城市的长效建设；健全组织，确保制度保障有力；措施具体明确，生态创建有落脚点；强化宣传力度，让巩固国家环保模范城市各项要求及生态理念深入人心。

富阳市的主要举措是：环保局组织编制规划、制订创建工作方案、开展指标达标情况分析；积极组织实施城市环境基础设施建设、生态保护建设、水环境综合整治、大气环境综合整治、环境管理和监测能力建设、清洁生产等十大创模工程；投入资金13亿元，建成了一批环境基础设施；创建并巩固城市集中式合格饮用水源保护区、27.9平方千米烟尘控制区、13.9平方千米噪声达标区；建设了两个城市环境空气自动监测点位，开展了空气质量日报和预报，完成了近20家企业清洁生产审核工作。

湖州市的主要举措是：以实施十大工程为抓手，努力夯实创模工作基础；脚踏实地持之以恒，始终坚持经济发展与环境保护两手抓；突出重点综合治理，积极推进太湖流域水污染防治工作；城乡互动统筹发展，不断开创农村环境保护工作新局面；激活思路创新机制，努力探索环保投入运行新模式。

义乌市的主要举措是：因地制宜，坚持环境优先发展战略；充分

---

① 赵晓、方理力：《宁波通过国家环保模范城市复查验收》，中国环境网（http://www.cenews.com.cn/），2006年12月8日。

发挥商贸城市优势，狠抓城市环境综合治理；优化产业结构，强化环境管理；加快环保基础设施建设；扩大环境保护宣传，动员公众参与；不断加强工业污染防治和环境信访工作；推进经济社会同环境保护的协同发展。

临安市的主要举措是：源头护水，防治并举，落实创模的主要任务。严把规划执行关、项目审批关、污染整治关、执法监督关；加大投入，强化配套，夯实创模的工作基础。实施碧水工程、蓝天工程、绿色工程、宁静工程、洁净工程、农村生态工程；节能减排，优化结构，提高创模的根本成效。有序淘汰落后生产工艺、大力发展循环经济、积极推行清洁生产；多创联动，城乡共建，形成创模的强势氛围。多创联动、宣传发动、领导带动、督查推动、考核驱动。①

（四）环保模范城市建设的主要成效

全省范围内创模工作的开展，不仅推动着各市经济社会的更好更快发展，环境质量的持续优良，而且提升了环境管理的整体水平，使环境建设体系更趋完善，增强了群众环保意识，提高了全省治污能力。

2007年临安市通过了国家创模专家组的技术核查，并于当年全市工业销售产值、农业总产值、社会消费品零售总额分别比创模前一年增长了246.5%、177.9%和204.4%，单位GDP能耗、万元GDP化学需氧量排放强度、万元GDP二氧化硫排放强度均呈逐年下降趋势，且均低于全国平均水平，2007年被评为浙江省节能减排十大领跑县市。杭州市为我国第一个争创国家环保模范城的内陆省会城市，经过创模，杭州市城市生活无害化处理率达到100%，绿化覆盖率达到35%以上，生活污水处理率达到50%以上，烟尘控制区覆盖率达到100%，水、气、声环境质量明显提高。湖州市已建成城镇生活污水处理厂10座，日处理能力达25万吨，在建污水处理厂11座，建成后全市生活污水日处理能力将达到51.5万吨。② 工业废水装置日处

① 浙江省环境保护厅：《临安获“国家环保模范城市”》，《浙江日报》2010年2月13日第3版。

② 湖州市委、湖州市人民政府：《湖州市创建国家环保模范城市工作情况汇报》，中国环保网（http://www.chinaenvironment.com），2006年1月9日。

理能力达到33万吨，工业废气日处理能力达1.53亿标立方米。城市生活垃圾采用卫生填埋方式处置，日处理能力870吨，城市生活垃圾无害化处理率达100%。此外，通过创模，各级干部确立了科学的环保理念，增强了科学发展的意识，主动地处理好经济发展与环境保护的关系；企业生产经营者普遍确立了绿色生产的理念，推进绿色制造，减少排污总量；广大市民普遍树立了“保护环境、人人有责”的观念，形成了人人参与创模、为创模作贡献的良好氛围。

二　生态市建设

1972年，联合国人类环境大会同期启动“人与生物圈计划”，标志着人类环境问题已经被国际社会共同关注[①]，“生态城市”是在联合国教科文组织发起的“人与生物圈计划”研究过程中提出的一个重要概念。1972年，中国加入“人与生物圈计划”并当选为理事国，1978年开启中国生态学等学科领域学者与国际同行的学术接触。1996年国家环境保护局启动环保模范城市创建，至今已命名83个国家环保模范城市[②]；2003年环境保护总局开展生态省市建设，已评出38个生态市、区、县，2008年以来又批准52个地区为全国生态文明建设试点。2005年国家发改委启动循环经济试点，共批准建设循环经济示范试点151个，涉及钢铁、煤炭、化工等20余个行业领域、20余个省市[③]，中国生态城市建设正在提速发展。

（一）生态市建设的总体进展

浙江省生态城市建设主要涉及两个层面，一是副省级及地级市，如杭州市、湖州市、丽水市及衢州市等，二是县级市，如义乌市、临安市等。2003年，浙江省人民政府印发《浙江生态省建设规划纲要》，提出建设生态省，强调经过20年左右的努力，将浙江建设成为

---

① 蒋艳灵：《中国生态城市理论研究现状与实践问题思考》，《地理研究》2015年第12期。

② 蔺雪春：《通往生态文明之路：中国生态城市建设与绿色发展》，《当代世界与社会主义》2013年第2期。

③ 杭州市委、市政府：《杭州生态市建设规划》，杭州网（http：//www.hangzhou.com.cn/20040101/ca349853.htm）。

具有比较发达的生态经济、优美的生态环境、和谐的生态家园、繁荣的生态文化，可持续发展能力较强的省份。浙江省生态省建设的提出，要求生态建设任务在各地级、县级市及乡镇进行分解，浙江省生态城市的建设需统筹兼顾。《生态市建设规划》的制定实施，标志着各市生态市创建工作的系统性展开。

（二）生态市建设各阶段的主要内容

浙江省各地生态市建设一般包括启动推进阶段、达标验收阶段及全面建成阶段。各地各阶段建设内容各有异同。

杭州市的建设内容是：启动推进阶段（2003—2005 年），提出在不断巩固“创建国家环保模范城市”及生态示范区建设成果的基础上，全面启动生态市建设，要求资源消耗速率和生态退化速率的增长势头得到有效遏制，生态环境质量得到有效改善，区域发展转入生态市建设轨道。达标验收阶段（2006—2015 年），提出生态产业体系框架基本形成、生态环境质量继续得到改善、生态文明程度得到显著提高和生态市建设全面达标。全面建成阶段（2016—2020 年），目标为全面提高人的素质，深化生态文化建设，巩固和完善已进入良性循环的经济体系和社会体系，初步实现可持续发展。[①]

湖州市的建设内容是：启动推进阶段（2003—2007 年），全面启动生态市建设，重点任务是初步建立生态经济体系；明显改善生态环境质量；基本形成生态安全保障体系。达标验收阶段（2008—2015 年），即生态市建设走上健康发展的轨道，主要目标任务基本实现。全面建成阶段（2016—2020 年），全面建成生态城市，人民生活水平有所提高。

丽水市的建设内容是：启动推进阶段（2003—2005 年），建设内容是环境污染全面得到控制，生态环境明显改善，形成以清洁生产和绿色产品生产为主体的生态经济框架，进一步抓好生态重点工程建设，科教和生态文化建设深入人心。开展国家环保模范城市创建活动，经济社会发展和生态建设更趋协调。达标验收阶段（2006—2010

① 丽水市环境保护局：《丽水：绿色城市　生态经济》，《中国环境报》2012 年 6 月 29 日第 5 版。

年），建设内容是生态经济为主体的经济体系基本形成，城市化及城市生态化进程步伐明显加快，国家环保模范城市创建取得阶段性成果。生态、经济、社会三大系统结构合理，呈持续、稳定、协调发展的态势。经济结构，产业结构，产业、生产力布局和人口分布较为科学。通过科技创新，经济整体竞争能力达到国内较强水平。社会保障体系和基础设施比较健全，进入稳定发展阶段。全面建成阶段（2011—2018 年），内容是生态建设步入全省先进行列，并成为国家级环保模范城市，全面完成市本级生态建设的各项任务，经济社会发展、人民生活质量、科技文化等各项指标均达到全省平均水平。

在县级层面，义乌市生态市建设启动推进阶段（2003—2007 年），主要任务是全面启动生态市（县）建设，经“一体两翼”城乡空间形态不断完善，资源消耗速率和生态退化速率的增长势头得到有效遏制，生态环境质量得到有效改善。在 2006 年实现省园林城市的目标，2007 年基本实现生态市的建设目标。达标验收阶段（2008—2013 年），通过国家环保模范城市验收形成高效的生态产业体系框架，生态环境质量继续得到改善，生态文明程度得到显著提高。建成一批生态示范区和生态示范工程，解决局部区域存在的生态环境问题。2008 年实现国家园林城市的目标，城市基础设施、社会保障体系、公共服务设施得到不断完善。2013 年，社会经济综合发展指数力争进入全国市（县）前 15 名，各项指标均达到国家生态市（县）指标的标准。全面建成阶段（2014—2020 年），全面推进经济国际化、城市现代化、城乡一体化、社会文明化，成为国际上有较大影响的商贸城市。巩固和完善已进入良性循环的经济体系和社会体系，实现可持续发展。至 2020 年，义乌生态结构和功能日趋和谐，建立起生态产业高效、生态环境优美、物质能量高效利用、生态文明和谐的城市生态系统，建成融山、水、城为一体、生态平衡、景观优美的国际商贸生态型城市。

杭州临安市在 2011 年召开的临安市第十三次党代会上提出，临安将着力推进省级和国家级生态文明试点市建设，倾力打造“科技智慧临安、生态宜居临安、文化活力临安、和谐幸福临安”，积极探索生态文明建设“临安模式”。科技智慧临安，即突出科技支撑、创新驱动，着力打造经济发达、智力密集、现代科技广泛应用的智慧城市。到2016年，初步构建起高端化、低碳型的现代产业体系。全市规模以上工业高新技术产业产值占比达50%以上，集聚高层次科技创新人才5000名以上。生态宜居临安将“以绿为主、以水为魂”，营筑“含山纳水、城湖相映”的山水园林城市美景，着力打造生态环境宜人、时代气息浓郁的生态城市。

（三）生态市建设的主要举措

各地在进行生态城市建设时，因地制宜结合浙江生态省战略，采取各项举措推进地方生态市建设，共同举措是：健全组织领导体系，成立各级领导小组，并设立生态办；确立目标责任体系，明确各级目标责任；完善干部考核办法，编制生态建设规划及专项发展规划，制定完善指标体系；创新推进手段；创新执法监管手段，创建“联街结社”工作机制。各地在推进生态市建设过程中也有许多个性做法，如：湖州市重点考虑整体性治理框架下的生态城市建设，以整体性治理的理念和要求为指引，通过政府治理转型来推动生态型城市建设，成为全国首个实现国家生态县区全覆盖的地级市。[①] 丽水市突出生态主体功能，全面推进产业向园区集聚、人口向城镇集中，并将产业、村镇置换的建设用地因地制宜地发展生态旅游等绿色产业。台州市充分利用山体资源，建设城市生态景观森林。针对城区多山的独特地理优势，台州市对白云山、枫山、凤凰山、委羽山等山体进行着色和包装。把城区山体建成具有观赏价值、季相变化丰富、生长稳定、抗逆性强的城市多层立体结构生态风景。巧用江、河、湖、海，建设独特城市园林风景。县级义乌市围绕特色市场，强调打造以循环经济为核心的生态经济体系，积极倡导发展商贸业为龙头的现代服务业；建治并举，打造宜居宜商生态环境；推进乡镇和农村的创模、生态镇、生态村建设。而杭州临安市以发展生态经济为导向，全面启动生态市建设的细胞工程。注重在加大财政资金投入的同时，通过出台一系列优惠政策，调动方方面面的积极性，逐步形成了多元化的投资格局。此

① 王炜丽、昌银银：《湖州荣获国家生态市 成为全国首个实现国家生态县区全覆盖的地级市》，《湖州日报》2016年10月12日第1版。

外，城市自身环境的脆弱性；高能耗产业占工业经济比重较大导致的经济转型升级滞缓和污染减排刚性；生产力和人口布局还不能完全适应生态功能区定位；生态文明建设考核的指标体系设置还不够科学，考核评价的方法还不够完善，考核结果的运用还不够充分；有利于生态环境保护的财政、税收、价格、金融、土地以及投融资等方面的政策机制需要进一步建立健全；生态监管机制效率不高，环境与发展综合决策的运行和统筹协调体系尚不够完善，环保规划、环保政策执行和环保执法难以到位等问题，均制约着城市生态文明的发展，是生态文明城市建设中亟须解决的重大问题。

（四）生态市建设的主要成效

浙江省生态市建设成果可归纳为：一是环境污染整治效果突出。衢州市 12 家氨氮排放重点企业，基本实现氨氮达标排放。据初步统计，钱塘江流域 27 家氨氮排放大户减排废水 3200 多万吨/年，减排氨氮 3800 多吨/年。二是发展循环经济势头良好。在杭州余杭区的浙江蓝天生态农业开发有限公司，从养猪起家，逐渐摸索并创建了“猪、蚓、鳖、草/稻、梨/茶、羊”多元结合的农业循环经济模式。[①] 经过近 4 年发展，年创农业产值 4680 万元，利税近 800 万元，成了杭州市重点农业龙头企业。三是城乡环境基础设施建设稳步推进。2000 年，全省建成并投入运行的污水处理厂达 43 座，日处理能力 372.8 万吨；建成投入运行的城市垃圾无害化处理场（厂）82 座，日处理能力 23812 吨，垃圾无害化处理率 84.5%。[②] 四是生态人居环境构建初见成效。义乌不断推进“三改一拆”行动，“十二五”期间，义乌共拆除违法建筑 1035 万平方米，改造旧住宅、旧厂房、城中村 1306 万平方米，并开展城市设计大会战、老城区更新改造和农村新社区高层集聚等重点项目，金融商务区、总部经济区粗具规模，建成世贸中心、万达广场、绿城玫瑰园等知名商业综合体和高品质住宅区。五是体制改革不断深化，构建生态市建设保障体系。湖州市紧

① 陈山：《浙江蓝天生态农业开发公司建绿色生态农业　创循环经济模式》，中国网（http：//www.china.com.cn/），2005 年 8 月 20 日。

② 胡勇：《发展与环境友好共生存“生态浙江”呼之欲出》，浙江在线新闻网站（www.zjol.com.cn），2005 年 11 月 28 日。

紧抓住源头严防、过程严管、后果严惩三个关键环节，向深化改革要动力、要红利，切实加强制度创新，积极探索可复制可推广的生态文明建设体制机制。严格执行项目、总量、空间“三位一体”的环境准入制，建立新上项目专家预评估、“环评一票否决”等制度，从源头上杜绝不符合环保要求的建设项目。近年来，湖州市财政累计安排生态专项资金5.2亿元，带动社会投入118亿元。建设生态城市、生态省，是时代的要求、省情的选择，也是公众的愿望。

三　低碳城市建设

2017年7月18日，据新华社日内瓦电，近日全球多个国家和地区遭遇极端天气，北半球多地持续被热浪袭击，给人们的生产生活带来严重不便。世界气象组织表示，导致全球频繁出现极端天气的主因是温室气体排放造成的全球气候变暖。[①] 气候变化是人类面临的最具挑战的环境问题，也是当今影响最为深远的全球性问题。2008年11月联合国人居署出版《世界城市状况报告》，指出城市集中了全球50%以上的人口，并且仍在不断增长过程中，城市占地球表面不到1%的面积，却消耗世界约75%的能源。因此，城市必然就成为温室气体排放的热点和重点地区。[②] 以低碳经济为发展模式及方向、市民以低碳生活为理念和行为特征、政府公务管理层以低碳社会为建设标本和蓝图的低碳城市已日益得到各方重视。

我国低碳城市的发展，开始于2008年WWF（世界自然基金会）选定上海和保定作为低碳城市试点。2010年8月，国家发展和改革委员会（以下简称国家发改委）启动国家低碳省和低碳城市试点工作，确定广东、辽宁、湖北、陕西、云南5省和天津、重庆、深圳、厦门、杭州、南昌、贵阳、保定8市为低碳试点省市，标志着中国低碳发展和低碳城市正式进入实践阶段。2012年11月26日，国家发改委下发《国家发展改革委关于开展第二批低碳省区和低碳城市试点工

① 张芳玲：《综述：全球变暖仍是导致极端天气主因》，新华网（http：//gov.eastday.com/ldb/node41/node2151/20170719/n62436/n62451/u1ai345220.html）。

② 蔡博峰、曹东：《中国低碳城市发展与规划》，《环境经济》2010年第12期。

作的通知》（发改气候〔2012〕3760 号）（以下简称《通知》），北京、上海、海南和石家庄等 29 个城市和省区成为我国第二批低碳试点。[①] 至此，我国已确定了 6 个省区低碳试点，36 个低碳试点城市，至今大陆 31 个省市自治区当中除湖南、宁夏、西藏和青海以外，每个地区至少有一个低碳试点城市，低碳试点已经基本在全国全面铺开。

（一）低碳城市建设的总体进展

2016 年 6 月，浙江首个《浙江省低碳发展“十三五”规划》正式发布，该规划也是全国首个“十三五”省级低碳发展规划，明确了浙江省“十三五”期间低碳发展的总体目标：低碳发展水平显著提升，低碳发展机制逐渐完善，低碳发展理念深入人心，低碳生产和生活方式基本形成；碳排放强度到 2020 年达到国家下达的要求，到 2030 年较 2005 年下降 65% 以上。这是首次在省级层面正式提出的专门针对低碳城市的建设规划。浙江省各市的低碳城市创建工作开展较早，2008 年，杭州率先在全国提出建设“低碳城市”的战略，初步建立了温室气体排放统计核算体系，提出 2020 年碳排放达峰目标。2009 年，中共杭州市第十届委员会第七次全体会议通过了《关于建设低碳城市的决定》，提出到 2020 年全市万元 GDP 二氧化碳排放比 2005 年下降 50% 左右，建设低碳经济、低碳建筑、低碳交通、低碳生活、低碳环境、低碳社会“六位一体”低碳城市的目标。2014 年，杭州市出台《杭州市应对气候变化规划（2013—2020）》，计划在七个领域开展低碳和节能工作，一共 235 个项目，总投资将达 4422 亿元。由此，低碳经济持续升温，绿色理念生根发芽。宁波市为第二批低碳试点城市，其低碳城市建设的开展，严格基于自身的资源环境状况和产业结构形态。宁波市属于能源输入型城市，自身能源稀缺，而作为国家确定的华东地区能源和原材料生产基地，宁波又是能源消费大市，依托良好的港口条件，需要消耗大量的能源。故宁波市施行低碳城市建设势在必行。温州市是浙江省三大中心城市之一，于 2012

---

① 国家发改委：《国家发展改革委关于开展第二批低碳省区和低碳城市试点工作的通知》，中国节能涂料网（http：//www. chem17. com/News/Detail/38455. html）。

年获批国家第二批低碳试点城市，并于2013年9月，在市领导组织带领下，召开常务会议，审议通过了《温州市低碳城市试点工作实施方案》。该《实施方案》明确了温州市低碳城市的未来发展方向和建设目标：到2015年，单位GDP二氧化碳排放比2010年下降19.5%，单位GDP综合能耗比2010年下降15%。基本建立温室气体排放的动态监测、统计和核算体系，初步建立可持续的低碳经济发展模式、可推广的碳金融模式和碳交易机制、可操作的低碳配套政策体系。

（二）低碳城市建设的主要内容

低碳试点是探索各区域、各领域、各行业实现绿色低碳发展的重要途径和抓手，在完善低碳发展体制机制、宣扬低碳发展理念上发挥着至关重要的作用。各市的主要建设内容各有侧重。杭州市以建设低碳经济、低碳建筑、低碳交通、低碳生活、低碳环境、低碳社会“六位一体”的低碳城市为特色。[①] 宁波市围绕低碳产业、低碳能源、能效提升、碳汇水平、支撑能力建设等重点领域，探索低碳发展新模式，构建发展新优势，促进全市经济社会可持续发展。[②] 温州市以八项内容为重点：培育低碳产业，建设低碳活力城市；深化金融创新，建设低碳金融城市；优化能源结构，建设低碳能源城市；强化建筑节能，建设低碳建筑城市；发展绿色交通，建设低碳交通城市；增加城市碳汇，建设低碳宜居城市；提升能力支撑，建设低碳科技城市；倡导低碳生活，建设低碳健康城市。

（三）低碳城市建设的主要举措

2014年，浙江省首份《浙江低碳发展报告》显示：截至2013年底全省已获联合国签发的项目累计碳减排量1.62亿吨，居全国首位；从国际碳市场获取资金近100亿元，能源利用水平全国领先，并初步建立浙江温室气体排放统计核算体系以及全省温室气体清单数据库。其中杭州、宁波、温州的清单编制工作取得阶段性成果。各市的低碳城市建设行动主要有：杭州市建立温室气体排放数据管理体系，大力

---

① 杭州市建设低碳城市工作领导小组办公室：《着力打造“六位一体”低碳城市》，《浙江经济》2013年第11期。

② 曾毅：《浙江宁波：紧扣峰值目标部署“十三五”绿色低碳发展》，《光明日报》2016年1月12日第7版。

发展低碳产业，打造低碳建筑，发展低碳交通，构建低碳社会，全面推进低碳城市建设。① 宁波市抓产业转型升级，构建适应低碳发展的现代产业体系，优化能源消费结构，优化交通运输组织模式及操作方法，发展低碳物流，提高生态固碳、减碳能力。温州市积极推进产业低碳化升级改造，优化能源结构，鼓励市民选择低碳、节俭的绿色生活方式和消费模式，申请并成功建立全国第一个地级市的中国绿色碳汇基金专项等。

（四）低碳城市建设的主要成效

自2008年至今，浙江省低碳城市建设日新月异，城市产业低碳体系逐步形成，新能源企业不断发展，工业节能减排效益突出，低碳建筑遍地开花，低碳交通日渐规模化，低碳消费深入人心，为省内生态文明建设提供强大的推动力。杭州市作为“世界电子商务之都”，逐步实现从“杭州制造”向“杭州创造”“杭州服务”“杭州创意”的历史性跨越，推进城市产业结构不断向低碳化方向发展。温州瑞安市海力特风力发电机有限公司于2010年成功研发了具有自主知识产权的风力发电设备——HLT高效节能中小型风力发电机，有效解决了低风速启动技术及在风力超过25米/秒时的控制和保护问题，清洁能源和节能环保产业蓬勃发展。2010年，宁波市建立市级以上建筑节能示范工程（小区）45个，建筑面积达430余万平方米，并于2009年10月获批省内首个国家可再生能源建筑应用示范城市，全市地源热泵为主的浅层地能应用建筑面积达到86万平方米，太阳能建筑光热应用面积达923万平方米，在建国家光电建筑应用示范项目1500千瓦，以低碳建筑推进低碳城市建设。

四 森林城市建设

森林城市是低碳城市建设的路径之一，森林城市可以直接吸收城市中释放的碳，可以间接减少碳的排放，还可在美化城市的同时，净化城市中到处充斥着的尘土和汽车尾气等。“森林城市”一词，最早

① 孔令舒：《杭州积极推进“六位一体”低碳城市建设》，浙江在线新闻网（http://www.chla.com.cn/htm/2011/0420/82574.html）。

于1962年出现在美国肯尼迪政府的户外娱乐资源调查中，我国城市森林建设始于20世纪80年代。2004年，全国绿化委员会、国家林业局首批授予贵阳、沈阳、长沙3个城市国家森林城市称号，真正开始我国森林城市建设。2016年9月，森林城市建设座谈会上国家林业局局长张建龙提到：2015年我国已有118个城市被授予国家森林城市称号，有80多个城市正在创建国家森林城市，有13个省份开展了省级森林城市创建活动。国家林业局出台了《关于着力开展森林城市建设的指导意见》，明确提出森林城市建设将以改善城乡生态环境、增进居民生态福利为主要目标，力争到2020年，建成6个国家级森林城市群、200个国家森林城市、1000个示范森林村镇。[①]

（一）森林城市建设的总体进展

浙江省森林资源丰富，植被资源在3000种以上，属国家重点保护的野生植物有45种，树种资源丰富，素有“东南植物宝库”之称。浙江林地面积667.97万公顷，其中森林面积584.42万公顷，森林覆盖率为60.5%，活立木总蓄积1.94亿立方米。森林的健康状况良好，健康等级达到健康、亚健康的森林面积比例分别为88.45%和8.23%。森林生态系统的多样性总体上属中等偏上水平，森林植被类型、森林类型、乔木林龄组类型较丰富。浙江省已有11个国家级森林城市：杭州市、宁波市、龙泉市、衢州市、丽水市、湖州市、温州市、绍兴市、义乌市、金华市和台州市。此外，浙江还有省级森林城市20多个，省级森林城镇约80余个。

（二）森林城市建设的主要内容

2009年，浙江省森林执行委员会制定出台了《浙江省森林城市（城镇）建设规划编制纲要（试行）》，确立发展生态绿地以构筑森林屏障、发展人文景观以弘扬森林文化、完善森林健康与保障体系以保证生态安全的“三生态”战略建设内容。浙江省各市在省级森林城市创建目标和内容的基础上，逐步展开。

2008年批复的《杭州市森林城市建设总体规划（2007—2020

---

① 李慧、张哲浩：《我国新增22个国家森林城市》，中国台湾网（http：//www. dzwww. com/xinwen/shehuixinwen/ 201609/t20160920_ 14929040. htm）。

年)》提出，到2015年森林覆盖率达到70%，到2020年城市人均公共绿地面积达到16平方米以上，建成以林木为主，乔、灌、草分布自然，结构合理，功能高效，景观优美，林水相依的森林城市景观。市区以西湖和西溪为核心，在主城、副城区周围卫星式分布城市绿地组团，构建由“山、湖、城、江（河）、田”构成的环状、辐射状及块状的森林生态体系，在森林景观空间结构上形成“一核、二轴、五片、多廊”的总体布局。

2010年6月，《宁波市森林城市建设总体规划（2009—2020）》通过专家评审，强调以江口公园、东钱湖湿地等公园为核心形成城区生态资源的依托，以宁波绕城公路两侧绿带及城市外围生态景观带所组成的双层嵌套环状廊道为生态防护屏障，以甬江、余姚江、奉化江“千里清水绿廊”为绿色轴线，以贯穿城市的主要水系、绿色通道、铁路绿带及平原林网为骨架，使公园、湿地、风景林等相互贯通，并与城市生态带有机融合，形成互为作用的“网状”城市森林绿地系统，实现“三江交汇、沿江而展、依江而秀”的开放式森林绿地格局。

2009年获国家林业局批复的《丽水市森林城市建设总体规划(2008—2020年)》指出，丽水市森林城市创建第一层次规划范围为丽水市域所覆盖的区域范围，面积172.98万公顷；第二层次规划范围为《丽水市城市总体规划》划定的中心城市城区范围，包括紫金、岩泉、白云、万象、水阁、富岭六个街道和联城镇、市实验林场，面积37270公顷。丽水市域的森林城市建设确定为“一核、八团、二网、三屏、百镇、千村”的总体格局，丽水城市森林建设确定为“一环、一轴、一心、五带、五园”的总体格局。

湖州市以生态学理论为指导，通过加强对城区、城郊乡村不同类型的森林建设，努力构建“城区林成片、城乡林成网、林网水网相交融，城市乡村一体化”的森林生态网络体系，最终形成人与自然和谐、生态环境优美、生态系统功能完善、城市森林景观丰富、文化特色鲜明的现代化生态型滨湖森林城市。强调至2020年，森林覆盖率达53.7%，建成区绿地率达44.07%，绿化覆盖率达49.5%，人均公园绿地达13.63平方米。

温州市将森林城市建设分成近期和远期两个阶段：近期指标为城市公共绿地面积由882.77公顷提高到3055公顷，人均公园绿地面积由6.04平方米提高到13平方米；城市绿地率由20.04%提高到35%以上。远期指标则是城市公园绿地面积由3055公顷提高到4501公顷，人均公园绿地面积由13平方米提高到17.31平方米，城市绿地率由35%提高到45%以上。

《台州市省级森林城市建设总体规划》提出，森林城市建设分为“两步走”：创建阶段，通过建设森林城市，建成区将新增林木覆盖面积267.5公顷，林木覆盖率达到37%以上，新增公园绿地面积78.8公顷，实现创建省级森林城市的建设目标。后期目标，即2014—2016年为森林城市建设巩固和提升阶段，要求林木覆盖率、人均公园绿地面积等各项指标达到国家级森林城市的标准，最终实现城中林荫气爽、郊外碧水青山、乡村花果飘香的森林城市。

金华市通过创建森林城市，构建“城乡森林化、通道林荫化、水岸绿茵化、农田林网化、森林网络化”的城市乡村统筹、山水路田一体、防护功能完备的城乡森林生态体系。在功能布局上，确定金华市森林城市建设体系构成为“一核、三片、三轴、多点”的综合森林生态体系。

绍兴市着力构建“一核、三网、四屏、四星、多点”的城乡森林生态体系，实施城市森林景观建设、森林通道建设、森林水岸建设、森林镇村建设、森林绿屏景观建设、森林提质保护建设、森林产业建设及森林文化建设八大工程。

义乌市森林城市建设分为市域森林城市规划和市区森林城市规划两部分，其中市域规划强调建立“二带、五区、七环、十线”的市域城市森林结构，市区城市森林布局结构为“一环、二带、四楔、多园、多线”的环网状结构框架。

（三）森林城市建设的主要举措

浙江省依靠其优越的森林生态环境，构建了一大批森林城市及森林城镇。大力的财政投入、坚持不懈的绿化活动、森林城市创建活动的积极宣传等，均使浙江省的森林城市建设收效卓著。结合“国家森林城市”评价硬性指标和浙江省11个国家森林城市的创建实践，浙江省森林城市创建的重点举措可以概括为：一是组织、制度和规划先行。森林城市的创建工作量大、涉及部门较多，无法由群众自发建成，而是需要当地政府进行领导，并实行制度保障，制定规划加以引导，从源头树立建设的决心和信心。二是工程牵动。森林城市建设的目的是提升地区生态环境质量，而增加区域绿化则是最直接有效的途径。城市绿化网络的建立离不开道路、公园、街道等的联合促进。三是资金拉动。不论是生活还是生产活动，资金投入不仅是强有力的拉动，更是可持续发展的续航必需。多渠道、多层次的集资，不仅可减轻政府的财政负担，还有助于带动社会群众，引领全社会创森运动。四是部门联动。森林城市的建设涉及方方面面的部门，不仅仅是林业部门的战场，更是规划、环保、农业等多部门的共同阵地，只有做好各部门间的协调联动，才能更好地建设森林城市。五是生产促动。森林城市的建设，在注重其生态效益的同时，应适当关注其经济效益。群众的建设力量是不可估量的，林业产业的发展，能够给林农带来经济收益，会促进其保林育林的积极性和自觉性。六是宣传发动。一方面发动各级政府部门，进行森林城市创建工作的部署和开展，另一方面宣传地区的森林城市创建成果，让市民看到其积极效应，从而支持并参与地区森林城市创建绿化活动。七是全民参与。森林城市的创建是为了给市民提供优越的生态环境、谋取生活福祉。正如全民运动般，全民参与森林城市创建，不仅是一项城市建设运动，更是享受生态绿意，增加自我生态意识的重要过程。

部分城市在实际建设过程中形成了具有地方特色的森林城市建设方法，如杭州市倡导多样的森林建设类型：大力推进绿化树种向彩化、香化、美化、净化树种升级。宁波市组建生态网络：以千里海疆建设、千里绿色通道建设、千里清水河道建设、千村绿化工程等系列重点工程为骨干构架，建成具有宁波地方特色的森林生态网络。[①] 龙泉市强调区域绿化特色：突出乡土树种，充分利用其自然资源，以“本地特色树种城城”为绿化理念，重视生物多样性；构建近自然森

---

① 梅艳霞、郭慧慧、蒋文伟等：《宁波市森林城市建设总体规划》，《中国城市林业》2012 年第 1 期。

林生态系统：把与群众生活联系最密切的公园作为建设重点，让群众亲近自然；实现城乡统筹联动：建设以“三沿”（沿路、沿江、沿景地带）景观林、绿化示范村（镇）建设为主的城乡一体化森林生态网络体系。衢州市美化村庄行动：开展结对活动，107家市级机关单位结对107个村，增加绿化面积；打造一路一景，2012年，衢州市区六条森林景观大道改造完毕，一路一景的森林景观效果基本凸现。温州市拆违建绿、拆围透绿：部署开展“违必拆、六必拆”“拆违建绿、拆围透绿”“三改一拆”等声势浩大的拆违绿化大行动；发展“林下经济”“林边经济”。2010年，全国首个“中国森林旅游试验示范区”落户温州，由温州市主办的森林旅游节，日益成为温州山水旅游的一大特色和品牌。义乌市森林河道建设：采用近自然的水岸绿化模式，在河岸两侧宜林地段同步完成绿化，逐步实现“水清、流畅、岸绿、景美”的目标，建立和谐优美的水生态环境，形成了特有的滨水风光带。[①] 金华市资源保护强化：根据《森林法》《城市绿化条例》和《浙江省绿化管理办法》等法律、法规，健全绿化管理制度，严厉打击毁林占林等违法行为，加强森林火灾防范工作，破坏森林和林木案件、侵占林地事件查处率达到100%。[②] 台州市森林消防：积极开办森林消防队伍业务培训班，提高消防人员的专业水平；将责任从山落实到人，形成行政首长负责制、部门分工责任制和管护承包责任制。

（四）森林城市建设的主要成效

随着森林城市创建的不断开展，浙江省创新工作取得了一系列的成效。总结来看主要有：一是广大市民播绿、护绿、爱绿的意识增强。各市纷纷组织群众开展创建森林城市主题活动，掀起创建森林城市活动的高潮。如龙泉市2009年期间，启动“三千绿化暨冬季绿城大行动”“创建森林城市绿城大行动”“千人共建市树园、千盆鲜花进社区、千株树木绿街道”等多个主题活动，激发了广大市民创建和

① 佚名：《创建国家森林城市 建设生态宜居义乌》，《国土绿化》2015年第4期。

② 佚名：《坚持生态立市　打造美丽金华——浙江省金华市创建森林城市工作纪实》，《国土绿化》2013年第10期。

关注森林城市的热情。二是城市品位不断提升。通过城市绿化网络的建设，在不断增加城市绿地面积的基础上，绿化小品、绿化基础设施提升，闲置、空地的绿化填充，城市水网、路网和山沿绿化相得益彰，使得城市形象大大改善提升。三是产业生态化、生态产业化。积极发展生态旅游、经济果林、绿化苗木等相关森林产业，开发建设以休闲观光林特色产业园区和农家乐为特色的森林旅游，努力促进林业经济成为“绿色聚宝盆”，2009 年宁波市全市生态效益近 140 亿元。四是城市环境日益优化，人居质量不断提高。森林间接减排和缓解城市热岛、浑浊效应等效果日益显著，森林水源涵养作用显著提高，2012 年，金华市本级建设省重点生态公益林 67.62 万亩、完成平原绿化面积 2.62 万亩，空气负离子平均浓度达到 1513 个/立方厘米，空气污染指数良好以上天数达到 93.8%。[①] 五是乡村绿化全面推进，农村面貌焕然一新。城乡联动，构建城乡一体化的森林生态网络，村庄绿化全面推进，农田林网已成体系，乡村绿化造林面积逐年增加。2011 年义乌市在完成待整治村绿化、绿化示范村建设的基础上，按照“乔木为主、片林为主、乡土树种为主”的要求，积极开展村庄绿化和森林村庄创建活动，建设了一批环境优美、生态和谐、各具特色的森林村庄。全市累计建成浙江省绿化示范村 39 个、森林城镇 5 个、森林村庄 12 个，金华市绿化示范村 166 个、森林村庄 31 个，义乌市绿化示范村 350 个、森林村庄 198 个。

五　花园城市建设

花园城市这一概念最早是在 1820 年由著名的空想社会主义者罗伯特·欧文（Robert Owen，1771—1858）提出的。“花园城市”（也称园林城市）的理论最早是由英国建筑学家霍华德提出的，1898 年，在经历了英、美两国的工业城市的种种弊端、目睹了工业化浪潮对自然的毁坏后，霍华德发表了《明天的花园城市》一书，阐述了“花园城市”的理论，提出城市建设要科学规划，突出园林绿化。他的

① 刘小娟：《“森林金华”让千年古婺展新姿》，《金华日报》2013 年 5 月 23 日第 5 版。

“花园城市”模式图是一个由核心、六条放射线和几个圈层组合的放射状同心圆结构，每一个圈层由中心向外分别是绿地、市政设施、商业服务区、居住区和外围绿化区，然后在一定距离上配置工业区，整个城市区被绿带网分割成不同的城市单元，每一个单元都有一定的人口容量限制（约30000人）。“花园城市”的思想从萌芽状态起就表现出强烈的政治性、思想性和社会性，也因其历史发展阶段、国家和地区、民族与文化的不同有着不同的时代观念、文化内涵、民族特征以及不同的地域风貌。

（一）花园城市建设的总体进展

在“建设美丽中国”的指引下，浙江省委提出把浙江全省建设成为“绚丽迷人的大花园”的要求。各地都积极响应，如杭州经过“三改一拆”“五水共治”“四边三化”“美化家园”等工作，特别是经过G20杭州峰会考验[①]，美丽杭州的工作基础进一步夯实，已经具备打造国际一流的全域花园式城市的现实条件。2018年，杭州市在市政协十一届十次主席会议和市政协十一届五次常委会议审议通过《打造国际一流的全域花园式城市，加快世界名城建设步伐（草案）》，加快世界名城建设步伐；舟山制定《2017年海上花园城市建设攻坚行动实施方案》，来加快提升城市综合功能，推进舟山市群岛型、国际化、高品质海上花园城市建设；台州坚持提升中心城区品质，焕发美丽乡村新光彩，大手笔绘就花园城市……截至2017年，浙江省杭州市、长兴县、千岛湖镇三个城市荣获“国际花园城市”称号，除此之外在园林城市考核中，浙江共有国家园林城市24个、国家园林县城14个、国家园林城镇3个，浙江省园林城市59个、浙江省园林城镇27个。

（二）花园城市建设的主要内容

浙江省以党的十九大“要创造更多物质财富和精神财富以满足人民日益增长的美好生活需要，也要提供更多优质生态产品以满足人民日益增长的优美生态环境需要”的重大部署为指引，用好“花”的

① 佚名：《杭州展新貌迎接G20峰会》，人民网（http：//world.people.com.cn/n1/2016/0612/c404824-28426418.html），2018年3月9日。

元素，做好“园”的文章，实现“花在景中、城在园中”，更好展现浙江生态景观和历史人文，有效提升城乡整体环境和市民生活品质，争当美丽中国建设排头兵，使人与自然和谐共生。

杭州市的主要建设内容：一是进一步打造门户生态景观。抓住城市区域规划建设的重要节点，严守生态保护红线，加大生态系统保护与修复，高标准、高起点打造门户生态景观。二是进一步提升杭州城市“颜值”。深化城市有机更新，加强城市生态修复、功能修补，提升杭州城市“颜值”。三是进一步展现江南山水魅力。实施乡村振兴战略，完善城乡功能布局，加强城乡基础设施配套，推进花园式村落建设，展现江南山水魅力。四是进一步凸显历史人文韵味。推进城市景观与文化底蕴深度融合，打造“有故事的小镇、有记忆的街巷、有味道的院落”，凸显杭州历史人文韵味。五是进一步提升城市文明程度。坚持文明是最美的风景理念。

舟山市的主要建设内容：坚持以人民为中心的发展思想和“创新、协调、绿色、开放、共享”的发展理念，牢记“势在必行”，敢于“勇立潮头”，坚持“建、整、拆、管、育”多措并举，大规模推进城市建设，全面提升城市现代化、国际化功能品质和公共服务水平，实现新区华丽转身，为早日建成群岛型、国际化、高品质的海上花园城市奠定坚实的基础。

台州市坚持“以人民为中心”的城市发展理念，框定总量、限定容量、盘活存量、做优增量，在统筹上下功夫，在重点上求突破，着力提高城市发展持续性、宜居性，努力把城市建设成为人与人、人与自然和谐共处的美丽家园。

长兴县的主要建设内容：一是生态新城、规划先导。长兴用前瞻的视野，强化规划的作用和重要性，充分利用深厚的历史人文底蕴和自然资源优势，将历史与现代较好地融合起来，打造高品位、具有国际气息的生态文明新城。二是经营城市、打造平台。长兴把城市纳入市场运作，利用市场机制建立多元化投融资体系。以市场之手建设城市、管理城市。三是双轮驱动、城市升值。长兴坚持城市转型发展和产业转型升级“双转型”战略，以产业发展促进城市升值，以城市建设助推产业升级，走出了一条工业化与城市化良性互动的新型城镇化路子。

（三）花园城市建设的主要举措

各地因地制宜，结合省委提出的把浙江全省建设成为“绚丽迷人的大花园”的要求，采取各项举措推进地方花园城市建设。杭州市的主要举措有：一是加快各区域人工湖、郊野公园建设，加强山水的区域协调、建设统筹。完善城市功能布局，加快城市生态建设，加强水系贯通、湿地保护、旅游开发等规划研究，促进规划融合和景观提升。二是统筹协调城市绿地系统、海绵城市等专项规划，推进以“雨污分流”为重点的“零直排区”和以结构调整为重点的“清洁排放区”建设。实施中心区域“扩绿添花”，推进城市绿化覆盖平衡。实施城市主要公共节点“靓化”，营造色彩亮丽、层次丰富的城市街景。三是统筹山水林田湖草系统治理，实施岸线与矿山生态修复，打造3A级景区村。差异开展“杭派民居”示范村建设，有序推进人口、土地等资源重组与生态景观的和谐统一。四是将南宋文化遗产串珠成链、加强良渚遗址考古挖掘。加强丝绸历史文化遗迹、非物质文化遗产项目的保护，促进实施“名人促人文满城飘香行动”。五是广泛开展共建共享“花园社区”“花园学校”“花园企业”“花园庭院”等活动，完善文明程度指数测评。

舟山市的主要举措：中心城区提升攻坚行动，对道路、背街小巷、入城口进行提升改造；城市景观亮化建设攻坚行动，进行景观亮化建设；城市公园绿化绿道建设攻坚行动，建设城市公园、街头游园、公共绿地、珍贵彩色健康森林、绿色游步道，提高城市绿化品质；城市污水和环卫设施建设攻坚行动，包括污水处理厂提标改造、污水管网建设、污水管网检测修复改造、星级公共厕所建设、开展垃圾分类工作、海绵城市建设、综合管廊建设、排涝设施建设；小城镇环境综合整治攻坚行动，综合整治小城镇环境；“城中村”治理改造攻坚行动，治理改造城中村；城乡危旧房治理改造攻坚行动，进行危旧房治理改造；老旧小区改造及农贸市场提升攻坚行动，改造老旧小区，提升农贸市场；“三改一拆”违法建筑拆除攻坚行动，专项整治违法建筑；城市交通拥堵治理攻坚行动，完善基础设施建设，优化交通系统。

台州市的主要举措：一是拆建并举，中心城区品质不断提升。着眼于提升中心城市首位度、集聚度，2017年台州把重点区块建设作为提高城市建设规划水平、保持组团式城市特色的重要抓手，有序推进城市基础设施建设。二是注重统筹，美丽乡村焕发新光彩。全市各地已建成578座农村生活垃圾堆肥处理设施，辐射带动了全市共4179个建制村启动实施生活垃圾分类减量处理，覆盖率达90%，扎实推进美丽宜居示范村建设，累计启动110个省级美丽宜居示范村建设，目前已有65个村通过验收。三是借力信息化，城市变得更“聪明”。以新一代信息技术为动力，以服务民生为宗旨，积极探索城市管理服务的智能化，电子政务、市场监管、公共服务、交通物流、水务管理、医疗健康等方面信息化建设全面推进。

长兴县的主要举措：一是加快推进“一中心五区块”联动建设。突出规划的龙头指导地位，并根据经济发展和城市建设的需要，及时对各类规划进行修编和调整，充分发挥规划对城乡空间资源的调控作用。坚持高起点规划、高标准设计，聘名家、请高手。二是灵活运用市场经营机制，并通过多渠道抵押融资，筹措建设资金，实现城市土地、闲置资产的社会经济效益最大化。对城市建设用地统一规划、统一征用、统一管理。三是坚持工业平台建设与城镇建设协调推进，加快公共服务平台建设和服务业发展，优化“新长兴人”的就业、就医、就学环境；立足地域特色和产业基础，明确主导产业，统筹全县招商资源，加大技改投入，促进项目定向落户、产业转型升级，鼓励有一定基础的乡镇特色块状经济加快向产业集群方向发展。

（四）花园城市建设的主要成效

随着花园城市创建的不断深入，各地创建工作取得了一系列的成效。杭州经过“三改一拆”“五水共治”“四边三化”“美化家园”等工作，特别是经过G20杭州峰会考验，已经具备打造国际一流的全域花园式城市的现实条件。为此，杭州市委为杭州制订打造国际一流全域花园式城市工作计划，以更好展现杭州生态景观和历史人文，有效提升城乡整体环境和市民生活品质，加快世界名城建设步伐。短短几十年内，长兴也从一个只有5.1平方千米的小镇发展成为山水园林型现代化大城市，获得了“国家园林县城”等称号，被联合国规划环境署评为“国际花园城市”，已经成为全国发展速度最快的县（市）之一，拥有一个国家级开发区，三个省级开发区。舟山聚焦海上花园城市建设目标和要求，全面实施中心城区提升、城市景观亮化建设、城市公园绿化绿道建设、城市污水和环卫设施建设、小城镇环境综合整治、“城中村”治理改造、城乡危旧房治理改造、老旧小区改造及农贸市场提升、“三改一拆”违法建筑拆除、城市交通拥堵治理十大攻坚行动。到2017年底，城市建设标准、品质和城市综合环境面貌得到全面提升。2017年，台州市区111个城中村改造项目中，39个全部拆除项目完成拆迁12437户，完成率100%；42个完成签约项目完成签约17595户，签约完成率95.3%，城更美了，路更宽了，地更绿了，这是市民的普遍感受。小城镇环境综合整治成效明显，到2017年11月底，全市2647个整治项目中，2506个开工建设，完成投资77.67亿元，项目开工率和投资完成率分别位列全省第1和第3；信息化与城市化进一步融合，城市管理新模式初步显现，智慧城市建设框架基本形成，城市可视化率等再次提高。

六　美丽县城建设

党的十八大提出建设“美丽中国”，十九大强调美丽中国建设，“美丽中国”为我国城市的发展提供了科学的理想目标。而党的十六届五中全会中最早出现的“美丽乡村”建设提法，为我国农村发展提出了具体要求和奋斗目标。县城作为城镇体系的重要组成部分，是联系城市、城镇和农村的重要枢纽，“美丽县城”建设的开展是创建美丽城镇体系的重要内容，也是美丽中国建设的重要组成部分。1978年浙江省城镇化率为14.5%，而截至2016年城镇化率为67.0%[①]，近40年来浙江省经历了快速的城镇化阶段，而高耗能、高污染的粗放发展模式带来的严峻环境挑战，使得城镇发展亟须进行绿色转型，加之“美丽中国”建设的进一步推进，促使浙江省城镇发展进入“提质”阶段。

① 辜胜阻：《浙江城镇化及小城市培育的思考与建议》，《浙江社会科学》2017年第12期。

（一）美丽县城建设的总体进展

2013年，浙江省首次提出将美丽县城建设作为推进新型城镇化的突破口[①]，2015年浙江省住房和城乡建设厅正式印发《浙江美丽县城建设试点三年（2015—2017年）行动规划编制提纲》，将淳安县、宁海县、瑞安市、长兴县、海宁市、诸暨市、东阳市、龙游县、云和县、临海市、岱山县11个县市定为第一批浙江省"美丽县城"试点县（市）。各县（市）积极响应省政府号召，围绕"强化转型、规模适宜、特色发展、城乡一体"的目标，编制三年美丽县城建设行动规划，积极构建县城集约高效的生产空间、宜居适度的生活空间、山清水秀的生态空间，努力实现美丽发展。

（二）美丽县城建设的主要内容

省政府出台的美丽县城行动规划，要求各试点县（市）于2015年6月底完成3年美丽县城行动计划，代表县（市）的主要建设内容有：

淳安县的建设内容：调整城市空间结构，统筹协调生产、生活、生态空间的合理布局；利用旅游资源，推进全县产业结构调整；强化城市环境保护，整治全县交通秩序，提升城市品位；促进县城绿色开发保护，营造低碳生活模式。

宁海县的建设内容：实现城乡规划、国土规划和环境功能区规划"三规"融合；提升中心城区龙头作用，完成六大功能区、六大节点的改造；构建快捷、高效、安全、舒适、低碳的"一环八射三纵七连"城市综合交通体系；注重融山润水和生产、生态、生活"三生"融合；共同推进海绵城市、智慧城市建设，全面拉开城市框架。

瑞安市的建设内容：开展系列工程，加强重点区域环境综合整治；强力推进"违必拆、违先拆"，拆改结合、拆绿结合；全面开展"清洁家园"行动，建立健全农村环境卫生管理长效机制，全面提升农村生态环境；加大生态环境和水环境整治力度，加大环境执法监管，强化污染源头控制；多方面推进生态建设和农村环境

① 浙江省推进城市化工作协调指导小组办公室、浙江省住房和城乡建设厅：《深入推进美丽县城建设，全面提升城市化质量》，《浙江日报》2014年12月24日第11版。

保护。

长兴县的建设内容：以“森林长兴”建设为载体，实施城乡绿化“亿万千百十一”工程；大力推进基础设施建设，提升道路设施，治理城乡生活污水；强化城乡服务管理，推进民生保障工作；规划引导，发扬各部门优势，优化城市空间格局；加快村镇建设，推进环境综合整治，加强智慧城市建设，科技引领生活。

海宁市的建设内容：大力推进生态绿化建设，构建城市绿化景观体系；推动县城经济向城市经济转型，促进城市一体化，激发全民创业激情；强化城市历史文化资源的保护和利用，彰显城市魅力；打通滨河绿道慢行系统，串联中心城区自然、人文景观，构筑城市水网绿道体系；坚持新城老区齐头并进，以精致建设为核心和有机更新为抓手，重品位内涵和功能设施的提升。

诸暨市的建设内容：开展园林绿化美化，推进城市绿地系统建设；推进重要道路沿线街景改造、城区路网延伸、旧住宅区环境综合整治等基础设施建设项目；以城市转型带动经济转型，以城兴业、产城共生，优化产业结构；营造城市特色空间，开展城市亮化照明工程，强化和提升城市夜景；提升城乡一体化发展，加强宣传，构建全民和谐的美丽城镇建设体系。

东阳市的建设内容：提升传统基础产业，实现工业向第二、第三产业转型，促进产业升级；加快传统文化转型，充分调动“百工之乡”的优势，同时在现有影视资源的基础上，融入地方特色；优化交通环境，打造“外通内畅”的交通网，实施“区域通畅”工程；焕新城市风貌，改变现在“城市像农村，农村无农村味道”的局面，突出“东派”民居特色。

龙游县的建设内容：开展基础设施、市政工程等项目建设，为美丽县城建设营造保障氛围；强力推动“三改一拆”工作，打好拆违攻坚战；以创建国家园林县城为载体，加快推进城市建设；积极探索城市管理机制，努力打造“四态融合、幸福龙游”的最佳人居环境品牌。

云和县的建设内容：打造景观线路，追求移步换景、处处是景；打造城市景观亮点，推进城市建设，组合人文、田园、民俗文化；挖掘和提炼城市文化特色，形成城市特色；结合静态的城市功能与动态的城市产业，以美丽县城为旅游项目载体，带动城市产业发展。

临海市的建设内容：加强美丽县城建设基础，改善生态保育与空间管制、节能减排与环境保护等问题；提升美丽乡村建设质量，完善交通体系、优化基本公共服务配置；激发美丽县城建设动力，提高城市创新，加快产业转型；优化美丽县城建设载体，协调山海江湖城及古城风貌关系，扩展城市构建框架；提高美丽乡村表现，保护古城文化，提升新城文化氛围。

岱山县的建设内容：规划引导，开展建设项目，打造集约精致的空间格局，完善城乡规划体系；生态优化，深化环境综合治理，营造山清水秀、地净天蓝的人居环境；产业转型，夯实内生可靠的产业和功能支撑，优化产业结构，提升支柱产业；品质提升，传承历史文脉，挖掘文化特色，彰显文化内涵，凸显文化活力；功能完善，构建便利均衡的民生服务网；管理创新，整合力量，资源共享，协调推进创建工作扎实向前。

（三）美丽县城建设的主要举措

淳安县：提升县城山水意境、城市品质，引领低碳生态生活方式；优化城市旅游环境，以高标准对山水生态环境和城市景观风貌进行构建；加强县城旅游设施建设，完善城市休闲功能，引导旅游观光向品质休闲转型；强调低冲击开发模式，倡导绿色交通，建设低碳混合街区；创建“无违建县”，以拆带用、以用促拆。①

宁海县：注重规划引领，高起点编制行动计划，高标准强化功能定位，高要求完善基础设施；注重自然生态，依山而动，傍水而发，随文而起；注重功能提升，立足形象之美、绿色之美、洁净之美。

瑞安市：规划指导，改进原有城市设计，制订美丽县城行动计划，严格把关城市建筑设计方案；点线面结合，将城市重要节点、主要轴线和总体形态相结合，保护历史街区，弘扬人文精神；加大环境整治力度，加强拆后处置工作，加强环境卫生建设。

---

①　刘健：《淳安：破旧立新绘美景　美丽县城添新颜》，《浙江日报》2016 年 2 月 19 日第 8 版。

长兴县：规划与计划同行，以县域总体规划编制为契机，综合考虑经济和交通网络，每年制订实施计划；重点和节点齐抓，全力推进重点项目建设，提升城市魅力和功能；整治与管理双进，抓好城中村改建、水岸共治等整治工作，优化管理结构，提升城市品质。

海宁市：多规融合、全域统筹，优化城乡发展空间格局，确立山水园林城市布局，打造城市特色景观风貌；建管并重、重拾记忆，推进老城区有机更新，全面构筑城市绿化景观体系，以“个性化”提升城市知名度和美誉度；生态立城、绿色发展，提升产业品质，打造优美环境，建立完善综合评价体系和差别化配置机制。

诸暨市：产城融合，加快产业集群与新型城镇发展、平台集聚与大城市发展的无缝对接，着力构建现代产业发展新体系；城乡一体，推进城乡供水一体化、现代化园林城市建设一体化；加大城镇基础设施建设，打好转型升级基础。

东阳市：规划先行，编制出台行动计划，完善各专项规划；生态为关键，以创建生态市和环保模范城市为载体，着力开展治水治污治气行动；宜居为根本，改进老旧住宅，优化城市环境，整治城市空间。

龙游县：规划引导，将城市建设作为美丽县城的重要组成部分，并组建创建队伍，加强各部分相互配合；深度融合，加强城市交通等体系的构建完善，更好地服务于工业、城镇及旅游发展；突出以人为本，推进各建设项目，构建城市新格局；城乡联动，加快城中村改建，完善基础设置配套和相关政策体系。

云和县：开展规划设计，完成《“美丽县城”建设三年行动规划》及各相关衔接规划的编制；强化项目推进，将发改委、财政、水利、建设、交通、农办等部门各类项目资金捆绑，共同推进美丽乡镇建设；进行招商引资，以历史文化街区、特色民宿、民间艺人等为重点，开展对外招商；加快项目建设，加速全县污水管网体系构建，完善公共自行车系统，加速对接城市基础设施 PPP 项目。

临海市：保护优先、强化治理，保护并形成“一江三湖多溪”的水系格局，推广能源清洁化、绿色建筑与绿色企业，开展海绵城市建设；以人为本、共建共享，完善城市综合交通体系，推进基本公共服务均等化，建设宜居社区和精品社区；创新驱动、转型升级，建设海洋经济发展示范区，推进制造业、服务业转型升级，以特色小镇建设集聚创新要素；山水相依、城景相融，通过对城镇、乡村环境的改善和特色品牌的打造，提升生活品质。

岱山县：做好顶层设计，加强组织领导，成立美丽县城创建工作小组，分解落实建设任务；突出规划引领，构建特色体系，推进“多规融合”，构建具有岱山海岛特色的精美规划体系；深化精致建设，提升城市品质，强化“精致县城”理念，大力提升县城识别度；狠抓专项整治，改善人居环境，推进各专项整治工作，提高人民生活水平，改善城乡人居生态环境。

（四）美丽县城建设的主要成效

浙江省各县（市）美丽县城经过5年的不懈努力取得了一系列的喜人成果。一是规划跟进与落实良好。2017年作为美丽县城的攻坚之年，宁海市“美丽医院”“美丽社区”“美丽庭院”等创建活动均通过验收，进一步丰富了美丽县城建设的内涵，形成了全民参与创建的浓厚氛围和强大合力。临海市将238个项目责任分解到47个部门单位和19个镇、街道来具体落实。二是生态环境保护优化效果突出。东阳以创建生态市和环保模范城市为载体，着力在治水治污治气方面下功夫。通过改进完善“河长制”，增设执行“河长”，创新设立“重点排污口治理长”，建立河长微信群，巩固提升“清三河”成果，浪坑溪建成省级“最美河流”。三是城市功能结构更为完善，城市品质大幅提高。宁海市构建快捷、安全、低碳的城市综合交通体系，开工和改造人民路、气象北路等30条市政道路，打通东旺路、东效路等断头路，优化主要交通节点及道路断面。3年来新增公共停车泊位近千个，2928辆黄标车全部淘汰。四是旅游环境优化，产业转型升级效果突出。诸暨市做深西施故里、五泄胜景、千年榧林等休闲养生旅游文章，年均接待游客超百万人次。长兴县小城镇环境综合整治工程也成效显著，吕山乡已被列入小城镇环境综合整治省级样板。五是基础设施建设大力发展。云和县积极推动供排水等地下管网项目的实施，新增污水管网7.8千米，新建排水管网5.25千米，清淤管网41千米，提标改造管道3.1千米，雨污合流管网3.6千米，新增供水管网3千米，改造供水管网3.24千米。六是城乡一体化发展迅猛。仅2015年诸暨市建成运行8个水厂，日制水能力达36.5万吨，涉及全市27个镇乡街道中的24个，供水面积近1500平方千米，受益人口达到了90多万，基本实现全市城乡供水一体化。

第三节　生态文明城市建设的经验启示

一　坚持绿色导向的城市有机更新理念

（一）绿色导向的城市更新是城市发展的新趋势

全球经济不景气表明，原有的城市理念在促进长期繁荣方面乏软无力，加之气候变化与日俱增的威胁，国际社会开始将目光转向崭新的绿色城市。此前，多数城市理念中，效率、平等与环境可持续都是相互分离的，绿色城市将生产力、创新能力与成本及环境负面影响结合起来，并力图更有效地应对人口贫困与社会分化等问题，使绿色城市在众多城市可持续发展理念中脱颖而出。

绿色城市是兼具繁荣的绿色经济和绿色人居两大特征的城市发展形态和模式。繁荣的绿色经济是指，城市具备绿色的生产和消费方式，以及促进这些维度向更加绿色模式转变的技术和措施等。绿色人居是指城市人居环境的首要底线是保障城市居民身体健康的最基本需求，其次应有充足可达的绿色公共空间，以及健康稳定的区域生态环境管控。

（二）坚持绿色导向的城市有机更新的浙江实践经验

第一，绿色导向的城市有机更新是新型城市化发展之路。城市有机更新是我国部分城市当前和今后一段时间城市建设领域的中心工作。它是对城市各种建筑物、生态环境、空间环境、文化环境、视觉环境、游憩环境以推陈出新之法，综合解决城市发展问题，实现城市可持续发展的城市发展模式。

杭州城市发展的成功经验是不断探索和推进“城市有机更新”。1982年，杭州正式确定成为全国重点风景旅游城市。21世纪后杭州先后实施三轮城市建设“十大工程”，由点到面、由线到片，“城市有机更新”之路全面铺开。杭州先后实施西湖综合保护、西溪湿地综合保护、良渚大遗址综合保护、“一湖三园”综合保护、标志性文化设施建设、大学城建设和生态市建设工程，杭州国际风景旅游城市定位更加凸显。同时，杭州也十分重视街道建筑有机更新。杭州老城区历史文化街区、历史地段和有保护价值的老街老巷众多，保存着大量历史建筑、文保点、文保单位和有保护价值的老房子。坚持“保护第一、应保尽保”原则，制定保护规划，完善政策措施，加大资金投入，注重合理利用，保护古城风貌，传承历史文脉。另一方面，实施“城市东扩、旅游西进、沿江开发、跨江发展”战略，推进“市域网络化大都市”建设，推进“城市群”建设，推动城市从“倚湖而兴”向沿江跨江发展、从“摊大饼”向“蒸小笼”、从“一主无副”向“一主三副六组团”、从以西湖为中心的“西湖时代”向以钱塘江为轴线的“钱塘江时代”转变，构筑起“东动、西静、南新、北秀、中兴”的网络化、组团式、生态型空间布局。

第二，绿色导向的城市有机更新是科学城市化发展之路。城市有机更新是进一步改善民生、完善城市功能、保护生态文化、盘活资源、扩大投资、提升城市竞争力的必经之路。城市有机更新需要高水平规划、高标准建设，更需要科学、有力、有效的监管。在全面推进城市有机更新的同时，也要推进城市管理的有机更新。

嘉兴市城中片发展明显滞后于城市新区，设施老化、业态衰退、交通拥挤、传统风貌特色消退等一系列问题凸显，迫切需要进行更新整治。同时，城市建设也面临着如何进一步加强生态环境和历史文化遗产保护的挑战。2013 年，嘉兴市编制《嘉兴市城市有机更新总体规划》，将用 10 年时间基本完成城市中心区有机更新项目的开发建设，有机更新规划面积约 28 平方千米，规划范围内包含市级行政文化中心、老城商业中心、国家级历史文化名城、南湖国家级风景名胜区、东栅老镇区及周边区域。按照“三年打好基础、五年初显形象、十年全面完成”的要求，嘉兴市计划用 3 年时间完成湖滨片区、子城广场片区、文生修道院片区、城隍庙片区、三塔路片区、火车站南广场地块、钢铁厂地块、东塔弄地块等对改善民生、提升功能有重大作用的 5 个重点片区和 3 个重点地块的征收工作；用 5 年时间完成以上 5 个重点片区和 3 个重点地块的更新建设，并全面启动城市中心区有机更新项目的征收工作；用10年的时间基本完成城市中心区有机更新项目的开发建设。与以往旧城改造方式不同的是，城市有机更新工作将全面保护和发掘旧城区、旧厂区丰富的古典遗存与地方文化（如子城、运河、水乡民俗）、近现代遗存与文化（近现代工业遗产、西洋文化、红船文化），使城中片成为体现嘉兴深厚历史文化底蕴的载体，以及市民留存历史记忆的核心空间。对于集中成片的待更新地块，强调采用适当规模、合适尺度、重点带动、成片推进的更新方式；对于零散地块，强调将点状分散的地块改造与周边环境整治相结合，整体提升地块环境品质。

通过对中心区老旧小区环境整治，将完善中心城区公共服务设施配套，完善中心城区道路交通，优化步行环境，改善居民生活居住环境，优化城市整体环境品质，提升城市的宜居性。提升城中片都市中心功能、品质居住功能、休闲旅游功能、交通集散功能，为市民和游客提供“宜业、宜居、宜游、宜行”的品质生活，将嘉兴营造为富有魅力的绿色城市。

第三，绿色导向的城市有机更新对中国城市化发展具重要借鉴意义。“自然的绿色”是人类生存的条件，“文化的绿色”是民族精神的“基因”。文化是一座城市的“根”与“魂”。坚持“绿色导向的城市有机更新”，就是既在规划上注重文化导向，更在建设中体现文化品位，不仅注重整体文化氛围，更注重历史的碎片、文明的碎片；不仅注重保护历史文化，更注重发展先进文化。坚持“绿色导向的城市有机更新”，就是坚持积极保护方针，强调以保护为目的，以利用为手段，通过适度利用实现真正的保护，努力在生态、社会、经济效益三者之间找到一个最佳平衡点和最大“公约数”，实现三个效益的最大化、最优化，实现保护与利用的良性循环。坚持“城市有机更新”，就是坚持高起点规划、高强度投入、高标准建设、高效能管理的方针，强调“细节为王”“细节决定成败”，强调精益求精、不留遗憾，使每一个景点、每一处建筑都经得起人民的检验、专家的检验、历史的检验，成为“专家叫好、百姓叫座”的“世纪精品、传世之作”，成为“今天的建筑、明天的文物”。

二　坚持规划引领的生态文明城市建设

（一）依托国家规划引领并适当创新

国家层面的美丽城市建设规划重在引导，在“发现问题—分析问题—解决问题”的问题解决机制中处于第一等级，在呼应全球及全社会的生态需求前提下，分析我国生态破坏现状和建设现状，制定相关的生态建设措施，如环保模范城市、低碳城市建设等，规定建设目标和任务，并制定考核和建成标准。如浙江省环保模范城市的建设，由1996年国家环保局下发的《国家环境保护“九五”计划和2010年远景目标》引导开始，该方案制定环保模范城市的创建要求和考核标准，是各省进行创模建设的基本根据。同样，浙江省生态市、低碳城市、森林城市、美丽县城及花园城市的建设开展也紧跟着中央的号召，如自然生态保护司发布的《生态县、生态市建设规划编制大纲（试行）》、环保部发布的《生态县、生态市、生态省建设指标（试行）》、国家发改委发布的《关于开展低碳省区和低碳城市试点工作的通知》、住房和城乡建设部下发的《绿色低碳重点小城镇建设评价指标（试行）》、国家林业局发布的《国家森林城市称号批准办法》《“国家森林城市”评价指标》《关于着力开展森林城市建设的指导意见》、浙江省住房和城乡建设厅印发的《浙江美丽县城建设试点三年（2015—2017年）行动规划编制提纲》等，均是全国范围内的指导性文件，是各地开展相应建设的精神和纲领性文件。

（二）扣紧国家重点，做实省级统筹与分类指导实施

美丽城市的全社会建设进程，国家、省级和市级等规划作用如“金字塔”一般，省级规划无疑处于中间地位，它是响应上一级（国家级）和呼应下一级（县市级）的重要纽带。浙江省美丽城市的建设离不开省级层面规划的指导、落实，2003年浙江省人民政府印发的《浙江省生态省建设规划纲要》提出了主要任务：建设以循环经济为核心的生态经济体系；建设可持续利用的自然资源保障体系；建设山川秀美的生态环境体系；建设与资源、环境承载力相适应的人口生态体系；建设科学、高效的能力支持保障体系。并强调立足生态省

建设，着力打造“绿色浙江”，在制定生态建设目标的同时，实施阶段性生态建设推进手段，并将精神传达到各个县市区，带动各县市编制生态建设规划、方案。在给予一定的引导和资金支持的基础上，充分落实国家生态市建设目标，带动全市生态文明建设实践。2005 年浙江省人民政府印发《浙江省循环经济发展纲要》，2007 年省林业局发布《关于组织“关注森林”活动并开展“森林城市（城镇）”创建工作的通知》，2009 年省委宣传部等部门联合下发《浙江省森林城市（城镇）主要评价标准》，2010 年中共浙江省委做出《中共浙江省委关于推进生态文明建设的决定》，2016 年浙江省发改委印发《浙江省低碳发展“十三五”规划》，不论是环保模范城市、生态市、低碳城市、森林城市、美丽县城、花园城市的建设，还是针对各项建设成效的检验，省级层面的规划指导意义非凡，其所划定的建设内容和建设标准，也是全省统筹并给出分类发展的方向与策略，指导下级政府的先行工作规范。

（三）县、市实践紧扣总体进度与具体指标落地

“不积跬步，无以至千里。”县、市是美丽城市建设的基石。一方面，各县市对于生态城市、特色小镇、美丽乡村等的积极创建，是对各级美丽建设的响应以及自身发展的迫切需求；另一方面，各级生态工业、生态循环农业、现代林业园区、现代渔业园区、生态型服务业等行业建设的目标制定，也在从方方面面将美丽城市建设理念渗透到国民生产的各部门。如各市低碳城市的建设，在积极响应国家“绿水青山”生态文明建设理念的前提条件下，结合浙江省节能减排工作方案，各地强化碳消耗、碳排放强度指标，强化万元 GDP 碳排放量等，细化森林城市、低碳城市建设目标与各项建设任务，使生态文明通过森林城市、低碳城市的建设可以落地实施。各市环保模范城市、生态市、低碳城市及森林城市开展的基础规划分别为《××市创建国家环保模范城市工作方案》《××市生态市建设规划》《××市生态环境功能区规划》《××市低碳城市试点工作实施方案》《××市创建国家森林城市工作总体方案》《××市关于开展创建国家森林城市活动的实施意见》《××县美丽县城建设三年行动规划》。这些规划的制定，是各地区充分考虑自身情况，同省、国家的建设目标相结合，进

行的实践开展，涉及社会的方方面面，由大到小，由小入微，让发芽的种子开始茁壮地成长，并真正地开花结果。

三　坚持系统观点的生态文明城市建设

（一）生态文明城市建设要重视城市系统中环境支撑系统构建

生态文明城市建设是一项复杂的系统工程，需要企业、政府、社会各方面的综合协调来共同实施。浙江省面对生态文明城市建设的系统支撑环境中存在的诸多障碍，需要在政策和市场环境等方面做出一定的创新。

首先，完善生态文明城市建设政策体系，增强政策执行力度。生态文明城市建设的系统性和复杂性要求具备完善的政策体系以保证其顺利推进。完善政策体系与增强政策执行力度是建成生态文明城市的重要条件。健全的生态法律制度不仅是生态文明的标志，而且是生态保护的重要保证。生态文明城市建设系统环境的优化需要建立完善的政策支撑体系与加强政策及法律制度的执行效力，核心抓手一是执法者树立科学的生态观和法治观，二是落实环境质量标准和执法监督检查。

其次，健全绿色市场。浙江省制定健全绿色技术市场、完善资本市场、促进消费者节能产品消费动力等一系列方针，来保证用市场驱动环保，保证了生态文明城市建设的绿色动力。浙江培育资本、技术市场体系，激活与约束生态文明建设主体“企业”的行为。通过市场机制来解决企业绿色技术产品研发的资金问题；拓宽融资渠道，鼓励和支持金融机构向有利于生态文明城市建设的企业融资，鼓励和吸引社会资金和外资投向利于生态文明建设的项目和技术。建立风险投资基金，为民间投资者进行高新技术项目投资提供资金支持，允许以技术要素等无形资产作价投资，支持民间投资项目申请，利用外国政府和国际金融机构贷款。进而建立健全了生态技术市场与信息、人才、金融、产权等其他市场对接的统一技术市场体系，并通过连接全国的科技信息网络，连接研发方和需求方，形成技术市场体系，推动生态文明城市的建设。

最后，探索建立资源价格机制。浙江在生态文明建设过程中扣住要素配置的市场体系，积极推动水、海域、海岛、森林（碳汇）等系列资源的价格体系和产权制度完善，率先实现资源有偿使用制度，对现行资源价格进行合理调整。建立了资源价格改革机制，以及调整供求关系的市场工具。

（二）生态文明城市建设要重视城市系统各要素的整体协同效应

生态文明城市建设是一项系统工程，浙江省坚持遵循系统的关联性、整体性及动态性等特点推进生态文明建设，树立生态文明建设的系统观，以系统的方法指导生态文明建设。

第一，坚持系统的整体性思想，推进生态文明城市建设。生态文明城市建设的整体观是处理城市中人与自然关系的科学思维方法。整体性思想认为，在系统整体和各个要素的相互关系中，整体居于主导地位，系统中的各个要素则居于次要的、服从的地位，其性能和发展必须服从和服务于系统整体统一性的要求。生态系统的整体性体现在各子系统之间的物质循环、能量流动和信息传递能够持续地进行。浙江重视作为“社会—经济—自然”构成的复合生态系统的“城市”，无论推进森林城市还是低碳城市等建设，都要全面考虑各城市的生态短板与生态优势，因地制宜推动各地科学规划、科学建设，强调生态文明城市建设不能片面地、急功近利地发展某一部分而削弱另一部分，不能片面强调人自身的利益而损害全局利益，要实现人与自然的协调发展。

第二，坚持系统的关联性，推动生态文明城市建设系统各要素协调发展。浙江生态文明城市实践表明，提升生态文明不仅是人与自然的关系，还涉及人与社会、自然与社会、人—自然—社会等交叉关系。因此，建设生态文明城市，必须以系统分析方法为指导，全面、系统地看问题，促进经济发展与环境保护相协调。

第三，坚持系统的动态性和开放性，不断增强生态文明城市建设系统的生机与活力，促进生态文明城市建设水平的提高。生态文明城市建设作为一个系统，具有动态性和开放性的特点。生态文明城市建设系统的开放性促进了其组成要素间及系统与外界之间的交流，使系统内各要素间关系始终处于动态之中。同时，生态文明城市建设的开放性使生态系统本身的结构和功能得到不断的更新和发展，并给生态系统的可持续发展带来了可能。事物的发展正是其内部各要素相互作用的结果。浙江在促进生态文明城市建设过程中，既注重国家各级各类规划的重点指标，也积极探索本土性优势指标，尝试以生态优势指标破解生态文明建设中的短板和地方性问题，持续激发生态文明城市建设的活力与勃勃生机。

（三）生态文明城市建设要重视城市系统要素的优化发展道路

浙江省生态文明建设呈现良好的发展态势，生态文明城市建设系统也正有序地发展，但是其内部运行机制和系统环境运行机制方面还存在一些缺陷：在内部运行机制方面，人们的生态文明观念淡薄，缺乏发展的内动力，使得生态文明城市建设诸多方面发展不到位；在系统环境运行机制方面，也存在生态文明建设的政策执行力度弱、市场发育不成熟等问题。这一系列问题迫使浙江省生态文明城市建设追寻系统优化发展的途径。只有通过内在机制和系统环境支撑的共同优化发展，才能使生态文明城市建设系统健康有序地运行，早日建成生态文明城市。

针对浙江省生态文明城市建设内部机制的优化发展措施，一是在全社会牢固树立生态文明观念。生态文明观念的牢固树立可以指导人们的各项政治、经济行为以符合生态发展要求，利于生态文明城市建设。二是促进生态经济建设，大力发展循环经济。循环经济本质上就是生态经济，运用生态规律来指导人类社会经济活动的经济形态，发展循环经济是解决环境与经济发展矛盾的治本之策。三是完善生态制度建设，促进生态文明城市系统的优化发展。建立政府综合决策制度、完善对各级地方政府的绿色考核体系、建立涉及公众环境权益的发展规划和建设项目的公众听证制度、完善有利于生态技术创新和生态技术转化政策制度。四是完善生态立法，健全生态法规。对现行的生态文明建设的法律体系进行整顿、修订和完善，规范法律法规，增强其可操作性。

而浙江省生态文明城市建设系统环境运行机制的优化途径，一是要加强政策法规执行力度，增强生态文明城市建设。要求执法者树立科学的生态观和法治观，严格落实环境质量标准和执法监督标准，落实责任机制。二是建立能够促进生态文明建设的市场机制。培育资本、技术市场体系。建立资源价格机制，实现资源有偿使用制度，对现行资源价格进行合理调整，调整资源供求关系。通过立法和经济手段建立市场激励机制。

第八章　绿色科技创新

只有依靠科技创新，才能提高资源利用效率，促进生产方式绿色化和经济结构优化升级，才能把绿水青山变成金山银山。浙江省在“两山”重要论述引领下，资源约束倒逼绿色科技创新，绿色消费需求推动绿色科技创新，市场需求促进绿色科技创新。浙江省委省政府通过绿色规划目标激励约束绿色科技创新，实施绿色科技计划推进绿色科技创新，加大科研经费投入保障绿色科技创新，使得浙江省绿色科技创新能力、绿色环境绩效、绿色经济绩效等显著提升；浙江绿色科技促进经济发展过程中，浙江省委省政府起着主导作用，引导企业成为绿色科技创新的主体，以创新平台建设保障绿色科技创新成果供给以及以体制机制改革激发绿色科技创新的积极性等。

第一节　从科技创新到绿色科技创新

一　“两山”重要论述是绿色科技创新的根本指针

2005年8月，习近平同志在浙江省安吉县余村考察时首次提出：“我们过去讲既要绿水青山，又要金山银山，实际上绿水青山就是金山银山。”2005年8月，习近平以笔名哲欣在《浙江日报》发表评论文章指出，如果能够把“生态环境优势转化为生态农业、生态工业、生态旅游等生态经济的优势，那么绿水青山也就变成了金山银山”。2006年3月，习近平以笔名哲欣发文，论述了实践中人们对“两山”之间关系认识的三个阶段。2013年9月，习近平在哈萨克斯坦纳扎尔巴耶夫大学发表演讲时指出：我们既要绿水青山，也要金山银山。宁要绿水青山，不要金山银山，而且绿水青山就是金山银山。

绿色科技创新是把绿水青山变成金山银山的关键途径。只有依靠科技创新，才能把绿水青山变成金山银山。

著名经济学家熊彼特于20世纪初首次提出创新的概念和理论，认为创新就是要“建立一种新的生产函数”，即把有关生产要素和生产条件引进生产体系中去，以实现对生产要素或生产条件的“新组合”。波特认为，创新的范围非常广泛，既包括新的技术，也包括新的组织方式。陈劲也认为，技术创新是一个从新思想的产生，到研究、发展、试制、生产制造再到首次商业化的过程。[①]

伴随着经济的快速发展，自然资源的大量消耗、污染物的巨大排放等环境问题逐渐凸显。科技创新在带来经济增长的同时，也可能带来环境污染，如：汽车尾气排放污染了空气；农药的使用在提高了农作物的产量的同时，也可能造成土壤污染。生态危机已经成为威胁人类生存和发展的重要问题，因此，绿色科技创新应运而生。如何利用技术创新减少或避免环境污染，实现人类的可持续发展，成为一个新的命题。技术创新不仅需要实现利润最大化目标，还要将环境问题纳入技术创新的决策中。技术创新将经济发展与环境保护相结合，由追求经济效益的单一目标演变为追求经济效益和环境效益相统一的目标。

绿色科技创新也称为生态科技创新、环境技术创新，属于科技创新的一种。“绿色创新”更多指的是一种广义的创新，创新活动不仅包括环境技术的创新、工艺创新和产品创新，也包括了与此相关的组织创新、管理创新、制度创新等。[②]吴晓波、杨发明认为，绿色技术是指“对减少环境污染，减少原材料、自然资源和能源使用的技术、工艺和产品的总称”。绿色技术创新是与绿色产品、绿色加工过程有关的硬件和软件创新，包括节能减排技术、循环使用技术、绿色产品

---

① 陈钰芬、陈劲：《开放式创新：机理与模式》，科学出版社2008年版。

② 张钢、张小军：《绿色创新研究的几个基本问题》，《中国科技论坛》2013年第4期。

设计，以及环境管理等。① 德里森认为，界定绿色技术创新重点要看该创新技术是否能产生环境改善的效果。② OECD 认为，一种创造、新成果可明显地改善产品（商品和服务）、工艺、营销方式、组织结构和制度安排等。③

早在2006年浙江省委省政府就充分认识到要依靠科技创新促进环境保护的重要性。2006年3月20日，习近平同志在浙江自主创新大会上的讲话中指出，加强科技进步和自主创新，是破解资源环境约束、转变增长方式、促进产业结构调整的根本之计和首要推动力量，必须把提高自主创新能力作为提高国际竞争力和综合竞争力的中心环节和第一要务。④ 只有不断增强自主创新能力，掌握更多的核心技术和关键技术，才能突破资源和环境的制约，实现可持续发展。2006年3月24日，在浙江生态省建设领导小组全体会议上，习近平同志指出，“加快科技创新，培养造就生态管理人才与科研人才，大力发展环保产业，用先进技术解决生态环境问题”⑤。在2006年5月召开的浙江省第七次环境保护大会上，习近平同志强调，要“注重依靠科技创新促进环境保护”。⑥ 在2006年11月召开的浙江省科协第八次代表大会上，习近平同志指出：构建社会主义和谐社会，要求充分发挥科学技术的支撑作用，不断促进经济社会又好又快发展；加强科技进步和自主创新，是转变经济增长方式，破解资源环境制约，推动科学发展、和谐发展的根本之计。进一步提出，我们要把能源、资源的开发节约和环境保护技术放在优先位置，集中力量解决制约浙江省经济

① 吴晓波、杨发明：《绿色技术的创新与扩散》，《科研管理》1996年第1期。

② Driessen，P.，Hilleb，Rand B.，“Adoption and Diffusion of Green Innovation，” in Nelissen，W.，Bartels，G. eds.，*Marketing for Sustainability*：*Towards Transactional Policy-Making*，Amsterdam：Ios Press，2002，pp. 343－356.

③ OECD，*Environmental Innovation and Global Markets*，Paris：Organization for Economic Cooperation and Development，2008.

④ 《浙江召开自主创新大会　建设创新型省和科技强省》，浙江省人民政府网站，2006年3月22日。

⑤ 习近平：《浙江省领导小组会议要求结合实践推进生态省建设》，《浙江日报》2006年3月25日。

⑥ 习近平：《干在实处　走在前列——推进浙江新发展的思考与实践》，中共中央党校出版社2006年版，2014年第4次印刷，第202页。

发展的瓶颈问题。

习近平总书记指出：绿水青山和金山银山决不是对立的，关键在人，关键在思路。[①] 只有依靠绿色科技创新，才能促进产业结构升级、提高资源利用效率，不以牺牲环境、浪费资源为代价换取经济增长，实现经济社会发展与生态环境保护的共赢，从而使得绿水青山和金山银山不再是对立的，达到统一。我们必须及早转入创新驱动发展轨道，把科技创新潜力更好地释放出来，充分发挥科技进步和创新的作用。[②]

生态建设，环境保护，污染治理和减排，必须依靠科技支撑。只有依靠科技创新，才能提高资源利用效率，促进生产方式绿色化和经济结构优化升级。只有把科技创新纳入到服务绿色发展、支撑绿色发展，科技创新才能既为经济社会发展创造更大的综合效益，又为自身的进步繁荣创造可持续发展的生存环境。[③] 2015 年 3 月 24 日中共中央政治局审议通过的《关于加快推进生态文明建设的意见》指出：必须加快推动生产方式绿色化，构建科技含量高、资源消耗低、环境污染少的产业结构和生产方式，大力提高经济绿色化程度，加快发展绿色产业，形成经济社会发展新的增长点。

二　资源环境约束倒逼绿色科技创新

资源、环境、生态是人类生产生活的物质基础。随着经济持续高速发展，资源约束趋紧，环境污染严重，生态系统退化，极大地制约了经济社会的可持续发展。

浙江省经济发展的要素制约日益凸显。浙江省国土面积 10.18 万平方千米，其中山区占 70.4%，平原占 23.2%，河流和湖泊占 6.4%，呈现“七山一水二分田”的地理格局。浙江是一个典型的人多地少、城镇密集、经济密集省份，水资源、土地资源、矿山资源等

① 习近平：《心里更惦念贫困地区的人民群众》，新华网，2014 年 3 月 7 日。

② 习近平：《敏锐把握世界科技创新发展趋势，切实把创新驱动发展战略实施好》，《人民日报》2013 年 10 月 2 日。

③ 周国辉：《习近平科技创新思想与浙江实践论析》，《观察与思考》2016 年 6 月 5 日。

人均占有水平均低于全国平均水平。浙江全省多年平均水资源总量为937 亿立方米，人均水资源拥有量低于全国水平。浙江是一个资源小省，煤炭和铁的资源比较缺乏，煤炭主要产自长兴县西北部与安徽省接壤处，有长广煤矿，绍兴县有漓渚铁矿，但产量不大。浙江省经济总量占全国的6.81%，人口占全国的3.79%，国土面积却只占全国的1.06%，人口密度是全国的3.35 倍，城市、人口、产业高度集中，生态环境十分脆弱，面临着矿产、能源资源、劳动力资源短缺的问题。①

浙江快速发展的经济导致能源消耗量增长很快，根据《浙江省统计年鉴》，能源消耗总量从2005 年的12032 万吨标准煤，提高到2015 年的19610 万吨标准煤，总增长幅度接近63%（见图8－1）。

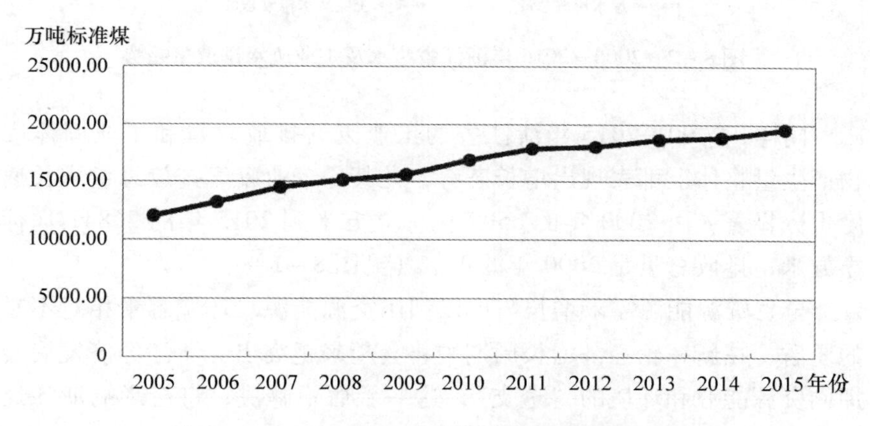

图8－1　2005—2015 年浙江省能源消耗量走势

快速增长的经济给浙江省环境保护造成了巨大的压力。2000—2016 年浙江省废水排放总量呈明显上升趋势，由2000 年的213316 万吨增至2016 年的430857 万吨，排放量增长幅度高达102%。其中，2000—2010 年废水排放量增长速度呈直线上升趋势。工业废水的排放总量在2010 年之前呈增长趋势，其后显示出下降趋势（见图8－

① 龚正：《倡导绿色创新低碳发展　加快浙江经济转型升级》，《国际商报》2013 年3 月8 日第B3 版。

2），原因在于“十一五”期间浙江省开始着力整治水污染问题，而后又开展了“五水共治”行动。

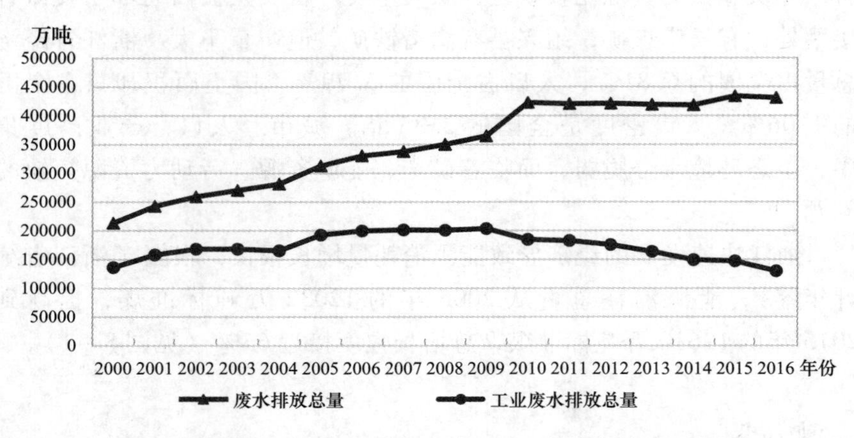

图 8－2　2000—2016 年浙江省废水及工业废水排放量趋势

同样，2000—2015 年浙江省的工业废气排放总量和工业固体废物产生量整体上都表现出增长态势，尤其是工业废气排放总量增长速度十分显著，由 2000 年的 6509 亿标立方米到 2015 年的 26841 亿标立方米，排放总量是 2000 年的 4 倍（见图 8－3）。

全省资源能源需求增长与可以利用资源能源、环境容量相对不足的矛盾，在新一轮经济增长周期中将会越来越突出。浙江经济发展会加剧资源能源和环境的“透支”，这一矛盾不解决，将会影响浙江经济的可持续发展。

环境退化和资源紧缺迫使企业走生态科技之路。只有依靠绿色科技创新，开发新能源，提高资源利用效率，才能有效破解经济增长中的资源环境瓶颈制约；只有依靠绿色创新，才能降低生产过程中的废水、废气等排放，才能实现环境质量提升；只有依靠绿色科技创新，才能推动产业向价值链中高端跃进，实现产业结构调整与升级，从而提升经济增长的整体质量，实现经济、社会的可持续发展。大力引导绿色创新，加快浙江经济结构调整，促进转型升级，是浙江经济社会发展的必由之路。

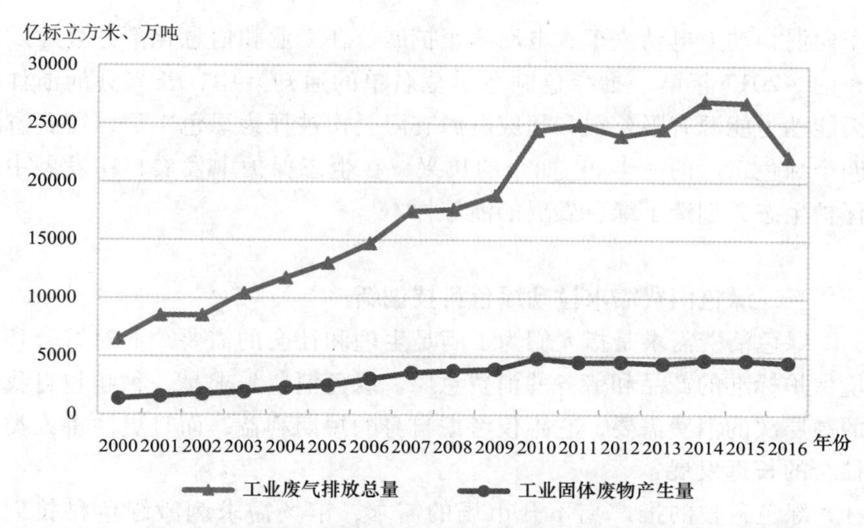

图 8-3 2000—2016 年浙江省工业废气排放总量及工业固体废物产生量趋势

浙江各界把美丽浙江作为可持续发展的根本，以资源和环境双控来倒逼科技创新、走创新驱动发展之路，从而推动经济转型升级。浙江省委省政府推出了“两化融合”“四换三名”“三改一拆”“五水共治”等各个战略，把绿色发展、低碳发展融入各个领域，依靠科技创新的支撑，实现生态与经济的双赢。

资源约束倒逼一批企业进行绿色科技创新活动，并取得了较成功的进展。例如，浙江省长兴县——中国新能源产业百强县和国家绿色动力能源高新技术产业化基地，在转变经济发展方式中成为“领头羊”，通过技术改造、加大落后产能淘汰力度和延伸产业链，将低技术含量、低附加值、高能耗、高污染的粗放型经济发展产业转化为高科技含量、高附加值、低能耗的集约型产业。长兴县开展了多项环保工程：生活垃圾焚烧热电工程、废弃物综合利用工程、中水回用工程以及水泥行业的低温余热发电改造工程等。其中尤为突出的整治事例为长兴的铅酸蓄电池产业。长兴县以“关闭一批、规范一批、提升一批”为总体思路，从 2004 年开始经过两年整治，企业数量从 175 家减至 50 家，缩减 71%。企业生产领域也由原先的单一铅酸蓄电池向铅酸类和镍氢类、锂离子类等新型电池类拓展，应用领域从电动自行车向混合动力电动汽车、电动汽车扩展。在工业和信息化部办公厅发布的《2017 年第一批绿色制造示范名单的通知》中，长兴县的浙江天能动力能源有限公司和超威电源有限公司被评为绿色工厂，占我省四个绿色工厂的一半。[①] 如今的长兴，在生态保护中发展，在发展中保护生态，创造了绿色发展的浙江样本。

三 绿色消费需求拉动绿色科技创新

绿色消费需求是指人们为了满足生理和社会的需要，而对符合环境保护标准的产品和劳务的消费意愿。绿色消费需求是一种超越自我的高层次的消费需要，它不仅考虑自身的短期利益，而且更注重人类社会的长远发展。

绿色科技的推广离不开市场的需求，市场需求刺激绿色科技创新，市场为绿色科技创新提供了广阔的平台。[②] 随着科技进步、生活水平的提高，人们的生态意识逐渐增强，开始关注绿色消费，如绿色食品、绿色出行、绿色住房等。一些产品在给人们带来使用价值的同时，也带来了环境污染。例如，大量的汽车出行一定程度上影响了空气质量，产生的烟雾直接危及健康；含有较高甲醛、放射性的建筑装饰材料，使居住环境空气质量下降；打印机等存在辐射和有害物质污染；一次性塑料制品产生“白色垃圾”等。

绿色需求引起生产领域的大规模革命，促进企业开展绿色科技创新，开发新的绿色产品，实现清洁生产，树立环保新形象。绿色科技的发展又改善了市场供给，促进绿色消费。这样真正形成绿色消费引导绿色科技创新、绿色科技创新促进绿色消费的良性循环机制。[③]

绿色交通需求促进了绿色科技创新。到 2015 年底，浙江省推广新能源汽车 28475 辆，名列全国第三。2015 年我国新能源汽车产量 35 万辆，超过美国，位居世界第一。这其中，20% 的车是浙江制造。有数据显示，2015 年浙江省新能源汽车整车产量约 7 万辆，其中康

① 杨发庭：《构建绿色技术创新的联动制度体系研究》，《学术论坛》2016 年第 1 期。

② 同上。

③ 王建华：《以绿色科技创新为支撑促进我国循环经济发展》，《科技与管理》2006 年第 3 期。

迪2.5万辆，吉利2万辆，众泰1.8万辆，整车及零部件产业规模150亿元。浙江省的康迪（吉利）、众泰进入全球纯电动汽车销量前10名，位居全国前2名。万向集团通过收购拥有锂离子电池全球领先技术的A123公司和知名电动汽车制造企业菲斯科公司，掌握了世界领先技术。省重点企业研究院则从事纯电动汽车空调及汽车热管理系统等关键零部件制造的研究，累计研发投入已超过4亿元，在2015年新增申请电动汽车空调相关专利80件，累计申请发明专利239件，2016年还将投入研发经费1亿元。①

绿色建筑也成为一种时尚。发展绿色建筑需要有创新的建筑科技和绿色建筑材料等，可以通过改变住房设计减少水、能、地、材的消耗，用太阳能代替传统能源等。② 绿色创新技术实现绿色居住。2017年1月浙江省住房和城乡建设厅印发了《2017年全省建筑节能与科技设计工作要点》，其中提出要以绿色发展为导向，完成太阳能等可再生能源建筑应用面积2000万平方米（其中完成新建住宅屋顶太阳能光伏5万户以上），实施星级绿色建筑示范工程80项。浙江省嘉兴市的嘉善县在绿色建筑方面就发挥了很好的示范作用。2009年嘉善县被财政部、住房和城乡建设部批准列为首批国家可再生能源建筑应用示范县。编制了《嘉善县可再生能源建筑应用专项规划》，在省财政和建设厅的资助下，加快可再生能源应用，在多个项目中推广了地源热泵技术，有效地利用地热，冬季制热，夏季制冷；提升了太阳能光热建筑一体化应用；探索多种能源综合利用项目，如大云温泉生态旅游将研究探索把深层地能、浅层地能和太阳能光热及生物质能相结合的开发模式。

绿色消费促进了科技创新。企业不仅注重产品的绿色化，而且致力于打造绿色产业链。例如，浙江日发纺织机械股份有限公司秉持绿色发展理念，最新研发的新一代无缝内衣机，可以将原先的针织、编织、裁剪等工序合并为一道环节，实现针织服装一次编织成型，单件

① 《2015年浙江新能源汽车整车产量约7万辆》，第一电动网（http://www.zhev.com.cn/news/show-1453987006.html），2016年1月28日。

② 黄娟：《科技创新与绿色发展的关系——兼论中国特色绿色科技创新之路》，《新疆师范大学学报》2017年第2期。

能耗可降低15%，用工减少20%，原料利用率提高8%，有效降低了资源和能源的消耗，实现绿色生产。日发纺机计划在未来3年再投入1.5亿元，建设一次成型针织成套装备绿色工艺与制造技术设计平台，进一步提升绿色化水平，使制造技术绿色化率提高20%，制造过程绿色化率超过25%，资源环境影响度下降20%，从而实现经济指标、技术指标与绿色指标的优化配置。[①]

四　绿色市场需求促进绿色科技创新

市场对绿色技术需求也越来越多。浙江省技术市场实行十多年来成效显著。时任浙江省委书记习近平同志，重视互联网建设发展，支持在全国率先创办网上技术市场，2002年10月，建立了中国浙江网上技术市场，经过十多年的发展，从无到有、从小到大，交易主体不断增多，交易范围不断扩大，交易规模不断刷新，技术成果的红利不断释放。[②] 2014年12月，集“展示、交易、交流、合作、共享”五位一体的浙江科技大市场正式运行。截至2015年底，累计签约技术合同35240项，技术合同成交金额345.59亿元，成为全国集聚科技资源最多、技术交易额最大的网上技术市场，总体规模和各项指标保持全国领先。[③]

随着经济发展，市场对绿色的需求增加，企业对绿色科技创新的需求也越来越大。根据浙江省科技统计数据，在2006—2015年，浙江省新能源与高效节能领域的技术成交金额呈上升趋势。新能源与高效节能领域的技术成交金额在2007年有一定下降，但在2008年以后，新能源与高效节能领域技术成交金额呈上升趋势，说明市场的绿色技术需求不断提高，特别是从2012年以后，新能源与高效节能领域技术成交金额显著增加。同样，2006—2015年，浙江省环境保护与资源综合利用的成交金额基本处于上升态势，尤其是2008—2012年，上升趋势更为显

① 《日发纺机打造绿色化全产业链》，新昌新闻网（http：//xcnews. zjol. com. cn/xcnews/system/2017/06 /20/030188131. shtml），2017年6月20日。

② 金科：《网上技术市场：主体增多范围扩大　规模刷新红利释放》，《今日科技》2014年第11期。

③ 周国辉：《习近平科技创新思想与浙江实践论析》，《观察与思考》2016年第6期。

著，在2012年达到近10年来环境保护与技术领域技术成交金额的最高点。虽然在2012年后有所回落，但从2013年开始，环境保护与资源综合利用领域的技术成交金额又呈现缓慢上升趋势。因此，绿色需求推动着浙江省绿色创新技术的发展（见图8-4）。

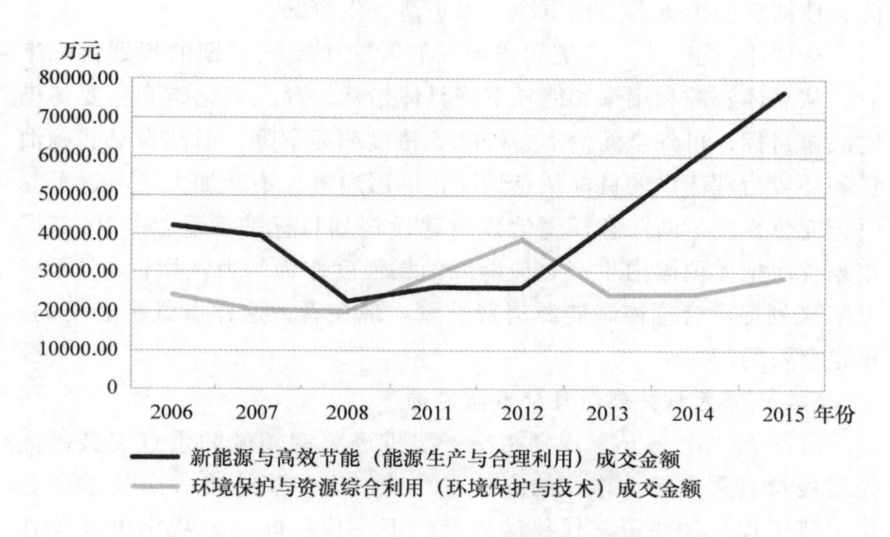

图8-4　2006—2015年浙江省技术交易成交金额

注：2009年与2010年数据缺失。

第二节　绿色科技创新的战略举措

一　绿色规划目标是绿色科技创新的激励约束

随着经济的发展，浙江省委省政府根据资源条件和生态环境的变化，制定了相应的绿色科技创新和环境目标。

（一）环境治理与建设目标与时俱进

浙江省“十一五”规划指出：30%的县（市、区）和40%的设区市基本达到生态县、市建设要求；资源利用效率有较大提高，万元GDP综合能耗下降15%左右；发展循环经济取得明显成效，建设资源节约型和环境友好型社会实现阶段性目标。浙江省“十二五”规划进一步指出：非化石能源占一次能源消费比重进一步提高，单位GDP能耗下降、二氧化碳和主要污染物减排实现阶段性目标，继续保持全国先进水平，土地、水等资源利用效率大幅提高。浙江省“十三五”规划提出：能源和水资源消耗、建设用地、碳排放总量得到有效控制，主要污染物排放总量大幅减少，黑臭河和地表水劣Ⅴ类水质全面消除、八大水系水质基本达到或优于Ⅲ类水，PM2.5浓度明显下降，使浙江的天更蓝、地更净、水更清、山更绿。

从“十一五”“十二五”“十三五”三个不同时期的规划目标来看，从总体资源利用率和能耗下降具体指标，到二氧化碳和主要污染物减排目标，再到全面治水、PM2.5浓度明显下降，浙江省对能源消耗和环境治理建设的目标从点到面，层层递进，不断加大。习近平总书记充分肯定了浙江省环境治理与建设规划目标的演变：“十一五”规划首次把单位国内生产总值能源消耗强度作为约束性指标，“十二五”规划提出合理控制能源消费总量。现在看，这样做既是必要的，也是有效的。①

（二）绿色科技创新目标不断递进

浙江省“十一五”规划指出：要推进关键领域的重点突破，优先发展具有重大带动作用的高技术产业。组织实施重大高技术产业化示范工程，加快第三代移动通信、下一代互联网、数字电视等具有自主知识产权成果的产业化进程，大力发展生物医药、高效低毒低残留农药和医疗器械，积极开发新材料、新能源和先进环保技术，大力推进建筑业科技创新，鼓励和支持新技术、新材料、新工艺、新设备的开发应用。在“十二五”规划中，进一步提出要发展壮大优势产业，重点发展余温余热利用、高效照明产品、节能服务等节能产业，污染防治、环境质量监测、环保服务等产业。推广应用集成制造、柔性制造、精密制造、清洁生产、虚拟制造等先进制造模式，不断提升浙江省制造业在全球产业价值链中的地位；运用新材料、新结构、新技术、新设备，提升建筑企业技术水平，促进建筑业转型升级，推动浙江省由建筑大省向建筑强省跨越。浙江省“十三五”规划期间将深入实施“四换三名”工程，统筹推进战略性新兴产业、装备制造业、高新技术产业发展和传统产业改造提

① 习近平：《关于“十三五”规划建议的说明》，新华网，2015年11月3日。

升，培育一批具有国际竞争力的创新型龙头企业，建设一批信息科技、新材料、新能源汽车等先进制造业基地和创新中心，抢占制造业新一轮竞争制高点；推进传统块状经济整治提升，坚决淘汰落后产能，切实消除环境污染、安全生产和治安隐患，加快发展成为具有稳定竞争力的现代产业集群。

从“十一五”“十二五”到“十三五”规划，绿色科技创新的篇幅越来越多，内容越来越丰富。从“十一五”规划提出积极开发新材料、新能源和先进环保技术，到“十二五”规划的重点发展余温余热利用、高效照明产品、节能服务等节能产业，污染防治、环境质量监测、环保服务等产业，再到“十三五”规划建设一批信息科技、新材料、新能源汽车等先进制造业基地和创新中心等，绿色创新的目标越来越精准、明确。

2016年浙江省委十三届九次全会通过的《中共浙江省委关于补短板的若干意见》，把科技创新作为推动浙江省经济社会发展必须补齐的“第一块短板”。指出：补短板首先要补科技创新的短板，创新是引领浙江省发展的第一动力。绿色科技创新是浙江省绿色发展的动力。

二 绿色科技计划推进绿色科技创新

浙江省根据《国家中长期科学和技术发展规划纲要（2006—2020年）》，组织专家制定了若干项重大工程作为浙江省重大科技专项，包括固体废物综合处置技术等重大科技专项“十一五”实施方案。为使节能、清洁能源和环保技术取得突破，发挥循环经济示范和推广作用，建设浙江美好家园，万元GDP综合能耗、工业固体废物综合利用率、主要污染物排放总量等关键指标要达到国家要求。为推进重大科技专项的顺利实施，经浙江省政府同意，各方案已于2007年12月底正式颁布实施。浙江省科技厅、财政厅共同制定并下发了《浙江省重大科技专项计划管理（试行）办法》和《浙江省重大科技专项实行专家咨询制度管理办法（试行）》等管理办法。针对浙江省污染防治与环境管理中的技术瓶颈和环境保护工作重点，省科技厅提出了2010—2015年浙江省环境科技在关键技术研究、应用技术推广和科技支撑能力建设三大领域的优先主题。通过组织实施一批重点科研项目、推广一批先进适用的污染防治技术、建设一批环保创新平台和载体、制定一批环境政策与地方环境标准、开展一批国际国内合作项目、培养一批环境科技人才，初步建立了较完善的环境科技创新体系。浙江省科技厅在设立“生态省建设科技攻关重大专项”的基础上，经省政府同意，增设了“水污染防治与水资源综合利用科技专项”和“固体废物综合处置科技专项”，取得了一批资源综合利用方面的科研成果。

（一）水污染防治与水资源综合利用科技专项

《浙江省国民经济和社会发展第十一个五年规划纲要》将八大水系综合治理、水资源配置工程等列入重大工程建设计划。《浙江省环境保护“十一五”规划》提出，“十一五”期间，我省要痛下决心、下大力气解决我省各种突出的环境问题，尤其是饮用水的安全和流域水环境综合整治问题；提出我省水环境保护的总体目标为：到2010年，主要流域水质明显改善，突出的环境污染问题基本得到解决。城市集中式饮用水源地达标率大于85%；62.0%以上的省控断面满足Ⅲ类水质标准。2013年《杭州市“五水共治”三年行动计划（2014—2016年）》出台，全市开始实施治污水、防洪水、排涝水、保供水、抓节水“五水共治”，其中治污水成为重中之重。2013年11月浙江省政府下发《关于全面实施“河长制”进一步加强水环境治理工作的意见》。2014年初，浙江省委省政府强力推进“五水共治”，全面实施“十百千万治水大行动”，全面建立党政领导负责的“河长制”。2015年，全省221个地表水省控断面中，Ⅰ—Ⅲ类占72.9%，比2010年上升11.8个百分点；劣Ⅴ类断面占6.8%，比2010年下降9.9个百分点；县级以上集中式饮用水源地水质达标率为89.4%，比2010年上升1.2个百分点。浙江省委省政府主要领导态度坚决，以“重整山河”的雄心和“壮士断腕”的决心，打一场治水的“人民战争”。浙江省就明确了“五水共治，治污先行”的路线图、“三五七”的时间表，从群众深恶痛绝的垃圾河、黑臭河开始治起，要求三年（2014—1016）解决突出问题，明显见效；五年（2014—2018）基本解决问题，全面改观；七年（2014—2020）基本不出问题，实现质变。

2014年，浙江省科技厅贯彻落实“五水共治”等省委省政府的统一部署，围绕工作目标，瞄准重点难点问题，深化部门协同配合，抓好科技攻关，推广科技成果，制定下发《关于进一步加强生态环保领域科技支撑能力建设的实施意见》（浙科发社〔2014〕52号），以科技治水、科技治霾、科技治土为重点，加快共性关键技术的攻关和突破，加速科技成果的转化和产业化，进一步提升环保领域科技创新能力。

（二）固体废物综合处置技术专项

“十五”期间，浙江省工业固体废物产生量从2001年的1603.1万吨上升到2005年的2514万吨，其中危险废物产生量从2001年的15.3万吨上升到2005年的27.69万吨。在经济发展的同时，面临的环境问题极为严峻。“十一五”时期是浙江省社会经济全面发展的战略机遇期，也是浙江省发展循环经济、改善生态环境、建设节约型社会重要时期，加快实现浙江省固体废物“无害化、减量化、资源化”处置是一项重要内容。《浙江省科技强省建设与“十一五”科学技术发展规划纲要》指出：设立固体废物综合处置技术专项，研发高效、节能、安全、环保的固体废物综合处置技术并实现规模化应用，提高浙江省固体废物处置技术水平，解决当前固体废物处置工作中存在的技术难题，对于加强浙江省固体废物污染防治工作，促进浙江省经济社会可持续发展，有着重要的战略意义。重点围绕乡镇生活垃圾综合处置技术、污水处理污泥综合处置技术、危险废物综合处置技术、农业废弃物综合处置技术、含持久性有机污染物废弃物综合处置技术、废旧家电及电子废弃物综合处置技术、资源再生废弃物综合处置技术、固体废物综合处置的风险评估及控制技术等八个主要研究方向进行技术攻关。通过专项的实施，计划到“十一五”期末，突破一批亟须解决的固体废物综合处置的关键、共性技术，形成一批具有自主知识产权的、处于国内外先进水平、关联度大、市场急需的固体废物综合处置专有技术和产品，获取发明专利20项以上；建设20余个固体废物综合处置示范工程，实现固体废物综合处置技术的规模化推广应用；培育10个左右专业从事固体废物综合处置的高新技术企业、装备制造企业。

三 研发经费投入保障绿色科技创新

浙江省非常重视科技经费投入，地方财政科技拨款额一直呈上涨趋势，从1978年的0.43亿元到2016年的269.04亿元，增长幅度非常显著，其中2000年开始呈现明显增长趋势（见图8－5），政府科技经费投入大大地促进了浙江省创新能力的提升。

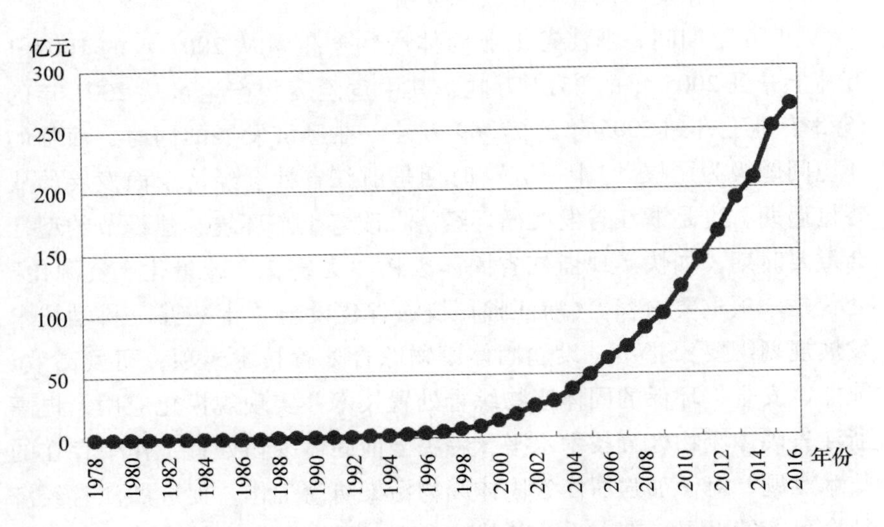

图8－5 浙江省1978—2016年地方财政科技拨款额

资料来源：《浙江省科技统计年鉴》。

浙江省研发投入也呈现持续增长的态势，从1990年的2.04亿元，增长到2016年的1130.63亿元，增长非常迅速，2000年以后呈现快速增长态势（见图8－6），促进了浙江省创新能力的显著提升。

科技人力资源是创新的保障。浙江省研发人员也呈现增长态势，从1990年的1.23万人，增长到2016年的37.66万人（见图8－7），

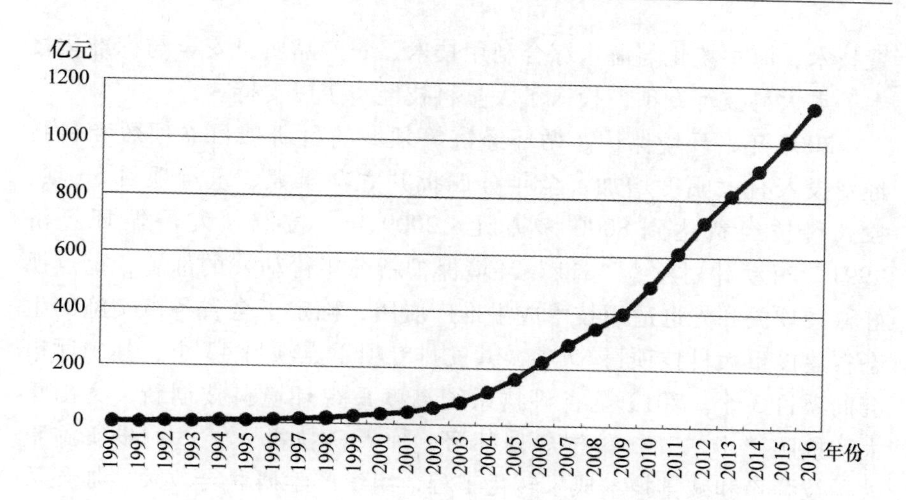

图 8-6 浙江省 1990—2016 年 R&D 经费投入情况

资料来源：《浙江省科技统计年鉴》。

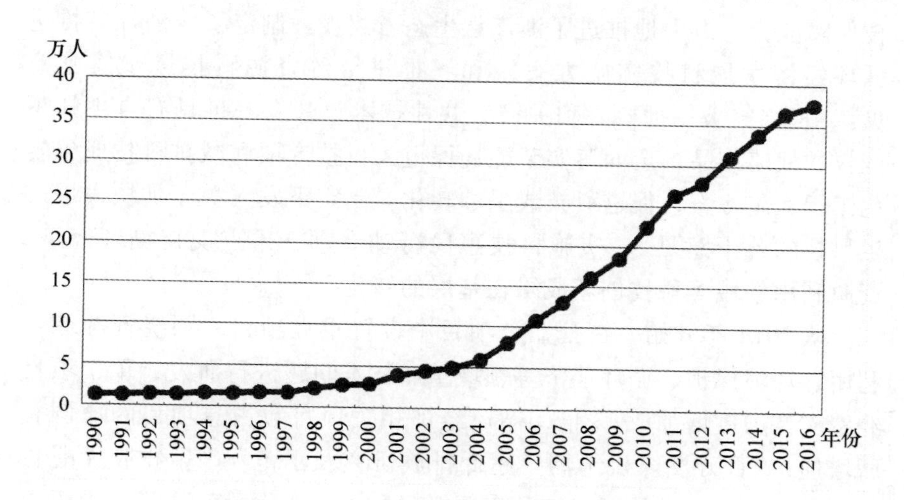

图 8-7 浙江省 1990—2016 年 R&D 人员情况

年均增长 14.07%。

浙江省的绿色科技创新投入也逐年增加，省科技厅积极推进生态环保技术重大专项实施，设立了高效节能技术、再生能源利用技术、绿色化工技术、水污染防治与水资源综合利用技术、固体废物综合处置技术、海水淡化与海水综合利用技术、农产品质量安全与标准化技术等重大科技等专项，投入了大量科技经费予以支持。

2007 年，环境保护、循环经济等领域的科研项目立项数和科技经费投入有大幅度增加，全年分四批共立项重大、重点项目 50 项，投入科技经费达到 8000 多万元。2009 年，按照《发展循环经济“991”行动计划》《“811”环境保护新三年行动》的部署，重点抓好科技攻关和先进适用技术成果推广应用，确定了全省各市实施的生态省建设重大科技项目 67 项，共安排专项重点项目 43 个，其中厅市会商项目 3 个。2013 全省科技系统高度重视环境科技创新，突出重大，按照“十二五”科技规划部署，加大科技投入，进一步实施重大科技装箱和减排技术成果转化工程，组织产学研联合攻关，加强关键、共性技术的研发和示范。2013 年，18 个重大科技项目，46 个公益类环保项目得到立项，全省 109 个生态环境科技示范应用项目得到落实，发挥了科技的支撑引领示范作用，不断提升生态文明建设的科技保障能力，有力地推进了浙江省生态省建设。制定了《浙江省推进循环经济发展科技实施方案》和《推进节约资源科技进步实施意见》，提出突破一批核心和关键、共性技术，开发一批具有自主知识产权的战略产品，全面落实节能环保重大科技专项和减排科技成果转化工程实施方案，促进科技成果的转化。制定下发《关于加快发展民生科技的若干意见》，实施科技惠民行动专项，重点支持循环经济、资源利用领域等科技创新成果在基层的转化。

从 2014 年开始，在公益类项目中设置重点项目，围绕资源综合利用、环境保护、循环经济等领域重点技术问题进行研发，单个项目经费支持力度增加 2—3 倍，循环经济相关项目数占总项目的比例有所增加，“百万燃煤机组烟气超低排放研究及示范”“生物胶无醛竹质新材料制造关键技术研究及资源循环利用产业化示范”等一批资源综合利用项目获得立项。

为推动“五水共治”开展科技专项行动。2014 年浙江省科技厅提出了七个方面 13 项科技重点支撑任务，组织多个科技服务工作小组深入一线，帮助解决治水难题。针对节能环保、生态环境等领域重大技术难题，2014 年组织实施各类科技项目近 300 项，累计投入

8600万元，其中重大专项项目26个，补助资金5900万元。2015年，省科技厅建立了“五水共治”重大科技专项，每年安排财政科研经费2000万元予以支持，更好地发挥科技在“五水共治”工作中的支撑引领作用，这些绿色科技投入是浙江省绿色科技创新的保障。

第三节　绿色科技创新的主要绩效

一　绿色科技创新能力显著提升

2006年习近平同志在全省自主创新工作会议上，明确提出了到2020年建成创新型省份的战略目标，为浙江科技创新勾画了蓝图、指明了方向。十多年来，浙江始终坚持这个目标不动摇，咬定青山不放松、一任接着一任干，已经取得阶段性成效，区域创新能力跨入了“第一方阵”。[①] 2010年约占全国人口4%的5400万浙江人民在全国1%多一点的土地上，创造了全国7%的经济总量。[②] 浙江省经济继续保持稳定快速增长，2015年全省GDP高达42000亿元，是2005年的3.13倍，年均经济增长率为12.1%，一直保持着经济高增长。2011年浙江GDP突破30000亿元，2014年开始突破40000亿元，成为继广东、江苏、山东之后的第四个突破40000亿元的省份。

在历届省委省政府的高度重视和强力推进下，浙江省实施创新驱动发展战略下了一着先手棋。浙江深入贯彻“八八战略”，持续打了一套以治水倒逼、以创新引领的转型升级系列组合拳，取得了显著的成效。

2015年浙江省区域创新能力居全国第5位，企业技术创新能力居第2位，发明专利申请、授权量分别为67674件和23345件，万人发明专利拥有量达到12.89件。知识产权综合实力和专利综合实力均居全国第4位，科技进步贡献率达57%，R&D经费支出占GDP比重

① 《夏宝龙同志在全省科技创新大会上的讲话》，中国共产党新闻网，2016年9月29日。

② 龚正：《倡导绿色创新低碳发展　加快浙江经济转型升级》，《国际商报》2013年3月8日第B3版。

达2.33%，被列为全国首批创新型试点省份。2015年8月，国务院批复同意杭州建设国家自主创新示范区，成为引领全省自主创新发展的标志性平台与载体。①

2014年，全省有研发活动的工业企业达7842家，占规模以上工业企业的13%，较全国平均水平高4.5个百分点；其中，大中型工业企业有研发活动的达2096家，位居全国第2，占比达47.4%，高于全国平均水平近20个百分点。截至2015年底，全省共有省级高新技术企业研发中心2536家，省级企业研究院474家。绿色研究机构也得到迅速发展，自2012年9月以来，省、市、县（市、区）联合，围绕做强纯电动汽车、光伏发电装备、船舶装备等20条产业链，建设了184家重点企业研究院。②

为充分调动浙江省环境科学技术工作者的积极性和创造性，发现和培养环保科技人才，促进从事环境科学技术研究的单位与个人提高研究质量和水平，加快环境科学技术进步，为建设生态省、打造绿色浙江提供有力的技术支撑，浙江省根据国家环保总局办公厅《关于开展环境保护科学技术奖励工作的通知》的精神，开设了环境保护科学技术奖，每年评选一次。2007—2015年浙江省环境保护科学技术奖的获奖项目逐年增加，从2007年的13个，上升到2015年的29个，从一个侧面反映出绿色科技创新成果的数量和质量都在提升（见图8－8）。

“十一五”期间，浙江省按照“减量化、再利用、资源化”原则，以“低消耗、低排放、高效率”为导向，通过企业生态设计和清洁生产，推动循环经济发展。实施循环经济“991行动计划”，突出资源节约型和环境友好型产业发展、推行清洁生产、资源综合利用、工业园区生态化改造、高效生态农业、循环技术开发和推广应用、生态城市和生态乡镇建设、绿色消费、政策法规建设九大领域，建设“九个一批”示范工程，组织实施百个重大项目。其中，宁波舟山港就投入3.9亿元将全港龙门吊改为电力驱动，每年仅电费就可

① 周国辉：《坚定不移走创新引领转型之路》，《浙江日报》2016年6月2日第15版。
② 同上。

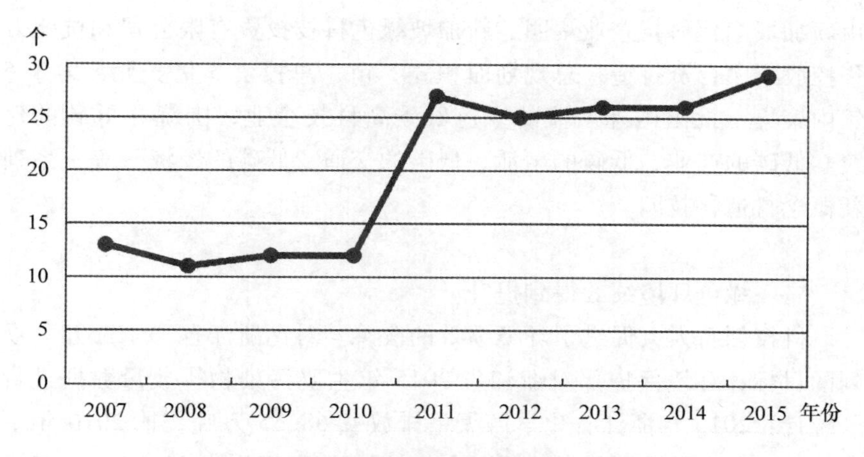

图 8－8　浙江省环境保护科学技术奖数量变化

以节省 1 亿多元。

“十二五”期间，浙江省绿色科技领域攻克了一批关键、共性技术，取得了一批具有国内领先与先进水平的科技成果。设立了生物技术制药、环保技术、海洋开发技术 3 个专项，燃煤电厂烟气超低排放、城镇污水处理厂提标改造、流域生态治理等技术处于国内领先水平。推广应用了一批科技成果，并实施了减排技术的成果转化工程。

一些地市在绿色经济发展方面取得了巨大成效。如新昌县围绕国家级生态县创建和“五水共治”目标，以水环境治理来倒逼企业转型升级，走绿色发展之路，实现经济与生态的双丰收。县财政每年安排 1.5 亿元专项资金，全力优化产业结构，坚决调整一般原料药、中间体等污染较重的产业，大力发展先进装备、生物医药两大战略性支撑产业，着力培育节能环保、电子信息等新兴产业。同时注重创新，投资 1 亿元建造 4 万平方米科技孵化器，每年组织 3 次以上大型科技对接活动，分产业进行对接，加速科技成果转化。[①] 又如杭州新加坡低碳科技园。2011 年，在杭州市政府发展绿色低碳经济的政策指引下，

---

① 浙江省环境保护厅：《2014 年生态省建设工作简报》第 17 期，http：//www.zjepb.gov.cn/hbtmhwz/rdzt/stsjs/201406/t20140604_355158.htm。

由新加坡净化科技企业集团、新加坡绿色科技投资有限公司和杭州万华控股集团合资打造，总规划面积345亩，总投资3亿美元，力争5年内聚集一批国内外一流的绿色低碳高科技企业，围绕“低碳的建筑、低碳的产业、低碳的生活、低碳的交通、低碳的经济”等一系列新概念打造科技园。①

二　绿色环境绩效得到提升

科技创新大大促进了环境绩效的改善。对比浙江省“十二五”规划的目标，环境保护部对浙江省2015年主要污染物排放量数据进行了统计：2015年浙江省化学需氧量排放量68.35万吨，比2010年下降18.82%；氨氮排放量9.84万吨，比2010年下降16.91%；二氧化硫排放量53.76万吨，比2010年下降21.35%；氮氧化物排放量60.74万吨，比2010年下降28.81%。四项主要污染物减排均超额完成“十二五”目标任务，即浙江省绿色创新技术在促进绿色发展中发挥了重要的作用。

绿色科技创新能力和水平的提升，促进能源效率大大提高。据《浙江省统计年鉴》数据显示，1990—2016年浙江省单位GDP能耗、2000—2016年单位GDP废气排放量和单位GDP废水排放量均呈下降趋势（见图8-9、图8-10、图8-11），其中单位GDP废水排放量的下降幅度最大，单位GDP废气排放量和单位GDP能耗下降幅度也非常显著，说明绿色科技创新对环境保护建设的作用显著。

“五水共治”持续发力，2015年杭州共完成了84条137千米黑臭河整治，全市基本消灭“垃圾河、黑河和臭河”；在宁波市鄞州区，2015年有336个不符合高标准环保要求的项目被“一票否决”。嘉兴大华包装集团有限公司是全国包装行业龙头企业，也是废水大户。“五水共治”行动开始后，公司加大“造纸废水处理再生项目”投入，如今，这一项目日处理废水能力13000吨，实现造纸废水循环使用，年节水120万吨，年减排造纸废水总量20万吨。再如，天正

① 浙江省科学技术厅：《杭州新加坡低碳科技园昨奠基》，http://www.zjkjt.gov.cn/html/node18/detail0104/2011/0104_22602.html。

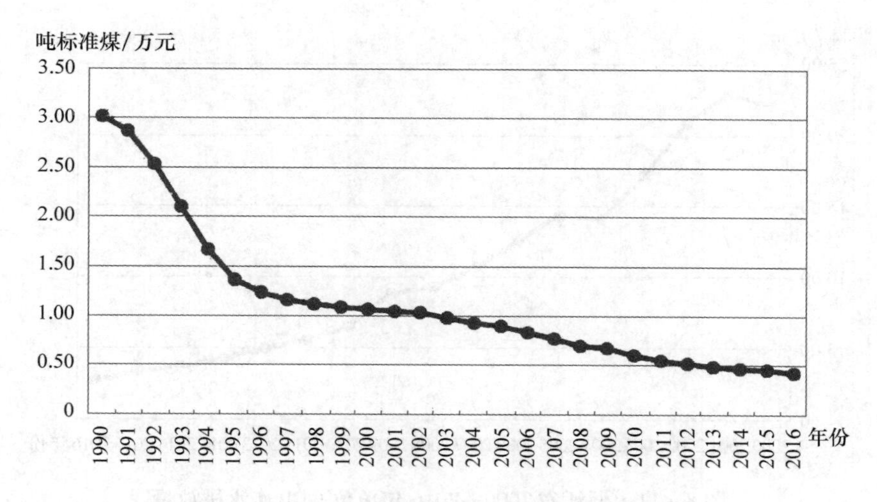

图 8－9　浙江省 1990—2016 年单位 GDP 能耗

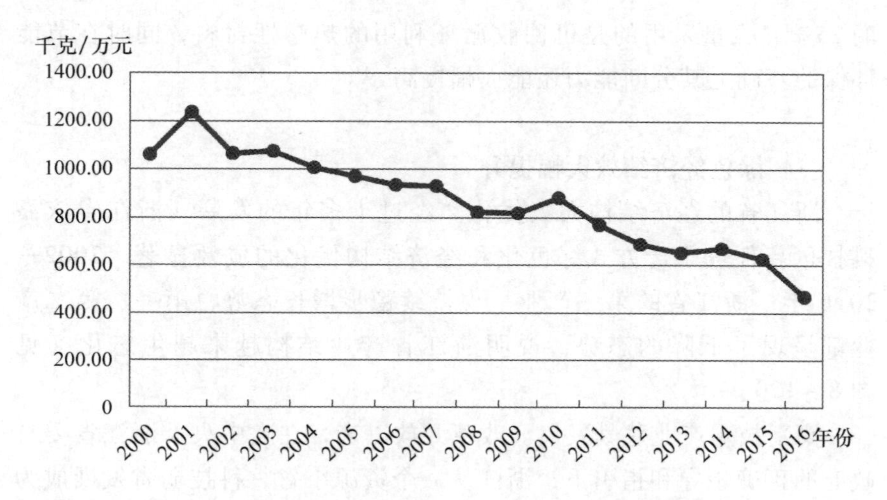

图 8－10　浙江省 2000—2016 年单位 GDP 废气排放量

电气倡导“科技，还原绿色”的技术开发理念，即通过技术创新，开发环保、安全、可靠、科技含量和附加值高的产品及解决方案。通过绿色产品的设计以节能降耗，使用环保材料以减少材料消耗，开发组合式、可替代、可更换的节能产品以提高产品使用寿命，同时减少对环境的污染和能源的浪费。采用新技术后，DMC 的用量不到原来

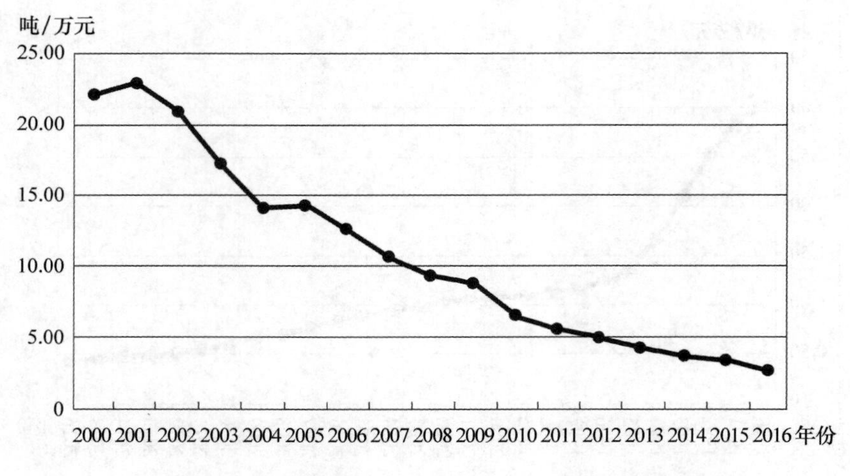

图 8-11　浙江省 2000—2016 年单位 GDP 废水排放量

的 25%，大量采用的是可回收循环利用的热塑性材料，同时在节能环保的基础上其分断能力还能大幅提高。①

三　绿色经济绩效大幅提升

浙江省的经济结构大大优化。经过十多年的发展，浙江省依靠科技创新促进生产方式绿色化和经济结构优化的成效显著。2002—2016 年，浙江省的第三产业呈现持续稳步增长态势，第一、第二产业都呈现了下降的态势，说明浙江省产业结构越来越生态化（见图 8-12）。

高新技术产业蓬勃发展。改革开放以来，在党中央及浙江省委省政府的正确领导和指引下，浙江从一个资源小省、科技弱省发展成为国内经济科技的大省。“十二五”期间，高新技术产业增加值由 2624.3 亿元提高到 4909.9 亿元，占规模以上工业增加值比重由 24.1% 提高到 37.2%，高新技术产业对规模以上工业增长的贡献率达到 55%。

通过技术创新，推进生态产业化，充分发挥旅游业促进绿色发展

① 李智：《天正电气：科技还原绿色，创新成就未来》，《电气技术》2015 年第 9 期。

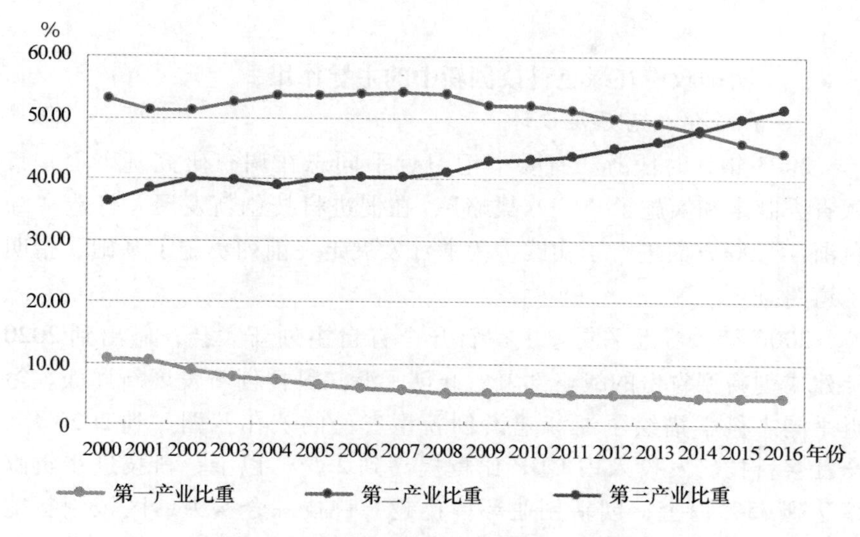

图 8-12　浙江省三次产业结构变化趋势

和生态富民的重要作用。浙江台州的仙居县就以其丰富的水资源发展经济，以科普教育、观光游览、生态休闲为开发方向，重点以抽水蓄能电站工程建设为重心，发展人文科普旅游；以永安溪生态治理与修复工程为依托，发展观光游览旅游。在全面推进水环境综合治理，保护水生态的同时，结合旅游休闲、渔业发展、水电开发等各方面要求，实现“生态、生活、生产”共同发展。①

总之，浙江省绿色发展势头强劲，绿色科技创新能力不断提升、环境绩效较大改善、经济绩效稳步提升。

第四节　绿色科技创新的经验启示

浙江省在通过绿色科技创新推进蓝绿色经济发展方面，形成了宝贵的浙江经验。

① 浙江省环境保护厅：《2014 年生态省建设工作简报》第 18 期，http：//www.zjepb. gov. cn/hbtmhwz/rdzt/stsjs /201406/t20140604_ 355159. htm。

一　明确政府在绿色科技创新中的主导作用

（一）强化政府顶层设计

2003年，时任浙江省委书记习近平同志在调查研究基础上，带领省委制定和实施了“八八战略”，在促进科技创新发展、打造“绿色浙江”等方面进行了实践，为浙江发展走在前列奠定了基础、指明了道路。

2006年，习近平同志主持召开全省自主创新大会，做出到2020年建成创新型省份的战略部署，开创了浙江科技创新发展新局面。习近平同志科学描绘了浙江建设创新型省份的宏伟蓝图。到2020年，全社会科技研发投入占GDP比重提高到2.5%以上；科技进步贡献率达到65%以上；创新创业环境优越，科技综合实力、区域创新能力、公众科学素质居于全国前列。

为了提升浙江省绿色科技创新能力，促进绿色发展。省委省政府陆续出台了一系列纲要和行动计划。根据《浙江生态省建设规划纲要》精神，省政府及相关厅局制定了一系列促进浙江省生态科技的规划、办法等规范性文件。2004年浙江省科技厅制定了《浙江生态省建设科技行动纲要》和《浙江生态省建设重大科技攻关及示范工程》实施方案。2005年，省科技厅、省发改委、省环保局、省建设厅制定出台了《浙江生态省建设科技促进纲要》，明确了促进生态省建设的科技工作内容和目标，落实责任，制定措施，规范进度，指导全省各地开展生态省建设的科技攻关、示范及成果的推广工作；组织编制《浙江省循环经济发展科技实施方案》和《推进节约资源科技进步实施意见》，提出加强企业清洁生产技术、企业间产业生态链的集成技术、各类废弃物再利用和资源化技术、新能源开发和可再生能源利用技术等发展循环经济、建设节约型社会的科技攻关要求。

2006年浙江省人民政府颁布了《浙江省科技强省建设与“十一五”科学技术发展规划纲要》，确立生态省建设科研工作9个优先主题和7个重大科技专项。2007年，浙江省人民政府下发《关于印发浙江省“十一五”发展循环经济建设节约型社会总体规划的通知》（浙政发〔2007〕36号），指出要大力开发节能、节水、节地、节材和资源综合利用技术，重点研究开发能源消耗、建筑垃圾、工业固体废弃物、农业废弃物的减量化和资源化利用技术，产品设计阶段的减量化技术，居民大件耐用消费品的更新换代和回收利用技术等；制定了《浙江省可持续发展科技促进行动计划》。2009年印发了《浙江省人民政府办公厅关于进一步推进工业循环经济发展的意见》《浙江省环境保护科研和成果推广项目管理办法》《浙江省人民政府关于加快推进环保产业发展的意见》和《关于印发浙江省环境科技重点发展领域和优先主题的通知》。省科技厅和省环保厅提出并实施《关于进一步加强环境科技创新工作的意见》和《浙江省环境科技重点发展领域与优先主题（2010—2015）》。这些政策的颁布与实施，大大地促进了绿色科技创新。

2010年中共浙江省委制定《关于推进生态文明建设的决定》，指出要大力推进产学研合作，依托高校、科研院所和行业龙头企业，加快建设一批能源类、环保类科技创新载体和服务平台，大力发展能源资源节约集约开发利用技术，积极发展节能建筑、轨道交通、电动汽车技术，加强煤的清洁高效综合利用技术研发。大力发展先进制造技术，研发和推广清洁生产技术，促进制造业绿色化、智能化。大力发展生态环境保护技术，发展节能减排和循环利用关键技术，着力提升生态环境监测、保护、修复能力和应对气候变化能力。2011年制定《关于加快发展民生科技的若干意见》的通知，把生态文明科技工作作为科技创新的重要内容，着力推动高新技术产业发展，加强环保领域关键、共性技术的研发与示范。2017年浙江省人大常委会办公厅发布《浙江省促进科技成果转化条例》等。

政府在绿色科技创新中必然发挥着主导作用，为绿色创新营造了良好的制度环境。政府通过制定资源循环再利用、绿色科技以及各行业的资源回收再利用法规，完善促进企业技术创新的政策、法规，营造良好的氛围，规范、引导、激励企业开展绿色科技创新。

（二）建设一批具有代表性和示范性的绿色技术示范工程

把实验区建设和发展放在政府工作的突出位置。科技支撑引领是推进实验区建设的重要手段。实验区建设始终坚持发挥科技支撑引领作用，针对可持续发展中的难点，实施一批优先项目和示范工程。20

年来，37 个实验区规划中确定的优先项目和示范工程累计 1200 多项，涉及经济转型、资源环境、人口健康等各个领域。国家和省级的科技计划也在实验区组织实施项目，如绍兴市与浙江大学合作承担了国家科技支撑计划项目“基于物联网的小流域废弃物集中处置与资源化循环利用及示范”，安吉县承担了国家科技惠民计划项目“农村生活污水处理技术集成示范”等。浙江省科技厅从 2010 年开始，在公益性应用计划中予以实验区建设项目支持，累计实施了 25 个项目。这些项目科技含量高、示范作用强，形成技术集成优势，解决了一批实验区建设中的关键问题，对提升区域科技创新能力起到很好的带动作用。①

建设了一批环保产业示范园区。为加快推动浙江省环保产业的集聚式发展，根据《浙江省人民政府关于加快推进环保产业发展的意见》（浙政发〔2009〕76 号）和《浙江省节能环保产业发展规划》（浙政发〔2010〕57 号），省环保厅制定了《浙江省环保产业示范园区认定管理暂行办法》，目标是促进园区内企业提升经济质量和成长性，产业结构合理，生产工艺与技术水平较先进，具有一定的技术开发水平，产品在国内外市场拥有较高占有率，在行业中有重要地位。2012 年 4 月，浙江省环保厅、省发改委组织专家对位于诸暨市牌头镇的环保产业园区进行了现场审核，根据专家意见，认定其为浙江省环保产业示范园区。

发挥科技创新支撑生态省建设作用。落实《浙江生态省建设科技促进纲要》《浙江省循环经济发展科技实施方案》和《推进节约资源科技进步实施意见》，启动太湖流域水污染防治关键技术集成和工程示范项目。为进一步深入推进“五水共治”，解决广大基层干部群众在治水实践中遇到的技术问题，省科技厅组织编写了《“五水共治”技术指导手册》。

（三）强化绿色科技创新绩效指标考核与监管

政府转变传统重经济指标、忽视环境效益的评价方法，实施绿色

① 浙江省科技厅社发处：《加快浙江省可持续发展实验区建设的思考与对策》，《浙江经济》2013 年第 12 期。

经济效益核算，将其纳入国家统计体系和干部考核体系之中。同时，政府加大对绿色科技创新绩效指标的监管力度。按照建设节约型社会的科技攻关要求，制定各级科技部门落实并全面完成生态省建设科技工作年度考核指标。如湖州编制完成自然资源资产负债表，为领导干部自然资源资产离任审计和生态环境保护责任追究提供依据，从制度上扭转和校正“唯GDP”的发展观、导向观和政绩观。这是浙江在生态文明体制改革上先行一步的又一突破。① 浙江省委十三届四次全会明确提出，坚决破除“唯GDP”观念，通过建立创新驱动发展评价指标，将创新驱动发展成效纳入对地方领导干部的考核范围。

二　创新平台建设，保障绿色科技创新成果的供给

科技创新服务平台是浙江省区域科技创新体系建设的重要组成部分。2004年以来，浙江省按照“整合、共享、服务、创新”的基本思路，通过跨单位、跨部门、跨地区的科技资源整合，已建设了科技创新服务平台84个（其中，公共科技基础条件平台8个，行业科技创新平台33个，区域科技创新平台43个）。这些平台对促进绿色科技创新发挥了巨大作用。

政府提供资源环境领域科技创新的平台化服务，完善科技创新平台体系，加强重点实验室、工程（技术）研究中心、工程实验室以及企业技术中心建设等以其作为经济和科技发展的重要支撑。84个平台自建设以来，累计承担国家级科研项目2100余项，获资助经费24.6亿元；承担省部级项目4800余项，获资助经费17.2亿元；与企业合作或为企业解决的技术难题33000余项，获横向科研经费合计25.4亿元；牵头组织或参与制定国家和行业标准2500余项，获授权专利3000余项，这些举措大大提升了创新能力。如浙江省新药创制科技服务平台，先后完成和承担了国家级项目140余项、省部级项目400余项，获发明专利50项，服务企业数达360多家。浙江省环保装备科技创新服务平台承担的“城镇生活污水污泥处理”项目，取得

① 梁国瑞、郭萍：《党报如何唱响“绿色发展主旋律”——以〈浙江日报〉生态报道为例》，《中国记者》2017年第1期。

污泥零排放技术的重大突破，“水蚯蚓原位消化污泥技术”被列为“863”计划项目，并在全国13个可持续发展实验区推广应用。科技创新平台的支撑引领作用日益增强。浙江省平台建设开展“网络式服务”“窗口式服务”“对接式服务”“会员制服务”和“一条龙服务”五种服务模式。如环保装备创新平台提供检测服务近8000余次。平台的创新要素集聚效应显著。参与平台建设的中级职称以上科技人员已达到12700多人，其中高级职称人员约4350人，有58位院士参加平台建设工作。①

在绿色科技创新平台方面，2006年省科技厅启动建设科技示范工程和环境资源领域科技创新服务平台。2007年启动了由浙江省科技厅总体规划和协调，省环保局牵头建设的科技创新总平台。2008年启动了浙江省环境保护科技创新服务平台。2009年7月，浙江省环保公共科技创新服务平台正式启动，平台将整合全省环保科技资源，利用高校科研院所在仪器、设备、信息、技术、人才等方面的资源，降低环保创新成本，为企业提供基础技术服务。浙江大学、浙江工业大学等高校先后建设了一批绿色创新科技平台。如浙江大学拥有全国首个垃圾焚烧领域国家工程实验室，浙江工业大学拥有全国首批“2011”协同中心“长三角绿色制药协同创新中心”等，这些创新服务平台成为浙江省绿色科技创新的技术支撑，为浙江绿色发展做出了积极贡献。

三 引导企业成为绿色科技创新的主体

浙江绿色创新科技给我们的启示是：通过政府为主导，企业为主体，市场为有效拉动力的合力作用，最终形成浙江绿色发展道路。

推进绿色科技创新必须依靠体制机制和制度创新。让市场在资源配置中发挥决定性作用。浙江省是开市场化改革先河的省份，也是运用市场手段配置资源环境走在全国前列的省份。林权制度、水权制度、地权制度、排污权、碳权制度等产权制度发挥了重要作用，浙江

① 《浙江省科技创新服务平台建设成效及经验》，http：//www. most. gov. cn/dfkj/zj/zxdt/201508/t20150826_ 121316. htm，2015年8月27日。

省是最早实施生态补偿的省份、最早实施排污权有偿使用的省份、最早开展水权交易的省份。[①] 浙江省人民政府办公厅《关于积极运用价格杠杆促进我省环境保护意见的通知》（浙政办发〔2007〕47 号），提出通过生态补偿、循环补助、低碳补贴等财税制度的运用，分别从激励和惩罚两个方向，促进企业开展绿色创新，提高资源效率和降低排放。

政府不仅要做好顶层设计工作，更要引导企业成为绿色科技创新的主体。一方面是企业通过技术改进和工艺创新，降低污染物的排放，淘汰落后产能，用清洁生产技术改造能耗高、污染重的传统产业，大力发展节能、降耗、减污的高新技术产业；另一方面是企业通过技术升级和产品创新，优化产业结构，提高资源利用率，延长产品价值链，提升产品的附加值。所以，企业必须开展绿色创新科技研发，从绿色发展中成长。

企业已经成为技术创新的主体。浙江省工业企业研发经费投入增长迅速，从 1990 年的 0.52 亿元，增长到 2016 年的 935.79 亿元。工业企业研发经费投入占总研发经费投入的比重从 1990 年的 25% 左右，上升到 2005 年突破 80% 以后，稳定在 80% 以上（见图 8－13 和图 8－14）。

四　体制机制改革激发绿色科技创新的积极性

早在 2003 年 12 月，浙江省委省政府召开全省人才工作会议，贯彻落实全国首次人才工作会议精神，研究部署实施人才强省战略。

在充分发展高等教育，加强直接为全省支柱产业、新兴产业和高新技术产业服务的前沿学科建设，发挥高校培养人才和集聚高层次人才的基础上，积极开拓海内外人才引进渠道，制定多项优惠政策，引进海外高层次人才，取得了一定的成效。积极组织国家和省“千人计划”“钱江人才计划”，进一步提高引才工作的针对性和实效性。2015 年省“千人计划”新引进 205 人，累计 1418 人，其中入选国家“千人计划”的有 442 名。引进人才 70% 以上为新能源、新材料、

① 沈满洪：《生态文明建设的浙江经验》，《浙江日报》2017 年 6 月 6 日。

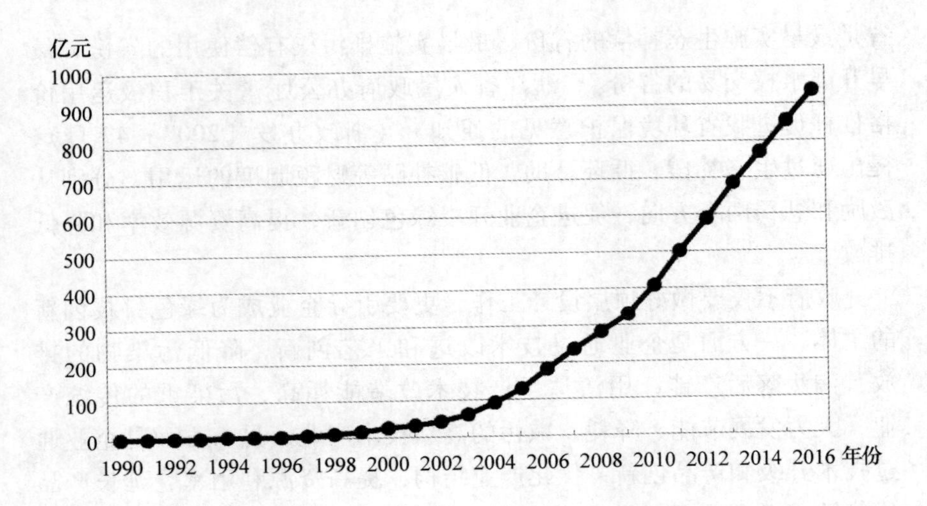

图 8－13　浙江省工业企业 1990—2016 年 R&D 经费投入情况

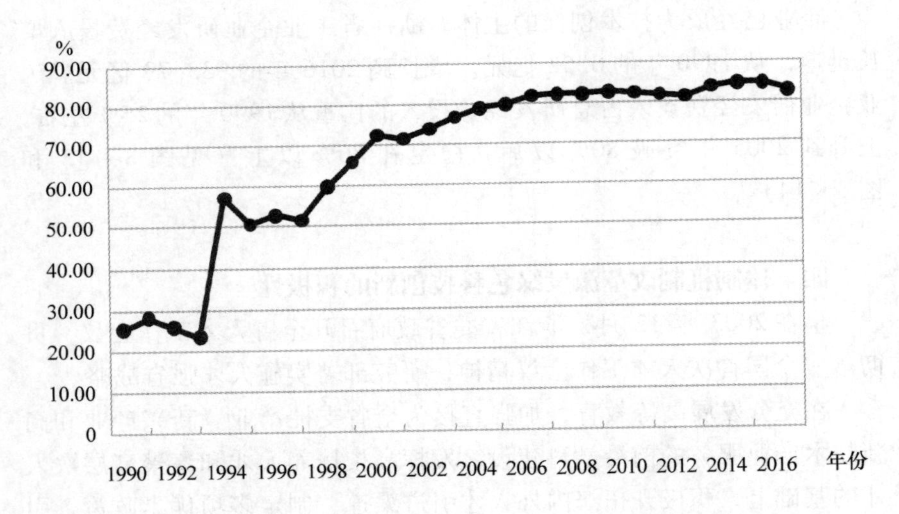

图 8－14　浙江省 1990—2016 年工业企业 R&D 经费投入占 R&D 经费总投入比重

生物医药、信息技术等高新技术领域人才，近 60% 已经在企业创业创新。

为促进人才发挥作用，浙江省大力加强创新创业平台建设。启动实施“百千万科技创新人才工程”，创新团队建设等。通过实施重大专项和重大项目，锻炼创新人才；通过建设创新平台和引进大院名校共建创新载体，集聚创新人才；通过推动技术要素参与收益分配，激励创新人才，使浙江省的创新人才队伍日益壮大，原始创新能力逐步提高。

浙江省“燃煤工业锅炉炉窑烟气污染控制技术”重点科技创新团队，致力于大气污染控制与净化事业。由团队自主研发的一维纳米光催化技术实现产业化应用。该技术所形成的独家的1D－CATA核心分解技术，运用于二马公司的空气净化器中，使二马公司的空气净化器产品具备快速长效的分解室内空气中有机污染物（VOC）的功效，并成功入驻人民大会堂，成为2016年全国“两会”空气环境保障产品，2016年二马公司空气净化器全面进驻G20杭州峰会，为峰会提供全面空气质量保障。

第九章　生态文明制度建设

制度对于生态文明建设起着根本性动因和基础性保障作用，在生态文明建设中必须把制度建设贯彻始终，以制度创新保障生态文明建设。党的十八届三中全会提出，“紧紧围绕建设美丽中国深化生态文明体制改革，加快建立生态文明制度，健全国土空间开发、资源节约利用、生态环境保护的体制机制”[①]。党的十九大突出强调：“加快生态文明体制改革，建设美丽中国。”并上升到“人与自然是生命共同体，人类必须尊重自然、顺应自然、保护自然”[②]的新高度。以制度创新保障生态文明建设将成为这一历史方位的重中之重。浙江省在生态文明制度建设方面始终走在全国前列。无论是在环境保护制度到生态文明制度建设的转变，生态文明正式制度及非正式制度建设的完善，还是在生态文明制度单一化到体系化建设等过程中，浙江省始终以习近平总书记提出的“绿水青山就是金山银山”重要论述为指引，立足浙江实践，创造性地丰富了“生态文明制度建设”的概念内涵，强化了政府的绿色执政理念，夯实了企业的环境责任意识，提高了公众生态文明建设事业的参与度，为生态文明建设提供了强有力的制度保障，为全国生态文明制度建设提供了一份高质量的“浙江样本”。

---

① 习近平：《中共中央关于全面深化改革若干重大问题的决定》，http：//www.gov.cn/jrzg/2013－11/15/content_ 2528179.htm。

② 习近平：《中共十九大报告》，http：//news.sina.com.cn/china/xlxw/2017－10－18/doc-ifymviyp2209236.shtml。

第一节　生态文明制度创新的历史演进

一　从环境保护制度建设到生态文明制度建设

（一）从环境保护制度建设到生态文明制度建设的历史进程

生态文明引领与推进了环境保护制度建设到生态文明制度建设的历史进程。生态文明制度建设不能简单等同于传统意义上的环境保护制度建设，而是要克服农业文明、工业文明的种种弊端，在实施与评估传统的末端应对制度基础上，延展至源头的全过程制度方案的探索。其中，资源节约型、环境友好型等相关制度的探索与逐步完善就是该方面的体现。制度建构的历史发展进程不仅仅限于制度本身，而是既体现在具体的“从末端到源头”的全过程制度体系建构，更体现为“从工业文明到生态文明”的文明形态演进基础上的制度建构理念、制度建构价值追求、制度建构文化等深层次目标的实现。从而在“环境保护行动”到“生态文明建设”的历史发展进程中，实现人类认识环境、保护环境，达致人类与自然环境和谐共生的重大飞跃。

从环境保护制度建设到生态文明制度建设的进程看，总体而言，我国起步迟，但发展快。在党的十七大之前，党的重要文献以环境保护与可持续发展的方式来体现对资源环境问题的理论认识，并进行相应的制度建构，但是尚未充分呈现从生态文明这一文明形态演进基础上的设计制度并促其运行的迹象与特点。

不过，经过20世纪80年代以来的不断积累，中国共产党在21世纪初最终找到了解决生态环境问题的根本之路，即建设生态文明的发展道路，并将其纳入国家总体发展战略。生态文明建设得以在“五位一体”总体战略中占据突出地位，并被要求充分“融入经济建设、政治建设、文化建设、社会建设各方面和全过程”，包括相应的发展理念、政策制度设计与制定的不同环节中。充分展现了国家对解决生态环境问题复杂性、艰巨性和长期性的认识，也表明生态文明建设战略及其制度设计运行目标的实现，不仅有赖于对资源环境本身的规划、保护和治理，更需要来自经济、政治、文化和社会各方面的制度机制支撑。整个过程无疑是渐进性的、阶段性的，否则就无法为“建设美丽中国，实现中华民族永续发展”愿望的实现提供有效的、具有针对性的制度与机制支持。

为此，党的十九大报告进一步强调并指出，生态文明建设功在当代、利在千秋。加强对生态文明建设的总体设计和组织领导，设立国有自然资源资产管理和自然生态监管机构，完善生态环境管理制度，统一行使全民所有的自然资源资产所有者职责，统一行使所有国土空间用途管制和生态保护修复职责，统一行使监管城乡各类污染排放和行政执法职责。构建国土空间开发保护制度，完善主体功能区配套政策，建立以国家公园为主体的自然保护地体系。要坚决制止和惩处破坏生态环境的行为。这无疑也给浙江省在生态文明演进背景下，牢固树立社会主义生态文明观，设计相应制度机制，并促其有效建构与运行，推动人与自然和谐发展的新时代现代化建设新格局的形成提供指引。

（二）从环境保护制度建设到生态文明制度建设的浙江样本

浙江省在绿色浙江建设、生态省建设、生态浙江建设、美丽浙江建设的各个时期进程中，均在生态文明制度建设层面，尤其是生态经济制度建设方面做出了积极探索，取得了显著成效，并形成了从“环境保护”到“生态文明”制度建设的“浙江样本”。

与全国其他地区相比，浙江省在环境保护方面起步较早，于1981年就颁布了《浙江省防治环境污染暂行条例》，后逐步建立起以浙江省水污染、大气污染、土壤污染、噪声污染等问题为对象的环境保护制度，形成了较为完整的浙江省环境保护体系，从而促使浙江省的生态文明制度体系建设不断向前迈进。一定程度上，仅仅立足于从环境保护层面来进行设计与建构制度是被动的，属于“为保护而保护”的范畴；而从生态文明层面设计与建构制度，呈现的是更为主动，属于在新型文明指引下的“为更好而预防”的范畴。从而为浙江省实现由环境保护制度建设到生态文明制度建设的逐步深入，以量变获取质变提供制度支撑与保障。就浙江省而言，尤其体现在——污染治理制度、领导干部离任审计制度、生态补偿制度等下述系列制度的设计与具体运行中：

就环境污染治理制度而言，环境污染治理制度属于管制制度建设的范畴，即通过带有强制性的法律法规和规章制度，从全社会的视角对涉及环境污染的领域进行治理的行为规范。在此方面，浙江省不断发现新问题、进行新探索，创造性施行“多规合一”等具体制度，颁布了《浙江省大气污染防治条例》（2003 年）、《浙江省海洋环境保护条例》（2004 年）、《浙江省固体废物污染环境防治条例》（2006 年）、《浙江省环境污染监督管理办法》（2006 年）等诸多法律法规，力争最大限度地缩小环境污染损害结果，为后续生态文明制度建设奠定了良好的基础。但环境污染治理制度更多地停留在为治理而治理的阶段，在制度设计、治理效果方面仍存在缺陷。

就领导干部环境责任离任审计制度而言，领导干部离任审计制度并非新出现的制度类型，而将“环境责任”加入离任审计内容则属于生态文明制度建设中一大创举。如 2015 年《浙江省水土保持条例》正式实施，主要目的是为强化水土保持工作中政府的管理责任，明确实施针对相关政府主要负责人和分管负责人的水土流失责任终身追究制，同时将水土保持情况纳入资源环境保护审计范围。环境审计制度直接规制官员行为后果，使得政府官员在做出决策前更加谨慎地考量环境代价及可能的环境损害后果，虽然直接规定的是已经发生的损害，但制度效果却可以提前到决策做出前，制度的预防效果加倍。

就生态补偿制度而言，浙江省较早确立了生态补偿制度，与生态赔偿制度相辅相成，与生态功能区规划相对接，将环境保护主体扩展至“受益者”，涉及阶段更加向长远扩展，逐步实现了社会效益、经济效益和生态效益的多赢。不仅如此，浙江省陆续颁布多项政策及法律法规以保障及促进生态补偿制度在浙江的推广适用（见表 9－1）。

表 9－1　　**浙江省生态补偿制度相关政策法规**

时　间	政　策　名　称	颁布地
2005 年	《关于建立健全生态补偿机制的若干意见》	杭州
2005 年	《杭州市生态补偿专项资金管理办法》	杭州
2006 年	《关于推进循环经济发展加快建设资源节约型社会的若干意见》	丽水
2006 年	《瓯江流域丽水段主要水系水污染防治实施方案》	丽水
2006 年	《关于建立健全生态补偿机制的指导意见》	宁波

续表

时 间	政 策 名 称	颁布地
2006 年	《湖州市人民政府关于建立生态补偿机制的意见》	湖州
2006 年	《关于进一步完善生态补偿机制的实施意见》	绍兴
2006 年	《衢州市人民政府关于建立健全生态补偿机制的实施意见》	衢州
2007 年	《舟山市人民政府关于进一步完善生态补偿机制的实施意见》	舟山
2007 年	《宁波市森林生态效益补偿基金管理办法》	宁波
2008 年	《台州市人民政府关于建立健全生态补偿机制的若干意见》	台州
2008 年	《温州市人民政府关于建立生态补偿机制的意见》	温州
2009 年	《台州市黄岩长潭水库库区生态补偿实施办法》	台州
2010 年	《关于建立和完善湖州市生态补偿机制的建议》	湖州
2010 年	《丽水市生态文明建设指标体系及考核办法》	丽水
2011 年	《关于推进生态型城市建设的若干意见》	杭州
2011 年	《温州生态园生态补偿专项资金使用管理暂行办法》	温州
2011 年	《温州市生态补偿专项资金使用管理办法》	温州
2013 年	《关于下达 2013 年杭州市生态补偿专项资金计划的通知》	杭州
2013 年	《中共宁波市委关于加快发展生态文明努力建设美丽宁波的决定》	宁波
2013 年	《湖州市生态环境保护专项资金使用管理暂行办法》	湖州
2013 年	《关于对饮用水源区域实行生态补偿的实施意见》	绍兴
2013 年	《金华市区饮用水源涵养功能区生态补偿专项资金使用管理办法》	金华
2013 年	《关于建立市区饮用水水源地保护生态补偿机制的意见》	嘉兴
2014 年	《温州市森林生态效益补偿基金管理办法》	温州
2015 年	《绍兴市汤浦水库水源保护区生态补偿专项资金管理办法》	绍兴
2015 年	《金华市区饮用水源涵养生态功能区生态补偿资金项目验收办法》	金华
2015 年	《杭州市生态补偿专项资金使用管理办法》	杭州

从实践看，上述制度在浙江省生态文明建设过程中均发挥了重要作用，但从“环境保护制度建设”和“生态文明制度建设”角度而言，其各自的属性、意义、所处阶段等方面均存在较大差异（见表 9－2）。

表9－2　**浙江省四种制度对比**

具体制度	对象	效果阶段	制度属性	制度意义
环境污染治理制度	污染者	污染产生后	污染治理	减少环境污染带来的损害
领导干部环境责任离任审计制度	领导干部	决策做出前	污染治理及生态观念建设养成	责任追究前置，是对干部环境保护责任的进一步拓展和延伸
生态补偿制度	生态保护贡献者、生态破坏受损者	污染产生后	生态文明建设	经历“自下而上”到“自上而下”的变革，扩大污染责任的承担主体，形成生态文明制度建设的“浙江特色”
公众参与制度	公民	污染产生前、中、后各阶段	生态文明建设	生态观念深入人心，掀起全民建设美丽浙江新风尚

从表9－2可知，浙江省生态制度建设逐步实现了从“被动保护”到“主动保护”的过程；生态文明制度建设的保护阶段不再局限于污染产生后的治理阶段（如环境污染治理制度），还逐步扩大到决策做出前的预防阶段（如领导干部环境责任离任审计制度）；责任承担主体不再局限于污染者（如环境污染治理制度），还进一步延伸到领导干部（如领导干部环境责任离任审计制度）和受益者（如生态补偿制度）等；参与者从狭窄的“相关人”扩大到全民参与（如公众参与制度）；制度类型不再局限于生态管制性制度，还包含了生态选择性制度和生态引导性制度等内容。与环境保护制度建设相比，浙江省的生态文明制度建设更加广泛化、纵深化、立体化，制度建设后期效果也更加显著。

（三）“环境保护制度”到“生态文明制度”过程中的“浙江首次”

一是在全国最早开展区域之间的水权交易。水资源是不可替代的战略资源。水权交易是提高水资源利用效率、优化水资源配置的重要制度。2000 年 11 月 24 日，东阳市与义乌市经过多轮谈判后最终签署了水权转让协议：义乌市出资 2 亿元购买东阳横锦水库每年 5000 万立方米水的永久性使用权。后经水利部、省政府的多方协调，解决了水权交易存在的瑕疵和问题，保护了水权交易的实施，引发全国多地效仿：甘肃省张掖市在黑河流域分水的背景下开展了首例区域内农户之间的水权交易（2003 年）；内蒙古自治区巴彦淖尔市与其他邻市间达成 3.6 亿立方米水量的协议，实现了跨行业、跨区域的水权交易；对全国而言，推动了水资源优化配置，提高了利用率。

二是在全国最早实施排污权有偿使用制度。浙江省排污权制度改革大致经历了三个阶段，每个阶段侧重点及意义均不相同（见表 9－3）。排污权制度改革集中体现在四个方面：环境保护从“浓度控制”转向“总量控制”；环境产权从“开放产权”转向“封闭产权”；环境容量从“无偿使用”转向“有偿使用”；环境产权从“不可交易”转向“可以交易”。[①] 这项改革不仅创造性地实现了以最低成本达到环境保护目标的效果，而且促进了“招商引资”向“招商选资”的转化，进而促进了经济发展方式的转变和产业结构的转型升级。

表 9－3 **浙江省排污权制度改革三阶段**

	阶段名称	时间（年）	标　志	意　义
第一阶段	区级层面的自主探索阶段	2002—2006	2002 年 4 月，嘉兴市秀洲区政府出台了《秀洲区水污染排放总量控制和排污权有偿使用管理试行办法》。同年 10 月，秀洲区洪合、王店等镇 11 家企业办理了排污权有偿使用手续	开创了中国排污权有偿使用的先河，带动省内、省外多地排污权交易活动

① 沈满洪、谢慧明、周楠：《排污权制度改革的“浙江模式”》，《中共浙江省委党校学报》2013 年第 6 期。

续表

	阶段名称	时间（年）	标　志	意　义
第二阶段	市级层面的深化实践阶段	2007—2009	2007年9月，嘉兴市政府正式颁布实施《嘉兴市主要污染物排污权交易办法（试行）》；同年11月，嘉兴市排污权储备交易中心正式挂牌运行	带动浙江省内其他地市相继开展排污权交易制度试点。2007年11月到2009年11月，共有890家企业参与排污权有偿使用和交易
第三阶段	省级层面的推广应用阶段	2010—2012	2009年3月，浙江省正式启动全省排污权有偿使用和交易试点工作，浙江省排污权交易中心正式挂牌；同年，省政府出台《关于开展排污权有偿使用和交易试点工作的指导意见》；2010年，省政府相继出台《浙江省排污许可证管理暂行办法》和《浙江省排污权有偿使用和交易试点工作暂行办法》	排污权交易制度保障上升到省一级，截至2012年6月底，已有11个地市45个县（市、区）开展排污权有偿使用和交易试点

三是在全国最早实施省级生态保护补偿机制。建立和完善生态补偿机制，是推进生态省建设的一项重要措施，是社会主义市场经济条件下有效保护资源环境的重要途径，是统筹区域协调发展的重要方面。在指导思想上，坚持以推进生态省建设、统筹区域协调发展为主线，以体制创新、政策创新、科技创新和管理创新为动力，不断完善政府对生态补偿的调控手段和政策措施，充分发挥市场机制作用，动员全社会积极参与。并形成了一系列的指导意见、实施方案。包括：2005年6月杭州市颁发了《关于建立健全生态补偿机制的若干意见》（以下简称《意见》）。《意见》以采用政府令的形式对生态补偿机制做出具体规定，属全国首创。2005年8月浙江省政府下发了《关于进一步完善生态补偿机制的若干意见》，是全国首个出台生态保护补

偿机制的省份。2007 年 4 月，省政府办公厅印发了《钱塘江源头地区生态环境保护省级财政专项补助暂行办法》，将按照“谁保护，谁受益”“责权利统一”“突出重点，规范管理”和“试点先行，逐步推进”的原则，加大对钱塘江源头地区生态环境保护的财政转移支付力度。

生态补偿机制的实施体现了下列特征：其一，统筹协调，共同发展。按照统筹区域协调发展的要求，依据生态补偿原理，多渠道多形式支持江河水系源头地区、重要生态功能区和欠发达地区经济社会发展，努力实现经济社会发展与生态环境保护的双赢。其二，公平公正，权责一致。依据生态环境保护标准，逐步建立责权利相一致的规范有效的生态补偿机制。资源环境的开发利用受益者，有责任向提供优良生态环境的地区和人们提供适当的经济利益补偿。因经济社会活动对生态环境造成破坏或污染的，责任主体不仅有责任修复生态环境，而且有责任为此对受损者作出适当的经济赔偿。其三，循序渐进，先易后难。立足现实，着眼于解决实际问题，因地制宜选择生态补偿模式，不断完善现有各项政策措施，积极推广已有的成功经验，逐步加大补偿力度，由点到线到面，努力实现生态补偿的制度化、规范化。其四，多方并举，合力推进。既要坚持政府主导，努力增加公共财政对生态补偿的投入，又要积极引导社会各方参与，探索多渠道多形式的生态补偿方式，拓宽生态补偿市场化、社会化运作的路子。

推进生态补偿机制实施的具体途径包括：其一，健全公共财政体制、优化财政支出结构，加大财政转移支付中生态补偿的力度。按照生态功能区建设的要求，制定各地生态环境保护的标准。按照完善生态补偿机制的要求，进一步调整优化财政支出结构。重点支持“生态环境保护和治理”“城乡环保基础设施和环境监测监控设施建设”“生态公益林建设”“千村示范、万村整治”“下山脱贫”“山海协作”“欠发达乡镇奔小康”“万里清水河道建设”“千万农民饮用水”“碧海生态建设”以及水土保持、自然资源保护、城乡环境综合整治等生态补偿效益明显的工作。其二，加强资源费征收使用和管理，增强其生态补偿功能。完善水、土地、矿产、森林、环境等各种资源费的征收使用管理办法，加大各项资源费使用中用于生态补偿的比重，向欠发达地区、重要生态功能区、水系源头地区和自然保护区倾斜。其三，积极探索区域间生态补偿方式，支持欠发达地区加快发展。充分发挥欠发达地区的后发优势，努力把欠发达地区培育成为浙江省经济新的增长点。深入实施“山海协作”和“欠发达乡镇奔小康”工程，积极推动区域间产业梯度转移和要素合理流动，带动和促进欠发达地区加快发展。支持鼓励异地开发、下山脱贫、生态脱贫、“大岛建小岛迁”等行之有效的生态补偿方式。加大下山脱贫、生态脱贫的政策扶持力度，加快欠发达地区农民脱贫致富进程。其四，健全生态环境破坏责任者经济赔偿制度。严格执行跨行政区河流交接断面水质管理制度，政府应采取切实有效措施使水质达不到规定标准的责任方限期实现交接断面水质达标。因上游地区排污导致水质不达标，对下游地区造成重大污染的，上游地区应给予下游地区相应的经济赔偿。逐步探索建立生态环境因素破坏责任者经济赔偿制度与环境污染经济赔偿实施办法。其五，积极探索市场化生态补偿模式，引导社会各方参与。充分发挥浙江省的体制机制优势，积极探索资源使（取）用权、排污权交易等市场化的生态补偿模式。科学编制流域和区域相结合的水资源配置方案，完善水资源有偿使用制度，积极探索建立水资源取（使）用权出让、转让和租赁的交易机制。探索建立区域内水污染物、二氧化硫等空气污染物排放指标有偿分配机制，在排污总量控制和污染源达标排放的前提下，探索推行政府管制下的排污权交易，运用市场机制降低治污成本，提高治污效率。引导鼓励生态环境保护者和受益者通过自愿协商实现合理的生态补偿。引导国内外资金投向生态建设、环境保护和资源开发，逐步建立政府引导、市场推进、社会参与的生态补偿和生态建设投融资机制。

在新的历史时期，浙江省对生态补偿制度进行了深化：一是将单一的生态补偿机制拓展为生态补偿—损害赔偿相结合的科学制度，基于跨界河流的水质监测结果确定补偿还是赔偿；二是将区域内的生态补偿拓展为区域间的生态补偿，《新安江流域水环境补偿试点实施方案》已正式开始实施。生态补偿机制鼓励了生态屏障地区生态保护的积极性，保障了整个区域的生态安全，实现了区域经济、社会、生态的全面协调可持续发展。正因为此，浙江省在生态建设的指标上处于全国领先的地位。①

四是在全国最早从省级层面实施“河长制”。2017 年 3 月 28 日，浙江省人大法制委员会提请省十二届人大常委会第三十九次会议审议《浙江省河长制规定（草案)》，是对近年来经验的固定化，同时也为规范河长行为和职责提供了重要依据，是国内省级层面首个关于河长制的地方性立法。浙江从 2013 年开始全面推行河长制，是我国最早开展河长制的试点省份之一。除此之外，“五水共治”是浙江省委省政府贯彻落实党的十八大、十八届三中全会精神，推进新一轮改革发展，为再创浙江发展新优势，建设美丽浙江、创造美好生活而做出的重大战略决策，由浦阳江治理拉开序幕。

二　从单一的生态制度建设到生态文明制度体系建设

（一）生态文明制度建设体系化的原因

生态文明是一项系统的、复杂的体系化工程，不同的生态文明内涵间相互影响、相互制约又相互依赖。随着环境保护制度的不断升级前行，简单的环境保护政策已经无法满足生态文明制度建设进程体系化的需求。因此，进行生态文明制度体系化建设是应对严峻的生态挑战的现实要求，实现生态环境和经济社会发展协调统一的必要保障，同时也是实现科学发展、永续发展的必然选择。制度的完善和法制的健全是生态文明建设的秩序基石，以制度体系建设为保障是生态文明建设永续发展的必要条件。② 建设生态文明，必须

① 沈满洪：《生态文明制度建设的“浙江样本”》，《浙江日报》2013 年 7 月 19 日第 14 版。

② 王国灿：《中国特色社会主义发展道路视角下的浙江生态文明建设探讨》，《经贸实践》2016 年第 17 期。

建立系统完整的生态文明制度体系，实行最严格的源头保护制度、损害赔偿制度、责任追究制度、完善环境治理和生态修复制度，用制度保护生态环境。[①] 浙江省生态环境问题的表现形式十分复杂：大气污染、水污染、土壤污染、水土流失、自然灾害、荒漠化、生态系统退化、海洋环境问题、新型污染物、农村环境问题、气候变化、环境污染事故、环境社会性群体事件等。这些问题的复杂性决定了生态文明制度也不可能是单一的。

党的十八届三中全会提出"建立系统完整的生态文明制度体系"[②] 的重要部署，标志着我国生态文明建设从理论探索进入到制度实践的新阶段。生态环境问题的复杂性要求浙江省依据生态文明制度建设的内在要求和全面建成小康社会的"五位一体"总体布局，立足浙江省实际对现行生态环境制度体系进行改革，构建以环保制度（如政府监管、市场交易、责任追究和损害赔偿等）为核心的生态文明制度体系，而且还应从政治、经济、文化和社会四个维度去构建生态文明建设的支撑制度体系，即培育与生态文明发展相适应的生态政治制度、生态经济制度、生态文化制度和生态社会制度，以制度建设为主线来凸显生态文明建设的重要地位。[③]

（二）从单一生态制度到生态文明制度体系的浙江历程

生态文明制度体系的基本框架包括明确的规划和法律制度、有效的管理和执行制度、严格的监管和责任制度、良好的意识和道德制度等，四者互相支撑、协调推进。[④] 浙江省以生态文明制度体系化建设为目标，不断充实制度内容，完善制度体系（见表9-4）。

---

① 《中共中央关于全面深化改革若干重大问题的决定》，http：//news. eastday. com/eastday/13news/node2 /n4/n6/u7ai173782_ K4. html。

② 同上。

③ 赵成：《从环境保护、可持续发展到生态文明建设》，《思想理论教育》2014 年第 4 期。

④ 宁波市政府发展研究中心生态文明建设系列研究课题组、阎勤、陈利权：《宁波加快生态文明制度建设对策》，《宁波经济：三江论坛》2014 年第 4 期。

表9－4　　**生态文明制度建设的浙江历程**

阶段	时间	事　　件	备　　注
基础阶段——奠基生态浙江	2002年12月	时任浙江省委书记习近平同志在主持省委十一届二次全体（扩大）会议时做出重要指示	指出要“积极实施可持续发展战略，以建设‘绿色浙江’为目标，以建设生态省为主要载体，努力保持人口、资源、环境与经济社会的协调发展”
	2003年8月	省政府颁布了《浙江省生态省建设规划纲要》	指导全省进行生态省建设的纲领性文件，标志着浙江生态省建设全面启动
	2004年	启动了“811环境整治行动”工程	以“811”为代表的环境污染重点整治制度在全省开展
	2005年	启动“发展循环经济991行动计划”	发展循环经济九大领域、打造九大载体、实施十大工程，生态文明建设和环境保护走向新的阶段，形成以经济手段促生态文明的制度雏形
	2009年5月	浙江省委十二届五次全会通过总结前几年的工作，提出下一步的工作重点	要积极推进节能减排和环境保护的体制改革，强调开展生态文明建设改革试点，切实将生态文明建设当成改革发展的一项重要内容来抓
发展阶段——建设生态浙江	2010年7月	浙江省委十二届七次全体会议审议通过了《中共浙江省委关于推进生态文明建设的决定》，推进生态安全保障制度的发展完善	完善了政绩考核制度、生态补偿制度、市场化运作制度、投融资体制和财税扶持政策、法治化制度等。标志着浙江的生态文明制度建设进入了新的发展阶段
	2010年9月	浙江省十一届人大常委会第二十次会议决定，将每年的6月30日设立为浙江生态日	“生态浙江”日益深入人心
	2012年6月	浙江省第十三次党代会胜利召开	首次把生态文明渗透到物质文明和精神文明之中

续表

阶段	时间	事　件	备　注
推进阶段——实现美丽浙江	2007年	省环保厅在全省试行了生态环境功能区规划	—
	2012年5月	浙江省生态办制定了完善的组织协调、指导服务、督办、考核激励、全民参与、宣传教育六大推进机制	着力实现“811”生态文明建设，推进行动常态化、规范化、制度化
地区改革的首次探索——共建美丽浙江	2000年11月	率先开展区域间的水权交易	—
	2005年	率先实施省级生态补偿机制	—
	2007年	率先实行排污权有偿使用制度	—
	2008年	率先编制生态环境功能区规划	—
	2008年	率先创立新型的环境准入制度	新型环境准入制度有利于从源头上保护环境，优化经济增长
	2013年	浙江被列为全国首批3个试点之一，明确把“建立生态环境空间管制制度，编制全省环境功能区划，划定生态红线”作为重点突破的改革事项	—
	2015年	湖州安吉县编制了《安吉县环境功能区划》	划定自然生态红线区共14处，占县域面积近五分之一，所有工业项目不准入内，为全省之先
	2016年初	宁波市出台《宁波市生态保护红线规划》	成为浙江省首个生态环境保护红线规划
	2016年9月	《浙江省环境功能区划》出台	由此，浙江建立起“一个区划一张图”和覆盖全省的环境空间管制机制

（三）不同进路下浙江生态文明制度体系建设成果

浙江省生态文明制度体系建设内容复杂，涵盖范围广泛，若分别以制度属性及领域为横轴、纵轴，即可明显感知生态文明制度体系的纷繁复杂又意义重大。本节在浙江省生态文明体系化制度建设的丰硕成果中选择三条进路予以说明（见表9－5）。

表9－5　**浙江省生态文明制度体系矩阵**

	决策和责任制度	执行和管理制度	道德和自律制度
土地保护	综合评价制度 目标体系制度 考核办法制度 奖惩机制制度 空间规划制度 责任追究制度 管理体制制度	有偿使用制度 赔偿补偿制度 市场交易制度 执法监管制度 资源产权制度 用途管制制度 生态红线制度	宣传教育制度 生态意识制度 合理消费制度 良好风气制度
水资源保护			
环境保护			

进路一：生态文明制度体系创新建设成果。浙江省在制度创新方面主要以党的十八届五中全会提出的"加大环境治理力度，以提高环境质量为核心，实行最严格的环境保护制度"为指导。制度创新涵盖系列目标、体系、执行与考核，包括建立"源头严管"制度、完善"过程严控"措施、实施"恶果严惩"机制、强化多元投入机制四方面内容。从东中西部地区生态文明综合评价和协调度评价情况看，综合排名和协调度排名前10位的省份有浙江、江苏、重庆、北京、福建、山东和广东等，浙江省名列前茅。[①] 浙江省生态文明制度建设坚持了城乡统筹的理念，其空间特征是实现了美丽乡村、绿色城镇、生态城市建设的联动，从"形态美"迈向"制度美"，逐渐形成美丽乡村升级版，并为"美丽中国"的提出提供了实践基础；通过统一政府、企业、公民的联动，使得浙江省由单一制度的创新转向制度体系的构建，在生态文明制度体系建设中构建起了别无选择的强制性制度、权衡利弊的选择性制度、道德教化的引导性制度相结合的制度结构，尤其是在"五水共治"中构建起了源头治水、过程治水、末端

① 王国灿：《中国特色社会主义发展道路视角下的浙江生态文明建设探讨》，《经贸实践》2016年第17期。

治水相结合的制度体系。

进路二：领导体系和责任体系制度建设成果。浙江省建立了强有力的领导制度体系和责任制度体系，构建了“政府全面负责、环保统一监督、各部门依法履职、全社会广泛参与”的环境保护制度新格局。主要领导是第一责任人，分管领导是直接责任人，其他各级负责人、相关人员切实承担起各自领域环境保护的主体责任；建立严格的考核与责任追究体系，实行环境保护政绩考核，对因工作不力导致目标责任未完成、因决策不当造成环境污染或生态破坏、辖区发生重特大环境污染事件的，主要领导和直接责任人一年内不予提拔使用并严格实行责任追究，逐步建立生态环境损害责任终身追究制和环境保护责任审计制。

进路三：全民共建共享生态文明行动体系制度建设成果。浙江省生态保护是一项系统工程，其制度建设更是关系到每一个浙江人的切身利益，其代表的广泛性、效益的公共性、利益的长远性等特征决定了它不只是政府的单方行为，而是全社会的共同责任。浙江生态文明制度建设的实践历程表明，全社会必须共同参与生态文明制度建设，形成共建共享的社会行动制度体系。浙江省通过设立“生态日”等具体、生动的形式将全体浙江人纳入生态文明制度体系建设的过程中来。

三　从自下而上的制度创新到自上而下的制度改革

对于如何推进生态文明制度建设，浙江省存在两种不同的路径选择：一是以自下而上的“地区共同体”为基本单位的生态社会的建构；二是由中央政府主导，“自上而下”的生态社会的实践。

浙江省生态文明制度建设过程中除了以政府和执法部门自上而下的改革为手段，广泛而有效的自下而上的公众参与，同样也是解决环境问题、推动环境可持续发展的重要力量。公众参与度的提高，会自下而上地倒逼环保执法部门切实推进环保工作，治理污染，改善环境质量。而公众参与度的提高不仅是环境监管的重要补充，也可以构成对环境违法以及环保执法中权力寻租的遏制性力量，更是促进环保决策合理化、科学化的建设性力量。环境保护信息公开不到位、公众参与度低等问题的解决，需要充分保障公民对环境信息的知情权、表达权、参与权与监督权。这就需要自上而下的制度创新为自下而上的制度改革创造条件与保障。自上而下的制度改革与自下而上的制度改革相比，环保工作会进一步加码，垂直执行力与传导力会更加强劲。

浙江省生态文明制度建设已经基本完成了省级层面的顶层设计，并成为全国的典型样本。在这一过程中，人民群众的广泛参与至关重要。在组织领导制度建设过程中，从省到各市县层层建立工作领导小组；在工作格局体系化制度建设中，浙江省构建了党委领导、政府负责、部门协调、全社会共同参与的大工作格局；在考核制度上，浙江省每年进行总结评比，将考核结果作为评价党政领导班子实绩和领导干部任用与奖惩的重要依据；在共建共享载体设计上，浙江省广泛开展从生态市、县（市、区）创建、环保模范城市创建和绿色细胞创建三个层面的创建活动，让广大公众参与其中、共享实惠；在责任主体制度建设上，按照环保监管主体是政府、污染防治主体是企业、环保监督主体是公众的三大责任主体定位，构建环保制度框架体系。[①]

首先，在组织领导上，浙江成立了“以省委书记为组长、省长为常务副组长、40个部门主要负责人为成员的生态省建设工作领导小组，各市县也层层建立领导小组”。

其次，在工作格局上，全省上下基本建立了“党委领导、政府负责、部门协同、社会参与”的组织体系，“地方政府主导、环保部门统揽、各部门齐抓共管”的管理格局，以及“政府引导鼓励，社会团体、民间组织和公众参与监督，全社会共享”的社会行动体系。

再次，在共建共享载体设计上，着力开展绿色系列创建活动。把现阶段推进生态文明建设、推动公众参与环保活动的有效途径确定为绿色系列创建活动，形成了“生态创建、环保模范城市创建、绿色细胞（绿色学校、绿色社区等）建设”三大系列创建机制，调动了各方面积极性的同时也分解落实了生态环保的各项目标。

---

① 沈满洪：《“两山”重要思想在浙江的实践研究》，《观察与思考》2016年第12期。

最后，在制度框架建设上，按照公众是环保监督主体、企业是污染防治主体、政府是环保监管主体三大责任主体定位，构建环保制度框架体系，从政策、法规、标准、规划四个方面加以约束和引导，推动环境保护和生态文明建设从部门走向社会、从政府走向民间。与此同时，浙江还十分重视生态文明宣传教育和公众参与机制。

浙江的经验表明，生态文明建设要想落到实处、强化推进，就必须要有配套的工作推进机制以及全体浙江人的共同参与。省、市、县三级党委统一部署，坚持党政领导，将生态省建设任务纳入各级政府目标责任制，全省基本形成了党委领导、政府负责、各部门整体联动、社会广泛参与的制度系统与工作机制。

第二节 生态文明制度建设的主要成就

“生态文明制度是指在全社会制定或形成的一切有利于支持、推动和保障生态文明建设的各种引导性、规范性和约束性规定和准则的总和，表现为正式制度和非正式制度。”[①] 其中，正式制度主要包括原则、法律、规章和条例等方面，非正式制度包含了伦理、道德、习俗、惯例等方面。浙江十分注重生态文明制度建设的顶层设计，从大局出发，着手细微深处。在建设绿色浙江、生态浙江、美丽浙江的每一个阶段，浙江省都强调宏观的系统规划和纲领性的制度安排，用最严格的制度保障生态文明建设顺利推进。

一 生态文明正式制度体系发挥主导作用

（一）生态文明法律制度的浙江探索

法律制度是文明的产物，它标示着文明进步的程度，其作用在于用法律、法规来规范和调节人与社会、人与自然之间的行为关系。健全的生态法律制度不仅是生态文明的标志，而且是生态文明建设的最后屏障。作为生态制度建设的核心内容，生态法制建设与

① 夏光：《建立系统完整的生态文明制度体系——关于中国共产党十八届三中全会加强生态文明建设的思考》，《环境与可持续发展》2014 年第 2 期。

法律法规等政策执行情况也是反映政府在推进生态文明建设中作用的重要方面。

在立法方面，浙江省建立了严格的考核与责任追究体系，实行刚性的污染控制政策，完善了政绩考核制度，强化了科学合理的政绩考核机制对推动生态文明建设的重要导向作用。具体来看，首先，浙江省完善了相关的地方性法律法规，按照生态文明建设的要求全面清理和修订地方性法规、政府规章和规范性文件，建立有利于推进生态经济区建设的法规体系，重点在发展循环经济、实施清洁生产、资源保护开发利用和环境保护等方面出台配套的法规、规章及标准。按照政府主导、企业自律、公众参与的原则，明确政府、企事业单位、公民在生态文明建设中的责任和义务。其次，浙江省建立了健全的生态环境保护的法律体系，严格的环境治理机制，重点整治违法排污企业，加大对违法行为的处罚力度。再次，浙江省不断完善和落实环评制度，持续开展环评专项行动，严格环境准入，严格执法监督。最后，建立健全和认真落实严格的环境保护目标责任制以及科学、民主的环境决策机制，建立公平、多样、精细的环境规制体系。

浙江省高度重视涵盖环境空间保护的法律法规的质量，不断探索建立环保警察队伍，建立与环保行政执法相互衔接、协调联动的环保刑事执法机制。[①] 浙江省在以上领域出台的代表性政策性文件和制定的地方性法规体系不断完善，在生态文明制度建设中不断为浙江省保驾护航（见表9－6）。

表9－6　**浙江省生态文明法律、法规制度体系**

时间	立法、行政法规、政策	备　注
2000年	《杭州市污染物排放许可管理办法》	以指导性政策的方式明确污染排放标准

① 阎逸、夏谊：《坚持绿色发展　完善环境规制》，《浙江经济》2016年第23期。

续表

时 间	立法、行政法规、政策	备 注
2002 年	浙江省政府出台《关于进一步加强环境保护工作的意见》	浙江省高度重视环保政策和法制建设工作，不断把生态文明建设纳入制度化、规范化轨道。保证生态浙江建设的权威性、严肃性和连续性。强化环境保护和生态建设执法监督管理，加大执法力度，坚持依法行政、公正司法，严肃查处各种环境违法行为和生态破坏现象以及阻碍和干预环境保护执法的现象
2003 年	省政府率先出台了《关于全面推行清洁生产的实施意见》	在全省范围内全面推行清洁生产，促使工业企业污染防治从以末端治理为主到向从源头控制转变，为节约资源、发展循环经济开了先河
2003 年	制定和修订了《浙江省大气污染防治条例》	—
2003 年	《浙江省核电厂辐射环境保护条例》	—
2004 年	《浙江省森林管理条例》	—
2004 年	《浙江省陆生野生动物保护条例》	—
2004 年	《浙江省海洋环境保护条例》	—
2006 年	《浙江省自然保护区管理办法》	—
2007 年	《浙江省发展新型墙体材料条例》	—
2007 年	《浙江省建筑节能管理办法》	—
2008 年	《浙江省城市市容和环境卫生管理条例》	—
2008 年	《浙江省水污染防治条例》	—
2010 年	浙江省委十二届七次全会根据党的十七大关于生态明建设的战略要求，审时度势，在认真总结生态省建设经验的基础上，率先在全国做出了《关于推进生态文明建设的决定》	—
2010 年	《浙江省环境保护行政处罚实施规范》颁布；同年《绍兴市生态环境损害赔偿金管理暂行办法》颁布	惩罚性制度建设，增强生态文明制度体系威慑力
2011 年	《浙江省饮用水水源保护条例》	—

续表

时间	立法、行政法规、政策	备　注
2011 年	《浙江省建设项目环境保护管理办法》	—
2012 年	《浙江省辐射环境管理办法》	—
2012 年	《绍兴市发展和改革委员会、绍兴市环境保护局关于绍兴县初始排污权有偿使用费征收标准的批复》发布	排污权有偿使用制度逐步完善，生态文明制度体系逐步健全
2012 年	《浙江生态文明建设评价体系（试行）》颁布	生态文明评价制度建设展开并逐步深化
2014 年	《浙江省环境保护厅排污费征收管理暂行规定》发布	将经济利益控制力用于生态文明制度建设，强化执行力
2014 年	《杭州市东苕溪流域水权制度改革试点实施方案》	以区域试点为主要形式推进水权制度推广与发展
2014 年	《关于印发〈浙江省环境影响评价机构信用等级管理办法（试行）〉的通知》	严格浙江省环境影响评价制度相关机构登记管理办法
2015 年	《浙江省突发环境事件调查处理办法（试行）》颁布	—
2015 年	《浙江省环境行政处罚结果信息网上公开暂行规定》颁布	保障信息公开，鼓励公众参与
2015 年	《绍兴市生态环境损害赔偿金管理暂行办法》颁布	惩罚性制度建设，增强生态文明制度体系威慑力
2015 年	《浙江省环境保护厅主要环境违法行为行政处罚裁量基准》颁布	细化裁量标准，增强制度执行力
2015 年	《关于规范环境检测市场化管理的实施细则（试行）》颁布	将市场手段用于生态文明制度之中
2016 年	《浙江省环境违法“黑名单”管理办法（试行）》	建设“环保黑名单”制度，促进生态环境执法更严格、更细致

除上述法律、法规、政策外，浙江省还制定、修订了其他相关文件共 40 多部地方性法规和规章，制度出台频率之密前所未有，初步形成了与国家大政方针、生态法制体系相适应的地方性政策、法规体

系，为浙江生态文明建设提供了良好的制度支持和政策保障，并使浙江省初步形成了与国家生态法制体系相适应的地方立法体系，为更好地建设生态省提供了良好的制度环境。通过各项地方性法规、政府规章和政策的出台、制定，规范可能影响生态文明建设的各种行为，协调各种利益，从而达到保护生态环境和提升生态文明建设水平的目的。不但为现有的各项工作提供了有效保障，也为生态文明建设的长远推进奠定了基础。

在实现生态立法的途径上，浙江省在已有法律制度建设的基础上，有效借鉴其他国家的先进经验，结合浙江省实际情况，因地制宜完善制度。以俄罗斯为例，其针对生态违法行为制定的生态法中详细规定了损害赔偿的依据和程序，使得公民在受到生态违法损害后，可以依据宪法、民法、劳动法等申请赔偿，维护自己的合法权益。另外，必须处理好浙江省生态相关法律与政策的关系。从形成生态文明制度体系的目标出发，政策与法律都是有效推动生态文明制度建设的手段，两者是相互制约、相互促进的关系，未必存在非此即彼的矛盾。要不断总结、提炼各地生态文明建设中出台的各项政策，对经过实践检验、比较成熟的政策措施，及时上升为地方立法或国家立法，逐步形成逻辑一致、内容明确的制度体系，为社会提供稳定的制度预期。①

（二）生态文明执法制度的浙江探索

生态执法是实现生态文明法治的具体手段，是除立法机制以外的另一重要影响因素。努力规范生态执法，主要就是围绕生态环境展开的执法。生态执法不仅是为了给予人们更好的生活环境，也是为了我国能够实现生态可持续发展的战略目标。坚持严格生态司法，主要是站在监督的角度来管理生态文明建设，这也就要求我国生态司法要不断地严格要求自己，只有这样才会更好地推动生态文明建设。② 历史数据显示，生态文明建设的执法过程中存在执法不严、不及时等现象。为此，提高执

① 陈海嵩：《生态文明制度建设要处理好四个关系》，《环境经济》2015 年第 36 期。

② 王国灿：《推动浙江生态文明制度建设的法律与政府措施研究》，《中国林业产业》2017 年第 1 期。

法从业人员的整体素质和执法水平，完善生态执法组织体系，规范环境执法行为，加大环境执法力度等措施势在必行。另外，为了保证生态省建设的权威性、严肃性和连续性，必须强化环境保护和生态建设执法监督管理，坚持依法行政、公正司法，严肃查处各种环境违法行为和生态破坏现象以及阻碍和干预环境保护执法的现象。

浙江省始终将生态文明执法工作作为生态文明制度建设的重点工作来开展，努力打造生态执法“最严省份”，对环境污染行为“零容忍”。由图 9－1 可见，2014—2016 年，浙江省立案查处环境违法案件 39506 件，年均增长 31.2%；行政罚款 15.35 亿元，年均增长 12.5%。环境保护部将浙江省生态文明执法工作的典型做法归纳为六个方面：突出压力传导，倒逼监管责任落实；突出先行先试，压实各方监管责任；突出机制建设，打造全程监管链条；强化高压严管，推动企业自觉守法；强化行刑衔接，放大案件警示作用；强化多元支撑，提升环境监管效能。[①] 浙江省不断进行生态执法制度创新，为生态文明建设保驾护航：

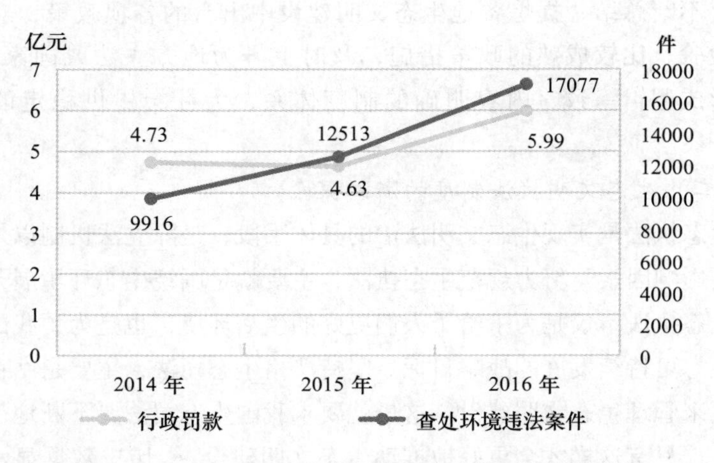

图 9－1　2014—2016 年浙江省立案查处环境违法案件

① 中华人民共和国环境保护部：《从严查处，全员执法，铁腕治污再升级　浙江打造监管执法最严省份》，2017 年。

第一，浙江省创造性施行生态文明执法全员出动的制度——生态文明全员执法。该项制度的设立改变了专员执法单打独斗的局面，参与者不再仅仅是环境监察执法队伍，还包括各地环保部门的法制、环评审批等岗位人员。同时，强调环保系统全员都有责任对辖区内发现的各类环境违法行为进行监督，协调调动环保执法人员从严从快查处环境违法行为，形成环境监管工作的良性循环。

第二，严格执法，增强环境执法威慑力。在生态文明法治制度建设更加完善、生态文明执法更加严格、生态案件办理日趋集中化、专业化的生态文明制度建设的大背景之下要真正做到生态文明执法，必须强化严格执法制度建设：一是依法行政，严格执法，创造一个良好的生态建设执法环境。二是权、责、利、效相统一，严格落实生态环境责任追究制度。三是严格落实环境执法责任，建立健全包含民事责任、行政责任甚至刑事责任在内的责任体系。浙江省在上述领域的贡献为全国其他省市提供了成功的经验。2017 年，浙江省在全国率先制定环境违法大案要案认定标准，再次为环境监管加重砝码，执法力度不断增强。数据显示，2013—2016 年，浙江省各级环保部门共向公安机关移送案件 3903 件，行政拘留 2114 人、刑事拘留 3553 人，查处了新安化工、金帆达非法倾倒废液等一批大案要案，打击力度居全国首位，惩治了一大批恶意排污企业；[①] 浙江省创造性适用“黑名单”制度，对环境违法行为进行法律与市场的双重惩戒。省环保厅将违法企业列入黑名单，且每季度都公布一次。被列入黑名单的企业将受到三年的受限期惩罚，除处罚整改等惩戒手段外，涉事单位或个人的违法失信行为还会被纳入社会信用体系，今后将体现在行政审批、融资授信、资质评定、政府采购等多个方面。

第三，环境执法部门联动，多部门多层次保障环境执法工作顺利展开。多数环境污染案件所涉问题复杂，仅靠某个部门难以实现问题的根本性解决。因此，浙江省不断推动环境保护部门、公安部门、法

---

① 中华人民共和国环境保护部：《从严查处，全员执法，铁腕治污再升级　浙江打造监管执法最严省份》，2017 年，http：//www. mep. gov. cn/xxgk/hjyw/201705/t20170512_414 004. shtml。

院、检察院等部门间联合执法，保证执法效率与效果。浙江省陆续发布《关于建立打击环境违法犯罪协作机制的意见》《关于办理环境污染刑事案件若干问题的会议纪要》《浙江省涉嫌环境污染犯罪案件移送和线索通报工作规程》《关于贯彻实施环境民事公益诉讼制度的通知》等文件，在制度层面保障与指导联合执法制度的顺利有效展开，并获得显著效果：浙江所有设区市、县（市、区）基本实现环保公安联络室（或警务室）的全覆盖，省、市、县、乡四级“河道警长”已基本配置到位；多地公安局也成立了打击环境犯罪的专门机构。

第四，利用科学技术提高执法手段。浙江省重视将科技手段广泛地运用于环境执法行动中：“无人机”“探察机器人”等将成为执法人员的新装备，助力环境监察的各个环节，进一步提高环境违法行为的发现率和查处率。

第五，重拳出击，打造环境监管最强省。浙江省委加强环境监管，不断重视基层环境监管、媒体聚焦等力量在环境监管系统中的作用。其中，媒体的聚焦力、曝光威慑力对环境执法工作的推进起到了显著的积极作用。例如，浙江省陆续推出了“剿劣进行时”“环保现场”等栏目，并利用微信、微博等新媒体平台，曝光环境违法行为、监督环境执法工作，利用基层环境监管力量和媒体力量，推动矛盾纠纷化解在萌芽期，将环境行为曝光在阳光下。

（三）生态文明司法制度的浙江探索

司法是保障生态文明制度建设的关键一环，要顺应生态文明建设社会化、专业化等特性，在原有制度的基础上加以创新。浙江省各级法院检察院在生态文明司法制度建设中不断突破、创新，努力为生态文明制度建设提供强有力的司法保障。

浙江省司法机关与环境保护部门充分协调配合，适用“联动”制度提高司法效率。浙江省检察机关与环境保护部门紧密配合，建立健全工作协调机制，有效加大了对破坏环境资源违法犯罪行为的打防力度。例如，浙江省成立了人民检察院与环境资源保护厅检察官办公，进一步加强检察机关与环境保护部门的协作配合与监督制约，进一步加强了环保执法与司法的联动协调、信息共享、有效衔接和无缝对接，充分发挥环保、司法各自的职能作用，形成环境资源执法司法的合力，为浙江的环境资源建设保驾护航。

浙江省司法机关不断加强自身制度建设，增强司法力度。例如，《浙江省人民检察院关于充分履行检察职能服务美丽浙江建设的意见》的出台，对全省检察机关加强对环境资源保护领域违法行为的法律监督提出了更高的要求，即充分运用检察建议、督促履职等手段，督促行政执法机关履行职责，严格执法，开展生态环境公益诉讼，高质量司法。据相关数据显示，浙江污染环境罪判决数量最多，达到911件，占到全国的38.93%。其中，浙江省宁海县作为宁波首家国家级生态示范区，宁海县人民法院不断创造性适用新型司法制度，为当地生态环境建设提供有力的司法保障。该院不断加大对污染环境犯罪的打击力度，先后出台关于服务“五水共治”和“城乡环境整治”的司法保障制度及实施意见，严厉打击偷排废水、废液、污染河流和地下水资源等犯罪活动，依法打击土地、矿产等自然资源开发利用中出现的破坏林业资源、矿产资源等违法犯罪行为。

加强制度建设，保障非诉案件执行工作顺利进行。浙江省环保厅与省人民检察院下发《关于积极运用民事行政检察职能加强环境保护的意见》，要求浙江省各级人民检察院和环保局运用司法手段推进浙江省的环境执法监管工作，探索建立环境公益诉讼制度；完善制度建设，保障环境非诉案件执行，其中浙江温州永嘉法院创造性地制定实施多项制度建设以推进环保非诉案件执行工作。适用组织领导强化制度，形成工作合力。该法院采取由院长任组长，相关庭室负责人为成员的专项工作领导小组制度，负责涉环保执行案件的统筹安排；以司法效率为重要标准，将法院介入阶段提前。通过建立环保执行案件法院提前介入制度，使法院负责涉环保非诉案件的对接协调；充分利用法院宣传系统，强化宣传引导制度。法院借助日常法制宣传活动，在辖区内发放环境知识宣传手册及环保执行案例汇编，帮助企业负责人、居民树立环境保护、理解执行、配合执行的意识。

创造性适用“恢复性司法”制度。浙江省各级法院、检察院始终把生态环境保护作为司法工作的重点任务。进行刑事处罚的同时，司法机关还强调对生态环境的修复。例如，积极促成被告人通过义务植树、担任义务护林员等方式弥补损失，把环境修复情况作为量刑的重要依据，督促被告人恢复受损的生态环境。在环境司法过程中，其两手共抓，不仅强化对违法者的惩处，而且将恢复性司法制度和绿色司法理念有效结合并运用于生态环境司法过程中，积极探索生态环境司法保护新模式，不断推动恢复性司法制度用于生态环保的司法实践：在浙江丽水，检察机关建立了针对破坏森林资源环境的违法犯罪案件的专门的补植复绿基地，让乱砍滥伐、非法占用林地等破坏森林资源者补植林木，修复生态；在浙江绍兴，为了在惩罚滥捕行为的同时起到修复渔业资源的作用，检察院与渔政执法部门做出责令非法捕捞者放养鱼苗的判决，并监督其执行，达到了保护生态和惩罚犯罪的双重效果。

持续开展破坏环境资源犯罪专项立案监督行动，推动“环保专项立案制度”形成。为严厉打击破坏生态环境领域的违法犯罪，加强生态环境的司法保护，浙江省检察机关建立起针对环境污染、非法采矿、滥盗滥伐林木等生态违法行为的环保专项立案制度，形成了强力威慑。仅2016年，浙江省各级检察机关就监督立案破坏生态环境犯罪嫌疑人236人，批捕407人，起诉2230人，办理此类案件数居全国第一位。

建立裁执分离、差异履行制度。在司法实践中，环保非诉执行案件自动履行率低，处理难度大，导致环保判决执行难成为普遍的现象。浙江省为了解决执行难问题不断积极探索环保非诉执行“裁执分离”工作机制，适用举报人与被执行人双方自行协商和解方式，坚持差异化处置，采取灵活多样的执行方式促进判决的履行。

综上对生态立法、执法、司法的研究，浙江省这三个领域都取得了较为丰硕的成果，研究的视角也相对比较全面，但大多是对某一单个法律问题的集中探讨，缺乏必要的联系。若可从生态文明制度建设的宏观背景出发、与现实需求相符合进行有针对性的深入研究，那么就可以进一步完善生态文明法律机制。除上述三项之外，生态税收制度、生态补偿制度、排污权交易制度等也是生态文明正式制度的组成部分，浙江省在该领域的研究颇多，树立了多个国家典型，但缺乏相应的综合性研究，需要加以改进和优化。除上文所述浙江省生态司法创新成果外，其环境司法改革还应当着重解决三个方面的问题：一是树立现代环境司法理念，充分发挥司法保护环境的作用；二是实行环境司法专门化，为环境纠纷解决提供积极的司法服务；三是实践环境公益诉讼，用司法保护社会环境公共利益。而在完善生态文明司法机制方面还可以从以下几个方面着手：加强司法人员的生态法律素养、建立专业化的环境司法机构、进一步完善环境公益诉讼制度等。

二　生态文明非正式制度产生辅助作用

除立法、执法、司法等主要制度之外，包含伦理、道德、习俗、惯例等内容在内的非正式制度的辅助作用也不容小觑。生态文明建设固然需要法律和经济激励等正式制度的规范和约束，但在根本上必须致力于全体公民思想观念的深刻转变和生态文明意识的形成，使全社会牢固树立生态文明观念。因此，必须充分发挥教育机制和公众参与机制等非正式制度的作用[①]。加强生态文化建设，在全社会牢固树立生态文明理念，是当代中国从根本上转变经济发展方式的必然路径。众所周知，生态文明建设有一个完整的推进体系，这就是：实施繁荣生态文化战略，形成倡导生态文明的社会新风尚；实施生态经济发展战略，推进经济发展方式转变；大力推进制度创新，探索构建生态文明建设的制度结构。[②] 由此可知，生态文化建设是生态文明建设的首要阶段，是生态文明的基础和支撑，而生态文明是生态文化的核心内容与优秀成果。任何形式的变革都需以理念变革为先导。浙江生态文明制度建设的历程，一直是伴随着发展理念的深刻变革和成功升华，实现了从“用绿水青山换金山银山”，到“既要金山银山也要绿水青山”，再到“绿水青山就是金山银山”历史性的飞跃。几任党政领导一以贯之的治省方略和决策部署——绿色浙江、生态省建设、生态立省汇聚为生态文明建设；绿色浙江、生态浙江、美丽浙江成为时代的符号和强音，从而为中国生态文明建设的理论和实践增添了“浙

---

① 鲍远航：《唐代浙江生态文化论要》，《鄱阳湖学刊》2013 年第 2 期。

② 龚建文、甘庆华、陈刚俊：《生态文化与生态文明建设研究——以鄱阳湖生态经济区为样本》，《鄱阳湖学刊》2012 年第 3 期。

江元素”。[①] 生态文化建设的最终目标是树立生态理念，倡导绿色发展，共建生态文明。

（一）生态文明非正式制度建设方面的浙江探索

1. 培育公众的“生态文化自觉”意识，倡导绿色生活方式

浙江省是全国首个设立省级生态日的省份，“浙江生态日”是坚持生态省建设、走生态文明发展之路、弘扬森林建设文化的创新之举。2011年6月23日，浙江省“迎浙江生态日——全省护林植树大行动”正式启动，各市县也开展了形式多样的以绿色为主题的活动。[②]“浙江生态日”的确立，旨在发挥生态文化对生态文明建设的引领作用，促进生态文明新风尚的形成，亦是浙江省践行习近平总书记“绿水青山就是金山银山”重要论述的具体体现，既是浙江建设生态文明、挖掘生态潜力、激发生态活力、彰显生态魅力的有效载体，也是浙江“生态立省”战略和建设现代化生态省的创新之举。

习近平总书记指出，建设生态省，必须紧紧依靠人民群众，充分调动广大群众的积极性和创造性。生态文明建设需要全体人民的主动自觉参与，其首要任务就是通过文化启蒙将生态价值观和生态意识渗入公众的心灵。即以先进的生态理念为指导，在微观上逐渐引导公众的价值取向、生产方式和消费行为的转型，在宏观上逐步影响和指导决策行为、管理体制和社会风尚。着力打造先进生态文化，使生态文明观念深入人心并成为社会主流价值观，需要自上而下逐层部署。在树立“生态文化自觉”方面，卓越的人文优势为浙江省的建设提供广阔的外延空间。浙江地区自古以来人文荟萃，在政治、经济、文化、科技等领域皆是人才辈出[③]，为生态意识的形成与推广提供了群众基础。

为推动浙江民众生态文明建设的文化自觉性，首先要培育公众的“生态文化自觉”意识。一要用科学理论来引领和推动。以科学发展

① 苏小明：《生态文明制度建设的浙江实践与创新》，《观察与思考》2014年第4期。

② 绿林：《全省联动 生态日活动丰富多彩》，《浙江林业》2011年第7期。

③ 张宁红、方莹萍、沈力：《浙江生态省建设若干问题的探讨》，《浙江经济》2004年第8期。

观为指导，用生态学理论、生态经济理论、可持续发展理论，以及生态伦理、生态科技等科学知识，夯实生态文化体系建设的理论和知识基础。二要加强生态科学知识的教育和普及。要加强对各级领导干部、企业经营者生态文化的观念和意识的培养，将生态文化融入政府管理文化与企业文化之中，使生态建设和环境保护成为政府决策和企业行为的自觉行动；要把环保科普知识和环境道德伦理知识教育等作为全民教育、全程教育、终身教育的重要内容，增强全民生态意识和生态正义，使广大公民自觉地承担更多的生态责任和生态义务。三要加大宣传和推广力度。要运用各种新闻媒体，全面深入系统地传播生态文化的丰富内涵和科学知识，传播生态文化对人类进步和社会发展的积极作用；广泛宣传绿色产业、绿色消费、生态城市、生态人居环境等有关生态文明建设的科普知识，使生态立省，生态文明观念深入人心，形成具有个体自觉、家庭参与、社会共谋良好生态环境的氛围。[①] 四要通过多种形式树立生态文明理念，把生态文化建设作为文化强省的重要内容来部署和推进。可借鉴开展“浙江生态日”“全国低碳日”“世界地球日”等生态文化活动，逐步引导人们自觉节约每一滴水、每一度电、每一张纸。[②] 习近平总书记在浙江工作期间，高度重视生态文明和社会平安建设，提出了许多重要思想，丰富了生态理念。党的十八大以来，他又对美好生活、美丽中国建设提出了一系列新论断新要求，这为通过社会建设推进美丽浙江指明了方向。要将文化、创新等人文元素融入美丽浙江建设中，积极培育健康和谐的良好社会心态。[③]。

浙江省政府在正确价值观指导下积极开展“绿色细胞”创建工作，全省涌现多个绿色高校、绿色社区、绿色企业等，为生态文化的普及提供了载体。随着生态省建设的全面展开，“生态兴则文明兴，

---

① 龚建文、甘庆华、陈刚俊：《生态文化与生态文明建设研究——以鄱阳湖生态经济区为样本》，《鄱阳湖学刊》2012 年第 3 期。

② 浙江省发改委课题组周华富：《“五位一体”总体布局下的浙江生态文明建设思路》，《浙江经济》2014 年第 6 期。

③ 习近平：《全面启动生态省建设　努力打造“绿色浙江”——在浙江生态省建设动员大会上的讲话》，《环境污染与防治》2003 年第 4 期。

生态衰则文明衰”的理念渐入人心。另外，浙江省通过持续优化能源消费结构，大力发展绿色交通，不断推广绿色建筑，积极鼓励绿色消费等措施，以节约集约低碳为方向，积极培育浙江绿色生活方式。[①]浙江人民逐渐认识到，把握机遇，转变观念，努力铸造人与自然间的情感契合点，形成生态文化创新，是在不损害子孙后代生存环境的前提下满足当代人需求的必要途径。[②]

除生态观念外，旅游文化也是浙江省生态文明建设创新中的一面大旗。浙江生态环境状况指数居于全国前列，旅游资源丰富。居民生活品质提升是经济发展的根本目标，除优质的医疗、教育、文化、购物等服务需求外，现代人对优质的旅游、度假、休闲、养生等服务需求日益扩大。为此，浙江需结合各类景区和度假区的标准化、规范化、个性化建设与管理，积极通过养生度假、探险访幽、文化寻踪、养老宜生、休闲娱乐、森林氧吧、户外拓展等多元化产品开发和新形态培育，满足不同消费者需求；通过休闲农业、休闲林业、观光工业、文化村落及“美丽乡村”建设、小流域综合整治等，提高旅游休闲业发展的带动能力；通过旅游休闲业发展税费、用地用电等政策扶持，及其非兼容产业转移补偿、旅游景区纵深空间保护与整治、旅游综合配套规划建设、行业政府管理与协会自律良性互动、景区度假区建设与生态公益林建设结合等，形成生态旅游休闲业健康发展的制度环境；通过知名景区打造与精品线路推介、景区门户网站建设及功能健全、特色景区群落培育等，不断增强旅游休闲品的品牌魅力。[③]浙江省政府以“美丽浙江”建设为契机，重估生态价值，大力发展生态产业和生态旅游业，在能源资源匮乏下发展生态环境新优势，为保障全省经济社会高品质、可持续发展提供了战略选择与路径，为全国其他省份和地区的转型和发展提供了成功经验。以浙江省安吉县为例，安吉始终把生态环境优势不断地转化为生态农业、生态工业和生态旅游业的发展优势，不断地促进第一、第二、第三产业的融合和发

---

① 金国娟：《共绘绿色浙江蓝图——生态省建设综述》，《今日浙江》2004 年第 21 期。

② 张宁红、方莹萍、沈力：《浙江生态省建设若干问题的探讨》，《浙江经济》2004 年第 8 期。

③ 秦诗立：《把生态环境转化为发展新优势》，《今日浙江》2013 年第 10 期。

展。2016年年底第一、第二、第三产业的比例达到了8.2∶44.4∶47.4，实现了“三二一”的产业结构。基于此，浙江需以“美丽浙江”建设为契机，更加注重生态环境优势发挥及现实优势的转化，使生态环境优势成为可靠的发展保障与强劲的竞争力。把生态旅游休闲作为战略产业。浙江省在发展循环经济与生态旅游的过程中已经取得显著成效。其取得成就的主要原因为：及时转变消费观念，积极倡导绿色消费。当浙江人民养成这种消费观念时，就会自觉地将这种观念体现在生态旅游服务中，最终带动旅游服务的优化升级。浙江省确立“亚太生态系统博览园”的生态旅游形象，充分发挥本地区的优势，确立自己在生态旅游市场竞争中的优势。[①] 除生态旅游区外，浙江省亦设立多处生态示范区域，广泛宣传推广生态文明建设。浙江省生态文化协会2011年开展了旨在树立全省生态文化建设先进典型，加强全省生态建设，发展绿色生产，倡导绿色生活，建设绿色家园的“浙江生态文化基地”遴选命名活动，入选者或依托山水资源兴建森林公园，或植根于深厚文化发展循环经济，各具特色。[②]

2. 构建浙江特色生态文化体系

首先，浙江省基于本地的人文背景、区域文化、经济基础和资源条件等的不同，可以在发展中扬长避短，形成地域优势，坚持特色发展体系是未来发展的重中之重。从浙江的经济社会发展实际和自然资源环境等省情特点出发，努力建设有浙江特色的生态文明，是浙江省生态文明创新的目标和重要保障。[③] 其中，文化资源作为历史积淀的产物，与其他物质资源相比，具有高价值性和不可替代性。浙江省人文历史底蕴深厚，具有较强的发展潜力与优势，也为未来发展提出了要求：充分挖掘和利用传统生态文化资源。生态保护观念和传统在浙江省由来已久。要弘扬和传承浙江省传统生态伦理思想，取其精华，弃其糟粕，并融合当代生态观念，通过加强宣传浙江文化和历史文化

① 汤钦、边珂可：《探讨浙江生态省建设与发展生态旅游的关系》，《旅游纵览月刊》2015年第5期。

② 王昌平：《打造桐庐生态文化的样板》，《浙江林业》2012年第8期。

③ 方元龙：《努力探索有浙江特色的生态文明建设之路》，《政策瞭望》2010年第6期。

名人，广泛开展浙江优秀传统文化宣传普及活动，组织丰富多彩、健康有益的民间民俗文化活动，让更多的人了解浙江文化，喜爱浙江文化，增强文化认同的自信心和自豪感，大力发展生态文化产业，形成浙江特色生态文化体系。

其次，鼓励投资者投资生态文化产业，提高生态文化产品生产的规模化、专业化和市场化水平。积极开展对外文化贸易，扩大对外文化交流渠道，打造浙江文化品牌。要把以创业创新为核心的“浙江精神”，与追求人、社会、自然和谐协调发展的生态文化密切结合起来，进一步拓展浙江精神的丰富内涵，提升浙江精神的文化品位，形成推动浙江进一步发展的强大价值取向，构筑有浙江特色的生态文化。通过加强浸入浙江精神的生态文化建设，进一步增强浙江文化软实力，为浙江生态文明建设提供不竭的动力源泉。

最后，注重生态文化培育，推进生态文化普及，侧重传统生态文化与现代生态文化的传承。“生态文化培育”是浙江省在“811”行动方案中创造性提出的概念：“我们将生态文化单独作为一项专项行动实施，旨在弘扬具有浙江特色的人文精神，彰显生态文化培育在‘两美浙江’建设中的地位。”[①] 这一概念涵盖了深入挖掘生态人文资源、全面提升公民人文素养、大力弘扬生态文化、全面倡导绿色生活方式、深入推进生态示范创建五个方面的内涵，目的在于提高企业和公众的生态意识，培育先进的生态文化，夯实生态文明建设的基础。数据显示，国民生态环保意识与受教育年限密切相关，特别是拥有大学学历的群体具有的生态意识通常更显著更强。[②] 因而，浙江省在普遍推进生态文化教育的基础上重点加强了对中高学历人群生态文化创新的培养，效果显著。与生态文化培育相辅相成，生态文化普及亦十分重要。文化普及化战略就是要把生态文化观普及到居民、企业和政府等各个主体，并使之转化成自觉行动。该战略的关键在于“普及

---

① 《中共浙江省委办公厅浙江省人民政府办公厅关于印发〈“811”生态文明建设推进行动方案〉的通知》，http://guoqing.china.com.cn/gbbg/2012 - 05/11/content_25361044.htm。

② 刘思明、侯鹏：《生态文明建设国际比较研究：2008—2012》，《经济问题探索》2016 年第 3 期。

化”，也就是完成从“有”到“普遍有”转化。普及到居民，就要求每个家庭以绿色消费为时尚并对政府和企业的行为予以监督；普及到企业，就要求每个企业以消费者的绿色需求为导向供给绿色产品，以政府的绿色管制为依据强化绿色生产的社会责任；普及到政府，就要求每级政府以正确政绩观为指导积极推动绿色发展。让生态价值、生态道德、生态习俗内化于心并外化于行。[①]

3. 加强生态文化的科学研究，加速学科建设和人才培养

高校和部分科研机构作为创新主体，在创新发展过程中发挥着重要作用，尤其是在人才培养和基础研究方面贡献突出。知识创新阶段主要依靠高校和部分科研机构来完成。[②] 进入21世纪以来，浙江省把科教人才工作纳入“八八战略”的重要组成部分，先后做出建设科技强省、教育强省和人才强省，建设创新型省份、科教人才强省等决策部署，大力推进科技进步与创新，全省自主创新能力、科技综合实力和竞争力迈上新台阶，在促进经济社会发展中发挥了重要支撑作用。另外，浙江省加大生态文化科研投入，启动生态文化研究工程，围绕构建人与自然和谐发展的核心价值观，积极开展生态伦理、生态文明和生态文化建设战略等方面的研究，促进生态文化学科体系的建设，培养生态文化研究的高层人才，为加强生态建设和保护，为实现经济与生态双赢、人与自然和谐共生提供科学依据和理论支持。浙江高度重视科技创新工作，正在以建设创新型省份和科技强省为目标，全面实施创新驱动发展战略，全力打造浙江经济升级版。浙江始终把加强国际科技合作作为引进科技资源、提高创新能力的重要路径和抓手，通过搭建国际化创新平台，深化产学研合作，促进了科技成果转化与产业化。浙江省已与俄罗斯、美国、欧盟等50多个国家和地区建立了全方位、多层次、宽领域的国际科技交流合作体系，形成了国际创新资源交流的桥梁和纽带，初步建立了“项目—人才—基地”的国际科技合作交流格局，创建了一批国际科技合作基地和国际技术转

① 沈满洪：《“两山”重要思想在浙江的实践研究》，《观察与思考》2016年第12期。

② 肖慧：《基于NSBM模型的区域绿色创新三阶段效率研究》，硕士学位论文，山西大学，2016年。

移机构，实施了一批国际科技合作重大项目，引进了一批高层次的海外科技人才，为全省经济发展提供了有力的国际技术和智力支持，浙江省阶段性绿色创新效率和知识创新效率位亦居全国前列（见表9－7）。

（二）浙江生态文明非正式制度建设阶段性成果

从浙江省改革开放以来的发展实际看，其较早认识到了生态建设的重要性，较早树立起生态发展的理念并进行了积极探索，较鲜明地提出了生态建设的目标要求，并有力地采取了推进生态建设的种种举措。[①] 浙江省长期不懈的实践追求，取得了较好的实效。改革开放以后，伴随着以农村工业化为主导的经济建设热潮的掀起，浙江省工业污染问题开始凸显。省委省政府敏锐地认识到了问题的严重性和生态建设的重要性，引导全省上下树立关心生态、重视生态的发展理念。浙江探索生态文明的科学发展之路，大致历程包括以下几个阶段：

“生态省”建设阶段（2003—2009 年）。2003 年，浙江省启动生态省建设战略，历时 7 年，浙江省全力建设生态强省。

“生态浙江”建设阶段（2010—2012 年）。2010 年，浙江省委做出推进生态文明建的决定；2012 年，浙江省第十三次党代会将“坚持生态立省战略，加快建设生态浙江”作为建设物质富裕精神富有现代化浙江的重要任务，提出打造“富饶秀美、和谐安康”的“生态浙江”。

“美丽浙江”建设阶段（2013—2016 年）。2013 年，浙江省委省政府号召全面推进“美丽浙江”建设，再次契合“美丽中国”的发展脉搏。从绿色浙江到生态浙江，再到美丽浙江，既一脉相承又层层递进，实现了生态文明建设在理念上的升华、在实践中的提升。[②]

---

① 方元龙：《努力探索有浙江特色的生态文明建设之路》，《政策瞭望》2010 年第 6 期。

② 杜欢政、矫旭东：《点面结合全面推进生态文明建设》，《浙江经济》2016 年第 21 期。

表9－7 中国部分省（市、自治区）绿色创新效率、知识创新效率排名

地区		绿色创新效率（整体效率）							知识创新效率（第一阶段效率）						
		2009年	2010年	2011年	2012年	2013年	均值	排名	2009年	2010年	2011年	2012年	2013年	均值	排名
东部地区	北京	1.00	1.00	1.00	1.00	1.00	1.00	1	1.00	1.00	1.00	1.00	1.00	1.00	4
	天津	0.73	0.74	0.65	0.71	0.72	0.71	10	0.60	0.58	0.59	0.66	0.61	0.61	12
	河北	0.18	0.18	0.12	0.15	0.18	0.16	28	0.35	0.51	0.48	0.69	0.51	0.51	16
	辽宁	0.50	0.48	0.49	0.57	0.55	0.52	16	0.48	0.44	0.45	0.55	0.52	0.49	18
	上海	0.97	0.96	0.85	0.92	0.91	0.92	4	0.83	0.78	0.70	0.62	0.57	0.70	10
	江苏	1.00	1.00	1.00	1.00	1.00	1.00	1	1.00	1.00	1.00	1.00	1.00	1.00	1
	浙江	1.00	0.99	0.98	0.63	0.58	0.84	6	1.00	0.97	0.91	0.98	0.94	0.96	6
	福建	0.65	0.69	0.79	0.57	0.54	0.65	13	0.72	0.74	0.76	0.71	0.73	0.73	9
	山东	0.73	0.70	0.69	0.59	0.51	0.64	15	0.54	0.57	0.47	0.64	0.58	0.56	14
	广东	0.90	0.89	0.89	0.81	0.76	0.85	5	0.57	0.51	0.59	0.83	0.79	0.66	11
	海南	1.00	1.00	1.00	1.00	1.00	1.00	1	1.00	1.00	1.00	1.00	1.00	1.00	1
	平均	0.79	0.78	0.77	0.72	0.70	0.75	—	0.74	0.74	0.72	0.79	0.75	0.75	—
中部地区	山西	0.18	0.20	0.16	0.17	0.18	0.17	26	0.27	0.45	0.37	0.43	0.58	0.42	22
	吉林	0.34	0.30	0.87	0.89	0.18	0.52	17	0.30	0.32	0.37	0.44	0.51	0.39	23
	黑龙江	0.42	0.54	0.39	0.46	0.45	0.45	20	0.34	0.37	0.40	0.54	0.53	0.44	20
	安徽	0.73	0.76	0.68	0.61	0.58	0.67	12	0.61	0.55	0.47	0.45	0.46	0.51	17
	江西	0.18	0.21	0.29	0.42	0.44	0.31	22	0.32	0.41	0.52	0.71	0.73	0.54	15
	河南	0.54	0.72	0.71	0.74	0.82	0.71	11	0.56	0.76	0.83	1.00	1.00	0.83	7
	湖北	0.82	0.82	0.79	0.64	0.59	0.73	9	1.00	1.00	1.00	1.00	0.91	0.98	5
	湖南	0.84	0.87	0.88	0.65	0.49	0.75	8	1.00	1.00	1.00	1.00	1.00	1.00	1
	平均	0.50	0.55	0.60	0.57	0.47	0.54	—	0.55	0.61	0.62	0.70	0.71	0.64	—

续表

地区		绿色创新效率（整体效率）							知识创新效率（第一阶段效率）						
		2009年	2010年	2011年	2012年	2013年	均值	排名	2009年	2010年	2011年	2012年	2013年	均值	排名
西部地区	四川	0.21	0.21	0.16	0.17	0.21	0.19	24	0.32	0.33	0.35	0.47	0.46	0.39	24
	贵州	0.15	0.13	0.30	0.33	0.23	0.23	23	0.15	0.21	0.25	0.37	0.36	0.27	28
	云南	0.16	0.19	0.13	0.13	0.29	0.18	25	0.16	0.18	0.22	0.30	0.33	0.24	29
	陕西	0.37	0.47	0.48	0.64	0.61	0.51	18	0.60	0.66	0.73	1.00	1.00	0.80	8
	甘肃	0.59	0.88	0.53	0.59	0.65	0.65	14	0.33	0.40	0.42	0.53	0.63	0.46	19
	青海	0.21	0.14	0.19	0.17	0.17	0.17	27	0.19	0.22	0.21	0.25	0.11	0.20	30
	宁夏	0.12	0.13	0.17	0.93	0.94	0.46	19	0.12	0.21	0.22	0.64	0.68	0.37	27
	新疆	0.39	0.10	0.11	0.10	0.09	0.16	29	0.26	0.35	0.35	0.51	0.70	0.43	21
	内蒙古	0.51	0.40	0.36	0.30	0.53	0.42	21	0.30	0.33	0.31	0.38	0.59	0.38	25
	重庆	0.75	0.72	0.91	0.81	0.63	0.76	7	0.41	0.45	0.54	0.68	0.72	0.56	13
	广西	0.13	0.09	0.11	0.10	0.03	0.09	30	0.34	0.38	0.39	0.38	0.39	0.38	26
	平均	0.33	0.32	0.31	0.39	0.40	0.35	—	0.29	0.34	0.36	0.50	0.54	0.41	—

上述阶段中浙江省生态文明建设成就记忆点众多，意义重大。

党的十八大以来，习近平总书记围绕生态文明建设和环境保护，发表了一系列重要讲话，做出了一系列重要批示指示，提出了一系列新理念、新思想和新战略，深刻回答了为什么建设生态文明、建设什么样的生态文明、怎样建设生态文明等重大问题，形成了科学系统的生态文明建设战略思想，拓展了马克思主义自然观和发展观，顺应了人民群众新期待，深化了对经济社会发展规律和自然生态规律的认识，带来了发展理念和执政方式的深刻转变，为实现人与自然和谐发展、建设美丽中国提供了思想指引、实践遵循和前进动力。习近平总书记“绿水青山就是金山银山”重要论述是鲜活的中国政治经济学的组成内容，深刻揭示了发展与保护的本质关系，更新了关于自然资源的传统认识，指明了实现发展与保护内在统一、相互促进、协调共生的方法论。保护生态就是保护自然价值和增值自然资本的过程，保护环境就是保护经济社会发展潜力和后劲的过程。把生态环境优势转化为经济社会发展优势，绿水青山就可以源源不断地带来金山银山。从这个意义上讲，抓环保就是抓发展，就是抓可持续发展。必须树立和贯彻新发展理念，处理好发展与保护的关系，推动形成绿色发展方式和生活方式，努力实现经济社会发展和生态环境保护协同共进。

浙江作为“两山”理论的发源地，也是我国最先开展生态文明建设探索的省份之一。[①] 进入21世纪以来，省委省政府再次发出“既要金山银山，更要绿水青山”的强音，提出建设“绿色浙江”的发展理念，强调“生态兴则文明兴，生态衰则明衰”的发展思路。在省委省政府的大力推动与影响下，环境保护与生态文明意识，已在浙江大地深深扎根，使得浙江较早确立了生态发展的战略。

从以上数据可知，浙江省委省政府一直重视从发展战略决策的高度，推进生态文明建设。浙江省几年间生态文明发展理念几经变动：从“绿色浙江”“生态浙江”到“美丽浙江”。理念变动的同时，浙江实现了突破资源局限，向经济强省发展的历史性跨越。但与此同时，环境污染、生态恶化与经济发展相伴而行。浙江率先从成长的阵

---

① 阎逸、夏谊：《坚持绿色发展　完善环境规制》，《浙江经济》2016年第23期。

痛中觉醒，理性选择绿色发展的理念，使绿色发展主导浙江经济社会的发展变革与未来走向。十多年来，浙江人实现了从“用绿水青山换金山银山”，到“既要金山银山也要绿水青山”，再到“绿水青山就是金山银山”的历史性飞跃；对生态文明建设的认识实现了升华，形成了一系列先进的科学理念：生态兴则文明兴，生态衰则文明衰；破坏生态环境就是破坏生产力，保护生态环境就是保护生产力，改善生态环境就是发展生产力；经济增长是政绩，保护环境也是政绩。[①] 在生态文明建设中，浙江省探索出一条经济发展和环境保护协融合发展的新路。对此，历届浙江省委省政府高度重视，在全国较早地开展了生态省建设，致力于探索生态文明的科学发展之路。思想认识程度之深前所未有。人们对经济发展与环境保护关系的认识发生深刻变化，绿色发展理念日益深入人心。越来越多的地方把加强环境保护作为机遇和重要抓手，下决心解决产业、能源、交通等问题，着力拓展新的发展空间、提升经济发展质量和城市竞争力。越来越多的企业认识到加强环境保护符合自身长远利益，努力在环保标准提升中提高效益。保护环境、人人有责的观念逐步深入人心，绿色消费、共享经济快速发展，全社会关心环境、参与环保的行动更加自觉。

三　生态文明制度实施机制有效运行

（一）浙江省生态文明制度实施机制运行成果

生态文明制度实施机制设计是推进制度有效实施的重要基础与保证。生态文明制度实施机制是指对社会组织或机构遵守或违反制度规则的行为进行奖惩，从而使相应的制度得以实施，相应的约束与激励目的与手段得以实现的总称，是生态文明制度运行的背景、工具与动力。从某种层面而言，制度实施机制比制度安排本身更为重要，是上文所述生态文明正式制度和非正式制度得以实施的辅助性手段。浙江省的制度实施机制运行成果包括但不限于以下四个层面：

一是激励—惩罚机制。激励机制层面，浙江省领先于全国，最早实施省级生态保护补偿机制。浙江在全国率先出台《关于进一步完善

---

① 苏小明：《生态文明制度建设的浙江实践与创新》，《观察与思考》2014 年第 4 期。

生态补偿机制的若干意见》《钱塘江源头地区生态环境保护省级财政专项补助暂行办法》《浙江省生态环保财力转移支付试行办法》等，成为全国第一个实施省内全流域生态补偿的省份，被环境保护部列为首批生态环境补偿试点地区；2008年，省环保局根据浙江省国民经济和社会发展的中长期规划，在全国率先编制生态环境功能区规划，并将相关要求逐步纳入有关环保法规，明确生态环境保护目标。2008年国际金融危机时期，浙江省就对11个设区市和所有县（市）全部编制实施了生态功能区规划，把国土空间划分为禁止准入、限制准入、重点准入和优化准入四类主体功能区域，并把相关内容写进了新出台的《浙江省建设项目环境管理办法》，以政府规章的形式确定下来。在惩罚机制方面，浙江省不断调整制度建设，加强对生态违法行为的惩治。如2012年，永康等4个县市因为2011年度跨行政区域河流交接断面水质考核不合格被通报、罚款、区域限批。该惩罚旨在将流域环境保护的责任真正落实到地方政府。

二是评估考核机制。浙江省运用领导干部离任审计制度，将环境审核阶段提前到决策做出阶段，不断完善考核机制；另外，浙江省生态文明建设考核评价制度，把环境保护作为约束性指标纳入考核体系，改变了长期以来GDP至上的政绩观。并将考核结果与生态补偿挂钩，这意味着单一的生态补偿机制拓展为更为科学的生态保护补偿—环境损害赔偿相结合的机制。

三是认知养成机制。浙江省在生态文明制度建设过程中不断创新绿色理念，探索绿色实践，收获了优质的绿色理论和绿色方案，实现了从“绿色浙江”“生态浙江”到“美丽浙江”的观念蜕变，做到生态文明建设理念十年的一脉相承。在生态观念养成的过程中，浙江省高度重视浙江民众对“生态文明制度建设”的认知和参与热情，把加强新闻宣传和信息公开作为引导公众舆论的主阵地，积极通过创新环境信息公开载体、丰富内容和完善制度等手段，努力保障公众的环境知情权。与此同时，浙江省高度重视和利用网络、手机、微信、微博等新媒体工具，公开权威信息、解读热点事件、宣传环保工作，加大信息公开力度，充分发挥媒体、公众监督作用，建立起网络舆情收集反馈机制，其官方微信“浙江环保”荣获“浙江政务微信活力奖”。

四是公众参与机制。公众参与是生态文明制度体系中不可或缺的重要组成部分，随着环境权理论、民主治理理论与利益相关者理论等理论的普及而受到越来越多的重视。浙江省通过建立绿色考核制度、信息公开制度，推进环境保护宣传等方式不断提高公众在生态文明制度建设中的参与率，形成全民共建绿色浙江的良好态势。

2016年，联合国环境规划署向国际社会正式发布了一份名为《绿水青山就是金山银山：中国生态文明战略与行动》的报告，专门介绍了浙江探索公众参与环境保护的经验，即“嘉兴模式”。浙江嘉兴不断推动环境保护多元共治，创造性地创立环保“陪审员”制度。该制度的核心就是公众参与机制，具体是指在环境行政处罚案件审判中邀请包括企业负责人和普通群众在内的公众代表参加。“陪审员”来自不同领域，对所审议的环保案件处罚标准和法律适用提出意见，并听取被处罚当事人提出的异议，进一步评议发表意见，最后根据少数服从多数的原则形成决议，“陪审员”的意见作为行政处罚的重要参考，由此来规范行政处罚自由裁量权。在“嘉兴模式”中，环保部门为市民参与环境保护开辟了多条渠道：市民代表享有“建设项目是否能批准”的否决权、抽查哪家排污企业的点单权、参与环境行政处罚评审时的发言权等权利，将群众作为嘉兴市环境监督的重要力量。除此之外，嘉兴还建立了环境信息公开机制、直接有效的参与和沟通机制、公平合理的公共补偿机制、切实透明的监督机制、快速反应的舆情机制等，以最大限度保障生态文明制度建设过程中公众参与制度的完善。

无疑，以上新的实施机制探索，无不体现出浙江生态文明制度建设不断完善、成熟的过程和绿色发展的发展理念。而当这些理念通过制度建设及实施机制深入企业、深入人心、融入生活时，生态文明建设才能奏响强音。

（二）浙江省生态文明制度实施机制的进一步推进

为使生态文明制度的实施更有效力，应当提高生态文明制度安排的设计水平，提高生态文明制度执行水平，积极协调生态正式制度与非正式制度的组合。而制度实施机制无疑在以上几个方面均占有重要位置。浙江省在生态文明制度的体系化、系统化建设过程中成果累累，生态文明正式、非正式制度与实施机制等也收获颇丰。除看到浙江省在生态文明制度体系化建设中取得的长足进步之外，还需承认，生态文明制度建设与实施机制配套建设的过程中依然存在认识不到位、推进监管不力、缺乏长效等问题，对这些难题的化解将是今后浙江省生态文明制度及实施机制建设发展的主要方向。发挥制度与实施机制配套建设对生态环境保护的作用，不仅需要通过法律法规、政策条例等刚性的正式制度，也需要通过社会风尚、伦理道德等非正式软约束制度，以及相应实施机制积极发挥其功能。其中下述几个方面可以为进一步推进实施机制建设提供助力：

强化复合型环境规制工具的应用。在行政命令保底线、市场工具起主导作用的同时，浙江省加强柔性机制的使用，建立健全公众、民间环保团体参与环保决策、生态保护与环境治理的行政奖励制度。

建立市场化推进机制。浙江省可运用市场化手段优化供热结构，通过煤改清洁能源鼓励政策，鼓励社会资本参与污染减排和排污权交易，参与浙江省生态文明制度建设。

进一步扩大公众参与和社会监督，全面推进环境信息公开。通过强化“细胞工程”，开展各种活动和行动，鼓励更多公众参与。公开环保目标责任状、任务分解、工作计划及其完成情况，加大环境保护宣传力度，以丰富多彩、喜闻乐见的方式开展环保宣传。

进而在此基础上，通过生态文明制度体系教育及生态科学知识宣传提高人们的生态文明意识；加快生态文明体制改革以促进制度体系内容系统化；以管理与监督为必要手段保证制度的落实；通过营造利于发挥制度红利的良好社会文化氛围等路径予以积极推进。在此层面，国际上美日等国也做了一系列的实践探索。如1970年，美国制定了《环境教育法》，设置了环境教育司。而日本则设立了专门的教育机构对政府官员和企业主要负责人进行教育，同时也注重对公民的社会教育等。从而借助此类系列制度机制的措施实施，提高全社会各个阶层群众对环境保护制度及机制的理解水平层次，在推进全社会的环境友好行为和参与环境保护行动中实现制度及机制的价值与目的。值得浙江省在实践中进行有针对性的学习与借鉴。同时也为全国范围推广“浙江方案、浙江范例”提供浙江智慧。

第三节 生态文明制度建设的经验启示

浙江生态文明制度建设的发展历程不仅是理念的提升、文化的传承，更是实践的突破、实施机制的创新。浙江在生态文明制度建设方面的实践探索和机制体制创新，为中国生态文明制度建设的理论和实践提供了先进经验，注入了“浙江元素”。

一 坚持需求导向的生态文明制度建设

历史发展和现实表明，浙江实现了从资源小省向经济强省的历史性跨越，而这一跨越的实现与浙江省阶段性需求的变化密不可分。20世纪80年代之前，浙江省以经济不断发展为主要的社会需求，把经济建设摆在浙江省工作列表的首位。但20世纪80年代以后，环境污染、生态恶化与经济发展相伴而行，加之自然资源条件不占优势，浙江省的需求不再是简单的经济增长，而是人民生活健康对生态环境质量的需求。这一需求转变使得浙江率先从成长的阵痛中觉醒，理性选择绿色发展的理念，使绿色发展主导浙江经济社会的发展变革与未来走向。在理念制度建设方面，浙江人逐步实现了从“用绿水青山换金山银山”，到“既要金山银山也要绿水青山”，再到“绿水青山就是金山银山”的历史性飞跃。其在制度建设方面的新意在于更加重视生态文明建设的整体性，把“山水林田湖是一个生命的共同体”的系统思想转变成生态文明建设的指导思想；基于人民群众生态需求的快速递增，把生态文明制度建设的目标提升到为建设美丽浙江提供制度保障的高度。

浙江始终坚持将“两山”论述作为生态文明制度建设过程中的指导思想，始终坚持“人民群众对美好生活的向往始终是我们的奋斗目标”的宗旨精神。人民对美好生活的向往的实现程度越高，人民的幸福指数也越高。人民的需求与向往推动着浙江省生态文明制度建设实践的深入与改革，是现实问题转换为发展动力的生动体现。而人民对美好生活的向往在不同的历史阶段有不同的表现形式：在温饱问题没有解决的时候，人民的最大向往就是解决温饱问题；温饱问题解决以后，人民最大的向往就是过上小康生活；小康目标实现后，人民的最大向往就是过上富裕生活。而且，人民的向往也追求精神富有，向往山清水秀、天蓝地净的优美环境。在不同阶段浙江人民的需求是不同的，因此生态文明制度供给也是不同的。生态文明制度建设从满足生态环境概念要求已经转向美好生活需求。因此浙江省关于生态文明制度建设不同阶段的变化充分体现了人民对美好生活的向往。

党的十九大报告指出，我国社会主要矛盾已经转化为人民日益增长的美好生活需要和不平衡不充分的发展之间的矛盾。在不同历史时期的生态文明需求导向也有所不同。随着中国供给侧结构性改革的不断推进，生态文明也在与时俱进。生态文明建设已经逐步从满足生态环境概念要求转向美好生活需求。浙江省随着经济社会的快速发展，对生态文明的需求也发生了翻天覆地的变化。这种需求也促使浙江省最早以生态文明的需要为导向，开始美丽乡村建设。

二 坚持问题导向的生态文明制度建设

发现问题，指导实践，明确当前社会发展的主要问题及矛盾，协调各方利益，调整制度建设以达到保护生态环境和提升生态文明建设水平是浙江省生态文明制度建设过程中得出的经验之一。

改革开放以来，浙江省经济社会迅速发展，城乡面貌发生巨大变化，人民生活水平显著提高，但也付出了较大的资源环境代价，环境问题十分突出，尤其是2005年的环境公共事件更让浙江人民震惊、深思。一方面，如果不重视解决好发展中遇到的环境污染问题，必将严重影响到人民群众的身体健康和生活质量，影响全面建成小康社会目标的实现。而随着物质文化生活水平的提高，浙江人民对环境和健康的关注度持续升温，生态环境问题成为制度建设过程中亟待解决的问题。对于先富裕起来的浙江人而言，对生存状况和健康尤为关注，对自身的环境权益尤为敏感。随着收入水平的上升，人民群众对环境问题的敏感度越来越高，容忍度越来越低；社会舆论对生态环境的关注度也越来越高，环境问题的“燃点”越来越低。另一方面，随着收入水平的上升，按照生态需求递增规律，人民群众对绿色审美、生态旅游、有机食品等生态产品和生态服务的需求呈现出递增的趋势。这就是问题所在、压力所在，也是方向所在、动力所在。解决突出环境问题是推进生态文明建设的一条底线，也是关系公众切身利益的最现实、最直接的问题。因此，从细微处抓起，让人民群众切实能体会到身边环境的显著变化，是浙江省各级政府的重大责任，更是社会发展的强劲动力。浙江省在生态文明制度创新过程中牢牢把握不同阶段所面对问题的导向性和针对性，紧密联系浙江实际，既把握全局又突出重点，抓住主要矛盾，围绕人民群众反映强烈、影响生活品质的突出问题，提出了一系列具有针对性、可操作性的制度建设建议。

浙江省在生态文明制度建设过程中需要解决的另一重要问题是不同地区所面临的主要问题是不同的。浙江是一个人地矛盾十分突出，资源不足且空间分布不均衡，经济发展水平极不平衡的地区。随着经济的快速增长，发展中的各类问题严重影响到经济社会的可持续发展。为此，浙江省委《关于制定浙江省国民经济和社会发展第十一个五年》规划的《建议》也提出要开展主体功能区划制度建设。开展浙江省主体功能区划分及政策研究，是在生态文明制度建设新的历史起点上促进区域协调发展、人与自然和谐发展的新思路，是针对地区环境状况不平衡问题，改善浙江生态环境状况、统筹区域发展的客观要求。浙江省划分主体功能区，确定各地的主体功能定位，制定差别化的区域生态制度，可以逐步引导存在环境脆弱等问题的区域提高公共服务能力，缩小区域之间的差距，进而改善浙江省生态环境。为解决生态文明制度建设过程中浙江各地发展差距过大的问题，浙江省除设立主体功能区制度之外，还在浙江省内实行差别化的政绩考核制度等，从而促使各类制度直面待解决的主要问题，为浙江省生态文明建设的不断推进提供制度支撑与机制保障。

习近平总书记在党的十九大报告中明确指出，社会主要矛盾已经变成人民日益增长的美好生活需要和不平衡不充分的发展之间的矛盾。因此，加快推进生态文明制度建设，让全省人民在良好环境中生产生活，不断提升浙江人民的生活品质，更应当是浙江省全面实现小康社会目标、完善生态文明制度体系建设的应有之义。这要求辩证地看待浙江省实际情况。既要看到浙江省经济快速发展所带来的环境问题，又要看到浙江省生态建设和环境保护的优势。浙江省的经济快速发展是把“双刃剑”，它在带来环境问题的同时，为环境治理奠定了物质基础，为生态文明提供了经济保障。在新的形势下，以解决新问题为出发点和归宿，浙江省应进一步巩固已有制度成果，做好继承与创新这篇文章，以深化生态省建设为载体，站在新的历史起点，全面推进浙江省生态文明制度建设，努力走在全国前列。

三　坚持效益导向的生态文明制度建设

每项生态文明制度建设都需以获得生态效益最大化为出发点。浙江省注重提升制度实施机构组织化程度，建立科学有序的工作推进机制。三轮“811”行动，在组织机构、工作体系上，形成了党委政府领导、人大和政协推动、相关部门齐抓共管、社会公众广泛参与的良好格局，这使得环境保护统一监督管理的职能充分得以发挥。同时，随着工作推进，更加注重体制机制创新，建立了组织协调、指导服务、督办、考核激励、全民参与、宣传教育六大推进机制，使浙江的生态建设和环境保护更稳健地推进。

除此之外，浙江省制度建设均以“效益最大化”为主要出发点。其一，浙江省加强生态文化的科学研究，加速学科建设和人才培养，是以培养更优质的人才，提高生态文明制度建设的效益为目的。其二，浙江省设立领导干部环境责任离任审计制度，直接规制官员行为后果，使其在做出决策前更加谨慎地考量环境代价以使制度的预防效果加倍，从而达到获得更高的制度建设效益的目的。其三，浙江省确立生态补偿制度，将环境保护主体扩展至“受益者”，涉及阶段更加向长远扩展，是以逐步实现社会效益、经济效益和生态效益的多赢为目的。其四，浙江省设立生态文明公众参与制度，使得生态观念逐步深入人心，并在微观层面最终促使生态文明治理体系逐渐完成，以求达到人民满意、环境受益的目的等。另外，除上述方面之外，浙江省的有些制度建设在一定程度体现了以收益为导向。例如：水权交易制度——推动了水资源优化配置，提高水资源利用率；生态文明执法全员出动的制度——集众部门之力，提高生态执法效力；恢复性司法制度——使得司法兼具惩罚性与生态修复性等功效。

浙江省委十二届七次全会专题研究生态文明建设，会议通过的《中共浙江省委关于推进生态文明建设的决定》指出："坚持生态省建设方略，走生态立省之路，大力发展生态经济，不断优化生态环境，注重建设生态文化，着力完善体制机制，加快形成节约能源资源和保护生态环境的产业结构、增长方式和消费方式，打造和谐秀美、生态安康的生态浙江，不断提高浙江人民的生活品质。"[①] 其新意在于：第一，在中央统一部署生态文明建设方略情况下，浙江省首先完成了从综合生态省建设到文明高度的生态浙江建设提升。第二，继续坚持生态省建设方略前提下提出"生态立省"的论断，更加强化了生态文明建设的极端重要性。第三，把生态文明建设与人民的福祉紧密关联起来。

在生态文明制度创新过程中，坚持效益导向有利于保证经济社会发展的连续性，而制度创新的连续性在生态文明建设进程中有十分重要的意义。推进生态文明制度建设，亦是对历届省委省政府加强环境保护和生态建设工作的继承和深化，是与生态省建设等战略举措一脉相承、与时俱进的产物。无疑，上述所列举的浙江生态文明制度创新的系列实践，彼此之间是学习与被学习、保存与传承之间的关系，注重工作载体的连续性，体现的是浙江在深入推进生态省建设中的坚定决心与扎实探索。

综合而言，浙江在生态文明制度建设方面进行了诸多实践，也积累了丰富的经验；借助相应制度及推进机制等的配套及实践，对推进生态文明制度建设与提升、价值目标的实现起到了重要作用。浙江省生态文明制度建设及探索实践，无疑在力度、广度、深度上都走在全国前列，也达致了相应的价值目标，取得显著成效。习近平总书记强调：现在已到了必须加大生态环境保护力度的时候了，也到了有能力做好这件事情的时候了。[②] 这就要求我国在制度建设中更加清醒地认识到所面临的问题与挑战，不断进行探索与推进。该进程的顺利推进

---

① 引自《中共浙江省委关于推进生态文明建设的决定》，http：//www. cenews. com. cn/xwzx/zhxw/qt/201007 /t20100708_ 661437. html。

② 《建设美丽中国　努力走向生态文明新时代——学习〈习近平关于社会主义生态文明建设论述摘编〉》，http：//huanbao. bjx. com. cn/news/20170930/853538 -2. shtml。

不仅需要政府机关的努力，更需要社会各界积极参与，需要政府和社会的多方协作。就浙江的具体实践探索而言，主要有以下三个层面的基本经验：

生态经济化与经济生态化的有机结合。传统发展模式存在的突出问题是："生态非资源化"——把稀缺的生态资源当作零价格使用的"自由物品"，"经济逆生态化"——经济发展以生态破坏、污染环境、资源枯竭为代价。这是不可持续的。因此，浙江省在设计生态文明制度过程中，特别注重生态经济化和经济生态化的制度建设。生态经济化就是要把生态价值纳入经济核算体系，激励生态保护、生态投资的服务供给，体现"保护生态就是保护生产力"的基本精神；经济生态化就是要通过约束—规制型制度建设，让微观经济主体不敢从事黑色发展、线性发展和高碳发展，通过引导—激励型制度建设，让微观经济主体大力从事绿色发展、循环发展和低碳发展。

需求拉动与供给推动的有机结合。生态文明制度建设是需求拉动和供给推动的有机结合。前者来源于公众对生态环境需求的递增趋势。随着收入水平的上升，公众对优质生态环境的需求呈现出迅速递增的趋势。优质的生态环境既然成为公众的急迫需求，自然就应该成为政府提供公共物品的重点。因此，浙江省无论在生态文明制度的"软件"（地方性法规、制度、机制、政策等）建设上，还是在保障生态文明制度实施的"硬件"（环境基础设施、环境监测体系、刷卡排污系统等）建设上，均不遗余力，做到投入逐年递增，制度逐年完善，效果逐年显现。

自下而上与自上而下的有机结合。自上而下和自下而上主要是指制度创新和推广的模式。自上而下，是指由中央建立制度框架，各地予以实施，是一种推动型的制度建构模式。自下而上，是指由多个地方进行试点，在实践的基础上，逐步总结提升为制度，是一种驱动型的制度建构模式。[①] 浙江省生态文明制度建设是自下而上的制度创新与自上而下的制度驱动的有机结合。排污权有偿使用和交易制度，最早发生在嘉兴市秀洲区。经过各地 7 年左右的探索，浙江省政府认定

① 陈海嵩：《生态文明制度建设要处理好四个关系》，《环境经济》2015 年第 36 期。

这是一项可以带来显著的环境效益、经济效益和社会效益的好制度。于是，在财政部和环保部的支持下，浙江在全省各地市全面推行。这种模式与生态补偿制度、家庭联产承包责任制改革、企业股份制改革等市场化改革模式具有异曲同工之妙。技术创新是制度创新的重要保障。排污权制度改革特别需要环境监测技术的支撑。为此，浙江省在保障排污权制度改革的技术创新方面，同样也走了一条上下结合的路子。桐乡市最早研发和采用了刷卡排污技术，浙江省环保厅便在全省大力推行。总之，当通过基层实践证明是好的制度之时，就全力推行；对于有待于完善的制度，就设法改进；而证明是无效的制度，就坚决放弃。[①]

在生态文明制度建设的实践过程中，浙江省率先建立了比较完善的生态文明制度体系。进入新时代，浙江省必将继续深入贯彻“两山”重要论述，加大生态文明制度建设和执行的力度，将生态文明建设推向新的高度。

① 沈满洪：《生态文明制度建设的“浙江样本”》，《浙江日报》2013年7月19日第14版。

第十章 生态文明建设的未来展望

浙江省是中国改革开放的先行地，是习近平总书记治国理政新理念、新思想、新战略的重要萌发地。2003 年 7 月，时任浙江省委书记的习近平同志在科学判断国际国内形势和全面把握浙江省情的基础上，做出发挥“八个方面优势”、推进“八个方面举措”的重大战略部署（以下简称“八八战略”）。“八八战略”构建了中国特色社会主义在浙江实践的“五位一体”总体布局。[①] 浙江生态文明建设始终以“八八战略”为统领，坚决践行“绿水青山就是金山银山”的重要论述，走出了一条具有浙江特色的生态文明建设发展之路。在坚持中发展、在继承中创新。2016 年 9 月，习近平总书记在 G20 杭州峰会期间对浙江提出了“秉持浙江精神，干在实处、走在前列、勇立潮头”的新要求，为浙江在新的历史时期推进中国特色生态文明建设指明了方向。在中国共产党的十九大报告中，习近平总书记提出：“中国特色社会主义进入新时代，我国社会主要矛盾已经转化为人民日益增长的美好生活需要和不平衡不充分的发展之间的矛盾”“我们要牢固树立社会主义生态文明观，推动形成人与自然和谐发展现代化建设新格局，为保护生态环境作出我们这代人的努力。”[②] 在新时代背景下，浙江省必须继续推进生态文明建设，早日建成美丽浙江，为美丽中国提供鲜活样本。

---

① 中共浙江省委：《中国特色社会主义在浙江的成功实践》，《求是》2017 年 8 月 31 日。

② 习近平：《决胜全面建成小康社会　夺取新时代中国特色社会主义伟大胜利——在中国共产党第十九次全国代表大会上的报告》，人民出版社 2017 年版。

第一节 深入推进生态文明建设的战略视野

2017 年 6 月，浙江省召开第十四次党代会，提出了“高水平全面建成小康社会，高水平推进社会主义现代化建设”的总目标和“富强浙江、法治浙江、文化浙江、平安浙江、美丽浙江、清廉浙江”的具体目标。在社会主义建设的新时代，浙江省既要从省情出发，更要从国情出发，充分发挥美丽浙江在美丽中国的先行示范作用，用高度的战略视野深入推进生态文明建设。

一 区域层面——美丽浙江建设

建设美丽浙江是民心所向。中国共产党的十九大报告指出：“永远把人民对美好生活的向往作为奋斗目标。”[①] 民之所忧、我之所思，民之所思、我之所行。2016 年浙江省人均 GDP 为 83157.39 元，浙江的社会生产力整体水平达到中上等收入国家和地区水平。在全面建成小康社会过程中，浙江省居民的消费需求正从物质型消费向服务型消费转变，从基本生存型消费向精神享受型消费转变，拥有清新空气、清洁水源、健康食品和舒适的人居环境，已成为人民群众过上幸福美好生活的迫切需求。只有切实解决这些事关人民群众切身利益的重大问题，积极创造舒适优美的生产生活环境，才能使浙江山川更加秀美、人民生活更加美好，才能赢得民心、拥有未来。

建设美丽浙江是科学发展的必由之路。浙江省是“七山一水两分田”，在追求人与自然的和谐、经济与社会和谐发展的过程中，已经实现了从“用绿水青山换金山银山”到“既要金山银山也要绿水青山”的转变，美丽浙江建设就是为了实现“绿水青山就是金山银山”的转化。浙江省是全国人口密度最大的省份之一，要在资源环境的承载力内寻求突破和增长，面临着调整产业结构、加快转型升级的艰巨任务。“十三五”期间浙江省谋划实施“大湾区”行动，以杭州湾经

---

① 习近平：《决胜全面建成小康社会 夺取新时代中国特色社会主义伟大胜利——在中国共产党第十九次全国代表大会上的报告》，人民出版社 2017 年版。

济区为中心，加强全省重点湾区互联互通，推进沿海大平台深度开发，促进港口、产业和城市发展有机融合。

建设美丽浙江是走在前列的责任担当。[①] 生态文明建设功在当代、利在千秋。建设美丽浙江、创造美好生活，有着天时、地利、人和的良好条件。“天时”是以习近平同志为核心的党中央对建设美丽中国提出了一系列新思想和新观点，为推进生态文明建设指明了方向。“地利”是浙江省作为东南沿海经济发达省份，具备建设生态文明的雄厚物质基础、良好自然环境和坚实工作基础。“人和”是全省上下凝心聚力、众志成城，推进生态文明建设的共识和氛围已经形成，省委省政府一系列生态建设和环境治理的新举措逐步落实，政府主导和公众参与的两个作用有效发挥，为美丽浙江建设奠定了坚实的社会基础。

二　国家层面——参与绿色长江经济带建设

长江经济带可以说是一条以长江巨龙为纽带的中国经济核心地带，是中国的经济中心轴，事关整个中国的经济命脉。2016 年 1 月 5 日习近平总书记指出，推动长江经济带发展是国家一项重大区域发展战略，要把修复长江生态环境摆在压倒性位置，共抓大保护，不搞大开发。《中华人民共和国国民经济和社会发展第十三个五年规划纲要》明确要求，把修复长江生态环境放在首要位置，推动长江上中下游协同发展、东中西部互动合作，建设成为我国生态文明建设的先行示范带、创新驱动带、协调发展带。《长江经济带生态环境保护规划》突出和谐长江、健康长江、清洁长江、优美长江和安全长江建设。[②] 长三角地区作为长江流域经济带的核心区，是世界六大城市群之一。2008 年国务院发布了《关于进一步推动长江三角洲地区改革开放和经济社会发展的指导意见》，首次从国家层面对长三角区域经济发展做出指导。长三角经济区正在深化区域合作，联动产业布局、

---

① 夏宝龙：《建设美丽浙江，创造美好生活》，《今日浙江》2014 年第 10 期。

② 环境保护部、发展改革委、水利部：《长江经济带生态环境保护规划》，2017 年 7 月 18 日。

公共服务、环境保护一体化建设，必将成为建设资源节约型和环境友好型社会的示范区。

浙江处于长江经济带、丝绸之路经济带和21世纪海上丝绸之路交叉融合的重要枢纽区。浙江省政府印发的《浙江省参与长江经济带建设实施方案（2016—2018年）》中明确提出，要坚持生态优先、绿色发展的原则，建立健全最严格的生态环境保护和水资源管理制度，注重生态屏障共建，协同打造绿色生态廊道。2017年出台的《浙江省参与长江经济带生态环境保护行动计划》，要求到2020年，全省长江经济带新增污染源要得到严格控制，主要污染物排放总量进一步削减，环境质量持续改善，环境风险得到有效管控，为全省主动对接、积极融入长江经济带生态保护和绿色发展做出了全面规划。浙江省要积极对接、主动参与长江经济带建设，坚持生态优先、绿色发展，发挥优势、协同发展，改革引领、创新发展，为长江经济带发展起到画龙点睛的战略支撑作用。[①] 全省以深化“五水共治”等为重点，打造“美丽浙江”，成为带动长江经济带生态文明建设的先行示范区；以建设义甬舟开放大通道为重点，打造开放型经济新体制，成为辐射长江经济带陆海联动发展的开放大平台；以构建现代综合交通运输体系为重点，打造长三角南翼世界级城市群，使其成为推动长江经济带率先发展的重要增长极；以发展“互联网+”为核心的信息经济为重点，打造先进制造业和现代服务业集聚区，推动长江经济带转型发展。2017年9月浙江省委理论学习中心组举行“习近平同志长江经济带发展和生态环境保护战略思想”专题学习会，浙江要更高水平参与长江经济带建设，立足长三角、面向全流域，全面践行习近平总书记提出的“生态更优美、交通更顺畅、经济更协调、市场更统一、机制更科学”的目标要求，在五个方面聚焦发力。牢牢把握“生态更优美”的目标要求，切实保护好浙江的一方好山水，更好地构筑起长江流域生态屏障；牢牢把握“交通更顺畅”的目标要求，联动推进舟山江海联运服务中心建设，统筹推进大港口、大路网、大航空、大

① 车俊：《浙江要为长江经济带发展起画龙点睛作用》，《浙江日报》2016年9月14日。

水运、大物流建设，真正使黄金水道产生黄金效益；牢牢把握“经济更协调”的目标要求，加快新旧动能转换，把传统产业链条、绿色产业链条和循环经济链条延伸到长江中上游，促进长江经济带产业有序衔接、优化升级；牢牢把握“市场更统一”的目标要求，充分发挥市场优势和浙商优势，推动商品和要素流通更加开放顺畅；牢牢把握“机制更科学”的目标要求，完善区域合作机制，推动与沪苏皖等省市合作协议的落实，紧密接轨大上海，推进长三角一体化，推动区域协商合作。

浙江省要立足自身优势，发挥在长江经济带建设中生态文明建设示范区、创新驱动发展先行区、陆海联动发展枢纽区和转型发展的重要增长极等“四大战略定位”作用，率先建成对接长江经济带的现代立体综合交通运输体系，率先建好长江经济带国家级转型升级示范开发区。[①] 深入推进长三角区域一体化发展，重点推动交通、环保、公共服务、科技创新等领域共建共治共享，共同打造“美丽长三角”。

三　全球层面——参与绿色“一带一路”建设

在《推动共建丝绸之路经济带和21世纪海上丝绸之路的愿景与行动》中，中国政府明确表示，在投资贸易中要突出生态文明理念，加强生态环境、生物多样性和应对气候变化合作，共建绿色丝绸之路。中共中央政治局会议更是明确提出，必须从全球视野加快推进生态文明建设，把绿色发展转化为新的综合国力和国际竞争新优势。2017年环境保护部发布的《“一带一路”生态环境保护合作规划》指出，生态环保合作是绿色“一带一路”建设的根本要求，是实现区域经济绿色转型的重要途径，也是落实2030年可持续发展议程的重要举措。[②] 中国的优势在于在区域内较早借鉴并探索了绿色发展。“一带一路”沿线的大多数新兴经济体和发展中国家，都可以通过中

---

① 《中共浙江省委关于制定浙江省国民经济和社会发展第十三个五年规划的建议》，浙委发〔2015〕23号。

② 环境保护部：《“一带一路”生态环境保护合作规划》，《中国环境报》2017年5月16日。

国得到先进的环保技术和实用理念[①]，从而实现环境绩效改善和绿色转型。

浙江作为身处改革开放最前沿的经济大省，在国家“一带一路”战略布局的实施过程中，有独特的陆海一体优势，成为连接陆上与海上丝绸之路的战略大通道。[②] 由于“一带一路”沿线多为发展中国家和新兴经济体，生态环境复杂，经济发展对资源的依赖程度较高，普遍面临着工业化、城市化带来的发展与保护的矛盾。浙江省更要充分发挥和贡献在绿色发展、生态文明道路上的成长经验。时任浙江省委书记习近平同志在生态建设上提出了“绿水青山就是金山银山”的“两山”重要论述，在转变经济发展方式上提出了“腾笼换鸟、凤凰涅槃”的“两只鸟”重要论述。从统领全局的“两山”理论，到“主体功能区”战略，到实践中推进的“河长制”“最多跑一次”“多规合一”“特色小镇”等举措，浙江省具有充分的理论自信和制度自信，这是对中国特色社会主义发展中面临的矛盾和问题的有效探索，更对“一带一路”沿线国家的发展具有重要的借鉴意义。浙江要深度参与“一带一路”建设，在绿色“一带一路”建设中率先推进相应的标准和示范，为“一带一路”合作提供浙江智慧。

第二节 深入推进生态文明建设的重点任务

一 生态产业主导化

（一）实施经济生态化产业转型

2013年10月，习近平总书记在亚太经合组织工商领导人峰会上演讲时强调：“我们不再简单以国内生产总值增长率论英雄，而是强调以提高经济增长质量和效率为立足点。”[③] 在新的发展理念引领下，坚决摒弃损害甚至破坏生态环境的发展模式，必然成为未来的发展趋势。在不损害生态服务功能前提下，经济生态化转型是必然趋势。在

① 弗雷德·克虏伯：《“一带一路”传递生态理念》，《人民日报》2015年6月12日。

② 杨志文、陆立军：《“一带一路”浙江大有可为》，《浙江日报》2015年10月29日。

③ 《习近平在亚太经合组织工商领导人峰会上的演讲》，《人民日报》2013年10月7日。

“五水共治”的政策引领下，浙江省从污水治理倒逼产业业态的改造和升级，打下了良好的基础，需要在更严格的空气、土壤等环境标准下推进产业转型升级，实现“凤凰涅槃”。

（二）形成“生态+”的产业发展模式

实施生态产业主导化战略，让绿色发展、循环发展、低碳发展成为生产活动的主旋律。生态产业主导化就是产业经济的发展以生态产业为导向，完成从黑色发展向绿色发展的转变、从线性发展向循环发展的转变、从高碳发展向低碳发展的转变。以绿色循环低碳为目标，构建现代生态产业体系。[①] 浙江省已经拥有生态产业主导化的典型案例，要及时总结和推广生态产业的发展模式，例如：浙江省安吉县实施的生态农业、生态工业、生态旅游业等生态农业“拖二带三”的生态产业发展模式；浙江省淳安县的生态观光产业、生态休闲产业、生态养老产业的发展模式；浙江省宁海县的企业内小循环、园区内中循环及社会内大循环的循环发展模式。生态产业主导化战略需要标准引领，明确禁止性产业、许可性产业和倡导性产业的目录。通过“领跑者”制度的实施，不断提升各大产业的绿色化程度。同时，要通过产业政策予以激励和约束。要通过生态补偿、循环补助、低碳补贴等鼓励绿色发展，要通过环境税收、资源税收、高碳税收甚至禁令等约束黑色发展。

将生态和第一产业、第二产业、第三产业进行加法或乘法组合，以“生态+”战略实现产业跨越式发展。生态+农业：转变农业发展方式，大力发展彩色农业、创意农业、观光农业，提高农业附加值，以农业的一产带动二产和三产的发展。生态+工业：提高产业准入门槛，发展资源环境可承载的生态、绿色经济，把生态资源转化成富民资本。提高产业准入红线，制定产业发展负面清单，对“高耗能、高耗材、高污染、高排放”的工业企业和项目实行一票否决。生态+旅游业：开展旅游+文化、旅游+农业、旅游+工业、旅游+互联网等活动。通过一系列的“旅游+”活动，将生态资源转变成旅游资源，既促进旅游发展，又增加农民收入。生态+文化产业：在充

---

① 周华富：《浙江特色的生态文明建设之路》，《浙江经济》2016年第21期。

分利用当地传统文化的同时，大胆利用创意，进行文化创造，满足社会对生态文化的需求，建立文化与产业融合发展机制。

二　生态消费时尚化

（一）营造生态文明型的时尚生活方式

让绿色消费、循环消费、低碳消费成为社会风尚。生态消费就是妥善处理人与自然的关系，从奢侈性消费转向适度性消费、从破坏性消费转向保护性消费、从一次性消费转向多次性消费，逐步形成环境友好型、资源节约型和气候适宜型的消费意识、消费模式和消费习惯。消费主义是经济主义在现代社会的主要表现形式，其实质就是物质主义，形成了“大量生产”“大量消费”“大量废弃”的生产生活消费方式。[①] 这种生产生活消费方式不仅使人类进入恶性循环的困境，而且给人类造成巨大的资源浪费和生态环境破坏。从建设生态文明的角度，生活方式的转型要抑制“异化消费”和过量消费，实现由高消费的生活向绿色生活的转型，以提高生活质量为中心的适度消费的生活。[②] 这种生活方式对于个人是简单、方便和舒适；对于社会是高尚、公正和平等；对于后代是爱、责任和希望；对于自然是热爱、尊重和奉献。[③] 这种生活方式是建设生态文明的需要，是新生活的潮流。生态消费时尚化的关键在于“时尚”，它不仅要求倡导绿色消费，而且要使绿色消费成为时尚，并通过消费者的绿色消费影响生产者的生产行为。

以共享经济推动绿色消费社会风尚。绿色消费是指以节约资源和保护环境为特征的消费行为，主要表现为崇尚勤俭节约，减少损失浪费，选择高效、环保的产品和服务，降低消费过程中的资源消耗和污染排放。2016 年 3 月由国家发展改革委等 10 个部门制定的《关于促进绿色消费的指导意见》提出，支持发展共享经济，鼓励个人闲置资

---

① 王建明：《公众低碳消费行为影响机制和干预路径整合模型》，中国社会科学出版社 2012 年版。

② 郅润明：《消费方式要向生态文明转型》，《光明日报》2014 年 8 月 31 日。

③ 黄承梁：《生态文明型生活方式最时尚，遏异化消费倡绿色消费》，《人民日报》（海外版）2013 年 2 月 22 日。

源有效利用，建设节约型社会。[①②] 在中小学校试点校服、课本循环利用，最大限度地循环利用资源；有序发展网络预约拼车、自有车辆租赁、民宿出租、旧物交换利用等，更好地利用社会闲置资源；杜绝公务活动用餐浪费，要求领导干部带头示范绿色消费。浙江省共享单车发展迅速，与传统的公共自行车相比，除了款式时尚，不用固定的停车桩，采用手机扫描开锁、落锁结费的方式，用车和还车更为方便。方便和有序是一对矛盾，共享单车在为市民解决了“最后一公里”出行难题的同时，面临着违停、占道等问题。由于没有固定还车地点，无序停放现象非常普遍，给市容环境和秩序带来很大影响，在享受便利的同时，进行规范管理，是需要积极应对和解决的问题。借助“互联网+”、人工智能、大数据分析等新技术，符合生态文明理念的新业态层出不穷，在未来将重塑人民的生活方式。

（二）企业满足绿色生活需求

营造融入战略的企业环境社会责任。企业是绿色经济发展的主角。无论在经济发展，还是在环境保护，乃至绿色创新中，企业应该发挥核心作用。环境社会责任的“战略融入”，要求企业将环境问题融入企业的发展战略中去，构建企业绿色发展文化，走低碳和循环经济发展之路。融入企业战略的环境社会责任观是企业绿色发展的核心。[③] 只有当企业的环境社会责任与发展目标一致的时候，履行环境社会责任才会不再是被动的、附加的和成本消耗的因素，而成为主动的、内生的和带来竞争优势的驱动力。

践行绿色发展理念。环境问题归根到底是发展问题，发展的问题要由发展本身来解决。企业应主动进行绿色生产，通过先进的技术手段，使污染物的产生量最小化。除了要做到绿色生产，在管理上也要做到绿色管理，并积极对自己的绿色理念进行宣传。企业要根据产业规制的要求，以清洁生产、循环利用方式生产更多的绿色产品。同

① 《十部门印发关于促进绿色消费的指导意见的通知》，发改环资〔2016〕353号，http：//www. gov. cn/xinwen/2016 - 03/02/content_ 5048002. htm。

② 龙敏飞：《“绿色消费”应成为一种生活习惯》，《北京青年报》2016年3月2日。

③ 国合会“中国绿色发展中的企业社会责任”专题政策研究项目组：《中国绿色发展中的企业社会责任》，《环境与可持续发展》2014年第4期。

时，完善生产者责任延伸制度，结合“互联网 +”行动计划实施，推进绿色包装、绿色采购、绿色物流、绿色回收，大幅减少生产和流通中的能源资源消耗和污染物排放。

（三）政府引导绿色生活方式

政府引领绿色发展理念。推进绿色发展规划，营造绿色发展环境，实施强制性绿色消费。新建政府办公大楼要符合绿色建筑的要求，新购公务用车都要符合低碳交通工具要求，政府采购至少50%以上符合绿色要求的产品。运用大数据助推绿色精准治理。数据是公共政策制定的基础，在大数据基础上的政策模拟和仿真为政策执行和评估提供了可能。大数据中很多信息可能都与个人的生活方式、消费方式密切相关，根据信息整合就能准确地知道谁在做什么，还应关注数据公开和隐私保护的矛盾。运用大数据推进精准管理、政策仿真、危机预警、公共服务、社会管理。推动政府信息系统和公共数据互联开放共享，运用大数据等科技发展，为精准治污提供新领域，提升环境治理能力。

推进绿色导向的政府公共治理。实现绿色行政，不仅需要相关部门积极推动社会广泛参与机制的建设，鼓励各主体参与相关法律法规的制定，形成切实可行的环保法规，而且需要行政人员提高自己的环境意识和政策水平，以绿色方针、绿色计划、绿色政策和绿色管理为理念，促进建立一个利于社会、经济、生态和谐发展的决策机制和运行机制等。在“美丽浙江”“五水共治”“大气治理”等一系列的政策引导下，全省的大气治理、节能降耗、水污染治理和生态工程建设问题都有了很大进展，各项生态指标持续趋好。政府要根据发展要求制定重点治理方向和目标，推动生态文明的持续改进。

三　生态资源经济化

“绿水青山就是金山银山”，但绿水青山不是自然而然地等同于金山银山。唯有把生态全方位融入产业升级和经济转型的各个方面，生态才能最终转化为产业的高竞争力、产品的高附加值和生活的高品质体验。生态资源经济化就是将生态资源、环境资源、气候资源等视作经济资源加以开发、保护、配置和使用，让其转化成货币化价值。生态经济化可以通过生态资源有偿化、生态保护补偿和生态环境投资来完成。生态资源经济化的主要障碍是生态环境价值的衡量以及生态产品信息的甄别，要坚持绿色核算观，探索编制绿色资产负债表，积极开展“绿水青山”的价值评价研究。2017 年 1 月国务院印发了《关于全民所有自然资源资产有偿使用制度改革的指导意见》，明确我国将加快建立健全全民所有自然资源资产有偿使用制度。该《意见》针对土地、水、矿产、森林、草原、海域海岛六类国有自然资源不同特点和情况，分别提出了建立完善有偿使用制度的重点任务。浙江省在排污权有偿使用和交易、水权的有偿使用和交易、矿业权的有偿使用和交易、碳权的有偿使用和交易等方面都走在了全国前列，需要不断改革和创新，允许并鼓励自然资源产权（水权、林权、渔权等）、环境资源产权（生态权、排污权等）、气候资源产权（碳权、碳汇）的交易，在全国树立起生态资源经济化的典型示范。

（一）自然资源经济化

水等自然资源属于国家所有，国家拥有对水资源的支配权利，实行取水许可和取水收费等水资源管理制度。水权最主要的形态是取水权。总量控制下的最严格水资源管理制度是水权制度的前提，水权制度通过经济手段促进水资源的有偿使用和生态补偿。无论是宏观层面上用水总量控制指标分解，中观层面上的水资源调度，还是微观层面上的水资源论证、取水许可管理等，都主要依赖行政手段，市场手段较少运用。水权分配制度建设上需迫切解决流域水资源总量的调查及取水总量的确定；流域上下游或左右岸之间以及每个企业和家庭的初始水权确定和分配；区域之间、企业之间、家庭之间的水权交易，仍需完善水资源阶梯价格制度，运用经济化手段实现水资源的优化配置。

森林资源包括林地资源、林木等生物资源、森林生态资源三个方面。森林资源的外部性主要表现为生态效益的非专一性、非排他性和对其消费的公共性。浙江省林业发展之路，已经从以木材生产为主向以生态建设为主转变，实现了从“砍树”到“看树”的蜕变。2003

年以来，浙江省率先开展了集体林产权制度的改革。[①] 以明晰产权为核心，将林地使用权和林木所有权承包到农户，《物权法》将集体林地承包权明确为用益物权，森林资源产权制度改革得到突破。“十三五”期间，浙江省要紧紧围绕“五年绿化平原水乡，十年建成森林浙江”的战略目标[②]，深化林业改革，维护森林生态安全，发展绿色富民产业，积极推进“全国深化林业综合改革试验示范区”建设，打造“全国现代林业经济发展试验区”，开创浙江现代林业建设的新局面。

渔权在不同的海洋范围内含义略有差异。在内海和领海，渔权指国家对海洋生物资源的专属管辖权；在专属经济区和大陆架，渔权指国家对海洋生物资源以勘探、开发、养护和管理为目的的主权权利；在公海海域，渔权指国家享有的、由其国民在公海捕鱼的权利，包括国家对悬挂其旗帜的渔船的管辖权。渔权也包括国家依据国际法在他国水域的入渔权和传统捕鱼权。[③] 渔权的分配与维护，是处理国家间关系的主要内容与砝码，渔业因其特有的灵活性、广布性、群众性，对维护国家海洋权益具有不可替代的重要作用；浙江省在渔业发展中要运用海洋生物资源，参与国际资源配置与管理，尤其是“海上丝绸之路”的渔业资源的配置和交易。

用能权是发展权在资源利用上的体现。用能权是指企业在一年内经确认可消费各类能源（电力、原煤、蒸汽、天然气等）量的权利。用能总量指标有偿使用是指企业依法取得用能权，并按规定缴纳用能总量指标有偿使用费的行为。用能总量指标交易是指在用能总量控制的前提下，企业对依法取得的用能权进行交易的行为。《生态文明体制改革总体方案》提出“推行用能权交易制度”。浙江省海宁市建立了全国首个用能指标交易平台，探索新增用能有偿使用和减少用能补偿的用能总量指标交易行为。2014 年 6 月平湖市尝试进行企业用能

① 官波：《我国森林资源生态产权制度研究》，《生态经济》2014 年第 9 期。

② 浙江省林业厅：《浙江省林业发展“十三五”规划》，2016 年 10 月 12 日。

③ 黄硕琳：《渔权即是海权》，《中国法学》2012 年第 6 期。

总量指标有偿使用和交易的管理[1]，并同步建立公共交易平台，将用能权有偿使用和交易信息发布及交易纳入要素交易市场。在全球气候谈判的宏观背景下，浙江省要结合重点用能单位节能行动和新建项目能评审查，开展项目节能量交易，并在全省范围内推进能源消费总量管理下的用能权交易。

（二）环境资源经济化

排污权是污染排放者在环境保护监督管理部门分配的额度内，并在确保该权利的行使不损害其他公众环境权益的前提下，依法享有的向环境排放污染物的权利。污染者可以从政府手中购买这种权利，也可以向拥有污染权的污染者购买，污染者相互之间可以出售或者转让污染权。[2] 排污权有偿使用费反映的是企业占用环境资源的价值，是对排污行为的前置约束。排污费是排污单位对排放污染造成的环境损害的补偿，是对排污行为的末端约束。排污权有偿使用作为一级市场，在经济上确立了环境资源容量的有价性，体现环境资源容量的稀缺性。排污权交易作为二级市场，是提高、优化一级市场分配效率的有效手段，旨在提高减排效率，降低污染减排的社会总成本。浙江省已经基本建成以排污许可证、刷卡排污、排污权交易、排污权基本账户、总量准入为核心的"五合一"总量管理平台，并建立省、市、县三级排污权指标基本账户，对各地排污权指标收入、支出和结余进行量化管理。由于总量减排制度的存在，在核发排污许可证时要考虑国家总量减排的有关规定，在五年规划的周期衔接时充分考虑总量削减的目标，确保排污权交易是在排污总量的下降基础上实施。

环境税是国家为了保护环境与资源而对一切开发、利用环境资源的单位和个人，按照开发、利用自然资源的程度或污染破坏环境资源的程度征收的一种税，包括开发利用自然资源行为税和有污染的产品税两种。环境税的主要功能在于调节人们开发、利用、破坏或污染环境资源的程度，防止生态环境恶化。环境税一般根据污染企业的产

---

① 平湖市人民政府办公室：《平湖市用能总量指标有偿使用和交易操作办法（试行）》，平政办发〔2014〕72号，2014年6月16日。

② 沈满洪、钱水苗、冯元群等：《排污权交易机制研究》，中国环境科学出版社2009年版。

量、生产要素或消费品中所包含污染物的数量、污染物的排放量征收，但无论哪一种征收方法，都面临着税基的量化问题。同时，环境税的税率确定是个难题，如果收税过低，远远低于企业污染环境造成的损失，环境状况恶化的趋势将难以改变，如果税率过高，企业难以承受，制约企业的发展。浙江省应率先利用税收、价格、信贷等经济手段来引导企业将污染成本内部化，对生产重污染的产品征收环境污染税，本着先易后难的原则，先开征二氧化硫（SO_2）税、二氧化氮（NO_2）税和工业化学需氧量（COD）税三个税种，逐步设立和征收，并在条件成熟时设计不同的退税政策，建立起符合浙江省情的有效的环境税费制度。

（三）气候资源经济化

碳排放权交易是以碳排放权为商品，通过发挥市场作用，以较低成本实现温控目标的减排机制。通过碳排放权交易市场建设，把高能耗、高排放的企业纳入碳交易，利用市场机制，将促进处于行业先进水平的企业获得更多收益，倒逼落后企业加快转型、削减规模或退出经营，从而实现经济低碳化和转型升级的双赢。碳排放权配额的分配方式主要有三种：免费发放、拍卖发放和以政府规定的固定价格购买配额。2016 年浙江省颁布了《浙江省碳排放权交易市场建设实施方案》，提出到 2020 年建立比较成熟的碳排放权交易市场体系。2018—2020 年的主要目标是建立比较成熟的碳排放权交易市场体系。完善碳排放监测、报告和核查体系，健全配额分配、管理和履约机制，建立碳排放抵消机制，鼓励自愿减排项目开发和交易。根据碳排放权市场运行情况，适时扩大交易主体，逐步扩大到其他行业。重点排放行业碳排放得到有效控制，碳金融、咨询等相关服务业蓬勃发展。重点推进浙江省碳排放权交易市场建设，主要任务包括建立健全配额管理机制，建立健全交易监管体系，建立健全监测、报告和核查体系，加强支撑体系建设，积极培育碳产业五个方面内容。

碳汇交易是根据各国分配二氧化碳排放指标的规定，创设出来的一种虚拟交易，是通过市场机制实现森林生态价值补偿的一种有效途径。碳固定与碳蓄积是生态系统提供的重要服务功能，生态系统将大气中的二氧化碳固定成有机物，这一过程给人类带来的利益称之为碳固定价值。固定的碳以有机物形式储存或蓄积在生态系统中，蓄积或储存过程给人类带来的利益可以称之为碳蓄积价值。碳汇价值的构成就体现在碳固定价值和碳蓄积价值。[①] 2014 年 4 月《国家林业局关于推进林业碳汇交易工作的指导意见》指出，增加林业碳汇，推进林业碳汇交易，为实现 2020 年中国控制温室气体排放行动目标做出贡献。中国绿色碳汇基金会于 2015 年 6 月发布首个《碳汇城市指标体系》，浙江省温州市泰顺县成为全国首批碳汇城市，通过碳汇城市名片，将生态产品变成有偿使用的碳汇，推动以林业碳汇为主的生态产品交易，发展碳汇林业。2017 年 9 月，中国绿色碳汇基金会一点碳汇专项基金执行委员会与开化县政府签署合作协议，积极探索建立林业生态补偿市场机制，推进林业碳汇交易试点，共同探索绿色金融改革新途径。2017 年国家全面启动碳排放权交易，并允许中国核证自愿减排量（CCER）林业碳汇项目进入交易体系，碳汇交易必将为新形势下林业生态建设提供又一发展机遇。浙江省作为全国唯一一个现代林业经济发展试验区，要积极创新林业碳汇形式，重点探索实施中国核证自愿减排量林业碳汇项目，助推全省林业碳汇的进一步发展。

四　生态环境景观化

生态环境景观化是在保障生态环境质量根本好转的前提下，形成山清水秀、天蓝地净的优美的环境景观。关注人民群众对美好生活的需求，实现美丽的人居环境和美丽的生态环境，让人们感受到生活着是幸福的，工作着是美丽的。

（一）美丽的人居环境

像对待生命一样对待生态环境。生态环境是人类生存和发展的基本条件，也是新的经济发展增长点。把生态保护提升到更为重要的位置，既是发展生产力的新要求，也是满足人民对日益增长的美好生活的需要。良好的自然条件及其利用包括美丽的河流湖泊、大公园（群）、一般树丛、富有魅力的自然景观、洁净的空气和非常适宜的

① 谢高地、李士美、肖玉等：《碳汇价值的形成和评价》，《自然资源学报》2011 年第 1 期。

气温条件。良好的人工环境建设包括杰出的建筑物，清晰的城市平面，宽广的林荫大道，美丽的广场、街道艺术，喷泉群等富有魅力的人工景观等。丰富的文化传统及文化设施包括杰出的博物馆，负有盛名的学府，重要的可见的历史遗迹，众多的图书馆、剧院，美好的音乐厅，琳琅满目的商店橱窗，可口的佳肴，大的游乐场，多种参与游憩的机会和多样化的邻里等。

生态文明建设是全面建成小康社会的重要内容。习近平同志反复强调，小康全面不全面，生态环境质量是关键。人民群众对干净的水、清新的空气、安全的食品、优美的环境的需求越来越强烈，生态环境在人民群众生活幸福指数中的地位不断凸显，老百姓过去“盼温饱”，现在“盼环保”；过去“求生存”，现在“求生态”。我们要在解决人民群众热切期盼、反映强烈的重大现实关切问题上下大功夫，让天更蓝、水更清、空气更清新，进一步提高全面小康社会的成色。[①] 推进生态人居、人居环境和人居文化建设，通过创建环境优美、设施完善、文明和谐、适宜居住的人居环境，引导广大干部群众养成良好的生活方式、消费模式和行为习惯，使大家自觉主动地成为美丽人居环境建设的主体。注重推进居住条件、公共设施和环境卫生等方面的城市与城市、城市与乡村、乡村与乡村之间差异的缩小，全面提升人居环境总体水平。

（二）美丽的生态环境

习近平总书记立足历史的大视野和人类发展的大趋势，强调走向生态文明新时代，决不走“先污染后治理”的老路，探索走出一条环境保护新路，实现经济社会发展与生态环境保护的共赢。良好生态环境是最公平的公共产品，是最普惠的民生福祉；环境就是民生，青山就是美丽，蓝天也是幸福。

山水林田湖是一个生命共同体。按照生态系统的整体性、系统性及其内在规律，统筹考虑自然生态各要素、山上山下、地上地下、陆地海洋以及流域上下游，进行整体保护、系统修复、综合治理，增强生态系统循环能力，维护生态平衡。国务院发布实施《大气污染防治

① 黄承梁：《从战略高度推进生态文明建设》，《人民日报》2017年6月21日。

行动计划》（大气十条，2013）、《水污染防治行动计划》（水十条，2015）和《土壤污染防治行动计划》（土十条，2016）。至此大气、水、土污染防治都有了行动计划，这样宏大的污染治理计划在人类历史上是前所未有的，全省继续以大气、水、土壤污染治理为重点，坚决向污染宣战，全方位、全领域、全过程加强环境综合治理，提升环境质量改善。

五　生态城乡特色化

中国特色的城镇化之路是破解城市盲目发展造成的资源浪费、环境污染、生态失衡、社会和谐等难题的一个创新之路。城市、城镇、村落有明晰边界，城市与城市之间、城镇与城镇之间、村落与村落之间有显著特色。城乡建设要分层次、差异化、特色化，在彰显城市生命共同体、乡村生命共同体的基础上，充分体现每个城市、城镇和村落的个性与风格。

（一）生态城市特色化

城市化与生态环境之间是相互依存、相互影响、相互作用的矛盾统一关系。在对生态文明与人口城市化的探索中，有“田园城市”理论、“紧凑城市”理论、“绿色城市”理论、“低碳城市”理论、“海绵城市”理论等，这些理论既注重城市的生态环境打造，更注重城市规划和城市建筑及城市交通等对城市人均能耗和人均碳排放的影响。中国特色的新型城镇化道路具有中国独特的时代特色。随着互联网和大数据的快速发展，智慧城市建设成为一种新的城市管理生态系统。智慧城市要涵盖城市的产业、民生、环境、防灾减灾、行政治理、资本配置等方面，能应对外部变化和干扰，主动、有效、自适应地解决城市问题。[①][②] 智慧城市整合了数字城市、生态城市、创新城市等特征，是城市发展的高级形态。真正的智慧城市是可持续发展的城市，最终满足居民生活的幸福感和获得感。[③] 大中城市是一个复杂

---

① 仇保兴：《智慧地推进我国新型城镇化》，《城市发展研究》2013 年第 5 期。

② 王国平：《智慧城市建设战略研究》，中国社会科学出版社 2015 年版。

③ 许庆瑞、吴志岩、陈力田：《智慧城市的愿景与架构》，《管理工程学报》2012 年第 4 期。

的巨系统，要完整地认识与运行它是十分困难的。用好城市大数据，能前所未有地深刻认识城市各系统之间的关系，大大提高城市运行的水平。[①] 浙江省在全国智慧经济的发展中具有领先作用，要率先运用智慧手段全面提升城市管理水平，为生态城市的建设和管理树立标杆。

（二）生态城镇特色化

以生态绿色理念发展特色小镇。浙江省特色小镇建设是供给侧结构性改革的重大战略，浙江省利用自身的信息经济、块状经济、山水资源、历史人文等独特优势，为城乡一体化建设做出了重大贡献。特色小镇不是传统意义上的乡村，不是传统意义上的小镇，更不是传统意义上的行政区域，是一个功能聚焦、人才集聚、生态优化的空间新形态，它是中国特色新型城镇化道路的重要探索。浙江省政府出台的《关于加快特色小镇规划建设的指导意见》（2015）明确了生态指标，要求所有特色小镇建设成为3A级以上景区。2016年7月1日，《住房城乡建设部　国家发展改革委　财政部关于开展特色小镇培育工作的通知》出台，正式推进全国范围内开展特色小镇培育工作。特色小镇建设运营全过程要强化生态绿色思维，产业选择须兼顾“特色”与“绿色”。[②] 特色小镇不同于产业园区和风景区，也区别于行政建制镇，具有生态环境优美、产业定位独特、人文传统深厚、管理机制灵活创新的独特优势，充当着区域经济社会发展的新引擎。发展特色小镇是推动生态文明建设和实现绿色发展的试验田，是走“生产、生活、生态”融合发展之路的有益探索。

注重特色小镇的独特性。要突出特色小镇的独特风貌，保护生态环境、资源环境、文化遗产等[③]，并针对特色小镇提出空气质量达标天数、生活污水收集率和处理率、生活垃圾分类和无害化处置情况、绿化覆盖率、特色风貌保护等指标要求，以提高宜居舒适度。同时，要对小镇进行生态环境修复，突出环保基础设施建设。例如，以休闲

---

① 潘云鹤：《提高城市建设智能化水平》，《人民日报》2015年5月31日。

② 吴平：《打造特色小镇要坚持生态优先》，《中国经济时报》2017年6月5日。

③ 李学辉、温焜：《建设特色小镇应补齐生态环保短板》，《光明日报》2017年7月1日。

旅游为特色产业的小镇，要选择适宜当地气候、地理条件的原生植被植树种草，在扩大绿化美化面积、增加植被蓄积量的同时，提高规划区范围内的生物多样性；建设生活污水处理厂、生活垃圾处置场等环保基础设施，对特色小镇产生的污染物达标排放或合理利用，保护好小镇的生态环境质量。以现代制造业为特色产业的小镇，要合理规划工厂、物流区、居民区、学校、医院等，设置安全、卫生的环境距离，最大限度地减少末端污染物的产生并对其进行有效处理。

（三）生态村落特色化

实施乡村振兴战略。美丽乡村就是农民群众心里的中国梦，是美丽中国的奋斗目标在农村的体现和实施。浙江建设美丽乡村有自然禀赋，也有当年开展“千村示范、万村整治”的前瞻性。浙江省人民、企业和政府在美丽乡村建设中敢为人先，勇于开拓，形成了生态经济化、资源循环化、全县景区化等特色鲜明的美丽乡村建设模式，有些乡村已经实现了绿水青山向金山银山的转化。拥有丰富自然资源禀赋的乡村，将自然资源有效地转化为生态资本，实现生态环境保护到生态经济产品的转化，如遂昌县探索农产品电子商务之路，开辟了顺应互联网时代的农产品营销之路，在全国具有示范意义。那些自然资源相对匮乏的乡村，探寻资源的循环利用，实现农业资源的高效循环利用，既节约资源投入，又保护环境，促进经济社会可持续发展，如奉化县腾头村形成的“农作物轮作”“粮肥轮作”“果粮间作”“立体种养”“鱼塘立体养殖”“室内立体圈养”“山地立体开发”七种立体种植养殖模式，建立了“种养加沼”四结合的循环系统，是上海世博会全球唯一入选乡村。还有全县景区化的发展模式，将零散的美丽乡村串联起来，将一个个点的美丽乡村效益推及至片，形成村村联动、处处景观的规模效应，带动整个县区发展。安吉县举全县之力建设“中国美丽乡村”，99千米的环景道路，串联10个乡镇、100个特色村，串点成面，形成集中布局。淳安县打造由“一城一湖一圈多点”构成的县域大景区格局，使淳安全境成为“大千岛湖”景区。

挖掘美丽乡村的独有特色。浙江省在美丽乡村建设中探索出了“中国美丽乡村”建设的国家标准，具有领先地位。在新的发展阶段下，要紧密围绕习近平总书记关于新农村建设“望得见山、看得见水、记得住乡愁”的嘱托，保护和传承优秀的乡村文化，尊重、遵循乡村特有的文脉。浙江省为修复优雅传统建筑、弘扬悠久历史文化、打造优美人居环境、营造悠闲生活方式，开展了历史文化村落保护修复利用，既要保存历史文化村落风貌的完整性和历史真实性，也要体现其生命的延续性和可持续性。通过深度挖掘每个乡村的独有特色，形成人文—历史—自然—生态的和谐统一。

第三节　深入推进生态文明建设的长效机制

《生态文明体制总体改革方案》（2015）是生态文明体制改革的顶层设计，是生态文明体制的“四梁八柱”，是建设美丽中国的体制蓝图。该方案树立了六大理念，即尊重自然、顺应自然、保护自然的理念，发展和保护统一的理念，绿水青山就是金山银山的理念，自然价值和自然资本的理念，空间均衡的理念，山水林田湖草是一个生命共同体的理念。生态文明体制改革的目标是到2020年，构建起由自然资源资产产权制度、国土空间开发保护制度、空间规划体系、资源总量管理和全面节约制度、资源有偿使用和生态补偿制度、环境治理体系、环境治理和生态保护市场体系、生态文明绩效评价考核和责任追究制度八项制度构成的产权清晰、多元参与、激励约束并重、系统完整的生态文明制度体系，推进生态文明领域国家治理体系和治理能力现代化，努力走向社会主义生态文明新时代。良好的制度土壤与生态，能够孕育务实向上、自信的社会风尚；健全的体制机制，能够激发一切社会活力的充分涌流。构建生态文明建设的长效机制，完善制度法规与健全体制机制，必须更大力度地加强各项制度建设与全面依法治国，以生态文明体制、机制、制度保障绿色发展的长效化，充分释放、积极发挥中国特色社会主义的制度优势。

一　生态文明体制改革

（一）体制改革为生态文明建设提供根本和长效保障

从改善生态环境到实现生态文明，是一个由表及里、由浅入深的过程，是一个从少数人主动作为到全社会达成共识、自觉参与的过程。在这一行动中，需要相应的体制机制改革配套，需要相应的制度政策驱动、引导与规制，以防止生态文明建设出现认识失准和行动失误。因此，生态文明体制改革是生态文明建设得以顺利前行的重要保障，也是关乎生态文明建设成效的基础性、长效性、根本性的要素。[①] 2017 年 7 月浙江省委省政府出台了《浙江省生态文明体制改革总体方案》，提出到 2020 年，构建起由自然资源资产产权制度、国土空间开发保护制度、空间规划体系、资源总量管理和全面节约制度、资源有偿使用和生态补偿制度、环境治理体系、环境治理和生态保护市场体系、生态文明绩效评价考核和责任追究制度八个方面构成的产权清晰、多元参与、激励约束并重、系统完整的生态文明制度体系，全面加快推进全国生态文明示范区和美丽中国先行区建设。

习近平总书记在党的十九大报告中指出，要加快生态文明体制改革，建设美丽中国。生态文明体制改革已经进入深水区和攻坚期，需进一步理顺体制，推进环境保护共治等。现在已经有具体指导作用的《关于健全生态保护补偿机制的意见》《关于全面推行河长制的意见》，也有具有约束作用的《关于划定严守生态保护红线的若干意见》《重点生态功能区产业准入负面清单编制实施办法》，还有具有倒逼机制的《生态文明建设目标评价考核办法》《党政领导干部生态环境损害责任追求办法（试行）》等一系列改革方向。[②] 要建立起中长期战略，以最小的环境和资源代价实现经济的持续发展和科技的持续创新，用做加法的多赢手段实现突破，推进生态文明体制改革。

（二）生态文明体制改革纳入五位一体改革系统

为更好地理顺体制关系，生态文明建设和生态文明体制改革，必然要体现在经济、政治、文化、社会体制改革的过程之中，并起到统领作用。第一，在经济体制改革中：以提高经济效率为目的的市场化改革中，各经济主体不能以损害生态环境利益为手段，应以能否更有

---

① 董战峰、李红祥、葛察忠等：《生态文明体制改革宏观思路及框架分析》，《环境保护》2015 年第 19 期。

② 常纪文：《生态文明体制改革的五点建议》，《中国环境报》2017 年 1 月 17 日。

效地保护生态环境，能否引导保护生态环境、创造利益机制作为其改革可行性的重要决策依据。第二，在政治体制改革中：以生态文明理念形成领导干部的正确政绩观，把资源消耗、环境损害、生态效益等指标纳入政绩评价，以节能、环保、低碳、循环发展等方面的法规来强化约束政务部门的政绩冲动行为，完善支持公众和环保团体对于生态环境的有序参与、有序保护、有序维权的制度，形成对政务部门和领导干部的重要监督力量。第三，在先进文化的形成过程中：应树立尊重自然、顺应自然、保护自然的理念，以宣传和传播生态文明、绿色文化作为主旋律。第四，在促进社会公平的社会体制改革过程中：重点关注区域之间、城乡之间、贫富群体之间的生态环境公平问题。以生态文明体制改革为核心推动五位一体的系统改革。

（三）深化政府机构改革，推动生态文明建设

机构改革方案理顺了生态文明建设的管理体制。党的十九届三中全会通过了《深化党和国家机构改革方案》，以自然资源部和生态环境部为代表的生态文明建设领域的改革引人注目。本次国务院机构改革方案体现了协同推进生态文明建设的目标和要求，重点对自然资源和生态环境的管理体制作了较大的改革，很好地体现了对包括土地、矿产、海洋、水、森林、草场等所有种类的自然资源的统一管理，将分散在国土资源部、水利部、农业部、国家林业局等部门的自然资源管理职能进行了整合，突出了自然资源的系统性特征。同时，方案对分散在环境保护部、农业部、国家发改委、国家海洋局等部门的生态环境管理职能进行了整合，体现了生态系统综合管理的理念与要求。从国务院组成部门的安排看，生态文明建设的管理体制初步理顺[①]，有助于协同、持续、高效地推进生态文明建设，对我国生态文明建设的精细化管理起到积极作用。

浙江省要积极作为，深化政府机构改革推动生态文明发展。国务院机构改革及其对组成部门的安排，体现了生态治理能力现代化的中国特色。组建“两部一局”（自然资源部、生态环境部、国家林业和

① 周宏春：《国务院机构改革为建设美丽的现代化中国奠基》，《人民日报》（海外版）2018年3月15日。

草原局）为美丽中国建设打下了重要的体制基础。机构改革体现了党中央在十八大以来一直强调的大部制改革方向，一类事项原则上由一个部门统筹、一件事情原则上由一个部门负责，避免政出多门、责任不明、推诿扯皮。浙江省要主动对表，积极作为，以推进机构职能优化、协同高效为着力点，改革机构设置、优化职能配置，对于提高效率效能，为生态文明建设提供有力的体制保障。

二　生态文明机制构建

生态文明建设需要政府、企业、公众的合力，需要政府机制、市场机制和社会机制的协同①，做到三方力量有机结合，优势互补，形成合力。

（一）政府机制构建

完善分类政绩考核机制。推进生态文明建设的重要机制是生态文明建设考核评价制度，把环境保护作为约束性指标纳入考核体系。按照主体功能区的差异化定位，采取差异化的政绩考核方式。主体功能区的分类考核将纠正单纯以经济增长速度评定政绩的偏向，加大资源消耗、环境损害、生态效益、科技创新等指标的权重，改变以往“以 GDP 论英雄”的政绩考核导向导致的环境污染、产能过剩、耕地占用过多等问题。倒逼领导干部树立正确的政绩观，从偏重 GDP 考核向注重以人为本、改善民生考核转变。第一，优化开发区实行以优化经济结构和转变发展方式优先的绩效评价，以提高经济增长质量和效益为核心，强化对经济结构、资源消耗、环境保护、自主创新、公共服务、社会保障等的评价，弱化对工业增长等的评价。第二，重点开发区实行以工业化和城市化水平优先的绩效评价，综合评价经济增长、质量效益、吸纳人口、产业结构、资源消耗、环境保护、土地利用等。第三，限制开发区实行发展生态经济和生态保护优先的绩效评价，强化对提供生态产品能力的评价。农产品主产区强化对农产品保障能力的评价，生态功能区强化对提供生态产品能力的评价，弱化对工业化、城镇化相关经济指标的评

① 沈满洪：《从绿色浙江到生态浙江　浙江生态文明建设辉煌五年》，《浙江日报》2002 年 5 月 25 日。

价。第四，禁止开发区实行生态保护优先的绩效评价，强化对提供生态产品能力的评价，对农业和服务业发展的评价要求要低于适度发展区，对生态环境保护的相关评价要高于生态经济地区。强化对自然文化资源原真性和完整性保护情况的评价，主要考核依法管理的情况、污染物“零排放”情况、保护对象完好程度以及保护目标实现情况等内容，不考核旅游收入等经济指标。

全面实施领导干部问责机制和自然资源资产离任审计制度。党政领导干部在自然资源资产管理和生态环境保护方面具有重要责任。实施领导干部自然资源资产审计有利于更加科学全面地评价领导干部任期内的经济和社会责任，抓住领导干部这个关键少数，更好地保护自然资源资产和生态环境。领导干部自然资源资产审计制度主要以领导干部任职前后所在地区自然资源资产实物量及生态环境质量变化为基础，以其任职期间履行自然资源资产管理和生态环境保护责任情况为主线，重点审计土地资源、水资源、森林资源管理，矿山生态环境治理，大气污染防治等领域，揭示存在问题，依法界定被审计领导干部应承担的责任。2017 年 5 月，浙江省委办公厅、省政府办公厅印发《浙江省开展领导干部自然资源资产离任审计试点实施方案》，明确开展领导干部自然资源资产离任审计试点的总体要求、主要任务和工作保障措施，借以推动领导干部切实履行好自然资源资产管理和生态环境保护责任。应在全省范围内实施领导干部自然资源资产审计，将其纳入领导干部经济责任审计报告及审计结果报告，作为领导干部经济责任审计的一项重点内容进行反映。

强化环保督查工作。环保督查是环境保护的重点工作之一，是守好底线的重要保障。督查工作主要由区域环境保护督查中心落实，由其承担监督政策落实、跨区域环境问题协调、重大环境问题处理等职能，通过结合环保约谈、区域限批、挂牌督办、限期治理等命令控制型政策手段，发挥跨区域“监企”职能，有效强化督政问责制度。区域环境保护督查中心具有监督政策落实、日常督查、跨区域环境问题协调等重要职能。针对地方政府与地方环境保护主管部门，重点督查国家环境经济政策落实情况，主要包括监督地方对国家环境政策、规划、法规、标准执行情况，参与国家环境保护模范城市（区）和国家级生态建设示范区创建核查工作，参与国家重大科技示范项目和环保重大专项资金项目落实情况专项督查。督查企业环境管理行为，包括对上市公司环保核查的现场监督检查及后督察工作。针对跨区域的环境问题开展督查，包括国家区域、流域、海域污染防治规划落实情况，承办跨省区域、流域、海域重大环境纠纷的协调处理工作。针对重大环境污染、突发性环境问题开展督查，包括承担或参与环境污染与生态破坏案件的来访投诉受理和协调工作，承办或参与重大环境污染与生态破坏案件的查办工作，参与重特大突发环境事件应急响应与处理的督查工作。此外，还包括污染物减排核查、环境统计、环境监测、国控污染源等日常监督工作。浙江省要强化环保督查生态责任追究制度，设立一个或多个监察局，承担各领域的监察工作，形成国有自然资源资产所有权人和国家自然资源管理者相互独立、相互配合、相互监督的管理体制，行使对自然资源资产和生态环境的监管职能。

（二）市场机制构建

深化生态文明体制改革，应当充分发挥市场在环境资源配置中的决定性作用，健全自然资源资产产权制度和用途管制制度，并进一步明确了实行资源有偿使用和生态补偿制度的改革方向。

全面推进绿色财税制度。改革资源价格形成机制，以反映其稀缺性、供求关系和环境保护的真实成本。理顺价格关系，再生资源价格应能激励循环经济的发展；将高能耗、重污染产品纳入消费税征税范围；对节能节水环保设备和产品实行税收优惠政策。加快环境税改革，提高排污费征收标准，使第三方治污企业能够正常运行并有微利，实现污染治理的专业化、规模化和社会化。消除不利于生态文明建设的补贴政策，修订“最低价中标”等变相激励假冒伪劣的政策。通过财政补贴，引导居民退出不宜居住、生态脆弱的一些地区，以利于生态系统的“自然恢复”。完善政府绿色采购政策，对部分产品政府采购价明显高于市场价的情形加以评估并调整完善。在资源税、环境税、碳税、循环补助、生态补偿、低碳补贴等方面全面推进，运用财税制度推动全省生态文明再上新台阶。

全面实施绿色产权制度。健全自然资源资产产权制度是建立生态文明制度体系的重要基础。一方面，可以避免“公地悲剧”，明确责任主体，加强对自然资源资产的保护监管；另一方面，可以逐步解决生态环境保护的“外部性”问题。通过推动所有权和使用权相分离，建立有偿出让制度。在确定自然资源资产产权时，要分两种情况：一种是纯粹自然的、非人工的自然资源，可以规定一定的使用权和处置权；另一种是投入生产增加的自然资源，完全可以把所有权、使用权和处置权都赋予保护者和生产者。对于像水资源、清洁空气资源、污染物排放权、碳配额等资源，主要从使用权角度去确定，如把水资源、排污权按照配额方式有偿分配给需求者，然后实现配额之间的市场交易。浙江省在水权交易制度、排污权交易制度、休渔期制度等方面已经取得了较为成功的经验。应及时推广这些成功经验，尤其要全面推广排污权有偿使用和交易机制、生态保护足额补偿机制、环境损害赔偿与保险机制等，让市场机制发挥更大的作用。

（三）社会机制构建

推进绿色协同治理。绿色协同治理效果的实现需要各主体职责和功能的相互补充，促使全社会形成开放的生态环境治理氛围。在绿色协同治理体系的构建过程中，正视各主体和各层级之间的矛盾和冲突，采取有效的措施使矛盾和冲突对合作治理的影响最小化。加强各主体和各层级之间的互动与交流，重视协调沟通机制、交流合作机制、利益分配机制、奖励惩罚机制等的构建，并在此基础上建立科学合理的冲突预防与解决机制。

加强信息披露。环保部门加大信息公开力度，及时主动公布空气、水环境质量等与民生密切相关的环境信息，发布重点排污企业和违法排污企业名单，实现环境影响评价报告书（表）全本公开、政府承诺文件公开、审批决定公开、环评机构和人员诚信信息公开。信息公开对提升公众的环境意识、监督企业守法，具有重要作用。

社会共治是公众参与的保障。民众是良好生态环境的受益者，也是环境违法行为的监督者。鼓励群众自觉参与到环境生态治理工作当中，通过投票、谈判协商、参与听证会和民意调查、关注政策的制定和实施等，使公民以新的管理理念和管理模式为生态环境治理注入新的活力，从而提高生态环境治理的效能。发挥科研院所、高等院校和专家学者的智囊作用，为环境保护提供必要的智力支持和技术支撑；

要发挥民间环保组织和志愿者的作用，推进环保维权、环保宣教、环保创建等工作；发挥环境信访、有奖举报、行风评议等作用，促进公众更好地参与环保、监督环保，把群众的意愿、热情和智慧转化为共建共享生态文明的具体行动。

三　生态文明制度完善

生态制度体系化是指通过生态文明制度的继承和创新形成完整的生态文明制度体系、生态文明制度“工具箱”、生态文明“制度矩阵”。生态制度体系化就是要从零敲碎打转向系统设计，按照“源头严防、过程严管、后果严惩”的思路，推进生态文明制度体系设计。[①] 根据《中共中央关于全面深化改革若干重大问题的决定》《浙江省生态文明体制改革总体方案》《浙江省生态环境保护“十三五”规划》，构建产权清晰、多元参与、激励约束并重、系统完整的生态文明制度体系。

（一）生态文明源头防范制度

源头严防，是建设生态文明的治本之策，要实行最严格的源头保护制度。只有自然资源资产的权利和责任明确，相关的开发和保护活动才能顺利实施。针对自然资源资产的所有权、使用权、经营权混乱，归属界定不清等问题，要形成归属清晰、权责明确、监管有效的自然资源资产产权制度。划定生态保护红线、坚定不移实施主体功能区制度、建立空间规划体系，是源头预防的重要举措，促使不同主体功能区自觉按照各自的主体功能定位科学发展。浙江省在构建源头严防的制度中包含以下三种制度：

第一，健全自然资源资产产权制度。主要内容包括：一是建立统一的确权登记系统。产权是所有权的核心和主要内容。按照国土资源部等七部门《关于印发〈自然资源统一确权登记办法（试行）〉的通知》要求，对全省范围内的水流、森林、山岭、草原、荒地、滩涂等自然生态空间统一进行确权登记，实现自然资源资产登记的系统管理和信息共享。二是健全自然资源资产管理体制。健全国家自然资源资

① 杨伟民：《建立系统完整的生态文明制度体系》，《光明日报》2013年11月23日。

产管理体制，就是按照所有者和管理者分开和一件事由一个部门管理的思路，落实全民所有自然资源资产所有权，建立统一行使全民所有自然资源资产所有权人职责的体制，授权其代表全体人民行使所有者的占有权、使用权、收益权、处置权，对各类全民所有自然资源资产的数量、范围、用途进行统一监管，享有所有者权益，实现权利、义务、责任相统一。紧扣国家自然资源资产管理体制改革进展，研究制定全省自然资源资产管理机构改革方案，明确对全民所有的自然资源统一行使所有权的机构。三是探索建立分级行使所有权的体制。国土资源、水利、林业、海洋与渔业等自然资源资产管理部门根据国家对分级行使所有权的要求，按照不同资源种类和在生态、经济、国防等方面的重要程度，厘清省政府直接行使所有权、市县政府行使所有权的资源清单和空间范围。建立健全全省各级政府分级代理行使所有权职责、享有所有者权益的自然资源管理体制。

第二，建立国土空间开发保护制度。主要内容有：一是坚定不移实施主体功能区制度。这是从大尺度空间范围确定各地区的主体功能定位的一种制度安排，是国土空间开发的依据、区域政策制定实施的基础单元、空间规划的重要基础、国土空间开发的统一平台。制定实施与主体功能区规划布局相适应的财政、投资、产业、土地、环境等政策体系和绩效评价体系，引导优化开发区、重点开发区、限制开发区、禁止开发区生产力合理布局。各地区必须严格按照主体功能区定位推动发展，优化开发区要适当降低增长预期，停止对耕地和生态空间的侵蚀；重点生态功能区和农产品主产区，要坚持点上开发、面上保护方针，有限的开发活动不得损害生态系统的稳定性和完整性，不得损害基本农田数量和质量。对限制开发区和生态脆弱的扶贫开发工作重点县取消地区生产总值考核。二是建立空间规划体系。城乡规划、国土规划、生态环境规划等都带有空间规划性质，但各类规划之间交叉重叠，需要形成统一衔接的体系。按照主体功能区理念，在原主体功能区规划基础上，推进全省和市县空间规划编制工作，探索建立省和市县两级空间规划体系。支持市县推进“多规合一”，统一编制市县空间规划，逐步实现一个市县一个规划、一张蓝图。市县空间规划要统一土地分类标准，根据主体功能定位和省级空间规划要求，科学划分城镇、农业、生态三类空间和城镇开发边界、永久基本农田、生态保护三条红线，推动形成集约高效可持续的国土空间开发和保护格局。三是健全国土空间用途管制制度。按照“山水林田湖”是一个生命共同体的原则，建立覆盖全部国土空间的用途管制制度，不仅对耕地要实行严格的用途管制，对天然草地、林地、河流、湖泊湿地、海面、滩涂等生态空间也要实行用途管制，严格控制转为建设用地，确保生态空间面积不减少。将开发强度指标分解到各县级行政区，并作为约束性指标，控制建设用地总量。完善覆盖全省国土空间的监测系统，按季度动态监测国土空间变化。注重低丘缓坡土地的开发利用，按需开展低丘缓坡规划的编制和实施。严守生态保护红线，确保全省生态保护红线区面积保持在国土面积的20%以上，着力构建以生态保护红线区为底线、生态功能保障区为基本骨架的生态安全格局。四是推进钱江源国家公园体制试点。对各种有代表性的自然生态系统、珍稀濒危野生动植物物种的天然集中分布地、有特殊价值的自然遗迹所在地和文化遗址等，建立比较全面的开发保护管理制度。按照《钱江源国家公园体制试点区试点实施方案》，对古田山国家级自然保护区、钱江源国家森林公园、钱江源省级风景名胜区及相应的连接地带进行资源整合、功能重组，建立钱江源国家公园管理体制。制定资源保护、游憩管理、特许经营、社会参与等相关制度，探索形成生态资源有效保护与合理适度开发利用相结合的体制机制。

第三，完善资源总量管理制度。主要包括下列内容：一是完善最严格的耕地保护制度。做好永久基本农田划定工作，落实耕地保护共同责任机制。建立健全以农业“两区”为重点、覆盖全省永久基本农田的土壤污染监测预警体系。加强对耕地占补平衡指标跨市调剂的监管，改进省统筹耕地占补平衡机制。二是健全最严格水资源管理制度。加强用水总量控制，完善省、市、县三级用水总量控制指标体系，严格实施取水许可和建设项目水资源论证制度，加快实施规划水资源论证制度，建立健全水资源监控和计量统计制度。三是健全能源消费总量管理制度。实行能源消费强度和消费总量“双控”，落实浙江省“十三五”节能专项规划。加强对工业、建筑、交通、公共机构等领域的节能管理，完善能源“双控”激励约束机制。建立健全碳排放总量控制制度和分解落实机制，完善设区市的碳强度下降目标考核评价体系。四是健全林业资源科学开发和保护机制。建立健全保护发展森林资源目标责任制，认真实施林地保护利用规划，严格执行林地用途管制，完善使用林地定额管理制度。健全天然林保护和生态公益林建设机制，将所有天然林纳入保护范围，逐步提高生态公益林补偿标准，探索直接收购各类社会主体营造的非国有公益林制度。五是建立湿地保护制度。制定全省县级湿地保护规划，构建完善的湿地保护体系，推进重要湿地生态建设与修复。建立湿地资源动态管理平台，实时掌握湿地资源的动态变化。六是健全海洋资源科学开发和保护机制。修编浙江省海洋功能区划，严格落实海洋功能区划管控制度。编制浙江省海洋主体功能区规划，确定近海海域海岛主体功能。实施自然岸线保有率目标控制，探索建立自然岸线“占补平衡”制度。实行围填海总量控制制度，对围填海面积实行约束性指标管理。七是健全矿产资源开发利用保护制度。严格执行矿产资源规划分区管理制度，科学划定规划开采区、规划限采区和规划禁采区。严格矿产资源地质勘查报告和勘查方案评审制度。探索矿山生态环境治理恢复新机制，研究推进矿山土地复垦方案与治理方案合并编审制度改革。

（二）生态文明过程严管制度

过程严管，是建设生态文明的关键，要实行最严格的监管制度。建立反映市场供求和资源稀缺程度、体现自然价值和代际补偿的资源有偿使用和生态补偿制度，建立以改善环境质量为导向，监管统一、执法严明、多方参与的环境治理体系，实行省以下环保机构监测监察执法垂直管理制度。浙江省在构建过程严管的制度中包含以下三个制度：

第一，健全资源有偿使用和生态补偿制度。具体制度有：一是实行资源有偿使用制度。加快自然资源及其产品价格改革，建立自然资源开发使用成本评估机制，将资源所有者权益和生态环境损害等纳入自然资源及其产品价格形成机制。加强对自然垄断环节的价格监管，建立定价成本监审制度和价格调整机制，完善价格决策程序和信息公开制度。加快推行居民阶梯气价、居民阶梯水价、非居民用水超计划累进加价、差别化水价和污水处理费等各项资源价格改革工作。完善差别化供地政策和地价政策，健全地价形成机制和评估制度。完善矿产资源有偿使用制度，推进矿业权“招拍挂”等市场化方式出让，落实矿产资源国家权益金制度。完善海域海岛有偿使用制度，及时调整和实施浙江省海域、无居民海岛使用金征收标准。加快资源环境税费改革，全面推行与化学需氧量、氨氮、二氧化硫、氮氧化物等污染物排放总量挂钩的财政收费制度。二是实行生态补偿制度。生态产品具有公共性、外部性，不易分割、不易分清受益者等特点，因此要完善对重点生态功能区的生态补偿机制。要按照谁受益、谁补偿原则，推动地区间建立横向生态补偿制度。推动新一轮浙皖两省跨界流域水环境补偿试点，在太湖流域等区域探索建立以水环境质量为基础的流域生态补偿机制。推进生态公益林分级分类差异化补偿，探索海洋生态效益补偿办法。完善生态保护修复资金使用机制，按照山水林田湖系统治理的要求，深入推进国土江河综合治理，加大对重点领域污染治理、生态保护与修复等的支持力度。

第二，建立健全环境治理制度。具体包括：一是完善污染物排放许可制。依法对各企事业单位排污行为提出具体要求并以书面形式确定下来，将其作为排污单位守法、执法单位执法、社会监督护法依据的一种环境管理制度。排污许可制的核心是排污者必须持证排污、按证排污，实行这一制度，有利于将国家环境保护的法律法规、总量减排责任、环保技术规范等落到实处，有利于环保执法部门依法监管，有利于整合现在过于复杂的环保制度。加快推进排污许可证管理改革，建立覆盖所有固定污染源的排污许可制度。深化环评审批制度改革，推进“规划环评＋环境标准”改革试点。二是实行企事业单位污染物排放总量控制制度。总量控制包括目标总量控制和环境容量总量控制。总体上看，我国还没有建立规范的企事业单位污染物排放总量控制制度，总量层层分解，具有行政命令性质，不是法定义务，特定区域和特定污染物的总量控制，覆盖面窄。实行企事业单位污染物排放总量控制制度，就是要逐步将现行以行政区为单元层层分解最后才落实到企业，以及仅适用于特定区域和特定污染物的总量控制办法，改变为更加规范、更加公平、以企事业单位为单元、覆盖主要污染物的总量控制制度。三是建立资源环境承载能力监测预警机制。资源环境承载能力是指在自然生态环境不受危害并维系良好生态系统前提下，一定地域空间的资源禀赋和环境容量所能承载的经济规模和人口规模。逐步开展省、市、县资源环境承载力评价，配合国家有关部门建立资源环境监测预警数据库和信息技术平台，定期汇总梳理相关监测数据。对水土环境、环境容量超载区域实行预警，实施限制性措施。建立污染防治区域联动机制，完善长三角区域大气污染防治联防联控协作机制，建立完善区域联合执法和监管信息通报机制。进一步深化完善河长制。

第三，健全环境治理市场交易制度。主要内容有：一是推行用能权和碳排放权交易制度。制定以各地单位 GDP 能耗为基础的节能量财政补偿和交易制度。改革扩面地区开展重点用能企业用能权确权工作，制定出台浙江省用能权有偿使用和交易试点工作的指导意见，扩大用能权有偿使用和交易试点范围。建立全省统一的用能权交易系统、测量与标准系统。推广合同能源管理。建立常态化的碳排放清单编制工作机制，推进重点企事业单位温室气体排放报告制度。对接全国碳排放权交易市场，制定全省碳排放权交易总量与配额分配方案。建立省级碳排放权交易市场监管和交易核查体系。二是推行排污权交易制度。建立登记各级行政区域主要污染物排污权指标的基本账户。完善排污权指标分配、核定和定价机制。进一步扩大交易标的和试点范围，规范一级市场，培育和活跃二级市场交易。建立全省统一的排污权电子竞价交易平台，公开交易信息。健全排污指标资源市场化配置相关政策，建立健全排污权抵押贷款等制度。三是推进水权交易制度建设试点。推进东苕溪流域水权改革试点，研究制定试点地区初始水权总量，合理界定和分配水权。建立水权登记信息平台，开展水权模拟交易。四是完善林权流转机制改革。继续深化集体林权制度改革，实行林地所有权、承包权、经营权三权分置，加快经营权流转，促进适度规模经营。培育林业股份合作社，制定出台股份制家庭林场认定标准。建立省市县一体化的林权交易平台，扩大林产品现货电子交易，规范林权评估等中介服务平台建设。健全林权抵押贷款制度。

（三）生态文明末端严惩制度

后果严惩，是建设生态文明必不可少的重要措施，要实行最严格的损害赔偿制度、责任追究制度。资源环境是公共产品，对其造成损害和破坏必须追究责任。损害赔偿制度，主要是针对企业和个人造成生态环境严重破坏的行为而实行的制度。对违背空间规划、违反污染物排放许可和总量控制的破坏性行为，要严惩重罚。对造成生态环境损害负有责任的领导干部和企业，要严肃追责。浙江省在构建后果严惩的制度中包含以下三个制度：

第一，严格实行生态环境损害赔偿制度。此制度是针对企业和个人违反法律法规、造成生态环境严重破坏而实行的制度。在国土空间开发和经济发展中不可避免会出现违反法律规定、违背空间规划、违反污染物排放许可和总量控制的行为。对这些破坏性的行为，要严惩重罚，加大违法违规成本，使之不敢违法违规。对造成生态环境损害的责任者严格实行赔偿制度，让违法者掏出足额的赔偿金，对造成严重后果的，要依法追究刑事责任。

第二，建立生态环境损害责任终身追究制。对那些不顾生态环境盲目决策、造成严重后果的领导干部，终身追究责任。实行地方党委和政府领导成员生态文明建设“一岗双责”制。制定党政领导干部生态环境损害责任追究实施细则，建立完善严格的生态环境损害责任终身追究制。探索编制自然资源资产负债表，对一个地区的水资源、环境状况、林地、开发强度等进行综合评价，积极探索领导干部自然资源资产离任审计的目标、内容、方法和评价指标体系，建立经常性、常态化的审计监督制度。

第三，建立企业环境违法黑名单制度。将环境信用等级评价等环境信息纳入企业征信档案。鼓励金融机构差异化设计信贷产品，控制对高耗能、高污染行业的信贷投放，加大对节能环保企业的信贷支持力度。进一步拓宽节能环保企业的直接融资渠道，支持符合条件的企业在银行间市场发行债务融资工具。建立绿色债券制度，完善环境污染责任保险制度。建立完善上市企业环保信息强制性披露机制。

参考文献

习近平：《决胜全面建成小康社会　夺取新时代中国特色社会主义伟大胜利——在中国共产党第十九次全国代表大会上的报告》，人民出版社 2017 年版。

习近平：《关于〈中共中央关于全面深化改革若干重大问题的决定〉的说明》，《人民日报》2013 年 11 月 12 日。

习近平：《敏锐把握世界科技创新发展趋势，切实把创新驱动发展战略实施好》，《人民日报》2013 年 10 月 2 日。

习近平：《干在实处 走在前列——推进浙江新发展的思考与实践》，中共中央党校出版社 2006 年版。

习近平：《之江新语》，浙江人民出版社 2007 年版。

习近平：《全面启动生态省建设　努力打造“绿色浙江”——在浙江生态省建设动员大会上的讲话》，《环境污染与防治》2003 年第 4 期。

习近平：《落实科学发展观与和谐社会要求　下大力气加快建设生态省》，《政策瞭望》2005 年第 5 期。

习近平：《浙江省领导小组会议要求结合实践推进生态省建设》，《浙江日报》2006 年 3 月 25 日。

鲍远航：《唐代浙江生态文化论要》，《鄱阳湖学刊》2013 年第 2 期。

蔡博峰、曹东：《中国低碳城市发展与规划》，《环境经济》2010 年第 12 期。

柴国荣、徐祖贤：《浙江："811" 环境污染整治行动首战告捷》，《中国经济时报》2007 年 12 月 24 日。

常纪文:《生态文明体制改革的五点建议》,《中国环境报》2017 年 1 月 17 日。

陈安宁:《论我国自然资源产权制度的改革》,《自然资源学报》1994 年第 1 期。

陈海嵩:《生态文明制度建设要处理好四个关系》,《环境经济》2015 年第 36 期。

陈钰芬、陈劲:《开放式创新:机理与模式》,科学出版社 2008 年版。

陈诗一:《中国的绿色工业革命:基于环境全要素生产率视角的解释(1980—2008)》,《经济研究》2010 年第 11 期。

车俊:《坚定不移沿着“八八战略”指引的路子走下去 高水平谱写实现“两个一百年”奋斗目标的浙江篇章——在中国共产党浙江省第十四次代表大会上的报告》,《浙江日报》2017 年 6 月 19 日第 1—3 版。

车俊:《浙江要为长江经济带发展起画龙点睛作用》,《浙江日报》2016 年 9 月 14 日。

程占红、张金屯:《生态旅游的兴起和研究进展》,《经济地理》2001 年第 1 期。

崔艺凡、尹昌斌、王飞等:《浙江省生态循环农业发展实践与启示》,《中国农业资源与区划》2016 年第 7 期。

董战峰、李红祥、葛察忠等:《生态文明体制改革宏观思路及框架分析》,《环境保护》2015 年第 19 期。

杜欢政、矫旭东:《点面结合全面推进生态文明建设》,《浙江经济》2016 年第 21 期。

杜欢政:《浙江循环经济发展三模式》,《中国国情国力》2006 年第 5 期。

方和荣:《基于“五大发展”理念的美丽厦门建设研究》,《厦门特区党校学报》2016 年第 2 期。

方元龙:《努力探索有浙江特色的生态文明建设之路》,《政策瞭望》2010 年第 6 期。

张高丽:《深入贯彻落实绿色发展理念 坚定不移推进生态文明建设》,《人民日报》,2017 年 9 月 9 日第 1 版。

龚正：《倡导绿色创新低碳发展　加快浙江经济转型升级》，《国际商报》2013 年 3 月 8 日第 B3 版。

龚建文、甘庆华、陈刚俊：《生态文化与生态文明建设研究——以鄱阳湖生态经济区为样本》，《鄱阳湖学刊》2012 年第 3 期。

官波：《我国森林资源生态产权制度研究》，《生态经济》2014 年第 9 期。

顾益康、王丽娟：《从德清美丽乡村建设实践看乡村复兴之路》，《浙江经济》2016 年第 23 期。

郭焦锋、白彦锋：《资源税改革轨迹与他国镜鉴：引申一个框架》，《改革》2014 年第 12 期。

何玉宏：《城市绿色交通论》，博士学位论文，南京林业大学，2009 年。

胡坚：《绿水青山怎样才能变成金山银山——对浙江十年探索与实践的样本分析》，《浙江日报》2015 年 8 月 10 日。

胡立新：《“千万”工程再战五年　浙江八成村庄将换新颜》，《农村工作通讯》2008 年第 19 期。

胡芸：《垃圾分类美城乡》，《浙江日报》2017 年 6 月 2 日。

黄承梁：《生态文明型生活方式最时尚，遏异化消费倡绿色消费》，《人民日报》（海外版）2013 年 2 月 22 日。

黄承梁：《从战略高度推进生态文明建设》，《人民日报》2017 年 6 月 21 日。

黄娟：《科技创新与绿色发展的关系——兼论中国特色绿色科技创新之路》，《新疆师范大学学报》2017 年第 2 期。

黄平：《浙江：美丽乡村释放生态红利》，《经济日报》2015 年 11 月 14 日。

黄少安：《确立产权制度改革目标的基本依据和原则》，《财经论丛》1995 年第 4 期。

黄硕琳：《渔权即是海权》，《中国法学》2012 年第 6 期。

贾康、刘军民、张鹏等：《中国财税体制改革的战略取向：2010 ~ 2020》，《改革》2010 年第 1 期。

贾真真、吴小根、李亚洲：《国内旅游景区门票价格研究进展》，《北京第二外国语学院学报》（旅游版）2008 年第 3 期。
江帆：《我省出台〈“811”美丽浙江建设行动方案〉打造美丽中国的“浙江样板”》，《浙江日报》2016 年 7 月 8 日第 7 版。
蒋艳灵：《中国生态城市理论研究现状与实践问题思考》，《地理研究》2015 年第 12 期。
金国娟：《共绘绿色浙江蓝图——生态省建设综述》，《今日浙江》2004 年第 21 期。
金科：《网上技术市场：主体增多范围扩大　规模刷新红利释放》，《今日科技》2014 年第 11 期。
李博、柏连成：《有机食品与绿色食品的启示》，《生态经济》（中文版）2000 年第 9 期。
刘高强、魏美才：《我国绿色食品的现状分析与发展》，《食品研究与开发》2002 年第 4 期。
李学辉、温焜：《建设特色小镇应补齐生态环保短板》，《光明日报》2017 年 7 月 1 日。
李智：《天正电气：科技还原绿色，创新成就未来》，《电气技术》2015 年第 9 期。
梁国瑞、郭萍：《党报如何唱响“绿色发展主旋律”——以〈浙江日报〉生态报道为例》，《中国记者》2017 年第 1 期。
林毅夫：《新结构经济学：反思经济发展与政策的理论框架》，北京大学出版社 2014 年版。
蔺雪春：《通往生态文明之路：中国生态城市建设与绿色发展》，《当代世界与社会主义》2013 年第 2 期。
刘芳、杨淑君：《欧盟绿色交通发展新趋势》，《工程研究：跨学科视野中的工程》2017 年第 2 期。
刘刚：《“两美”浙江开新局》，《浙江日报》2015 年 8 月 12 日。
刘健：《淳安：破旧立新绘美景　美丽县城添新颜》，《浙江日报》2016 年 2 月 19 日第 8 版。
刘小娟：《“森林金华”让千年古婺展新姿》，《金华日报》2013 年 5 月 23 日第 5 版。
刘晓玲：《倡导绿色服装是可持续发展的重要组成部分》，《环境科学与技术》2001 年第 24 期。
刘思明、侯鹏：《生态文明建设国际比较研究：2008—2012》，《经济问题探索》2016 年第 3 期。
刘则渊、代锦：《产业生态化与我国经济的可持续发展道路》，《自然辩证法研究》1994 年第 12 期。
龙敏飞：《“绿色消费”应成为一种生活习惯》，《北京青年报》2016 年 3 月 2 日。
绿林：《全省联动 生态日活动丰富多彩》，《浙江林业》2011 年第 7 期。
梅艳霞、郭慧慧、蒋文伟等：《宁波市森林城市建设总体规划》，《中国城市林业》2012 年第 1 期。
潘云鹤：《提高城市建设智能化水平》，《人民日报》2015 年 5 月 31 日。
潘伟光、顾益康、赵兴泉等：《美丽乡村建设的浙江经验》，《浙江日报》2017 年 5 月 8 日。
秦诗立：《把生态环境转化为发展新优势》，《今日浙江》2013 年第 10 期。
覃玲玲：《生态文明城市建设与指标体系研究》，《广西社会科学》2011 年第 7 期。
秦文展：《营造绿色文化建设绿色湖南》，《经济研究导刊》2012 年第 4 期。
仇保兴：《智慧地推进我国新型城镇化》，《城市发展研究》2013 年第 5 期。
仇保兴：《从绿色建筑到低碳生态城》，《城市发展研究》2009 年第 7 期。
申琪玉、李惠强：《绿色建筑与绿色施工》，《科学技术与工程》2005 年第 21 期。
沈晶晶：《千乡万村气象新》，《浙江日报》2017 年 5 月 8 日。
沈满洪主编：《资源与环境经济学》（第二版），中国环境出版社 2015 年版。
沈满洪：《水权交易与政府创新——以东阳义乌水权交易案为例》，

《管理世界》2005 年第 6 期。
沈满洪:《水权交易与契约安排——以中国第一包江案为例》,《管理世界》2006 年第 2 期。
沈满洪:《促进绿色发展的财税制度改革》,《中共杭州市委党校学报》2016 年第 3 期。
沈满洪:《生态文明建设的浙江经验》,《浙江日报》2017 年 6 月 6 日。
沈满洪:《生态文明制度建设的“浙江样本”》,《浙江日报》2013 年 7 月 19 日第 14 版。
沈满洪:《“两山”重要思想在浙江的实践研究》,《观察与思考》2016 年第 12 期。
沈满洪:《从绿色浙江到生态浙江　浙江生态文明建设辉煌五年》,《浙江日报》2012 年 5 月 25 日。
沈满洪、谢慧明:《生态经济化的实证与规范分析——以嘉兴市排污权有偿使用案为例》,《中国地质大学学报》(社会科学版)2010 年第 6 期。
沈满洪:《生态文明建设:思路与出路》,中国环境出版社 2014 年版。
沈满洪、张迅、谢慧明等:《2016 浙江生态经济发展报告——生态文明制度建设的浙江实践》,中国财政经济出版社 2016 年版。
沈满洪、钱水苗、冯元群等:《排污权交易机制研究》,中国环境科学出版社 2009 年版。
沈满洪、周树勋、谢慧明等:《排污权监管机制研究》,中国环境出版社 2014 年版。
沈满洪、谢慧明、王晋等:《生态补偿制度建设的“浙江模式”》,《中共浙江省委党校学报》2015 年第 4 期。
沈满洪、吴文博、池熊伟:《低碳发展论》,中国环境出版社 2014 年版。
沈晓栋、张利仁:《“十三五”时期浙江发展阶段的基本判断和面临的挑战》,《浙江经济》2014 年第 11 期。
沈文玺:《美丽乡村促“三农”转型发展的案例研究——以安吉县典

型村为例》，《中国农业信息》2017年第5期。
盛世豪：《浙江工业结构演变过程的基本特征》，《中共浙江省委党校学报》2000年第1期。
盛晔：《推动光伏并网实施电能替代大力服务浙江清洁能源示范省建设》，《农电管理》2017年第6期。
孙嘉江：《新农村建设规划中的难题与对策——以浙江省“千万工程”为例》，《小城镇建设》2007年第8期。
孙晓立：《国务院办公厅印发〈关于建立统一的绿色产品标准、认证、标识体系的意见〉》，《中国标准化》2017年第1期。
苏小明：《生态文明制度建设的浙江实践与创新》，《观察与思考》2014年第4期。
汤钦、边珂可：《探讨浙江生态省建设与发展生态旅游的关系》，《旅游纵览月刊》2015年第5期。
王兵、吴延瑞、颜鹏飞：《中国区域环境效率与环境全要素生产率增长》，《经济研究》2010年第5期。
王昌平：《打造桐庐生态文化的样板》，《浙江林业》2012年第8期。
王发明、蔡宁：《工业发展与生态建设协调进行的对策研究：以浙江为例》，《工业技术经济》2008年第8期。
王家贵：《试论“生态文明城市”建设及其评估指标体系》，《城市发展研究》2012年第9期。
王建明：《公众低碳消费行为影响机制和干预路径整合模型》，中国社会科学出版社2012年版。
王建华：《以绿色科技创新为支撑促进我国循环经济发展》，《科技与管理》2006年第3期。
王良：《生态文明城市——兼论济南建设生态文明城市时代动因与战略展望》，中共中央党校出版社2010年版。
王国灿：《中国特色社会主义发展道路视角下的浙江生态文明建设探讨》，《经贸实践》2016年第17期。
王国灿：《推动浙江生态文明制度建设的法律与政府措施研究》，《中国林业产业》2017年第1期。
王国平：《智慧城市建设战略研究》，中国社会科学出版社2015

年版。

王太、李永生、蒋文龙：《城乡统筹的浙江解码》，《今日浙江》2008年第23期。

王炜丽、昌银银：《湖州荣获国家生态市 成为全国首个实现国家生态县区全覆盖的地级市》，《湖州日报》2016年10月12日第1版。

王永康：《深化“千万工程”建设美丽乡村》，《今日浙江》2015年第14期。

吴楚材、吴章文、郑群明等：《生态旅游概念的研究》，《旅游学刊》2007年第1期。

吴平：《打造特色小镇要坚持生态优先》，《中国经济时报》2017年6月5日。

吴晓波、杨发明：《绿色技术的创新与扩散》，《科研管理》1996年第1期。

魏楚：《中国二氧化碳排放特征与减排战略研究：基于产业结构视角》，人民出版社2015年版。

魏楚：《中国城市CO_2边际减排成本及其影响因素》，《世界经济》2014年第7期。

魏丹青：《国内外低碳园区建设经验的启示》，《浙江经济》2016年第10期。

夏宝龙：《建设美丽浙江，创造美好生活》，《今日浙江》2014年第10期。

夏宝龙：《美丽乡村建设的浙江实践》，《求是》2014年第5期。

夏光：《建立系统完整的生态文明制度体系——关于中国共产党十八届三中全会加强生态文明建设的思考》，《环境与可持续发展》2014年第2期。

项乐民：《“两山”化“两美”全力打造美丽乡村升级版》，《政策瞭望》2016年第2期。

谢高地、李士美、肖玉等：《碳汇价值的形成和评价》，《自然资源学报》2011年第1期。

谢高地、曹淑艳、王浩等：《自然资源资产产权制度的发展趋势》，《陕西师范大学学报》（哲学社会科学版）2015年第5期。

谢慧明：《生态经济化制度研究》，博士学位论文，浙江大学，2012 年。

谢慧明、沈满洪：《排污权制度失灵原因探析》，《浙江理工大学学报》（人文社会科学版）2014 年第 4 期。

谢慧明、沈满洪：《中国水制度的总体框架、结构演变与规制强度》，《浙江大学学报》（人文社科版）2016 年第 4 期。

邢宇皓：《生态兴则文明兴——十八大以来以习近平同志为核心的党中央推动生态文明建设述评》，《光明日报》2017 年 6 月 16 日第 1、3 版。

徐德才：《酸雨污染与防治——浙江区域酸雨趋势与防治对策》，《煤矿环境保护》1995 年第 4 期。

许庆瑞、吴志岩、陈力田：《智慧城市的愿景与架构》，《管理工程学报》2012 年第 4 期。

阎逸、夏谊：《坚持绿色发展　完善环境规制》，《浙江经济》2016 年第 23 期。

杨发庭：《构建绿色技术创新的联动制度体系研究》，《学术论坛》2016 年第 1 期。

杨军雄：《“千万工程”惠及千万农民》，《浙江日报》2010 年 10 月 18 日。

杨新莹、李军松：《绿色文化：基于我国的构建与繁荣》，《青年研究》2007 年第 4 期。

杨伟民：《建立系统完整的生态文明制度体系》，《光明日报》2013 年 11 月 23 日。

杨志文、陆立军：《“一带一路”浙江大有可为》，《浙江日报》2015 年 10 月 29 日。

章家恩：《我国绿色食品生产状况及其发展对策》，《农业资源与环境学报》1999 年第 3 期。

张大东：《浙江省循环农业发展模式研究》，《中国农业资源与区划》2007 年第 28 期。

张钢、张小军：《绿色创新研究的几个基本问题》，《中国科技论坛》2013 年第 4 期。

张明生:《浙江省水资源可持续利用与优化研究》,博士学位论文,浙江大学,2005年。
张宁红、方莹萍、沈力:《浙江生态省建设若干问题的探讨》,《浙江经济》2004年第8期。
张斯阳:《导读:〈发展城市绿色交通的合理方法〉》,《城市交通》2017年第3期。
张雅静:《"美丽宁波"的科学内涵及实现途径》,《中国人口·资源与环境》2013年第23期。
张卓元:《中国价格改革三十年:成效、历程与展望》,《经济纵横》2008年第12期。
张卓元、路遥:《价格改革面临的新问题与深化改革》,《中国物资流通》2001年第12期。
赵成:《从环境保护、可持续发展到生态文明建设》,《思想理论教育》2014年第4期。
赵华勤、江勇、王丰:《浙江省古村落保护与发展的体制机制创新实践》,《小城镇建设》2015年第9期。
郑继方、吴民、蔡玲平:《跨世纪的绿色文化——地球的祈祷》,《管理评论》1995年第1期。
郅润明:《消费方式要向生态文明转型》,《光明日报》2014年8月31日。
周国辉:《习近平科技创新思想与浙江实践论析》,《观察与思考》2016年第6期。
周国辉:《坚定不移走创新引领转型之路》,《浙江日报》2016年6月2日。
周宏春:《国务院机构改革为建设美丽的现代化中国奠基》,《人民日报》(海外版)2018年3月15日。
周华富:《浙江特色的生态文明建设之路》,《浙江经济》2016年第21期。
周华富:《"五位一体"总体布局下的浙江生态文明建设思路》,《浙江经济》2014年第6期。
周鸿:《文明的生态学分析与绿色文化》,《应用生态学报》1997年第

S1 期。
周子贵、张勇、李兰英等：《浙江省林业碳汇发展现状、存在问题及对策建议》，《浙江农业科学》2014 年第 7 期。
钟其：《当前浙江生态环境领域存在问题及思考》，《宁波大学学报》（人文科学版）2009 年第 22 期。
仲山民、胡芳名：《我国绿色食品的发展现状及趋势》，《经济林研究》2001 年第 2 期。
曾毅：《浙江宁波：紧扣峰值目标部署“十三五”绿色低碳发展》，《光明日报》，2016 年 1 月 12 日第 7 版。

Driessen P，Hilleb Rand B.，“Adoption and Diffusion of Green Innovation”，in：Nelissen W，Bartels G.，*Marketing for Sustainability：Towards Transactional Policy-Making*，Amsterdam：Ios Press，2002：343 – 356.

Glaeser，E. L. & M. E. Kahn，“The Greenness of Cities：Carbon Dioxide Emissions and Urban Development”，*Journal of Urban Economics*，Vol. 67，2010，pp. 404 – 418.

OECD，*Environmental Innovation and Global Markets*，Paris：Organization for Economic Cooperation and Development，2008.

Xie，H.，M. Shen，& R. Wang，“Determinants of Clean Development Mechanism Activity：Evidence from China”，*Energy Policy*，Vol. 67，2014，pp. 797 – 806.

Xie，H.，M. Shen，& C. Wei，“Technical Efficiency，Shadow Price and Substitutability of Chinese Industrial SO_2 Emissions：A Parametric Approach”，*Journal of Cleaner Production*，Vol. 112，2016，pp. 1386 – 1394.

后　记

浙江省是习近平生态文明思想的萌发地，也是生态文明建设的先行示范区。在浙江省推进绿色浙江建设、生态省建设、生态浙江建设、美丽浙江建设、诗画浙江建设的进程中，我能够亲身参与研究，提炼宝贵经验，提供对策建议，深感荣幸！第一期“浙江文化研究工程”实施过程中，我承担了其中一个项目，主笔撰写了《绿色浙江——生态省建设创新之路》。本书是第二期“浙江文化研究工程”重大项目之一。衷心感谢浙江省哲学社会科学发展规划领导小组及其办公室对我及我领导的团队的信任，委托我们承担这一重大项目，使我们再次有机会参与具有标志性意义的“文化研究工程”！

本书是课题组合作完成的成果。由我拟定各章主题，由各章负责人起草具有章节目的提纲，课题组集体讨论后形成完整的提纲；经过课题委托单位组织专家审定后，各章分别撰写初稿；我对每一章的初稿做了认真审读并提出修改意见，各章形成修改稿后合成书稿讨论稿；举行课题组研讨会，根据课题组会议再次进行修改形成书稿征求意见稿；根据省社科联组织专家召开的书稿论证会再次进行修改，最终由我和谢慧明教授审稿定稿。

本书各章分工及执笔如下：

第一章：宁波大学商学院教授沈满洪博士、研究生沈俊楠；

第二章：宁波大学商学院讲师于冰博士；

第三章：浙江理工大学服装学院讲师李一博士；

第四章：宁波大学商学院副教授余杨博士；

第五章：宁波大学商学院教授谢慧明博士；

第六章：宁波大学昂热大学联合学院副教授马仁锋博士；

第七章：宁波大学昂热大学联合学院教授李加林博士；

第八章：浙江理工大学经济管理学院教授程华博士；

第九章：宁波大学法学院教授钭晓东博士；

第十章：浙江理工大学经济管理学院副教授张蕾博士。

本书也是顶层设计的产物。在本书主题的凝练、框架的构建、书稿的论证过程中，一大批专家和领导贡献了他们的智慧，下列专家和领导提供了尤为宝贵的指导意见：浙江省社会科学界联合会党组书记、副主席盛世豪教授；浙江省社会科学界联合会原副主席蓝蔚青研究员；浙江省特级专家、中共浙江省委党校陆立军教授；浙江大学资深教授、浙江省政府咨询委员会副主任史晋川；浙江省社会科学界联合会副主席邵清。在此，对他们表示崇高的敬意和衷心的感谢！

沈满洪

2018 年 10 月